应用型本科土木工程系列规划教材

# 材料力学


主　编　柳艳杰

副主编　胡金萍　王淑娟

参　编　安英浩　鄂丽华　来佳雯

主　审　赵树山

机械工业出版社

本书为土木工程专业“十三五”系列教材，是针对应用型本科院校的材料力学课程基本要求而编写的。本书共分九章，包括：绪论及基本概念，轴向拉压杆件的强度与变形，圆轴扭转的强度与变形，梁的强度计算，梁的变形及刚度计算，简单的超静定问题，应力状态和强度理论，组合变形，压杆稳定等。

本书适用于以培养应用型人才为主的高等院校中土木工程、道路桥梁、水利、矿业等专业，也可以作为上述专业职业教育和工程技术工作者的参考书。

**图书在版编目（CIP）数据**

材料力学/柳艳杰主编. —北京：机械工业出版社，2017.10
应用型本科土木工程系列规划教材
ISBN 978-7-111-57926-7

Ⅰ.①材… Ⅱ.①柳… Ⅲ.①材料力学—高等学校—教材
Ⅳ.①TB301

中国版本图书馆 CIP 数据核字（2017）第 216538 号

机械工业出版社（北京市百万庄大街 22 号 邮政编码 100037）
策划编辑：李宣敏 责任编辑：李宣敏 于伟蓉 责任校对：樊钟英
封面设计：张 静 责任印制：张 博
河北鑫兆源印刷有限公司印刷
2018 年 1 月第 1 版第 1 次印刷
184mm×260mm · 14 印张 · 366 千字

标准书号：ISBN 978-7-111-57926-7
定价：39.00 元

凡购本书，如有缺页、倒页、脱页，由本社发行部调换

电话服务
服务咨询热线：010-88379833
读者购书热线：010-88379649

网络服务
机 工 官 网：www.cmpbook.com
机 工 官 博：weibo.com/cmp1952
教育服务网：www.cmpedu.com
金 书 网：www.golden-book.com

# 前　　言

材料力学是一门古典的、传统的力学。它有成熟的内容及体系，而且市面上已有大量的公开出版的材料力学教材。但是这些教材大都针对重点院校一本的学生，而针对应用型本科的并不多。本书作者在编写此书的过程中，根据教材的定位精炼内容，强化基本概念、基本理论和基本方法，淡化烦琐的数学推导和数学运算的原则，同时加强工程概念，体现出分层次、启发式教学的特点。本书理论阐述严谨，文字通俗易懂，图文结合紧密，便于学生自学。本书在编写时按照“够用”“能用”“会用”的原则，对于理论性较强、公式推导难度较大的内容用“*”号标记，这部分内容是报考研究生的学生所必须掌握的。这种难易区分方式，一方面保留材料力学本身的系统性、科学性；另一方面可以保证大多数学生能够掌握材料力学的重点知识和实用知识。本书还包括了许多与工程实际相联系的内容，以及是从实际工程中抽象出来的例题和问题，加强了理论和实际的联系。

本书的第一章由安阳工学院来佳雯编写，第二章、第五章由黑龙江东方学院胡金萍编写，第三章由黑龙江大学鄂丽华编写，第四章由黑龙江大学王淑娟编写，第六章由黑龙江大学安英浩编写，第七章~第九章以及附录由黑龙江大学柳艳杰编写。全书由柳艳杰担任主编，胡金萍，王淑娟担任副主编，哈尔滨工业大学赵树山教授担任主审。

限于编者水平，本书难免存在诸多疏漏、不妥乃至错误，诚望广大读者在使用本书后给我们提出宝贵意见，以利及早改进。

编　者

# 目　录

# 第一章　绪论及基本概念

## 第一节　材料力学的任务

工程结构或机械的各组成部分，如建筑物的梁和柱、机床的轴等，统称为**构件**。当工程结构或机械工作时，构件将受到各种外力的作用，例如，厂房外墙受到的风压力，吊车梁承受的吊车和起吊物的重力，桥梁中的桥墩受到水的冲击力等，这些力称为**荷载**。构件一般由固体制成，在荷载的作用下，固体有抵抗破坏的能力，但这种能力又是有限度的。而且，在荷载的作用下，固体的尺寸和形状还将发生变化，称为**变形**。

为保证工程结构或机械能安全正常地工作，必须要求构件在外力作用时具有一定的**承载能力**。承载能力表现为以下三个方面：

（1）强度　**强度**是指**构件抵抗破坏的能力**。构件在外力作用下不被破坏，表明构件具有足够的强度。

（2）刚度　**刚度**是指**构件抵抗变形的能力**。构件在外力作用下发生的变形不超过某一规定值，表明构件具有足够的刚度。

（3）稳定性　**稳定性**是指**构件承受外力作用下，保持原有平衡状态的能力**。构件在外力作用下，能保持原有的平衡形态，表明构件具有足够的稳定性。

构件的强度、刚度、稳定性问题均与构件所用材料的**力学性能**（主要是指在外荷载作用下的力学表现）有关，这些力学性能均需要通过材料试验来确定。

材料力学不是纯理性的科学，它与工程实际有着密切联系，它的研究方法包括实践（验）→理论→再实践→再理论的循环发展的全过程。材料力学的任务就是从理论和试验两方面，研究构件的内力、应力、变形和位移，在此基础上进行强度、刚度和稳定性计算，以便合理地选择构件的尺寸和材料。必须指出，要完全解决这些问题，还应考虑工程上的其他问题，材料力学只是提供基本的理论和方法。

## 第二节　材料力学的基本假设

工程中的构件都是由一些固体材料（如钢、铁、木材、混凝土等）制成，它们在外力作用下会产生变形，称**变形固体**。其性质是十分复杂的，为了研究的方便，材料力学抓住主要性质，忽略次要因素，对变形固体做如下假设：

（1）连续性假设　这是假设组成固体的物质毫无空隙地充满了固体的体积，即固体在其整个体积内是连续的。根据这个假设，当把某些力学量看成固体内点的坐标的函数时（如位移），对这些量就可以进行以坐标增量为无限小的极限分析，从而有利于建立相应的数学模型。

（2）均匀性假设　这是假设从物体内任意一点处取出的体积单元，其力学性能都能代表整个物体的力学性能。也就是说，固体各点的材料性质都是一样的。根据这个假设，从构件内部任何部位切取的微小单元体都与构件具有相同的性质。

(3) 各向同性假设　这是假设材料沿各个方向力学性能是相同的。对于钢板、型钢或铝合金板、钛合金板等金属材料，由于轧制过程造成晶体排列择优取向，沿轧制方向和垂直于轧制方向的力学性能会有一定的差别，且随材料和轧制加工程度不同而异，但在材料力学的计算中，通常不考虑这种差别，而仍按各向同性进行计算。不过对于木材和纤维增强叠层复合材料等，其整体的力学性能具有明显的方向性，就不能再认为是各向同性的，而应按**各向异性**来进行计算。

如上所述，在材料力学的理论分析中，以均匀、连续、各向同性的可变形固体作为构件材料的力学模型，这种理想化了的力学模型代表了各种工程材料的基本属性，从而使理论研究成为可行。用这种力学模型进行计算所得的结果，在大多数情况下是能符合工程计算精度要求的。

材料力学中所研究的构件在承受荷载作用时，其变形与构件的原始尺寸相比通常甚小，可以略去不计，称“小变形”。所以，在研究构件的平衡、运动以及其内部受力和变形等问题时，均可按构件的原始尺寸和形状进行计算。

工程上所用的材料，在荷载作用下均将发生变形。当荷载不超过一定的范围时，绝大多数的材料在卸除荷载后均可恢复原状。但当荷载过大时，则在荷载卸除后只能部分地复原而残留下一部分变形不能消失。在卸除荷载后能完全消失的那一部分变形，称为弹性变形，不能消失而残留下来的那一部分变形，则称为塑性变形。多数构件在正常工作条件下，均要求其材料只发生弹性变形，如果发生塑性变形，则认为是材料的强度失效。所以，在材料力学中所研究的大部分问题，都局限于弹性变形范围内。

综上所述，在材料力学中是把实际材料看作均匀、连续、各向同性的可变形固体，且在大多数情况下局限在弹性范围内和小变形条件下进行研究。

## 第三节　内力、截面法、应力和位移

### 一、内力的概念

内力是构件因受外力而变形，其内部各部分之间因相对位置改变而引起的相互作用。众所周知，即使不受外力作用，物体的各质点之间也存在着相互作用的力。材料力学的内力是指在外力作用下，上述相互作用力的变化量，是物体内部各部分之间因外力引起的附加的相互作用力，即“附加内力”，简称内力。材料力学所研究的内力是由外力引起的，内力随外力的变化而变化，外力增大，内力也增大，外力撤销后，内力也随着消失。

显然，构件中的内力是与构件的变形相联系的，内力总是与变形同时产生。构件中的内力随着变形的增加而增加大，但对于确定的材料，内力的增加有一定的限度，超过这一限度，构件将发生破坏。因此，内力与构件的强度和刚度都有密切的联系。

### 二、截面法

内力是构件内相邻部分之间的相互作用力，计算内力一般采用截面法。由于构件整体的平衡性，由静力学可知，构件截开的每一个分离体也应该是平衡的，因此，作用在分离体上的外力必须与截面上的内力相平衡。这种由平衡条件用假想截面建立内力与外力之间关系来求内力的方法称为截面法。

截面法主要有以下三个步骤：

（1）截开　在需要求内力的截面处，用一假想截面将构件截为两部分。

（2）代替　移走其中任一部分，将去掉的部分对留下部分的作用以相应的力（或力偶）来代替。

（3）平衡　对留下部分建立平衡方程，根据该部分所受的已知外力来计算截开面上的未知内力。

## 三、应力

工程实际中的一般物体总是从内力集度最大处开始破坏的，因此只按静力学中所述方法求出截面上分布内力的合力（力和力偶）是不够的，必须进一步确定截面上各点处分布内力的集度。为此，必须引入应力的概念。

在图 1-1a 中受力物体某部分的截面上某点 $M$ 处的周围取一微面积 $\Delta A$，设其上分布内力的合力为 $\Delta F$。$\Delta F$ 的大小和指向随 $\Delta A$ 的大小而变。$\Delta F/\Delta A$ 称为面积 $\Delta A$ 上分布内力的平均集度，又称为平均应力。如令 $\Delta A \to 0$，则比值 $\Delta F/\Delta A$ 的极限值为

$$p=\lim_{\Delta A\to 0}\frac{\Delta F}{\Delta A}$$

它表示一点上分布内力的集度，称为一点上的总应力。由此可见，应力是截面上一点处分布内力的集度。为了使应力具有更明确的物理意义，可以将一点上的总应力 $p$ 分解为两个分量（图 1-1b）：一个是垂直于截面的应力，称为正应力，或称法向应力，用 $\sigma$ 表示；另一个是位于截面内的应力，称为切应力，或切向应力，用 $\tau$ 表示。物体的破坏现象表明，拉断破坏和正应力有关，剪切错动破坏和切应力有关。

应力 $p$ 与正应力 $\sigma$、切应力 $\tau$ 的关系为

$$\left.\begin{aligned}p^2&=\sigma^2+\tau^2\\ \sigma&=p\cos\alpha\\ \tau&=p\sin\alpha\end{aligned}\right\}\tag{1-1}$$

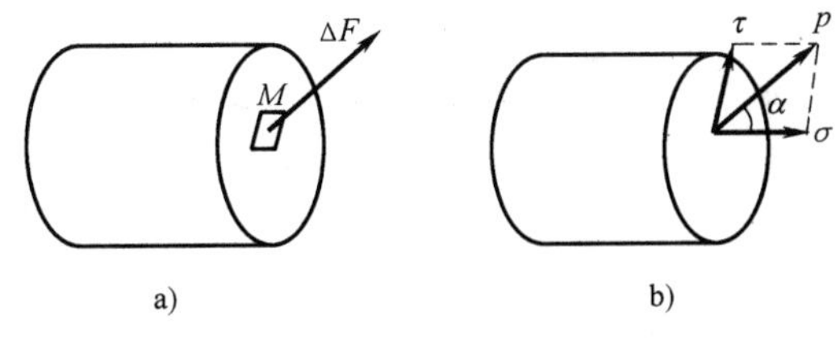

图 1-1　一点处的应力

应力的量纲是 $ML^{-1}T^{-2}$。在国际单位制中，应力的单位名称是［帕斯卡］，符号为 Pa，也可以用兆帕（MPa）或吉帕（GPa）表示，其关系为 $1MPa=10^6Pa$，$1GPa=10^3MPa=10^9Pa$。

## 四、位移

构件在外力作用下，将要发生变形，一般情况下，其整体以及其上各点、各个截面的空间位置都将发生变化，这个空间位置的改变称为位移。工程上研究位移时，大多数情况是确定构件上某些指定点和某些指定面的位移，用于构件刚度的度量。

位移分为线位移和角位移。点的位置改变称为线位移，截面或者线段方位角的改变称为角位移。线位移和角位移即包含变形位移又包含刚体位移，两者都与构件的原始尺寸有关，所以不能用于度量构件的变形程度。为此要引入新的物理量，即应变。

构件受力变形后，其上各个微小部分的形状都将改变，应变就是用于度量构件上一点的变形程度的基本量。应变分为线应变和切应变。单位长度的改变量称为线应变，线应变是一个无量纲量。材料力学中将直角的改变量称为切应变。

一般来说，受力构件上各点的变形程度不完全相同，因此，线应变和切应变都是点的位置坐标的函数。在研究构件变形时，如果能够找出各点的应变函数，则可以确定整个构件的变形。

## 第四节 杆件的基本变形形式

工程实际中的构件，形式多种多样。一般情况下构件从几何角度上多抽象为杆件和板件。所谓杆件，是指纵向（长度方向）尺寸远比横向（垂直于长度方向）尺寸要大得多的构件，简称为杆（图 1-2a、b）。建筑房屋中的梁、柱等都可以简化为杆件。板件是指一个方向的尺寸（厚度）远小于其他两个方向（长度方向和宽度方向）尺寸的构件（图 1-2c）。屋面板、雨篷等都可以简化为板件。材料力学的主要研究对象是杆件及由杆件组成的简单杆系。

横截面和轴线是杆件的两个主要元素。横截面指的是杆件垂直于其长度方向的截面，轴线指的是所有横截面形心的连线。轴线与横截面是互相垂直的。如果杆件的横截面不变化，此杆就称为等截面杆（图 1-2a）；相反，如果杆件的横截面是变化的，则称为变截面杆（图 1-2b）。根据轴线形状的不同，杆件分为直杆和曲杆。如果等截面杆的轴线是一条直线，则称为等直杆。等直杆的计算原理也可近似地用于曲率很小的曲杆和横截面变化不大的变截面杆。

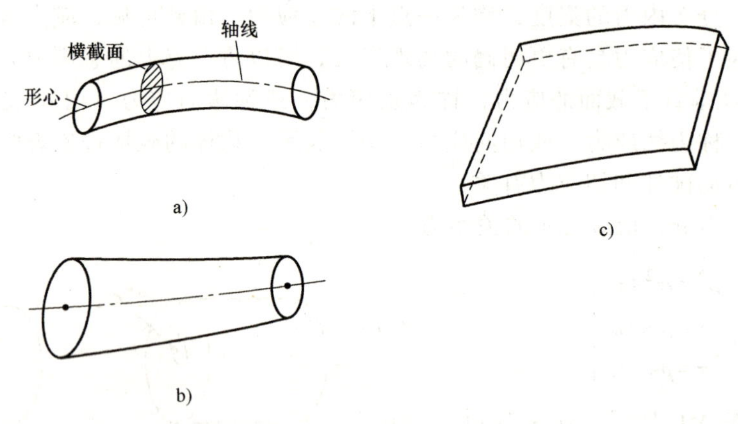


图 1-2

杆件在不同受力情况下，将产生各种不同的变形，但是，不管变形如何复杂，通常是以下的四种基本变形或是它们的组合。

（1）轴向拉伸或压缩　直杆受到与轴线重合的外力作用时，杆的变形主要是轴线方向的伸长或缩短，这种变形称为轴向拉伸或压缩，如图 1-3a 所示。简单桁架在荷载作用下，它的杆件就发生轴向拉伸或轴向压缩。

（2）剪切　在一对相距很近的大小相同、指向相反的横向外力作用下，直杆的主要变形是横截面沿外力作用方向发生相对错动，如图 1-3b 所示，这种变形形式称为剪切。一般在发生剪切变形的同时，杆件还存在其他的变形形式，如弯曲。

（3）扭转　直杆在垂直于轴线的平面内，受到大小相等、方向相反的力偶作用时，各横截面相互发生转动，这种变形称为扭转，如图 1-3c 所示。机械中传动轴的主要变形就包括扭转。

（4）弯曲　直杆受到垂直于轴线的外力或在包含轴线的平面内的力偶作用时，杆的轴线发生弯曲。这种变形称为弯曲，如图 1-3d 所示。

杆在外力作用下，若同时发生两种或两种以上的基本变形，则称为**组合变形**。

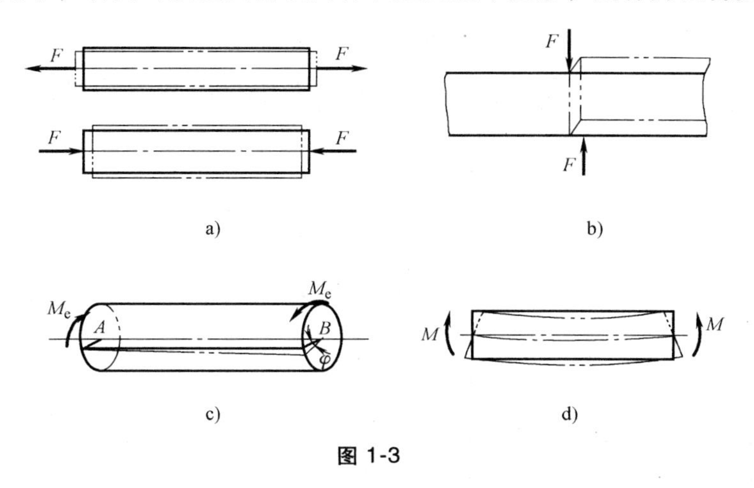


图 1-3

# 小 结

本章介绍了工程构件正常工作的基本条件、材料力学的任务、材料力学的基本假设，介绍并讨论了材料力学中的一些基本物理量，这些都是材料力学中十分重要的概念。其中，材料力学的基本假设既是材料力学的研究条件，又是建立理论和计算公式的基础：内力、应力、位移、应变是材料力学的核心物理量：强度、刚度、稳定性则是材料力学要解决的中心问题。在具体的解决这些问题之前，了解这些概念、理解它们的力学意义，可以使后面的讨论更符合认知规律。

将一般构件的变形、应力等的计算问题，转换为基本模型的研究，是材料力学研究的特点。在学习中，要逐步加深对这种方法的理解和掌握，这对怎样学习材料力学，如何提高学习的效率和效果将有重要意义。

# 第二章　轴向拉压杆件的强度与变形

## 第一节　轴向拉压杆的轴力及轴力图

### 一、轴向拉伸和压缩的概念及实例

轴向拉伸变形或轴向压缩变形是杆件基本变形之一。轴向拉伸变形和轴向压缩变形的杆件受力特点是，作用在杆件上外力的合力作用线与杆件的轴线重合；杆件的变形特点是沿着轴线方向均匀伸长或缩短。产生这种变形的杆件被称为拉杆或压杆。

工程中承受轴向拉伸和压缩变形的杆件很多，例如，起重机的钢丝绳，节点荷载作用下的桁架中的杆件。这些杆件的受力和变形与图 2-1 所示的基本模型完全相同，都是轴向拉伸变形或轴向压缩变形。

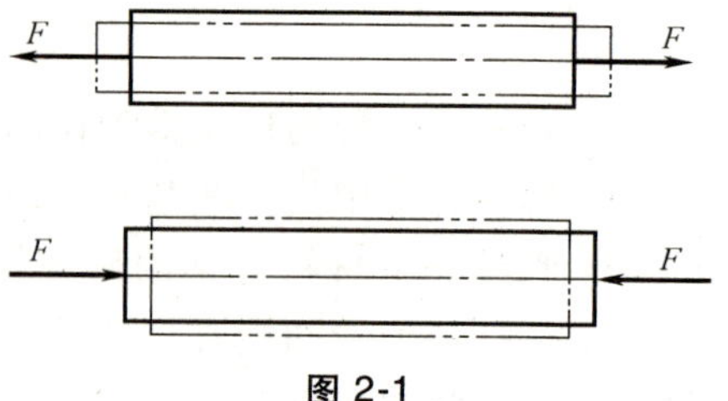

图 2-1

### 二、轴力

要研究杆件的强度和刚度问题，必须首先求解出杆件的内力。取一两端受到轴向拉力作用的直杆，如图 2-2a 所示，求其任一中间截面 $m—m$ 上的内力，按照截面法的步骤：

1）将杆件沿截面 $m—m$ 切开，分为Ⅰ、Ⅱ两部分。取部分Ⅰ为分离体（可取任意一部分研究，即也可取Ⅱ为分离体），如图 2-2b 所示。

2）将去掉部分对留下部分的作用，用相应的内力的合力 $F_N$ 代替。

3）因为分离体是平衡的，分离体上外力 $F$ 的作用线沿着杆的轴线，由平衡方程可知

$$\sum F_{xi}=0, F_N-F=0$$

解得
$$F_N=F$$

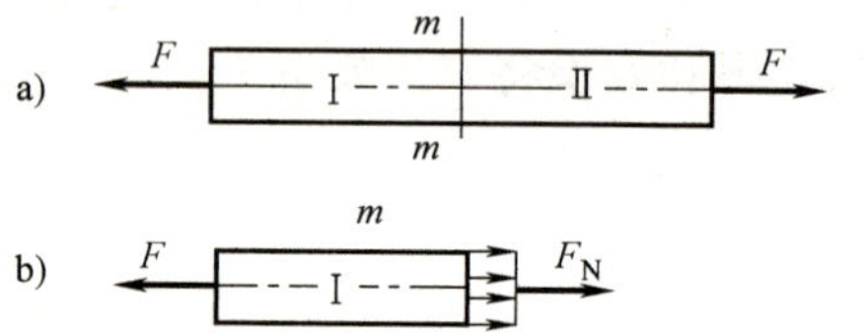

图 2-2

截面上的内力的合力 $F_N$ 也一定沿杆的轴线作用，故将该内力的合力称为轴力。若取Ⅱ为分离体，则左段杆对右段杆的作用力合力 $F_N$ 即为 $m—m$ 截面内力，而且 $F_N=F$。

为了使部分Ⅰ和部分Ⅱ的共同面（即截面 $m—m$）上的轴力具有相同的正负号，联系变形情况，规定轴力使杆件拉伸时为正，压缩时为负。内力的正负符号规定后，用截面法求内力时，无论取截面哪一侧为分离体，所得内力的大小和正负号都将完全相同。若杆件受多个作用力，内力计算需分段进行。轴力单位为牛顿（N）或千牛顿（kN）。

**例 2-1**　图 2-3a 表示一个沿轴线受到多个荷载作用的直杆，各力大小已在图中注明，试求该杆各截面上的轴力。

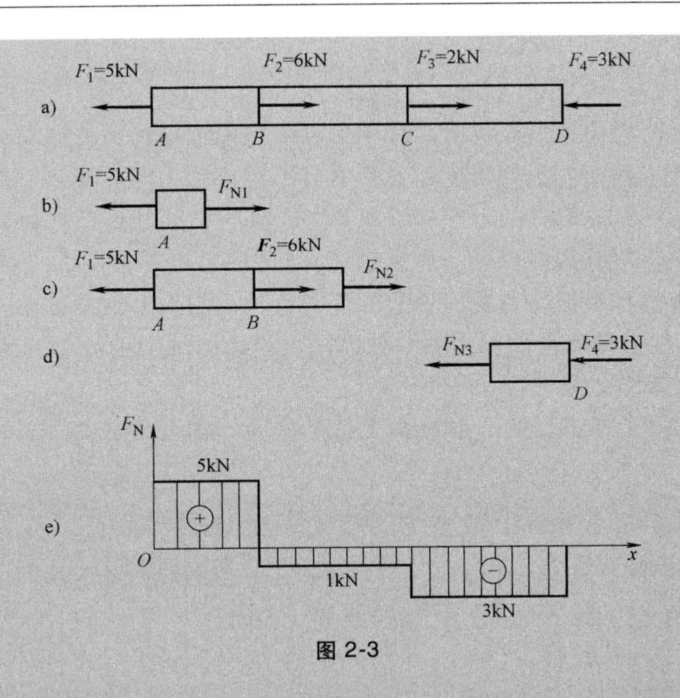


图 2-3

**解：** 该杆外力是作用在 $A$、$B$、$C$、$D$ 四个面上的集中力，在 $AB$、$BC$、$CD$ 三段内没有外力作用，因此，只需在 $AB$、$BC$、$CD$ 三段内各选一个截面，求出其轴力，则杆内各截面的轴力就完全确定。可按如下步骤求解：

1）在 $AB$ 段内用任意面将杆切开，取其左边为分离体，设截面上的轴力为正（拉力），以 $F_{N1}$ 表示（图 2-3b），根据平衡条件列出平衡方程为

$$\sum F_{xi}=0,\ F_{N1}-5kN=0$$

解得

$$F_{N1}=5kN \tag{a}$$

2）同理，在 $BC$ 段内任意截面处把杆切开，取左段为分离体（图 2-3c），可求得 $BC$ 段内各截面的轴力：

$$\sum F_{xi}=0,\ F_{N2}=5kN-6kN=-1kN \tag{b}$$

3）求 $CD$ 段内各截面的轴力时，切开后，取其右边为分离体较为简便（图 2-3d），仍设轴力为正，以 $F_{N3}$ 表示，建立平衡方程为

$$\sum F_{xi}=0,\quad F_{N3}+F_4=0 \tag{c}$$

解得

$$F_{N3}=-F_4=-3kN$$

顺便指出，在用截面法求轴力时，在无法判定内力正负的情况下，可先假设截面上的轴力为正，这样设内力的方法，称为设正法。按着设正法，如果计算出的轴力为正，说明所设轴力与实际轴力方向相同，表明该截面的轴力为拉力，杆件在该处的变形为伸长；如果计算出的轴力为负，表明该截面的轴力为压力，杆件在该处的变形为缩短。对外力较多的轴向拉伸和压缩杆件，计算某截面上的内力 $F_{Ni}$ 时，可以像上例中式（b）那样，不列平衡方程，直接写出算式，即

$$F_{N1}=\sum F_i \tag{2-1}$$

式（2-1）表明，轴向拉伸或压缩杆件，某截面上的轴力，就等于该截面一侧所有外力的代数和。无论取截面的哪一侧为分离体，指向截面的外力都引起正的轴力；反之，背离截面的外力引起负的轴力。

### 三、轴力图

当杆件上受到多个轴向外力作用时，杆中的轴力将随截面的位置而变化，为了直观形象地表示轴力随截面位置不同而变化的情况，通常将其绘制成轴力图。

轴力图的绘制方法：先取杆的左端坐标原点 $O$，画与杆的轴线平行的 $x$ 轴作为基线，其上任一点值代表杆的一个对应截面位置；取纵轴 $F_N$ 与 $x$ 轴垂直，方向向上，其值代表对应截面轴力的大小。在此坐标系中描出各截面轴力的代表值，正的轴力画在 $x$ 轴上方，负的轴力画在 $x$ 轴的下方，连接这些点的图线即轴力图。轴力图上须标明轴力的大小和正负。按此方法绘出的例 2-1 的轴力图，如图 2-3e 所示。

从轴力图中可以很直观看到杆件轴力最大值的截面。轴力图是轴向变形杆件强度和变形计算的重要依据。

**例 2-2** 图 2-4 所示，长为 $l$，重为 $P$ 的均质直杆，上端固定，下端受一轴向拉力 $F$ 作用，试画出该杆件的轴力图。

**解：** 1) 先求杆段的轴力函数。将杆件从距下端为 $x$ 处的任一截面切开，取下段为分离体，如图 2-4b 所示，建立平衡方程可求得轴力：

$$\sum F_x = 0,\ F_N - F - \gamma x = 0$$

$$F_N = F + \gamma x = F + \frac{P}{l}x$$

2) 根据结果可知杆段的轴力图为一条斜直线，最后绘制的轴力图如图 2-4c 所示。其中：

$$x = 0, F_N = F_{N\min} = F$$

$$x = l, F_N = F_{N\max} = F + P$$

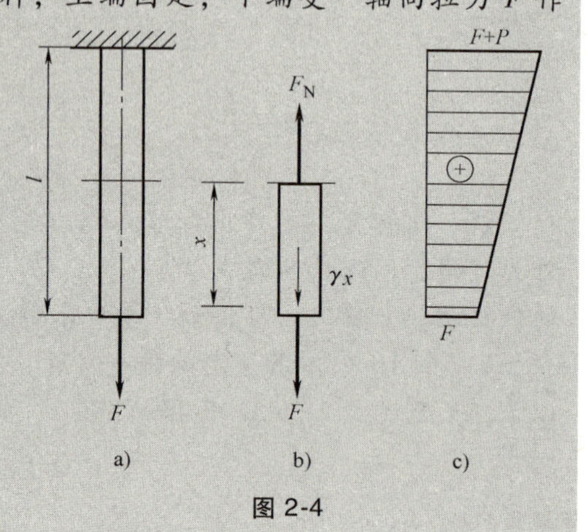

图 2-4

## 第二节 轴向拉压杆横截面上的应力及强度计算

轴力确定后，要判断杆件的强度还需研究截面上各点的应力及其在截面上的分布规律。下面分别研究轴向拉压杆横截面和斜截面上的应力。

### 一、横截面上的应力

应力作为杆件截面上内力的分布集度，分布规律无法直接观察得到，为此，可以通过试验观察轴向受力杆件的变形情况，推测横截面上的应力及分布规律。

取一橡胶制成的矩形截面直杆，如图 2-5 所示。杆变形前，在侧面画上垂直于轴线的横线 $ab$ 和 $cd$，变形后，发现 $ab$ 和 $cd$ 仍为直线，且仍然垂直于轴线，只是分别平行移至 $a'b'$ 和 $c'd'$。根据上述试验现象，可做出假设：变形前原为平面的横截面，变形以后仍保持为平面且仍垂直于轴线。这个假设称为平面假设。如果假想杆件是由一根根纤维组成，由平面假设可知，轴向变形杆件任意两个横截面间所有纵向线段的伸长都相同，各纤维的受力也是一样，或者说同一横截面

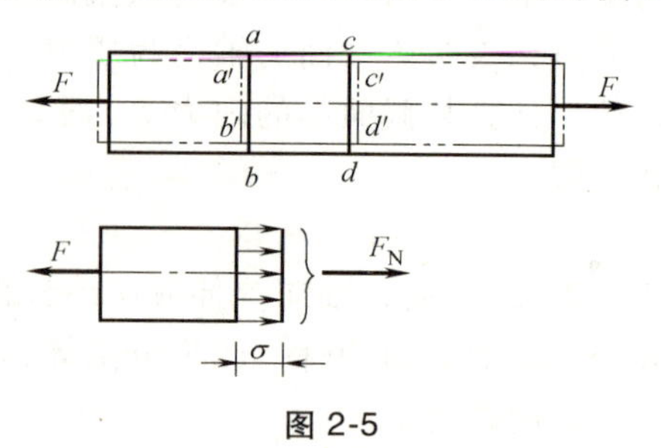

图 2-5

上各点的变形均匀。横截面上只有轴力 $F_N$，所以横截面上只有正应力 $\sigma$，无切应力。由于变形均匀，假设材料也均匀，所以在同一横截面上各点正应力相同。

在杆的横截面上取微面积 $\mathrm{d}A$，则作用于其上的法向微内力 $\mathrm{d}F=\sigma\mathrm{d}A$，横截面上所有的法向微内力构成与横截面垂直的平行力系，由静力学关系可得

$$F_N=\int_A\sigma\mathrm{d}A=\sigma A$$

由此可得轴向拉（压）杆横截面上正应力的计算公式为

$$\sigma=\frac{F_N}{A} \tag{2-2}$$

式中，正应力 $\sigma$ 的正负符号规定与轴力一致，拉应力为正，压应力为负。

应该指出，式（2-2）是平面假设得到的结果，平面假设的试验依据是如图 2-5 所示的两端受轴向荷载作用的等截面直杆的拉伸试验。因此，该公式仅适用于等截面或截面沿轴线缓慢变化的轴向拉（压）直杆。若截面变化率较大或在截面突然改变以及有集中力作用处的小范围内，截面上应力分布并不均匀，在这样的情况下式（2-2）得出的是横截面的平均应力，而不是其上各点的真实应力。

**例 2-3**　图 2-6 表示一变截面直杆，其中 $A_1=2000\text{mm}^2$，$A_2=1000\text{mm}^2$，求图示杆各段横截面上的正应力。

**解**：用截面法，先求出各段杆的轴力，画出轴力图，如图 2-6 所示，再分别算出各段杆横截面上的正应力：

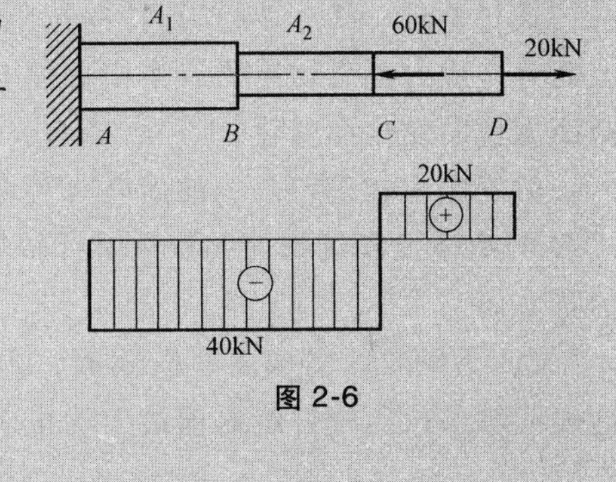

图 2-6

$$\sigma_{AB}=\frac{F_{N,AB}}{A_1}=\frac{-40\times10^3}{2000\times(10^{-3})^2}\times10^{-6}\text{MPa}=-20\text{MPa}$$

$$\sigma_{BC}=\frac{F_{N,BC}}{A_2}=\frac{-40\times10^3}{1000\times10^{-6}}\times10^{-6}\text{MPa}=-40\text{MPa}$$

$$\sigma_{CD}=\frac{F_{N,CD}}{A_2}=\frac{20\times10^3}{1000\times10^{-6}}\times10^{-6}\text{MPa}=20\text{MPa}$$

比较上面计算结果，可知，该杆中绝对值最大的正应力发生在杆的 $BC$ 段中，其值 $|\sigma|_{\max}=40\text{MPa}$。

## 二、斜截面上的应力

应力与截面的方位有关，构件中同一点不同的截面上应力不同，杆件的破坏也不总是在横截面上发生；此外，在许多工程测量中，我们是利用斜截面应力和应变间的关系，来解决工程问题。因此，为了研究杆件的强度以及满足工程测试的需求，我们需要研究杆件斜截面上的应力。

图 2-7a 中给出了杆件的一个任意斜截面 $n—n$。斜截面的位置是以横截面为参考面来确定的，设斜截面与横截面 $m—m$ 的夹角为 $\alpha$，并规定 $\alpha$ 逆时针为正，顺时针为负。由几何关系可知，杆的轴线与斜截面外法线的正方向夹角也是 $\alpha$，且转向相同。因此也可以用这样的方法确定斜截面的方位。

设想用斜截面 $n—n$ 将杆件截分为两部分，取其左段为分离体，以 $F_\alpha$ 表示斜截面 $n—n$ 上的内力（图 2-7b），由分离体的平衡可得

$$F_\alpha = F = F_N \qquad (a)$$

式中，$F_N$ 为横截面上的轴力。

由试验结果可知，斜截面上的应力也是均匀分布的，如图 2-7b 所示。设一点的全应力为 $p_\alpha$，斜截面的面积为 $A_\alpha$，则

$$p_\alpha = \frac{F_\alpha}{A_\alpha} = \frac{F_N}{A_\alpha} \qquad (b)$$

设横截面的面积为 $A$，由几何关系可得 $A_\alpha = \frac{A}{\cos\alpha}$。把此关系代入式（b），注意到 $F_N/A = \sigma$，可得

$$p_\alpha = \sigma\cos\alpha \qquad (c)$$

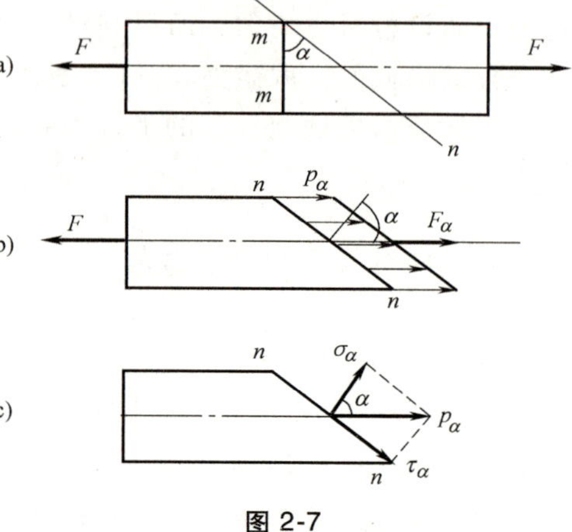

图 2-7

将一点的全应力 $p_\alpha$ 沿斜截面的法线方向和切线方向分解，由图 2-7c 可得斜截面的正应力 $\sigma_\alpha$ 和切应力 $\tau_\alpha$ 为

$$\sigma_\alpha = p_\alpha\cos\alpha = \sigma\cos^2\alpha \qquad (2\text{-}3)$$

$$\tau_\alpha = p_\alpha\sin\alpha = \sigma\cos\alpha\sin\alpha = \frac{\sigma}{2}\sin2\alpha \qquad (2\text{-}4)$$

式（2-3）、式（2-4）即轴向拉压杆斜截面上应力公式。该公式表明，轴向拉压杆斜截面上既有正应力也有切应力，当横截面上的应力确定后，$\sigma_\alpha$ 和 $\tau_\alpha$ 仅仅是截面位置 $\alpha$ 的函数，随截面方位的变化而变化。

关于应力的正负号，前面已对正应力做了规定。在平面问题中，切应力的正负规定如下：$\tau_\alpha$ 绕分离体上靠近切面的点顺时针转动为正，反之为负。图 2-7c 中表示的切应力即为切应力的正方向。

当 $\alpha=0°$时，斜截面即横截面，由式（2-3）、式（2-4）可知：$\sigma_{0°}$达到最大，而 $\tau_{0°}=0$。这表明轴向拉压杆件绝对值最大的正应力发生在横截面上，其值

$$\sigma_{max} = \sigma$$

当 $\alpha=\pm45°$时，$\sigma_{\pm45°}=\frac{\sigma}{2}$，而切应力 $\tau_{\pm45°}$则分别达到了最大和最小，其值为

$$\tau_{+45°} = \tau_{max} = \frac{\sigma}{2}$$

$$\tau_{-45°} = \tau_{min} = -\frac{\sigma}{2}$$

这表明轴向拉（压）杆件绝对值最大的切应力发生在±45°的斜截面上，其大小为横截面上正应力的一半。+45°斜截面与-45°斜截面是互相正交的两个斜截面。上面的结果表明，在互相正交的两个斜截面上，与交线垂直的切应力大小相等，正负符号相反，这一结论即是切应力互等定理。读者可自行推导，对任意的 $\alpha$，上述结论都是成立的。

当 $\alpha=90°$时，即在纵截面上，$\sigma_{90°}=\tau_{90°}=0$。这表明轴向拉压杆件中与杆轴平行的截面上，没有任何应力。

## 三、强度计算

工程结构中每种材料的承载能力是有限的，当应力到达一定的数值，材料就会断裂或产生

塑性变形，这统称为失效。引起材料失效破坏的应力称为极限应力，以 $\sigma_u$ 表示。材料拉压时的极限应力由试验确定，不同类型材料失效的形式不同。

为使构件有足够的强度以保证其不破坏，必须使构件的最大工作应力低于材料的极限应力 $\sigma_u$。工程中为了使材料有一定的安全储备，将极限应力 $\sigma_u$ 除以一个系数 $n$（$n>1$）后，作为材料允许使用的最大工作应力值，该值称为许用应力，以［$\sigma$］表示，即

$$[\sigma]=\frac{\sigma_u}{n} \tag{2-5}$$

式中，$n$ 称为安全系数，确定安全系数时，通常要考虑材料的力学性能、构件的重要性、使用时限和工作环境等因素。确定安全系数是一件重要而严肃的工作，安全系数取值过低，构件的安全无保障；取值过高会导致材料的浪费。

综上所述，所谓强度条件也就是构件安全工作的应力条件。根据强度条件的定义，轴向拉压杆件强度条件的表达式可写为

$$\sigma_{max}=\left(\frac{F_N}{A}\right)_{max}\leqslant[\sigma] \tag{2-6a}$$

对于等截面杆为

$$\sigma_{max}=\frac{F_{N,max}}{A}\leqslant[\sigma] \tag{2-6b}$$

应用强度条件可以解决构件强度方面的三类问题：

1）校核强度。当杆件的尺寸、荷载确定时，验算上述强度条件是否满足，即校核强度。

2）设计截面。在设计杆件时，其上的荷载及其材料的许用应力已知，需要确定构件所需要的最小横截面的面积，由式（2-6b）可得

$$A\geqslant\frac{F_{N,max}}{[\sigma]}$$

3）确定许用荷载。若已知杆件的横截面面积及材料的许用应力，可以利用式（2-6）确定其能够承受的最大轴力，即

$$F_{N,max}\leqslant A[\sigma]$$

然后由 $F_{N,max}$ 与荷载的关系确定杆件的许用荷载。

## 第三节　轴向拉压杆的变形

杆件在轴向拉力或压力的作用下，在产生轴向变形的同时，横向尺寸也会改变。轴向变形称为纵向变形，横向尺寸的变化称为横向变形。图 2-8 中的双点画线分别表示出了轴向拉伸和轴向压缩基本模型的变形。在研究轴向拉（压）杆件的变形时，这两个方向的变形都要讨论。

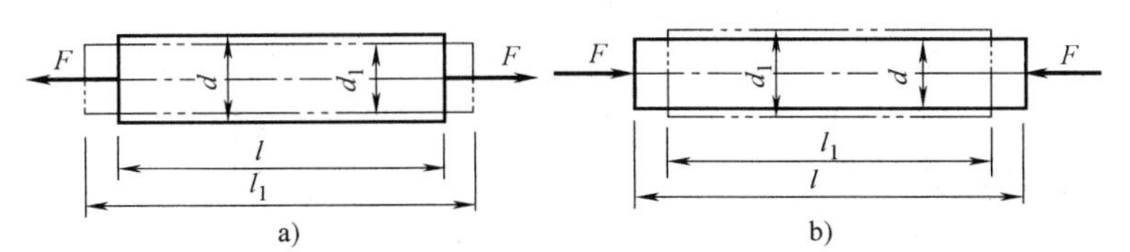


图 2-8

## 一、纵向变形与胡克定律

设轴向拉（压）杆件变形前的长度为 $l$，变形后的长度为 $l_1$，如图 2-8 所示，则定义杆的绝对伸长为

$$\Delta l=l_1-l \tag{a}$$

通常规定，$\Delta l$ 伸长为正，缩短为负。杆的纵向绝对变形与杆的原始尺寸有关，但不能表明杆的纵向变形程度，为此需求出单位长度的改变。对于两端受力的轴向拉（压）杆件，纵向变形是均匀的，单位杆长的改变即等于 $\Delta l$ 在杆长 $l$ 上的平均值，则

$$\varepsilon=\frac{\Delta l}{l} \tag{b}$$

$\varepsilon$ 是一个无量纲量，其 $\varepsilon$ 正负规定与 $\Delta l$ 相同。英国科学家胡克（R. HOOKE）通过大量的试验发现：在弹性范围内，$\Delta l$ 与杆的原长 $l$ 成正比，与杆的横截面面积 $A$ 成反比，比例系数与材料的力学性能有关。根据试验，胡克建立了计算轴向拉（压）杆轴向伸长量的计算公式，即

$$\Delta l=\frac{Fl}{EA} \tag{2-7}$$

这称为胡克定律。式中，$E$ 是与材料性能有关的比例常数，称为材料的弹性模量。不同材料的弹性模量可由试验测定。$E$ 的单位为 Pa，工程上常用 GPa。

从式（2-7）可以看出，$\Delta l$ 与乘积 $EA$ 成反比。当 $Fl$ 一定时，$EA$ 越大，$\Delta l$ 越小；$EA$ 越小，$\Delta l$ 越大。可知 $EA$ 标志杆件抵抗拉伸（压缩）的能力，称为抗拉（压）刚度。

对于基本模型，$F_N=F$，将式（2-7）中的 $F$ 以 $F_N$ 代替，则能更确切地反映杆件变形和内力的关系。于是，轴向拉（压）杆件纵向变形的基本公式通常写为

$$\Delta l=\frac{F_N l}{EA} \tag{2-8}$$

若将 $\sigma=\frac{F_N}{A}$ 和 $\varepsilon=\frac{\Delta l}{l}$ 代入式（2-8）中，可得

$$\varepsilon=\frac{\sigma}{E}\text{或 }\sigma=\varepsilon\cdot E \tag{2-9}$$

式（2-8）、式（2-9）均称为胡克定律，该定律只适用于计算杆件的弹性变形，公式表明：在线弹性范围内，材料的应力与应变成正比，且在杆件的长度 $l$ 范围内，轴力 $F_N$ 和抗拉刚度 $EA$ 都没有变化。

若在杆的某段长度 $l$ 内，轴力 $F_N$ 和抗拉刚度 $EA$ 连续变化，则可先用式（2-8）计算微分杆长 $dx$ 的变形。在微分杆长 $dx$ 内，轴力随截面面积的改变为微小量，如图 2-9 所示，可以忽略，于是有

$$d(\Delta l)=\frac{F_N(x)dx}{EA(x)} \tag{2-10a}$$

积分上式，则该段杆总变形为

$$\Delta l=\int_l \frac{F_N(x)}{EA(x)}dx \tag{2-10b}$$

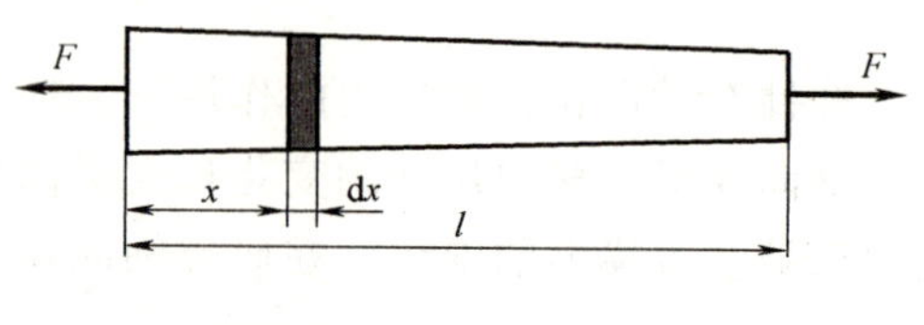


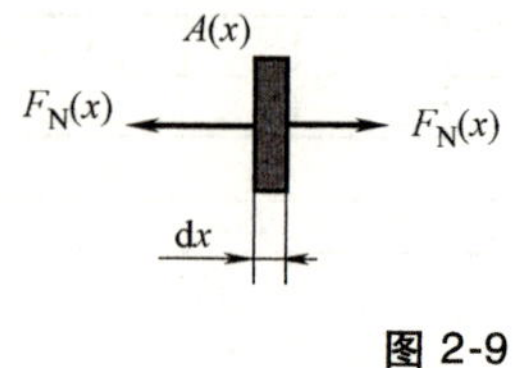


图 2-9

**例 2-4** 图 2-10 表示一阶梯圆杆，图中 $A_1=1000\text{mm}^2$，$A_2=A_3=500\text{mm}^2$，$l_1=l_2=l_3=0.5\text{m}$，$F_1=30\text{kN}$，$F_2=50\text{kN}$，$F_3=20\text{kN}$，材料的弹性模量 $E=200\text{GPa}$，试计算该杆的伸长量。

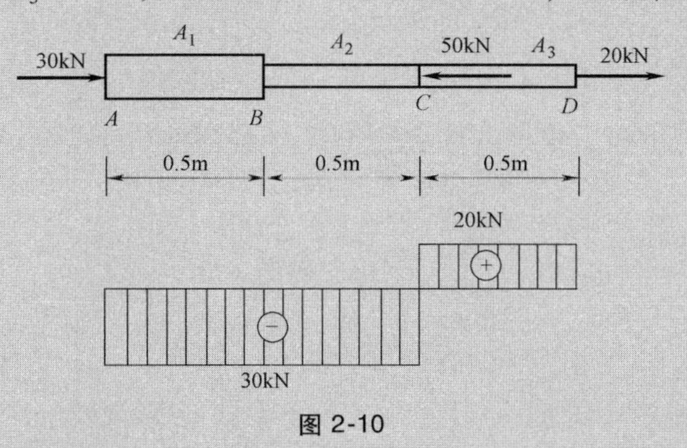


图 2-10

**解：** 该杆各截面的轴力图如图 2-10 所示。由已知条件和轴力图可知，在整个杆长之内截面面积和轴力分段为常数，杆件的变形可用式（2-8）计算，即

$$\Delta l=\Delta l_{AB}+\Delta l_{BC}+\Delta l_{CD}=\frac{F_{\text{N},AB}l_1}{EA_1}+\frac{F_{\text{N},BC}l_2}{EA_2}+\frac{F_{\text{N},CD}l_3}{EA_3}$$

$$=\frac{0.5\times10^3}{200\times10^9\times10^{-6}}\left(\frac{-30}{1000}+\frac{-30}{500}+\frac{20}{500}\right)\text{m}$$

$$=-0.125\times10^{-3}\text{m}$$

$$=-0.125\text{mm}$$

计算结果为负值，表明该杆在荷载作用下总变形为缩短。

**例 2-5** 在图 2-11a 所示结构中，杆①、②的直径分别为 $d_1=30\text{mm}$，$d_2=20\text{mm}$，结点荷载 $F=96.7\text{kN}$，若材料的弹性模量 $E=200\text{GPa}$，$h=1\text{m}$，试求 $A$ 点的位移 $\Delta_A$。

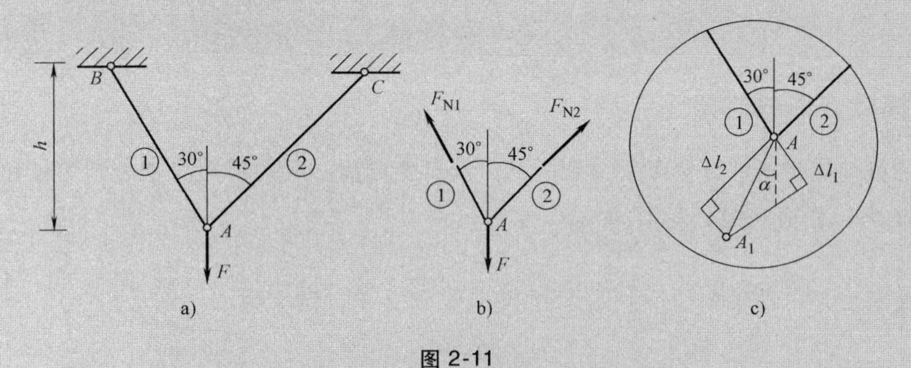


图 2-11

**解：** 这是一个计算简单结构的结点位移的问题。结构结点的位移取决于结构中各杆的变形量，所以简单结构结点位移计算的要点：一是计算各杆的变形，二是确定位移后结点的新位置。具体步骤如下：

（1）计算各杆内力　取结点 $A$ 为示力对象，设两杆轴力分别为 $F_{\text{N1}}$、$F_{\text{N2}}$，则 $A$ 点的受力如图 2-11b 所示。由平衡条件，建立平衡方程

$$\sum F_x=0 \qquad F_{\text{N2}}\sin45^\circ-F_{\text{N1}}\sin30^\circ=0$$

$$\sum F_y=0 \qquad F_{\text{N1}}\cos30^\circ+F_{\text{N2}}\cos45^\circ=F$$

解得 $F_{N1}=70.8\text{kN}$ $F_{N2}=50.2\text{kN}$

(2) 求 $A$ 点的最大位移 $\Delta_A$ 根据两杆的轴力和抗拉刚度，可以算出两杆的伸长量分别为

$$\Delta l_1=\frac{F_{N1}\cdot\dfrac{h}{\cos 30^\circ}}{EA_1}=\frac{70.8\times10^3\text{N}\times1\text{m}}{200\times10^9\text{Pa}\times706.5\times10^{-6}\text{m}^2\times0.866}=0.58\text{mm}$$

$$\Delta l_2=\frac{F_{N2}\cdot\dfrac{h}{\cos 45^\circ}}{EA_2}=\frac{50.2\times10^3\text{N}\times1\text{m}}{200\times10^9\text{Pa}\times314\times10^{-6}\text{m}^2\times0.707}=1.13\text{mm}$$

为了确定 $A$ 点的位移，首先应明确结点位移后新位置的确定方法。严格来说，结构变形后结点 $A$ 的位置应在分别以 $B$、$C$ 为圆心，以变形后两杆长度为半径所作圆弧的交点处。但是对小变形问题，在确定结点位移时可以用切线代替弧。设想将原结构在铰接点 $A$ 处拆开，让各杆在原位沿轴线伸长。然后，过各杆变形后的 $A$ 端分别作其轴线的垂线，则两杆垂线的交点 $A_1$ 即可近似认为是 $A$ 点位移以后的位置，线段 $AA_1$ 的长度即 $A$ 点的位移大小。按上述方法作 $A$ 点的位移图，如图 2-11c 所示，图中 $\alpha$ 为线段 $AA_1$ 与过 $A$ 点的铅垂线的夹角。由几何关系可得

$$\frac{\Delta l_1}{\cos(30^\circ+\alpha)}=\frac{\Delta l_2}{\cos(45^\circ-\alpha)}=\Delta_A \tag{1}$$

利用上面关系式中左边两项的相等关系，将式中的 $\cos(30^\circ+\alpha)$ 和 $\cos(45^\circ-\alpha)$ 展开，并代入 $\Delta l_1$、$\Delta l_2$ 的数值，整理后可得

$$\tan\alpha=0.586$$

由此解得 $\alpha=30.4^\circ$

将 $\alpha$ 值再代回式 (1)，计算得到

$$\Delta_A=1.17\text{mm}$$

## 二、横向变形与泊松比

杆件的横向变形量的计算如图 2-8 所示，设其变形前、后的横向尺寸分别为 $d$ 和 $d_1$，则定义轴向拉（压）杆横向绝对变形为

$$\Delta d=d_1-d$$

横向相对变形，即轴向拉（压）杆的横向线应变 $\varepsilon'$，定义为

$$\varepsilon'=\frac{\Delta d}{d}=\frac{d_1-d}{d}$$

试验表明，在弹性范围内，杆的横向线应变 $\varepsilon'$ 与其纵向线应变 $\varepsilon$ 比值的绝对值是一个常数，即

$$\left|\frac{\varepsilon'}{\varepsilon}\right|=\nu \tag{2-11a}$$

$\nu$ 称为横向变形系数，或泊松比，它是表征材料抵抗横向变形能力的弹性常数，由材料性能决定的。

由于杆的纵向变形与横向变形总是反号（$\varepsilon>0$，则 $\varepsilon'<0$；$\varepsilon<0$，则 $\varepsilon'>0$），所以式

(2-11a)可写为

$$\varepsilon' = -\nu\varepsilon \tag{2-11b}$$

表 2-1 中给出了一些常用材料的弹性模量 $E$ 和泊松比 $\nu$ 的约值。

表 2-1　常用材料的弹性模量 $E$ 及泊松比 $\nu$ 的约值

| 材料名称 | 牌　号 | $E$/GPa | $\nu$ |
|---|---|---|---|
| 低碳钢 | Q235 | 200~210 | 0.24~0.28 |
| 中碳钢 | 45 | 205 | 0.26~0.30 |
| 低合金钢 | 16Mn | 200 | 0.25~0.30 |
| 灰铸铁 | | 60~162 | 0.23~0.27 |
| 混凝土 | | 15.2~36 | 0.16~0.20 |
| 木材(顺纹) | | 9~12 | |
| 木材(横纹) | | 0.49 | |
| 石料 | | 6~9 | 0.16~0.28 |

**例 2-6**　如图 2-12 所示，尺寸为 $a\times b\times l=50\text{mm}\times10\text{mm}\times250\text{mm}$ 的钢板，在两端受到合力 $F=140\text{kN}$ 的均布荷载作用，试求板厚的变化。已知材料的弹性模数 $E=200\text{GPa}$，$\nu=0.25$。

**解**：该杆件在轴对称均布荷载作用下的变形为轴向拉伸。横截面上的正应力为

$$\sigma=\frac{F_N}{A}=\frac{F}{ab} \tag{1}$$

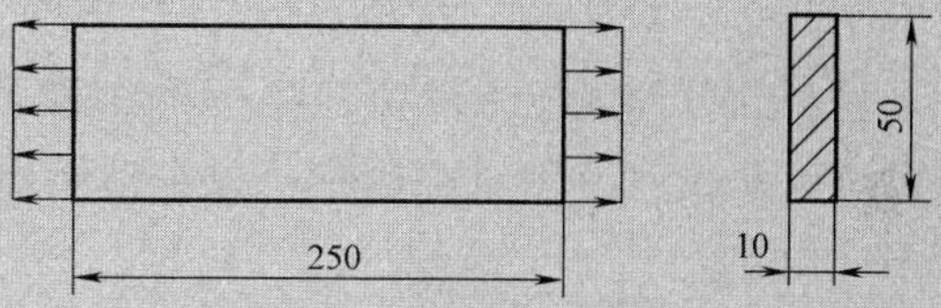

图 2-12

由胡克定律，纵向线应变为

$$\varepsilon=\frac{\sigma}{E} \tag{2}$$

根据泊松比，横向线应变为

$$\varepsilon'=-\nu\varepsilon \tag{3}$$

板厚的减小量为

$$\Delta b=\varepsilon' b \tag{4}$$

由式 (1)~式 (4)，解得

$$\Delta b=-\nu\cdot\frac{F}{EA}\cdot b=-\nu\cdot\frac{F}{Ea}=-0.25\times\frac{140\times10^3\text{N}}{200\times10^9\text{Pa}\times50\times10^{-3}\text{m}}$$

$$=-0.35\times10^{-3}\text{m}=-0.35\text{mm}$$

即钢板的厚度减小了 0.35mm。

# 第四节　轴向拉压杆的力学性能

工程中构件的强度、刚度、稳定性不仅与构件的尺寸及受力情况有关，还与构件材料的力学性能有关。材料的力学性能（质）是指材料在外力作用下表现出来的变形、破坏形式等方面的特性。材料的力学性能与许多因素有关，如材料的属性、温度、荷载性能等。

材料的力学性能是由试验来研究的。本节所介绍的材料在拉伸和压缩时的力学性能，是材料在常温、静载下的力学性能。

为了便于比较不同材料的试验结果，试验时先要把材料制作成标准试件。拉伸标准试件有圆截面和矩形截面两种，如图 2-13a、b 所示，在试件的中间部分划出一段 $l_0$ 作为试验段（或

称工作段），长度 $l_0$ 称为标距。圆截面标准试件的标距 $l_0$ 与其直径的比例规定为 $l_0=10d$，或 $l_0=5d$；矩形截面试件的标距 $l_0$ 与其横截面面积 $A_0$ 之比为 $l_0=11.3\sqrt{A_0}$，或 $l_0=5.65\sqrt{A_0}$。试验之前在试件的试验段 $l_0$ 内轻轻划上若干等分线，以便于观察试验过程中的变形特点。

压缩试件通常制成圆截面或正方形截面的短柱体，如图 2-14a、b 所示，以免试验时被压弯。圆截面试件的高度一般规定为截面直径的 1.5~3 倍。

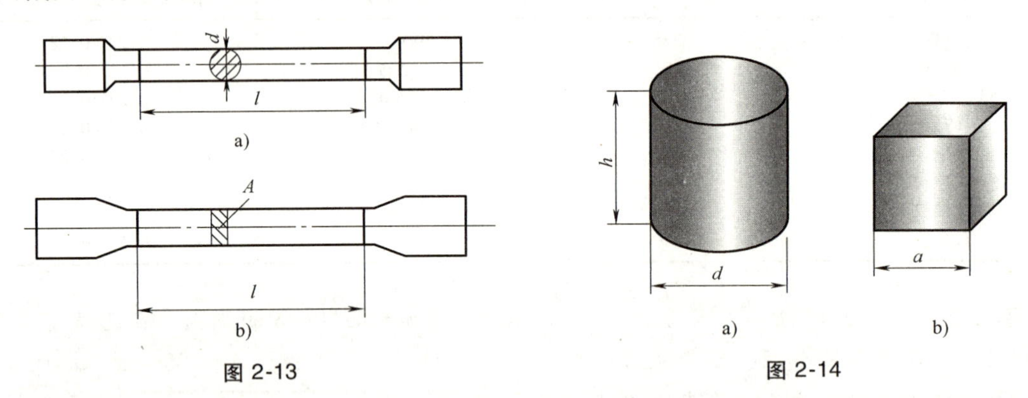


图 2-13　　图 2-14

材料的拉伸或压缩试验是在材料万能试验机上进行。根据试验数据，可在 $F$-$\Delta l$ 坐标系中绘出试验曲线（一般试验机都可以自动绘出 $F-\Delta l$ 图），称为拉伸图。标准试件的拉伸图因材料不同而异。

工程中的材料按力学性能可分为两大类，一类称为塑性材料，如低碳钢，中碳钢等；另一类称为脆性材料，如铸铁、混凝土等。下面主要介绍低碳钢和铸铁这两种典型材料在拉伸和压缩时的力学性能的室温试验。

## 一、材料在拉伸时的力学性能

### 1. 低碳钢拉伸时的力学性能

低碳钢的 $F$-$\Delta l$ 曲线如图 2-15 所示。图中表示出的是试件变形与荷载的关系，反映试件的力学性能，但曲线上每一点的纵坐标和横坐标的值都受试件尺寸的影响。

为了得到材料的力学性能，需消除试件尺寸的影响。将荷载 $F$ 除以试件变形前横截面面积 $A_0$，变形 $\Delta l$ 除以试验段长度 $l_0$，得到 $\sigma=\dfrac{F}{A_0}$和 $\varepsilon=\dfrac{\Delta l}{l_0}$。可分别取 $\sigma$ 和 $\varepsilon$ 为纵横坐标，绘出 $\sigma$-$\varepsilon$ 曲线，称为材料的应力-应变曲线。

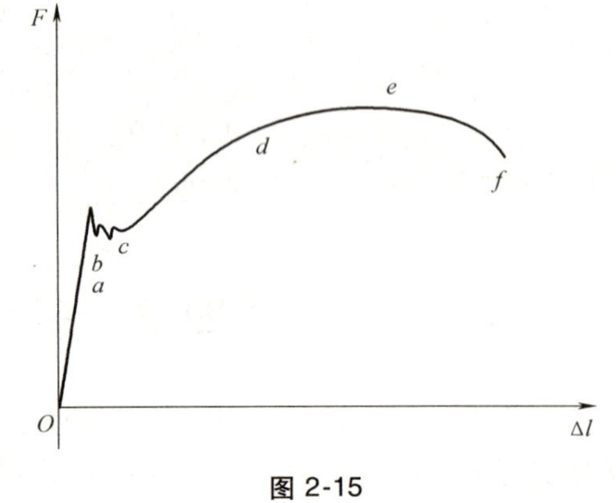


图 2-15

实际上，试件横截面面积和试验段长度在试验过程中不断地改变，所以按上述计算出的 $\sigma$ 和 $\varepsilon$ 并不是真实值，而是应力、应变的名义值。

（1）低碳钢的 $\sigma$-$\varepsilon$ 曲线　图 2-16 所示为低碳钢的拉伸试验应力-应变曲线，该曲线可分为四个阶段。分析各阶段 $\sigma$-$\varepsilon$ 曲线的特点和试验现象，可以定量地确定低碳钢的力学性能及产生各种试验现象的原因。这四个阶段是线弹性阶段、屈服阶段、强化阶段和局部变形阶段。

1）线弹性阶段（$oa$ 段）。低碳钢的 $\sigma$-$\varepsilon$ 曲线中的 $Oa$ 段为一条过原点的斜直线，这说明在这个阶段材料的应力-应变成正比，即 $\sigma$ 与 $\varepsilon$ 呈线性关系。如果在这个阶段卸除荷载，试验曲线沿原路回到零点，变形可以完全消除，这表明材料的变形是弹性的，故称为线弹性阶段。这一阶段最高点所对应的应力以 $\sigma_p$ 表示，称为材料的比例极限。Q235 的比例极限约为 200MPa。只要 $\sigma \leqslant \sigma_p$，则 $\sigma = E\varepsilon$。这就是前面曾经讨论过的材料的胡克定律。式中的常数 $E$ 即为材料的弹性模量，材料的弹性模量越大，抵抗弹性变形的能力越强。

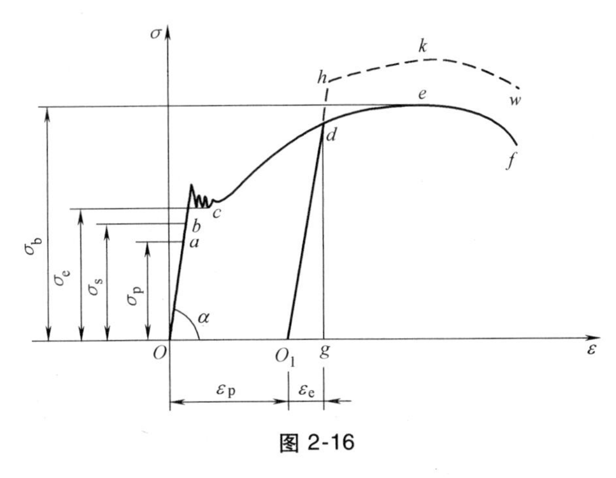

图 2-16

由线弹性阶段的 $\sigma$-$\varepsilon$ 曲线可以得到

$$E = \frac{\sigma}{\varepsilon} = \tan\alpha \qquad (2\text{-}12)$$

式中，$\alpha$ 为线段 $Oa$ 的倾角，$\tan\alpha$ 为其斜率。根据式（2-12），可以从 $\sigma$-$\varepsilon$ 曲线上直观地比较不同材料弹性模量 $E$ 的大小。

当应力 $\sigma$ 超过比例极限 $\sigma_p$ 后，$a$、$b$ 两点之间为微弯曲线，$\sigma$ 与 $\varepsilon$ 不再成正比，呈非线性关系，但试验表明变形仍然是弹性的，如果在此范围内卸载，变形仍能完全消失。$b$ 点所对应的是材料弹性变形的应力最高值，称为材料的弹性极限，以 $\sigma_e$ 表示。对一般金属材料，$\sigma$-$\varepsilon$ 曲线上的 $a$、$b$ 两点十分靠近，不易区分，通常近似认为只要变形是弹性的，材料就服从胡克定律。

2）屈服阶段（$bc$ 段）。当应力超过材料的弹性极限后，$\sigma$-$\varepsilon$ 曲线的坡度开始变缓，应变增加很快，应力几乎不变，曲线呈现为接近水平的锯齿形。这种应力变化不大、应变显著增加的现象称为屈服或流动。屈服阶段试验曲线最低点的应力称为材料的屈服极限或流动极限，以 $\sigma_s$ 表示。Q235 钢的屈服极限约为 235MPa。当材料屈服时，磨光的试件表面将出现与轴线呈 45°的条纹，如图 2-17 所示，这被称为滑移线。滑移线是金属材料内部相邻部分沿晶面中的某些方向相对滑动而形成的痕迹。晶格滑移导致材料产生了部分不可消失的塑性变形。一般情况下，不允许工程构件产生较大的塑性变形，所以屈服极限 $\sigma_s$ 是材料的一个重要强度指标。

3）强化阶段（$ce$ 段）。这是一段斜率为正、曲率为负的上凸曲线，表明材料经过屈服阶段后又恢复了抵抗变形的能力，要使变形增加，必须增加应力，这种现象称为材料的强化，这个阶段也称为强化阶段。在强化阶段，试件的横向尺寸明显减小，但测量表明，在应力到达最高点之前，整个试件的变形仍然是均匀的。强化阶段最高点 $e$ 所对应的应力称为材料的强度极限，以 $\sigma_b$ 表示，这是表征材料力学性能的一个非常重要的量。Q235 的强度极限约为 400MPa。当应力到达强度极限时材料将发生破坏，因此，强度极限 $\sigma_b$ 也是材料强度性质的重要指标。

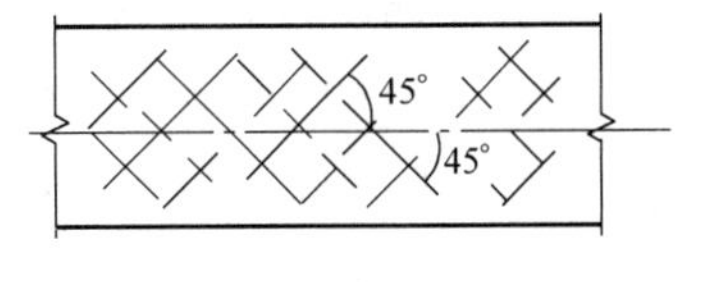

图 2-17

4）局部变形阶段（$ef$ 段）。当应力超过 $\sigma_b$ 之后，由于材料的非均匀性，试件在某局部范围内的横向尺寸将突然急剧收缩，称为颈缩现象，如图 2-18 所示。随后，试件的纵向变形急剧增加，最后从颈缩处拉断，断口呈杯锥形。若仅从 $\sigma$-$\varepsilon$ 试验曲线上看，该段曲线的斜率为负，亦即应力下降应变增加。实际上此时应力还在增加，试验机绘出的曲线失真的原因，是由于应力计算时仍采用试件的原始横截面面积。

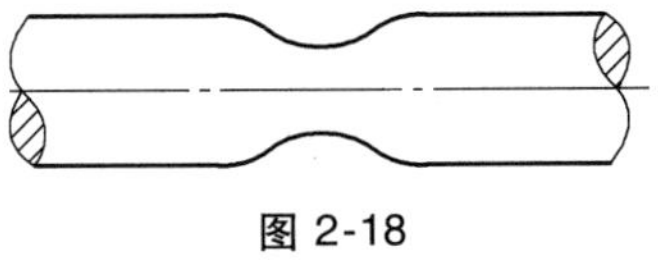

（2）伸长率和断面收缩率　材料力学性能的另一个方面是其经受塑性变形的能力。为了衡量材料的塑性，通常采用伸长率 $\delta$ 或断面收缩率 $\psi$。

图 2-18

伸长率 $\delta$ 是指拉断后试件标距内的伸长量 $\Delta l$ 与原始标距 $l_0$ 的比值的百分率，即

$$\delta=\frac{\Delta l}{l_0}\times100\% \tag{2-13}$$

材料不同伸长率也不同。伸长率越大材料的塑性越好。工程上根据 $\delta$ 将材料分为两大类：$\delta \geq 5\%$ 的材料称为塑性材料，如钢、黄铜、铝合金等；$\delta<5\%$ 的材料称为脆性材料，如铸铁、石料、混凝土等。低碳钢的伸长率 $\delta$ 为 20%～30%，铸铁的伸长率 $\delta$ 为 0.4%～0.5%。

断面收缩率 $\psi$ 的定义式为

$$\psi=\frac{A_0-A_1}{A_0}\times100\% \tag{2-14}$$

式中，$A_1$ 为试件断口处最小横截面面积。低碳钢的断面收缩率为 60%～70%。

（3）冷作硬化现象　如果在材料加载到强化阶段的某一点 $d$，然后荷载卸除，卸载过程中 $\sigma$-$\varepsilon$ 曲线将沿着近似平行于 $Oa$ 的斜线 $dO_1$ 变化（图 2-16），这说明卸载遵循弹性变形规律。荷载完全卸除后，$\sigma$-$\varepsilon$ 图中的弹性应变 $\varepsilon_e$ 消失，只剩下塑性应变 $\varepsilon_p$（残余应变）。

卸载后若重新加载，试验表明，应力-应变曲线将重新沿直线 $O_1d$ 变化，直到 $d$ 点后，曲线又大致与首次加载时的应力-应变曲线重合。在这个过程中，材料的屈服极限提高到卸载点 $d$ 的应力值，但塑性变形减小了，即塑性降低了，这种现象称为冷作硬化。工程上常利用冷作硬化提高材料的弹性阶段，如建筑工程中钢筋、起重机的钢索投入使用前都要做冷拔处理，就是利用这一性质来提高其承载力。但冷作硬化也有不利的一方面。零件初加工后，由于冷作硬化，材料变脆，容易产生裂纹，需要退火消除应变硬化的影响。

强化阶段卸载后，若经过一段时间再对试件加载，$\sigma$-$\varepsilon$ 曲线将按 $O_1dhkw$ 变化，可以得到更高的屈服极限 $\sigma_s$ 和强度极限 $\sigma_b$，如图 2-16 所示，但是拉断点 $w$ 的塑性变形比首次试验的拉断点 $f$ 的更小，即材料的塑性更低了，这种现象称为冷作时效。冷作时效与卸载后至重新加载的时间间隔和加载时试样的温度有关。

由低碳钢拉伸试验得到的表征材料力学性能的指标有比例极限 $\sigma_p$、屈服极限 $\sigma_s$、强度极限 $\sigma_b$、弹性模量 $E$；材料塑性指标包括伸长率 $\delta$ 和断面收缩率 $\psi$。

**2. 其他塑性材料拉伸时的力学性能**

工程中的塑性材料种类很多，图 2-19 给出了几种塑性材料的 $\sigma$-$\varepsilon$ 曲线，它们的共同点是伸长率都较大，属于塑性材料。将它们与低碳钢比较，这三种材料都没有明显的屈服阶段。对于没有明显屈服阶段的塑性材料，通常以产生 0.2% 的塑性应变所对应的应力作为屈服极限，称为名义屈服极限，记作 $\sigma_{0.2}$，该值由 $\sigma$-$\varepsilon$ 图可以求出，如图 2-20 所示。

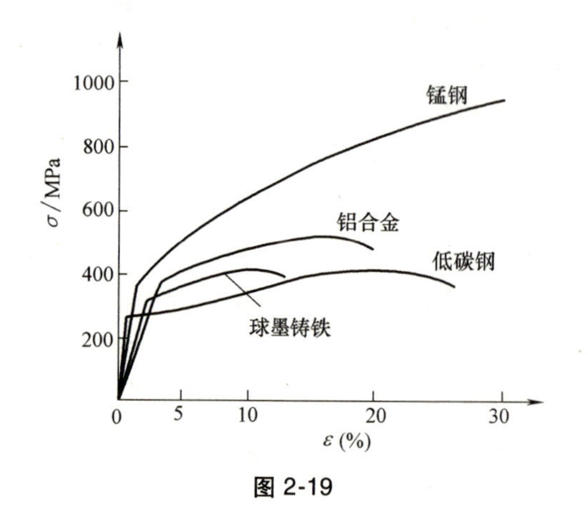


图 2-19

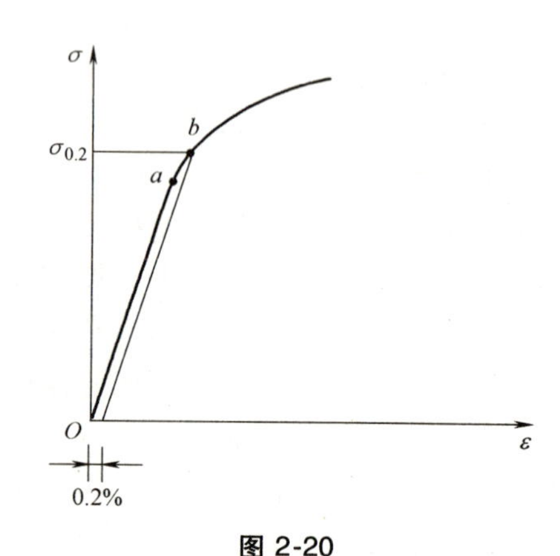


图 2-20

### 3. 铸铁和其他脆性材料拉伸时的力学性能

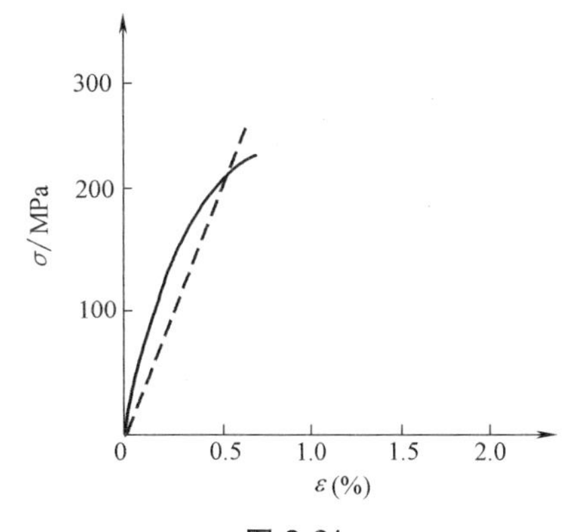


图 2-21

铸铁拉伸时的 $\sigma$-$\varepsilon$ 曲线如图 2-21 所示，它是一条微弯的曲线，试件直至拉断时，变形都很小，伸长率 $\delta$=0.4%~0.5%，是典型的脆性材料。虽然 $\sigma$-$\varepsilon$ 曲线中没有明显的直线段，但在一定应力范围内，工程上常用一条割线近似代替原有的曲线，如图 2-20 中的虚线所示，并且认为在这一段中，可以应用胡克定律。

铸铁等脆性材料拉伸时没有屈服和颈缩现象，铸铁拉断时的最大应力即其强度极限 $\sigma_b$，它是衡量铸铁强度的唯一指标。

其他一些在土木工程中常用的脆性材料，如混凝土砖、石等，拉伸时都与铸铁有共同的特点，拉伸强度低，变形小。由于脆性材料的抗拉强度很低，所以不适合制作承拉构件。

## 二、材料在压缩时的力学性能

材料在压缩时的力学性能也是利用试件压缩时的 $\sigma$-$\varepsilon$ 曲线来研究的。

### 1. 低碳钢压缩时的力学性能

低碳钢在压缩时的 $\sigma$-$\varepsilon$ 曲线如图 2-22 所示，图中虚线为拉伸时的 $\sigma$-$\varepsilon$ 曲线。试验曲线表明，在应力达到屈服极限之前，压缩曲线与拉伸曲线基本重合，因此塑性材料压缩时，弹性极限、屈服极限、弹性模量等都可以用拉伸时的对应值。应力超过屈服极限后，试验曲线斜率逐渐增大，与拉伸曲线的偏离也越来越大。这是由于材料屈服之后，试件横截面面积越压越大，抗压能力不断提高，所以无法测到材料的抗压强度极限 $\sigma_b$。

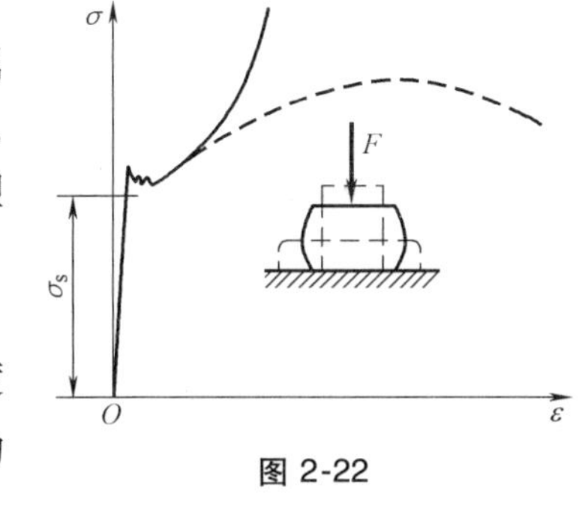


图 2-22

大多数金属塑性材料压缩时都有上述特性。但有些金属材料，其抗拉、抗压的性能不同，如铬钼合金、铝青铜等，它们压缩时也能压断，伸长率只有 13%~14%。对这样的塑性材料，压缩时的力学性能须由压缩试验确定。

### 2. 铸铁压缩时的力学性能

铸铁的压缩强度极限 $\sigma_b\approx600\text{MPa}$，大约是其拉伸强度极限的 4~5 倍。图 2-23a 中的右侧是铸铁压缩试件破坏时的图片，图中试件断裂面的方向与轴线的夹角大约为 45°。

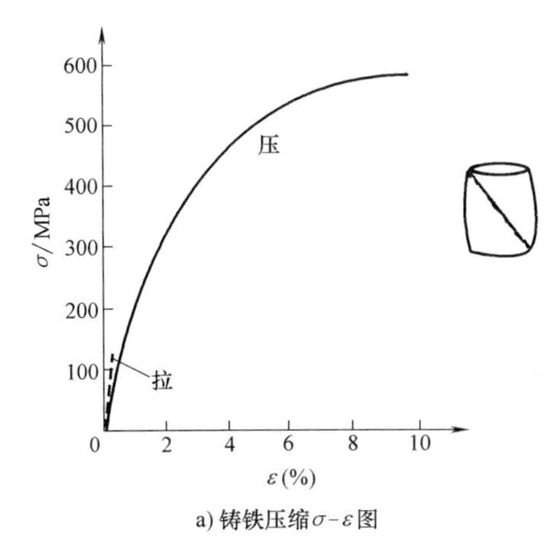


a) 铸铁压缩 $\sigma-\varepsilon$ 图

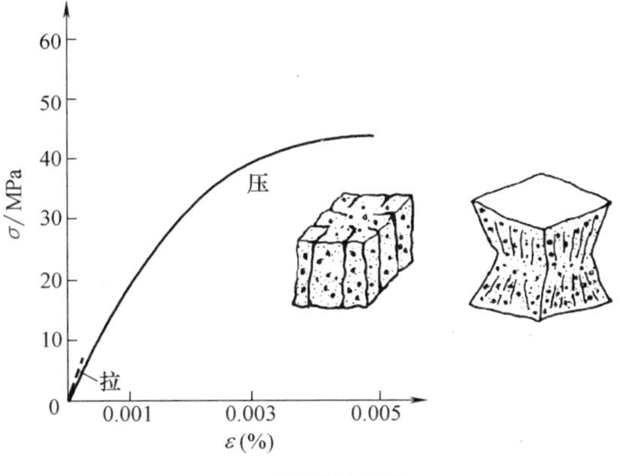


b) 混凝土压缩 $\sigma-\varepsilon$

图 2-23

### 3. 混凝土压缩时的力学性能

如图 2-23b 所示，混凝土的压缩强度极限比其拉伸强度极限大十倍还要多。混凝土试件破坏时有两种形状，破坏形状的差别与试件两端的摩擦有关。当加力压板与混凝土块间加润滑剂时，试件沿纵向开裂；不加润滑剂时，破坏时试件呈两个对接的截锥体，这是试件中间部位材料剥落的结果。

从图 2-23a、b 可看出，铸铁和混凝土两种材料压缩时的 $\sigma$-$\varepsilon$ 曲线的共同特点是：①都没有明显的直线部分，但曲率不大且破坏时的变形很小，可以认为近似地服从胡克定律；②无论是强度极限还是伸长率都比在拉伸时大得多。

其他脆性材料压缩时有与铸铁和混凝土类似的特点，其抗压能力大于抗拉能力，所以脆性材料适合制作抗压构件。

综述两类材料在常温、静载下的拉伸和压缩时的试验结果，可以得出如下结论：塑性材料在断裂前可以产生较大的变形，塑性指标（$\delta$ 和 $\psi$）较高，材料的塑性好；塑性材料的工程常用强度指标是屈服极限 $\sigma_s$（或 $\sigma_{0.2}$），一般地说，其拉伸和压缩屈服极限相同，因此塑性材料拉、压承载能力都较好；塑性材料断裂时的应力为其强度极限 $\sigma_b$，且具有冷作硬化和冷作时效特性，因此可以说，塑性材料具有可开发的强度空间，材料的强屈比 $\sigma_b/\sigma_s$ 越高，强度空间越大；脆性材料在断裂前的变形很小，塑性指标低，材料的塑性差；脆性材料唯一的强度指标是其强度极限，而且其拉伸强度极限 $\sigma_b$ 远低于其压缩强度极限 $\sigma_c$，适合制作承压构件。

表 2-2 列出了几种常用材料在常温、静载下拉伸和压缩时的一些力学性能，可供参考。

表 2-2　几种常用材料在常温、静载下拉伸和压缩时的一些力学性能

| 材料 | 弹性模量 $E$/GPa | 泊松比 $\nu$ | 屈服极限 $\sigma_s$/MPa | 拉伸强度极限 $\sigma_b$/MPa | 压缩强度极限 $\sigma_c$/MPa | 伸长率 $\delta_5$(%)（五倍试样） |
|---|---|---|---|---|---|---|
| 软钢 | 200~210 | 0.25~0.33 | 240 | 400 | | 45 |
| 16 锰钢 | 210 | | 350 | | | |
| 黄铜 | 100 | 0.33 | | | | 40 |
| 灰铸铁 | 80~150 | 0.23~0.27 | | 100~300 | 640~1100 | 0.6 |
| 球墨铸铁 | | | 300~400 | 390~590 | | 3.0 |
| 混凝土 | 14.6~36 | 0.08~0.18 | | | 7~50 | |
| 砖 | | | | | 8~300 | |
| 木材 | 8.5~12 | | | 100 | 32 | |
| 有机玻璃 | 40 | | 76 | | | |

注：表中 $\delta_5$ 是指 $l=5d$ 的标准试样的伸长率。

## 三、影响材料力学性能的因素

上述的材料力学性能都是在常温、静载条件下得到的结果，当试验条件改变时，材料的力学性能将受到影响。影响材料力学性能的主要因素有温度、变形速率、荷载作用的时间效应、应力的性质等。

（1）温度　一般来说，钢材的力学性能受温度变化的影响比较明显。图 2-24 为一般钢材的力学性能随温度变化而改变的曲线，从该曲线图中可以看出：温度升高，其 $\sigma_p$、$\sigma_s$ 及 $E$ 将降低；强度极限 $\sigma_b$ 在接近 300℃是达到最高，此后随着温度的进一步增加快速降低；温度达到 600℃时，钢材基本丧失全部刚度和强度。所以钢材属于

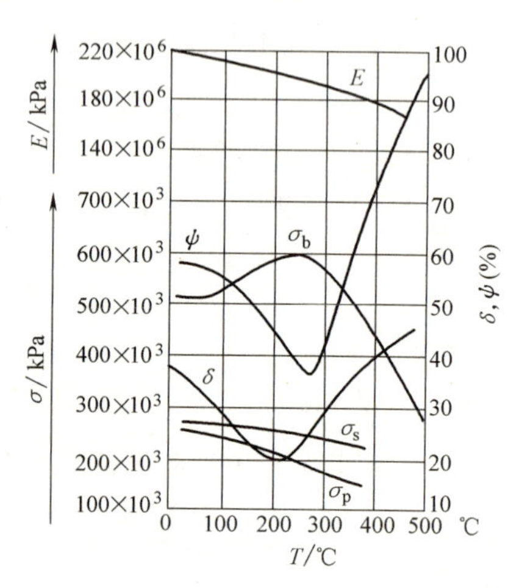

图 2-24

不耐火材料，这是钢结构中必须考虑的问题。塑性指标 $\delta$ 和 $\psi$ 值在 200~280℃之前随温度升高而降低，在此后则随温度的升高而增高。在低温下，钢材的强度指标 $\sigma_s$ 和 $\sigma_b$ 都将提高，但塑性指标 $\delta$ 将降低。

（2）变形速率　试验表明，变形速率提高，材料有变脆的趋势。例如钢材，当加载速率由 10MPa/s（静载）提高到 85MPa/s 时，屈服极限 $\sigma_s$ 约增加 20%，同时伸长率将降低。在冲击荷载作用下，变形速率更大，$\sigma_s$ 可提高 50%~60%，但由于变形响应滞后，材料常常发生脆性断裂。

（3）荷载作用的时间效应　试验表明，材料在不变荷载的长期作用下（温度不变），变形将继续缓慢增加，这种现象称为蠕变。蠕变变形为塑性变形，不会再消失。例如，拧紧的螺栓，经过一段时间后会有一定的松弛就是蠕变的结果。再例如，在预应力钢筋混凝土构件中，经过较长时间后，钢筋的预应力将降低，也是因为预应力筋在长期静载的作用下的蠕变造成的。

（4）应力性质　试验表明，材料的力学性能与应力的性质有关。同一种材料，在不同性质的应力作用下，表现出来的力学性能不同。试验已经证明：钢材在三向等值受拉时，将表现出脆性；铸铁在三向等值受压或在周围介质高压作用下做拉伸试验，将表现出塑性。

由于材料的力学性能受诸多因素的影响，在工程计算中必须正确地确定材料所处的条件，以确定其相应性能。

## 四、材料的极限状态

材料失效破坏时的应力称为极限应力，以 $\sigma_u$ 表示。不同类型材料失效破坏的形式不同。塑性材料应力达到屈服极限 $\sigma_s$ 时开始产生塑性变形，影响构件的正常工作，所以塑性材料的屈服极限 $\sigma_s$（或 $\sigma_{0.2}$）即为其失效时的极限应力；脆性材料发生断裂时应力达到拉伸强度极限 $\sigma_b$（或压缩强度极限 $\sigma_c$），所以脆性材料的拉伸强度极限 $\sigma_b$（或压缩强度极限 $\sigma_c$）即为其失效时的极限应力。

## 五、应力集中现象

如前所述，均质连续材料等截面直杆在轴向荷载作用下，截面上的应力是均匀分布的。但是当截面形状或截面尺寸有急剧改变时，如有些构件需要有钻孔、开槽、攻螺纹等，在小孔的边界上应力会急剧增加，在离开小孔边缘稍远后应力分布又渐趋平缓，如图 2-25 所示，工程中将这种构件截面形状或截面尺寸急剧改变的小范围内，应力数值急剧增大的现象称为应力集中。

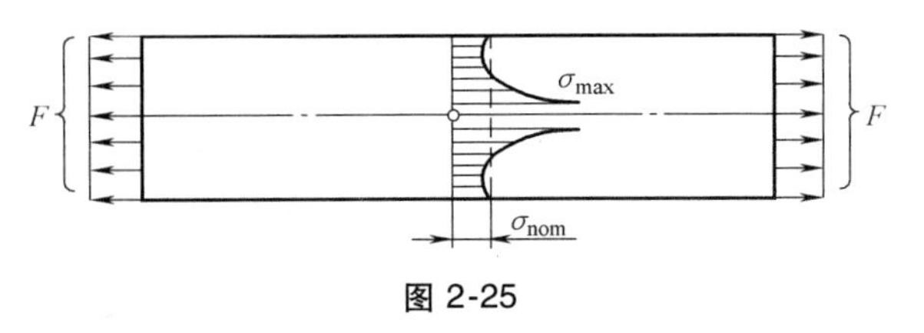

图 2-25

在构件外形局部不规则处的最大局部应力 $\sigma_{max}$，必须借助于弹性理论、计算力学或试验应力分析的方法求得。在工程实际中，应力集中的程度用最大局部应力 $\sigma_{max}$ 与该截面上视为均匀分布的名义应力 $\sigma_{nom}$ 的比值来表示，即

$$K_{t\sigma}=\frac{\sigma_{max}}{\sigma_{nom}} \tag{2-15}$$

比值 $K_{t\sigma}$ 是一个大于 1 的系数，称为**理论应力集中因数**。试验和理论分析都已表明，截面尺寸改变越急剧，孔越小，开口越尖，应力集中越严重。因此工程上尽量避免带尖角的开口和

开槽。

应力集中对构件的影响与构件材料类型有关。一般来说，塑性材料因为有屈服阶段存在，在静荷载下，最大集中应力到达材料屈服极限后将不再增加，屈服区逐渐扩大，最终可以使截面上的应力趋于均匀，然后继续增长应力达到强度极限而破坏。因此，在静荷载下塑性材料对应力集中并不敏感，不必考虑应力集中对塑性材料构件强度的影响。

对于脆性材料，如铸铁、玻璃、混凝土、陶瓷等，应力集中致使局部应力达到强度极限并率先出现裂缝，随着裂缝的发展，应力集中程度加剧，最终导致构件发生破坏。由于脆性材料对应力集中十分敏感，所以设计时必须考虑应力集中的影响。

顺便指出，应力集中是导致构件在某些动荷载作用（如交变应力作用）下破坏的根源，此时，无论塑性材料还是脆性材料，都必须考虑应力集中的影响。

## 第五节　连接件的强度计算

工程中的连接件，如销钉、铆钉、螺栓和键等，它们主要是承受剪切变形的构件。下面以铆接接头为例，说明连接件的强度计算方法。

图 2-26a 所示杆件受到等值、反向、相距很近的一对横向力 $F$ 作用，该杆在两个横向力之间的变形即剪切变形。杆件可能沿截面 $m$—$m$ 错动破坏，该截面称为剪切面。由截面法可知，其上作用有与截面相切的内力，称为剪力，用 $F_S$ 表示。由平衡方程可以求得 $F_S=F$。

正负符号规定：剪力 $F_S$ 以绕分离体内靠近切面的点顺时针转动者为正，反之为负。按此规定，图 2-26b 中截面左、右两侧的剪力均为正号。

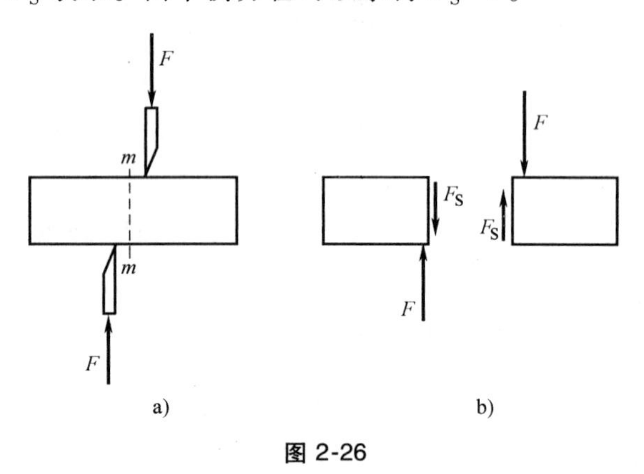


图 2-26

### 一、剪切强度的实用计算

铆钉连接的受力如图 2-27a 所示，抗剪构件 $AB$ 在剪切面 $m$—$m$ 上受到剪切作用，图 2-27b 所示为其计算简图。由截面法可以求得剪切面上的剪力 $F_S=\dfrac{F}{2}$。

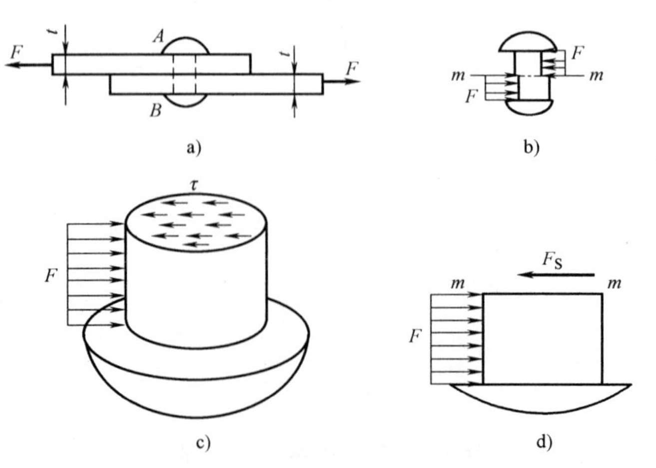


图 2-27

在剪切实用计算中，假设切应力 $\tau$ 在剪切面上均匀分布（图 2-27c），于是得出切应力 $\tau$ 的计算式为

$$\tau=\frac{F_S}{A} \tag{2-16}$$

式中　$F_S$——剪切面上的剪力；

$A$——剪切面面积。

切应力的正负号规定与剪力正负号规定相同。

式（2-16）是根据假设建立的，由此得出的切应力并不是剪切面上的真实应力，而是该面上的平均切应力，所以又称其为名义切应力。

如果剪切许用应力为［$\tau$］，则构件的剪切强度条件可表达为

$$\tau=\frac{F_S}{A}\leqslant[\tau] \tag{2-17}$$

式中，剪切许用应力值［$\tau$］是根据剪切破坏试验，将材料失效时的极限切应力除以安全因数得到的。

## 二、挤压强度的实用计算

连接件除了会发生剪切破坏外，还会发生挤压破坏。所谓挤压，就是指铆钉和孔壁的接触面间互相压紧的现象。挤压时的作用力称为挤压力，以 $F_{bs}$表示。相互接触面称为挤压面。当挤压力比较大或接触面积比较小时，连接件接触面附近小范围内材料产生塑性变形，造成连接件松动而丧失承载力，即发生挤压破坏。图 2-28a 所示的就是螺栓孔被压成长圆孔、螺栓杆被挤压成扁圆柱时的情形。

为了对构件进行挤压强度计算，首先要确定挤压应力，以 $\sigma_{bs}$表示。挤压应力是局部应力，只发生在接触面附近的小区域内；其分布规律比较复杂。图 2-28b 是作用于螺栓杆上的挤压应力的分布图，其在半圆弧上成抛物线规律分布，最大挤压应力发生在挤压面的中点。

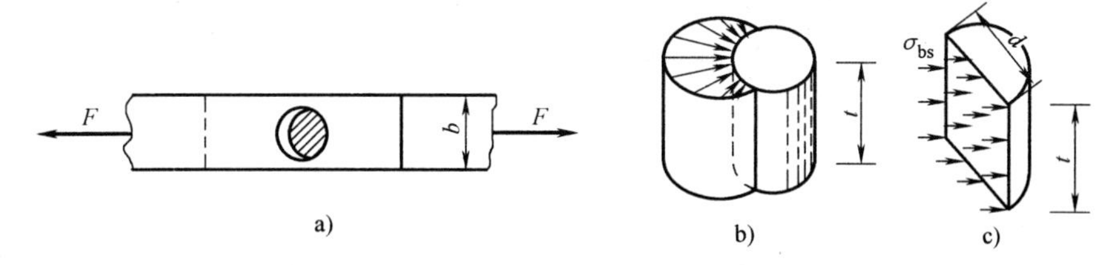


图 2-28

对挤压应力的计算也采用实用计算方法。假设挤压应力在挤压面上均匀分布，如图 2-28c 所示。由静力关系，可得挤压应力 $\sigma_{bs}$的计算式为

$$\sigma_{bs}=\frac{F_{bs}}{A_{bs}} \tag{2-18}$$

式中，$A_{bs}$为挤压面积。当接触面为平面时，$A_{bs}$就是接触面的实际面积。若接触面为曲面，$A_{bs}$则为曲面在与挤压力作用线垂直平面上的投影面积。

挤压强度条件可表示为

$$\sigma_{bs}=\frac{F_{bs}}{A_{bs}}\leqslant[\sigma_{bs}] \tag{2-19}$$

由于挤压应力是局部应力，周围材料的支撑使材料抗挤压的能力比抗轴向拉伸的能力要高

得多，试验表明 $[\sigma_{bs}]\approx(1.7\sim2.0)[\sigma]$

应当注意，挤压应力是在连接件和被连接件之间相互作用的。因而，当两者材料不同时，应校核其中许用挤压应力较低的材料的挤压强度。

连接件的实用计算方法，对铆钉、销钉或螺栓等连接都是适用的。除了连接件和被连接件的剪切、挤压强度外，有时还要考虑被连接件的拉伸强度，特别是空洞削弱截面的强度计算。

**例 2-7** 如图 2-29 所示的钢板铆接件中，已知钢板的拉伸许用应力 $[\sigma]=98\text{MPa}$，剪切许用应力 $[\tau]=50\text{MPa}$，挤压许用应力 $[\sigma_{bs}]_1=196\text{MPa}$，钢板厚度 $t=10\text{mm}$，宽度 $b=100\text{mm}$。中间钢板铆钉孔中心到端部边缘的距离 $c=25\text{mm}$。铆钉直径 $d=17\text{mm}$，铆钉许用切应力 $[\tau]=137\text{MPa}$，挤压许用应力 $[\sigma_{bs}]_2=314\text{MPa}$。若铆接件承受的荷载 $F=50\text{kN}$。试校核钢板与铆钉的强度。

**解：**(1) 钢板强度 根据题设，钢板受力后有三种可能的破坏形式，一种是在铆钉孔削弱的截面处拉伸破坏；一种是在铆钉孔处因剪切而破坏；还有一种是在铆钉孔处因挤压而破坏。

1) 校核拉伸强度：由图 2-29 判断，拉伸强度的危险截面在中间层钢板经铆钉孔削弱的截面处，在该截面上

$$\sigma_{max}=\frac{F_N}{A}=\frac{F}{(b-2d)t}=\frac{50\times10^3\text{N}}{(100\text{mm}-2\times17\text{mm})\times10\text{mm}}=75.8\text{MPa}<[\sigma]=98\text{MPa}$$

钢板的拉伸强度足够。

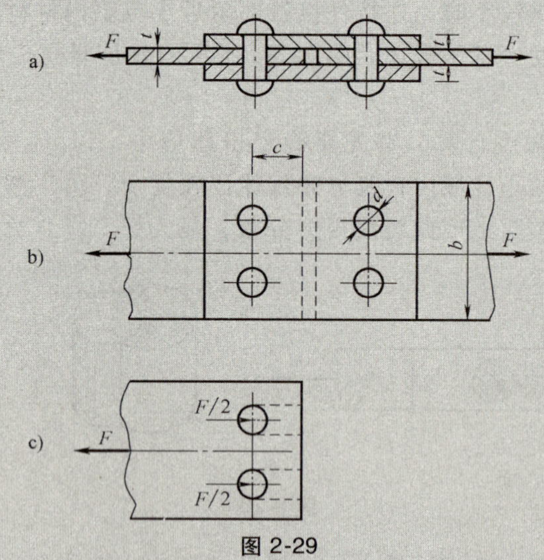


图 2-29

2) 校核剪切强度：中间钢板在铆钉杆作用下的剪切面如图 2-29c 中虚线所示，每个剪切面上的剪力 $F_S=\frac{F}{4}$，剪切面的面积 $A=tc=10\text{mm}\times25\text{mm}=250\text{mm}^2$，切应力为

$$\tau=\frac{F_S}{A}=\frac{F}{4A}=\frac{50\times10^3\text{N}}{4\times250\text{mm}^2}=50\text{MPa}=[\tau]=50\text{MPa}$$

钢板的剪切强度满足要求。

3) 校核挤压强度：在图 2-29 所示的受力情况下，作用于中间层钢板每个铆钉孔的挤压力 $F_{bs}=\frac{F}{2}$（图 2-29c），计算挤压面积 $A_{bs}=dt$。挤压应力为

$$\sigma_{bs}=\frac{F_{bs}}{A_{bs}}=\frac{F}{2dt}=\frac{50\times10^3\text{N}}{2\times17\text{mm}\times10\text{mm}}=147\text{MPa}<[\sigma_{bs}]_1=196\text{MPa}$$

钢板的挤压强度足够。

综上结果可知，钢板是安全的。

(2) 铆钉强度

1) 校核剪切强度：在图 2-29 所示情形下，每个铆钉有两个剪切面，每个剪切面上的剪力 $F_S=\frac{F}{4}$，于是有

$$\tau=\frac{F_S}{A}=\frac{\frac{F}{4}}{\frac{\pi d^2}{4}}=\frac{F}{\pi d^2}=\frac{50\times10^3\text{N}}{3.14\times(17\text{mm})^2}=55\text{MPa}<[\tau]=137\text{MPa}$$

铆钉的剪切强度足够。

2) 校核挤压强度：铆钉中间段的挤压力最大，挤压应力与中间层钢板铆钉孔中的相同，而铆钉的挤压许用应力高于钢板，钢板的挤压强度足够，铆钉的挤压强度显然满足。

最后得出结论：整个连接的强度是安全的。

# 小　　结

1. 内力计算。轴向拉（压）杆中的内力为轴力。

2. 正应力计算公式：$\sigma=\frac{F_N}{A}$。

3. 轴向拉（压）杆的变形计算公式：$\Delta l=\frac{F_N l}{EA}$或 $\varepsilon=\frac{\sigma}{E}$。

4. 塑性和脆性材料在常温静载下轴向变形时的力学性能。

5. 杆件轴向拉（压）强度条件：$\sigma_{max}=\left(\frac{F_N}{A}\right)_{max}\leqslant[\sigma]$

6. 连接件强度计算：

1) 剪切的实用计算 $\tau=\frac{F_S}{A}\leqslant[\tau]$

2) 挤压的实用计算 $\sigma_{bs}=\frac{F_{bs}}{A_{bs}}\leqslant[\sigma_{bs}]$

# 思　考　题

2-1　试指出轴向拉（压）杆件应力、变形、强度的计算中，哪些概念是由试验得出的，哪些公式是在试验的基础上做出的假设建立的？

2-2　若两杆横截面面积 $A$、杆长 $l$ 及杆端轴向荷载 $F$ 相同，材料不同，试问所产生的应力 $\sigma$、变形 $\Delta l$ 及强度是否相同？

2-3　能否说“只要有线应变，就有正应力”？试举例说明。

2-4　已知低碳钢的弹性模量 $E_s = 200\text{GPa}$，混凝土的弹性模量 $E_c = 25\text{GPa}$，试求：

（1）在横截面上正应力 $\sigma$ 相等的情况下，钢和混凝土杆纵向线应变 $\varepsilon$ 之比。

（2）在纵向线应变相等的条件下，钢和混凝土杆横截面上正应力 $\sigma$ 之比。

2-5　何谓危险截面？一个沿轴线受到若干外力作用的阶梯直杆，危险截面是否就是轴力绝对值最大的截面？

2-6　某拉杆材料的屈服极限 $\sigma_s = 350\text{MPa}$，强度极限 $\sigma_b = 598\text{MPa}$，若使其工作应力达到 $\sigma = 400\text{MPa}$ 时还在弹性范围内工作，有什么办法吗？

2-7　关于材料变形下面两种说法哪一个正确？

（1）材料在弹性阶段只产生弹性变形，在塑性阶段只产生塑性变形。

（2）材料在任何变形阶段的变形中均含有弹性变形。

# 习　　题

2-1　试求图 2-30 所示各杆 1—1、2—2、3—3 截面上的轴力，并作轴力图。

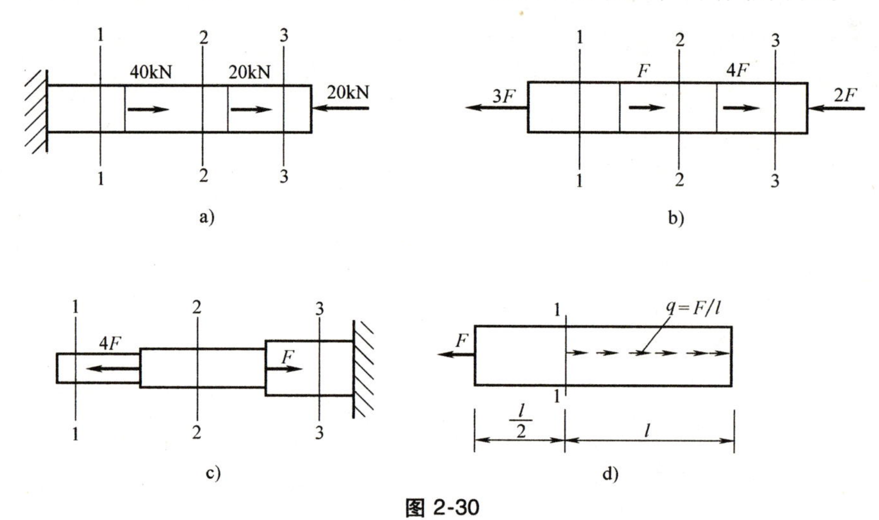


图 2-30

2-2　图 2-31 所示钢杆中，左右两段截面面积 $A_1 = 200\text{mm}^2$，中间段截面面积 $A_2 = 150\text{mm}^2$，试求各截面上的应力。

2-3　如图 2-32 所示的杆件 $AB$ 和 $GF$ 用 4 个铆钉连接，两端受轴向力 $F$ 作用，设各铆钉平均分担所传递的力为 $F$，求作 $AB$ 杆的轴力图。

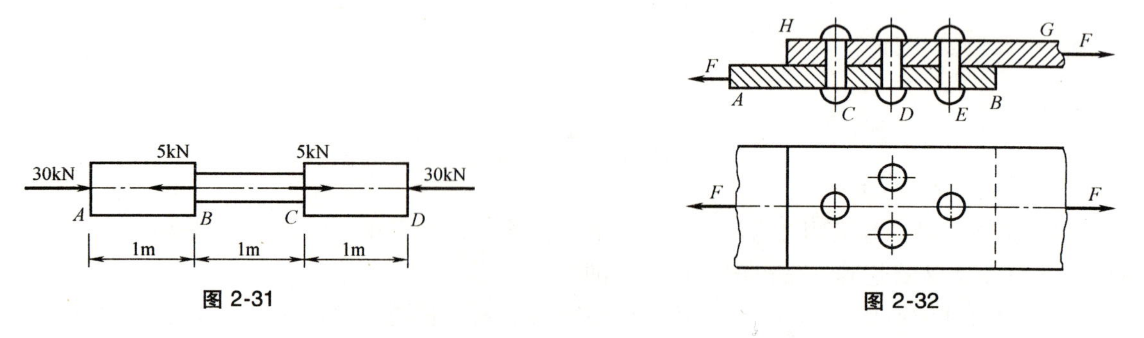


图 2-31　　　　图 2-32

2-4　圆截面钢杆如图 2-33 所示，已知材料的弹性模量 $E = 200\text{GPa}$，试求杆的最大正应力及杆的总伸长。

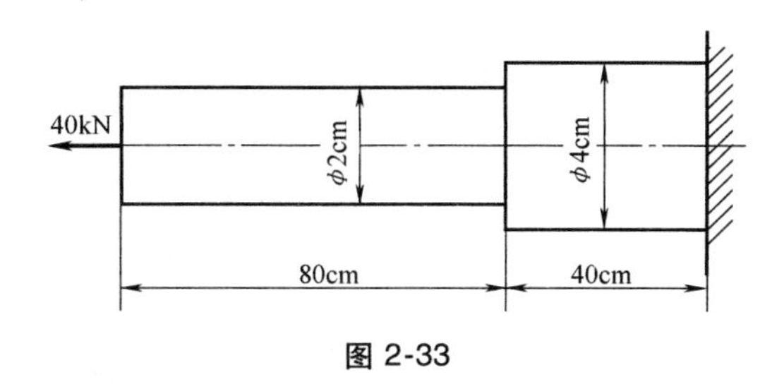


图 2-33

2-5　计算图 2-31 中钢杆的总伸长量 $\Delta l$。已知材料的弹性模量 $E=200\text{GPa}$。

2-6　图 2-34 中的 $AB$ 杆为刚性杆，$CD$ 为钢杆，截面面积 $A=5\text{cm}^2$，材料的弹性模量 $E=200\text{GPa}$，试求当力 $F=50\text{kN}$ 时 $D$ 点的铅垂位移。

2-7　结构如图 2-35 所示，$AB$ 为刚性杆，杆 1、2、3 材料相同，其弹性模量 $E=210\text{GPa}$。已知 $l=1\text{m}$，$A_1=A_2=150\text{mm}^2$，$A_3=100\text{mm}^2$，$F=25\text{kN}$，试求 $C$ 点的水平位移和铅垂位移。

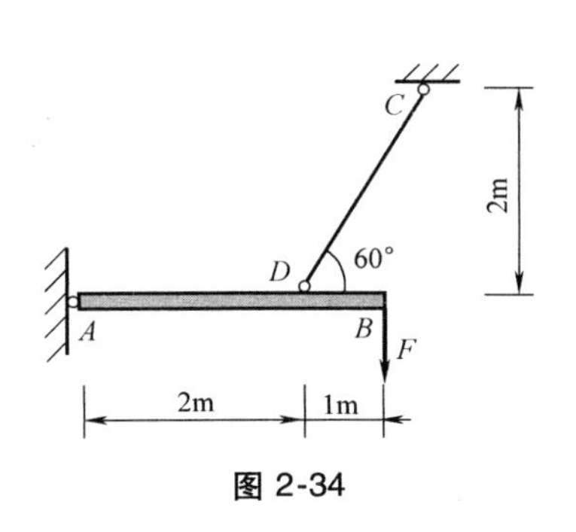


图 2-34

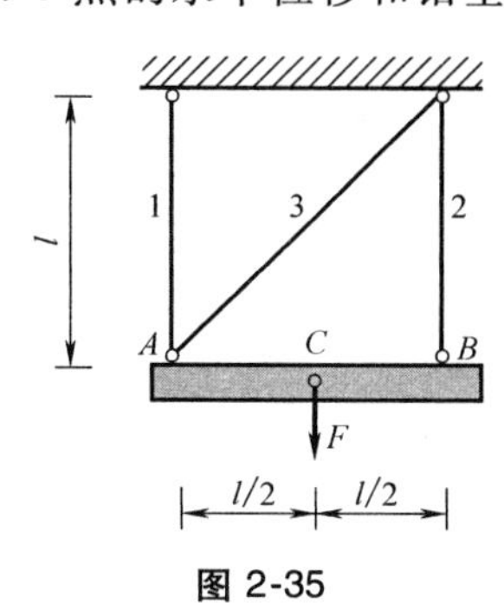


图 2-35

2-8　在图 2-36 所示结构中，假设 $AC$ 梁为刚杆，杆 1、2、3 的横截面面积相等，材料相同。试求三杆的轴力。

2-9　如图 2-37 所示，起重吊钩上端借螺母固定。若吊钩螺栓的内径 $d=55\text{mm}$，材料的许用应力 $[\sigma]=80\text{MPa}$，试确定该吊钩的最大起重量 $F_{G,\max}$。

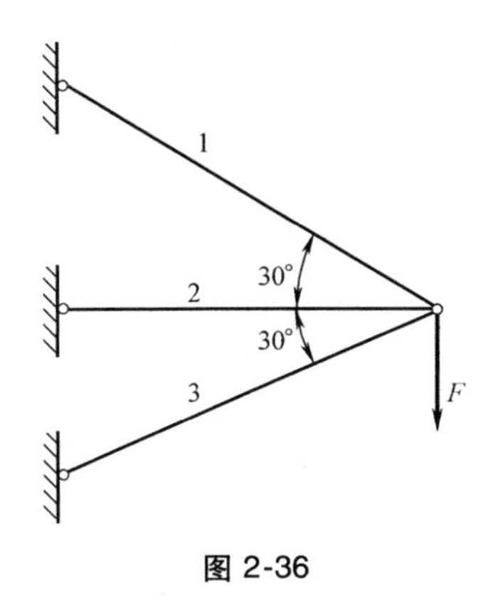


图 2-36

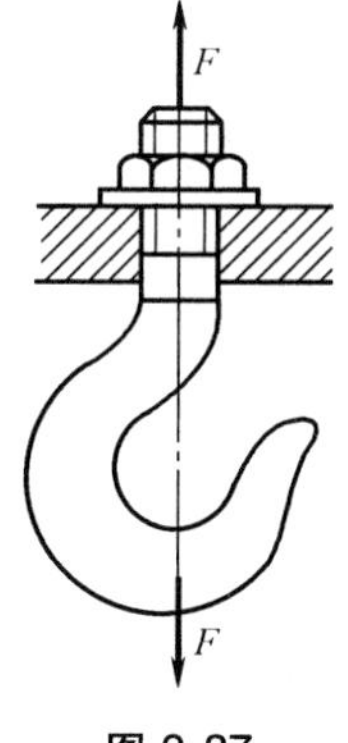


图 2-37

2-10　托架结构如图 2-38 所示。荷载 $F=30\text{kN}$，现有两种材料——铸铁和 Q235A 钢，截面均为圆形，铸铁的许用应力为 $[\sigma_T]=30\text{MPa}$ 和 $[\sigma_C]=120\text{MPa}$，钢的许用应力为 $[\sigma]=160\text{MPa}$。试合理选取托架 $AB$ 和 $BC$ 两杆的材料，并计算杆件所需的截面尺寸。

2-11　作用于图 2-39 所示钢拉杆上的轴向拉力 $F=500\text{kN}$，若拉杆材料的许用应力 $[\sigma]=80\text{MPa}$，试设计拉杆截面尺寸。已知拉杆横截面为矩形，且 $b=2a$。

2-12　一嵌入支座中的钢杆，自由端受到 $F=20\text{kN}$ 的轴向拉力作用，如图 2-40 所示。设钢杆在支座中受到的摩擦力$f$沿轴向均匀分布，杆的横截面面积$A=200mm^2$，嵌入段和未嵌入段的长度分别为$l_1=400mm$，$l_2=150mm$。试：（1）绘出该杆内力图，指出危险截面位置；（2）求最大工作正应力$\sigma_{max}$；（3）若该杆材料的弹性模量$E=200GPa$，屈服极限$\sigma_s=240MPa$，强度极限$\sigma_b=400MPa$，安全系数$n=1.5$，试计算该杆的总伸长，并校核其强度。

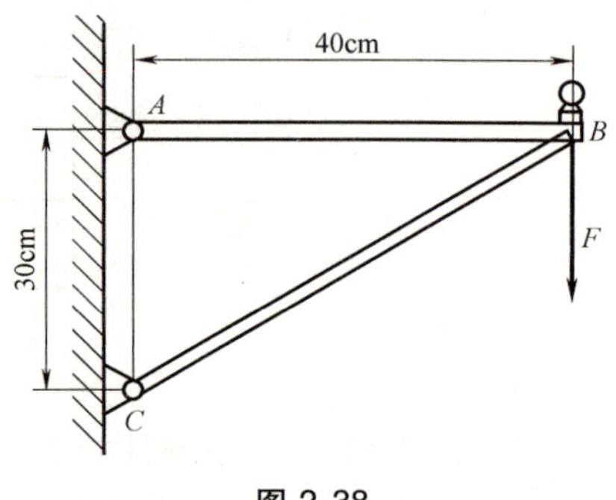

图 2-38

2-13 图 2-41 所示三角桁架，各杆均为钢杆。已知$AC$和$BC$杆均由两个等边角钢∟ 30×30×4 组成，$AB$杆由两个不等边角钢组成，材料的许用应力$[\sigma]=160MPa$，试根据$AC$和$BC$两杆确定结构的许用荷载$F$，并为$AB$杆选择角钢型号。

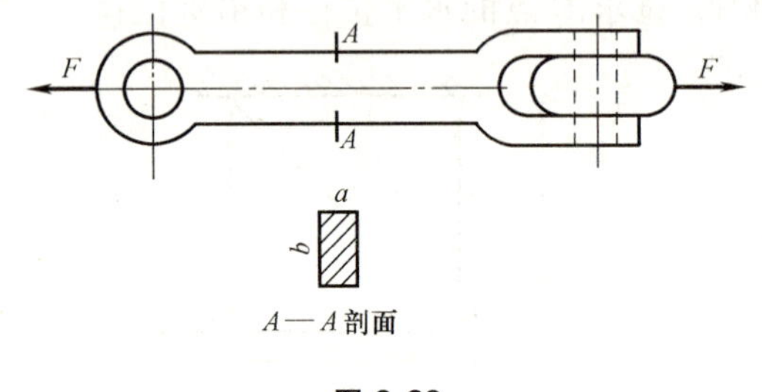

图 2-39

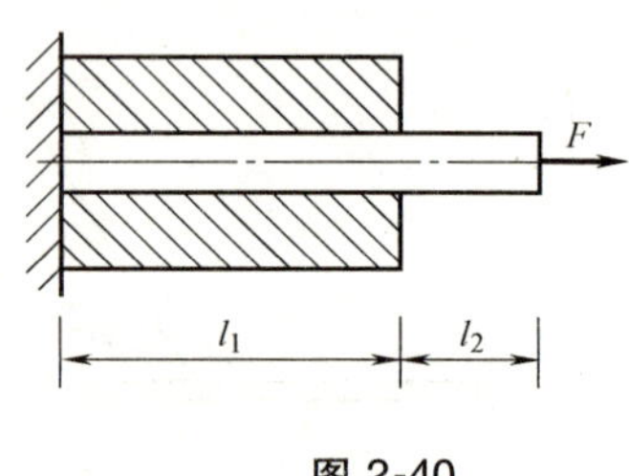

图 2-40

2-14 如图 2-42 所示，铬锰钢管的外径$D=30mm$，内径$d=27mm$，在两段钢管的接口处用套管连接，套管材料为低碳钢，已知铬锰钢的屈服极限$\sigma_s=900MPa$，低碳钢的屈服极限$\sigma_s=250MPa$，试求套管的外径$D_1$。

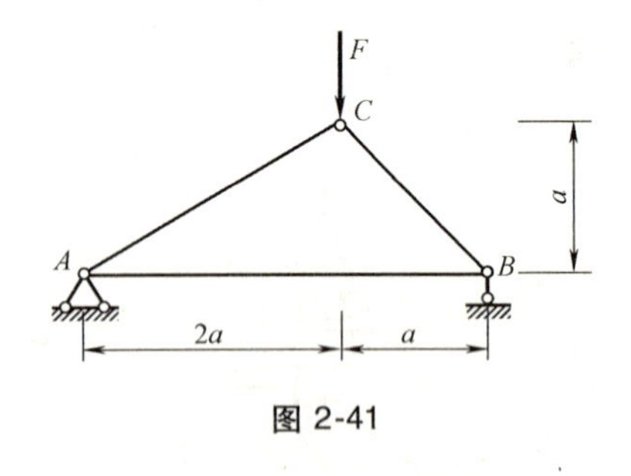

图 2-41

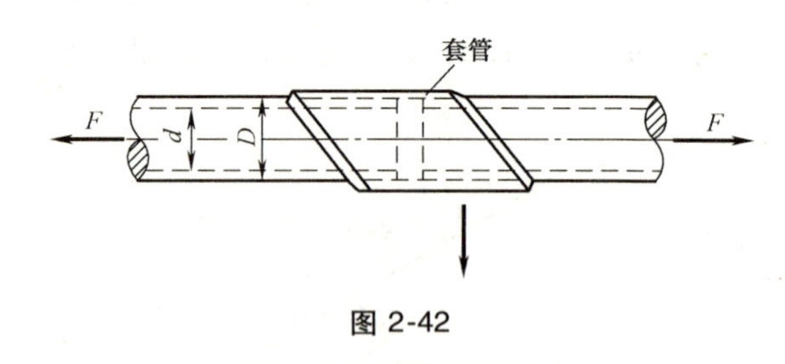

图 2-42

2-15 图 2-43 所示结构中，杆 1 和杆 2 的许用应力各为$[\sigma]_1=140MPa$，$[\sigma]_2=100MPa$，截面面积$A_1=400mm^2$，$A_2=350mm^2$，试求结构的许用荷载。

2-16 某建筑高度$h=90m$，楼内竖直铺设的水管上端的给水压力$p=2MPa$，水管内径$d=40mm$、壁厚$t=3mm$，水管材料为聚乙烯，许用应力$[\sigma]=15MPa$，试校核该水管壁的强度。

2-17 桁架受力如图 2-44 所示，各杆均由双等边角钢构成。已知材料的许用应力$[\sigma]=160MPa$，结点力$F=100kN$，试为$AB$、$AC$两杆选择合适的等边角钢。

2-18 混凝土柱如图 2-45 所示，两段的截面均为正方形，设混凝土的密度$\rho=2.2\times10^3kg/m^3$，$F=800kN$，许用应力$[\sigma]=2MPa$，试根据强度条件设计此柱横截面尺寸。

2-19 图 2-46 所示的木制短柱的 4 角用 4 个∟ 40×40×4 的等边角钢加固。已知角钢的许用应力$[\sigma]_{钢}=160MPa$，$E_{钢}=200GPa$；木材的许用应力$[\sigma]_{木}=12MPa$，$E_{木}=10GPa$。试求许可荷载力$F$。

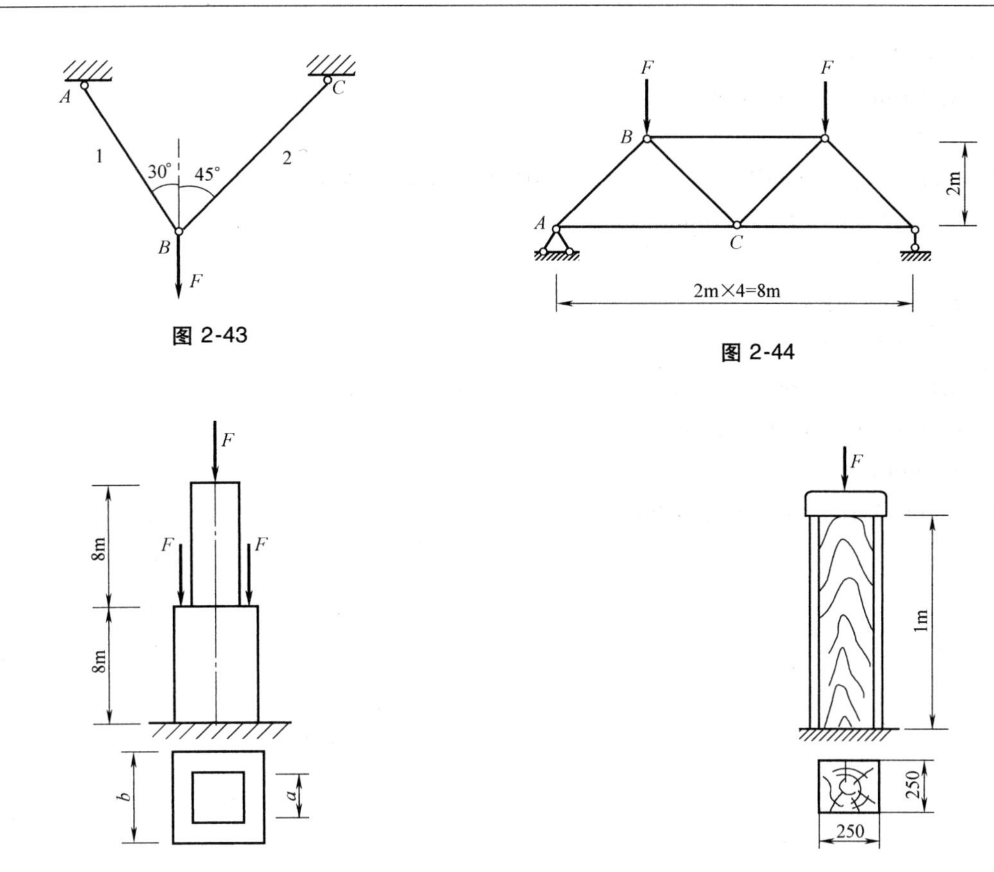


图 2-43　图 2-44

图 2-45　图 2-46

2-20　图 2-47 所示铆钉接头受轴向荷载 $F$ 作用，试校核其强度。已知 $F=80\text{kN}$，$b=80\text{mm}$，$t=10\text{mm}$，$d=16\text{mm}$，材料的许用应力 $[\sigma]=160\text{MPa}$，$[\tau]=120\text{MPa}$，$[\sigma_{bs}]=320\text{MPa}$。

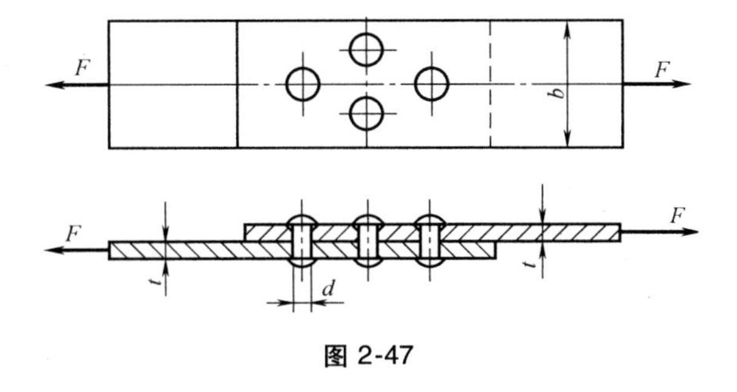


图 2-47

# 习题参考答案

2-2　$\sigma_{AB}=\sigma_{CD}=-150\text{MPa}$，$\sigma_{BC}=-167\text{MPa}$

2-4　$\sigma_{max}=127.3\text{MPa}$，$\Delta l=0.573\text{mm}$

2-5　$\Delta l=1.83\text{mm}$

2-6　$\Delta_{Dy}=2.31\text{mm}$

2-7　$\Delta_{Cy}=\Delta_{Cy}=0.397\text{mm}$

2-8　$F_1=56F$，$F_2=13F$，$F_3=16F$

2-9 $F_{max}=190kN$

2-10 $d_1=18mm$，$d_2=23mm$。

2-11 $a=56mm$

2-12 （2）$\sigma_{max}=100MPa$；（3）$[\sigma]=160MPa$，$\Delta l=0.175mm$

2-13 不等边角钢 40mm×25mm×3mm

2-14 $D_1 \geqslant 39mm$

2-15 $F_{max}=67.4kN$

2-16 $\sigma_{max}=19.2MPa$，不安全

2-17 $AB$ 杆：2∟56mm×4mm　　$AC$ 杆：2∟40mm×4mm

2-18 $a=662mm$，$b=1146mm$

2-19 $F=698kN$。

2-20 $\tau=99.5MPa$，$\sigma_{bs}=125MPa$

# 第三章　圆轴扭转的强度与变形

扭转变形是杆件的基本变形之一。杆件在横向平面内的外力偶作用下，要发生扭转变形，它的任意两个横截面将由于各自绕杆的轴线所转动的角度不相等而产生相对角位移，即相对**扭转角**。产生扭转变形的杆件多为传动轴、房屋的雨篷梁等，如图 3-1 所示。值得注意的是：只有等直圆杆的扭转问题本章才能解决，非圆截面杆的扭转变形比较复杂，需要用弹性力学的方法求解。

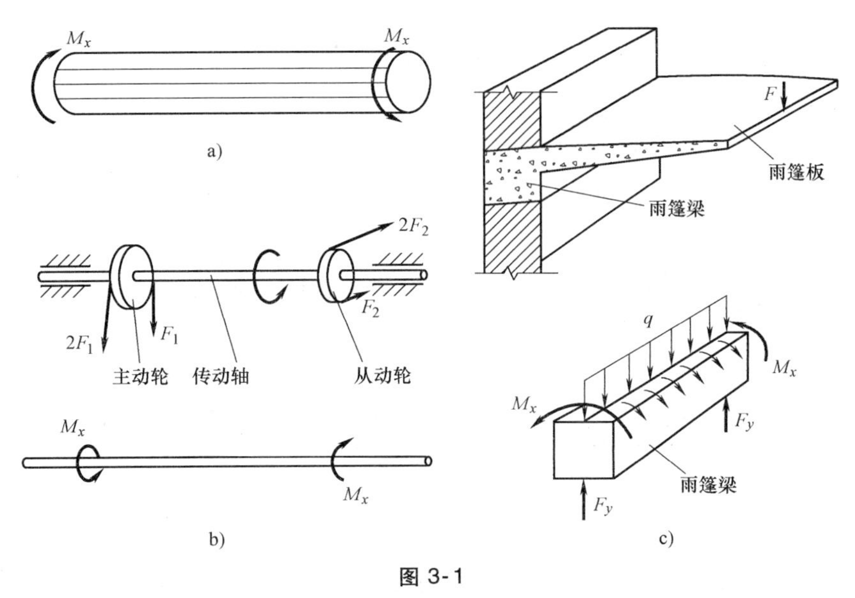


图 3-1

## 第一节　圆轴扭转的扭矩及扭矩图

### 一、传动轴上的外力偶矩

功率、转速与外力偶矩间的关系如下：

在工程中通常不是直接给出作用在轴上的外力偶的力偶矩，而是给出轴所传递的功率和轴的转速，需要通过功率、转速与力偶矩之间的关系算出外力偶矩。

若轴传递的功率为 $P$（单位 kW），则每分钟做的功为

$$W=P\times60$$

从力偶做功来看，若轴的转速为 $n$（单位 r/min），则传动轴上的外力偶做功为

$$W'=M_e\omega=M_e\cdot2\pi n$$

由 $W=W'$，当功率单位为 kW 时，外力偶 $M_e$（单位 kN · m）为

$$M_e=\frac{60P}{2\pi\cdot n}=9.55\frac{P}{n} \tag{3-1}$$

在工程中，有时功率的单位是马力（Ps），而 1kW = 1.36Ps，则外力偶 $M_e$（单位 kN·m）为

$$M_e = 7.020\frac{P}{n} \tag{3-2}$$

## 二、扭矩及扭矩图

### 1. 扭矩

图 3-2a 所示为一受扭杆，用截面法来求 $n—n$ 截面上的内力时，取左段（图 3-2b），则作用于其上的外力仅有一力偶 $m_A$，因其平衡，则与作用于 $n—n$ 截面上的内力必合成为一力偶。

$T$ 称为 $n—n$ 截面上的扭矩。

杆件受到外力偶矩作用而发生扭转变形时，在杆的横截面上产生的内力称扭矩（$T$），其单位为 N·m 或 kN·m。

由 $\Sigma m_x = 0$　　　　$T - m_A = 0$

解得　　　　$T = m_A$

符号规定：按右手螺旋法则将 $T$ 表示为矢量，当矢量方向与截面外法线方向相同时为正（图 3-3a）；相反时为负（图 3-3b）。

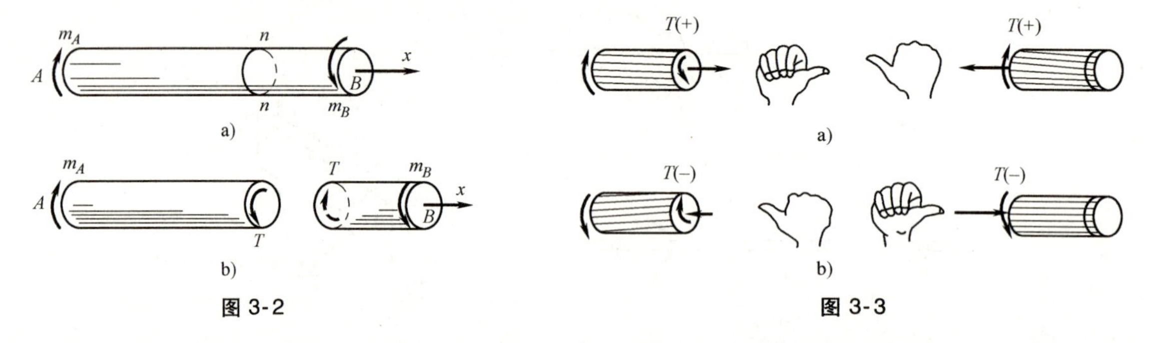


图 3-2　　　　图 3-3

**例 3-1**　图 3-4a 所示的传动轴的转速 $n = 300$r/min，主动轮 $A$ 的功率 $P_A = 400$kW，3 个从动轮输出功率分别为 $P_C = 120$kW，$P_B = 120$kW，$N_D = 160$kW，试求指定截面的扭矩。

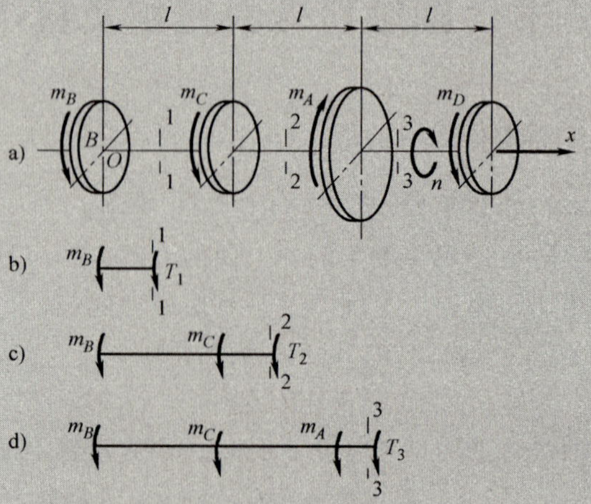

图 3-4

**解**：由 $m = 9.55\frac{P}{n}$，得

$$m_A = 9.55\frac{P_A}{n} = 12.73\text{kN}\cdot\text{m}$$

$$m_B = m_C = 9.55\frac{P_B}{n} = 3.82\text{kN}\cdot\text{m}$$

$$m_D = m_A - (m_B + m_C) = 5.09\text{kN}\cdot\text{m}$$

如图 3-4b 所示，建立平衡方程为

$$\Sigma m_x = 0,\quad T_1 + m_B = 0$$

解得　$T_1 = -m_B = -3.82\text{kN}\cdot\text{m}$

如图 3-4c 所示，建立平衡方程为

$$\Sigma m_x = 0,\quad T_2 + m_B + m_C = 0$$

解得　$T_2 = -m_B - m_C = -7.64\text{kN}\cdot\text{m}$

如图 3-4d 所示，建立平衡方程为

$$\Sigma m_x = 0,\quad T_3 - m_A + m_B + m_C = 0$$

解得　$T_3 = m_A - m_B - m_C = 5.09\text{kN}\cdot\text{m}$

由上述扭矩计算过程可推得：**任一截面上的扭矩值等于对应截面一侧所有外力偶矩的代数和，且外力偶矩应用右手螺旋法则确定，背离该截面时为负，反之为正**，即

$$T = \sum m \tag{3-3}$$

**例 3-2**　图3-5 所示的传动轴有 4 个轮子，作用轮上的外力偶矩分别为 $m_A = 3\text{kN}\cdot\text{m}$，$m_B = 7\text{kN}\cdot\text{m}$，$m_C = 2\text{kN}\cdot\text{m}$，$m_D = 2\text{kN}\cdot\text{m}$，试求指定截面的扭矩。

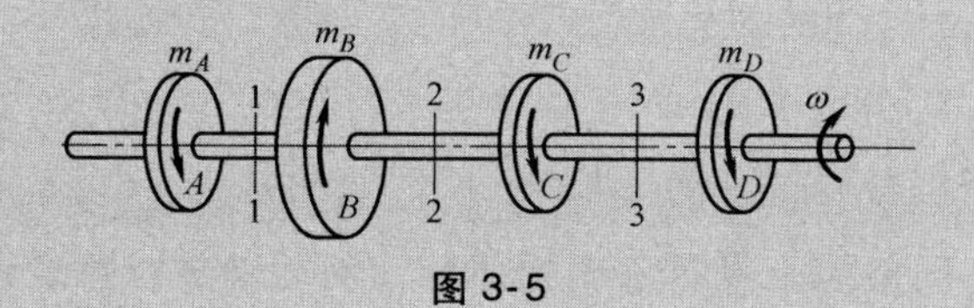


图 3-5

**解：** 由 $T = \sum m$，得

1—1 截面：

取左段时　$T_1 = -m_A = -3\text{kN}\cdot\text{m}$

取右段时　$T_1 = -m_B + m_C + m_D = -3\text{kN}\cdot\text{m}$

2—2 截面：

取左段时　$T_2 = -m_A + m_B = 4\text{kN}\cdot\text{m}$

取右段时　$T_2 = m_C + m_D = 4\text{kN}\cdot\text{m}$

3—3 截面：

取左段时　$T_3 = -m_A + m_B - m_C = 2\text{kN}\cdot\text{m}$

取右段时　$T_3 = m_D = 2\text{kN}\cdot\text{m}$

### 2. 扭矩图

当杆件上作用有多个外力偶时，杆件不同段横截面上的扭矩也各不相同，为了直观地看到杆件各段扭矩的变化规律，可用类似画轴力图的方法画出杆件的扭矩图。

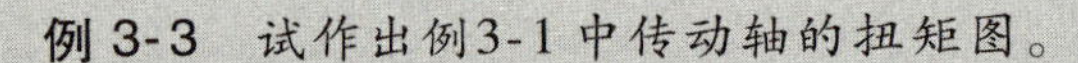

**例 3-3** 试作出例3-1中传动轴的扭矩图。

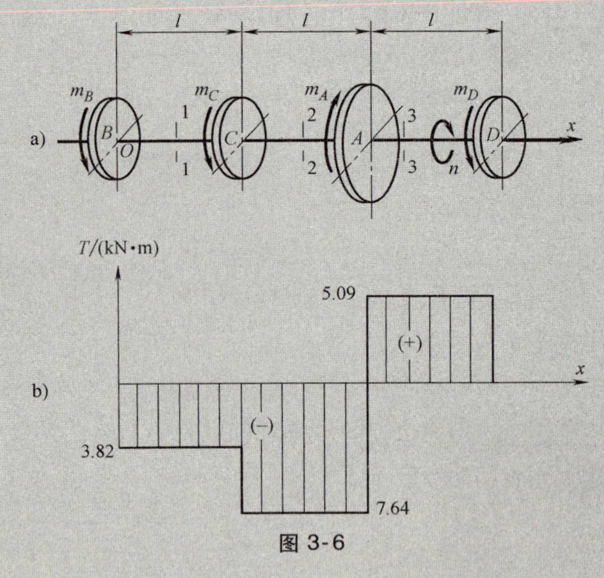


图 3-6

**解：** $BC$ 段：$T(x)=-m_B=-3.82\text{kN}\cdot\text{m}\quad(0<x<l)$

$$T_B^+=T_C^-=-3.82\text{kN}\cdot\text{m}$$

$CA$ 段：$T(x)=-m_B-m_C=-7.64\text{kN}\cdot\text{m}\quad(l<x<2l)$

$$T_C^+=T_A^-=-7.64\text{kN}\cdot\text{m}$$

$AD$ 段：$T(x)=m_D=5.09\text{kN}\cdot\text{m}\quad(2l<x<3l)$

$$T_A^+=T_D^-=5.09\text{kN}\cdot\text{m}$$

根据 $T_B^+$、$T_C^-$、$T_C^+$、$T_A^-$、$T_A^+$、$T_D^-$ 的对应值便可作出图 3-6 所示的扭矩图 。$T^+$ 及 $T^-$ 分别对应横截面右侧及左侧相邻横截面的扭矩。

由例子可见，**轴的不同截面上具有不同的扭矩，而对轴进行强度计算时，要以轴内最大的扭矩为计算依据，所以必须知道各个截面上的扭矩，以便确定出最大的扭矩值。这就需要画扭矩图来解决。**

# 第二节　圆轴扭转的应力及强度计算

## 一、薄壁圆筒扭转时横截面上的应力

为了观察薄壁圆筒的扭转变形现象，先在圆筒表面上作出图 3-7a 所示的纵向线及圆周线，当圆筒两端加上一对力偶 $m$ 后，由图 3-7b 可见，各纵向线仍近似为直线，且其均倾斜了同一微小角度 $\gamma$，各圆周线的形状、大小不变，圆周线绕轴线转了不同角度。由此说明，圆筒横截面及含轴线的纵向截面上均没有正应力，则横截面上只有切于截面的切应力 $\tau$。因为薄壁的厚度 $\delta$ 很小，所以可以认为切应力沿壁厚方向均匀分布，如图 3-7e。

由
$$\Sigma M_x=0,\ \int_0^{2\pi}\tau R_0^2\delta\mathrm{d}\theta-m=0$$

解得
$$\tau=\frac{m}{2\pi R_0^2\delta}\tag{3-4}$$

式中，$R_0$ 为圆筒的平均半径。

扭转角 $\varphi$ 与切应变 $\gamma$ 的关系，由图 3-7b 有

$$R\varphi \approx l\gamma$$

即

$$\gamma = R\frac{\varphi}{l} \tag{3-5}$$

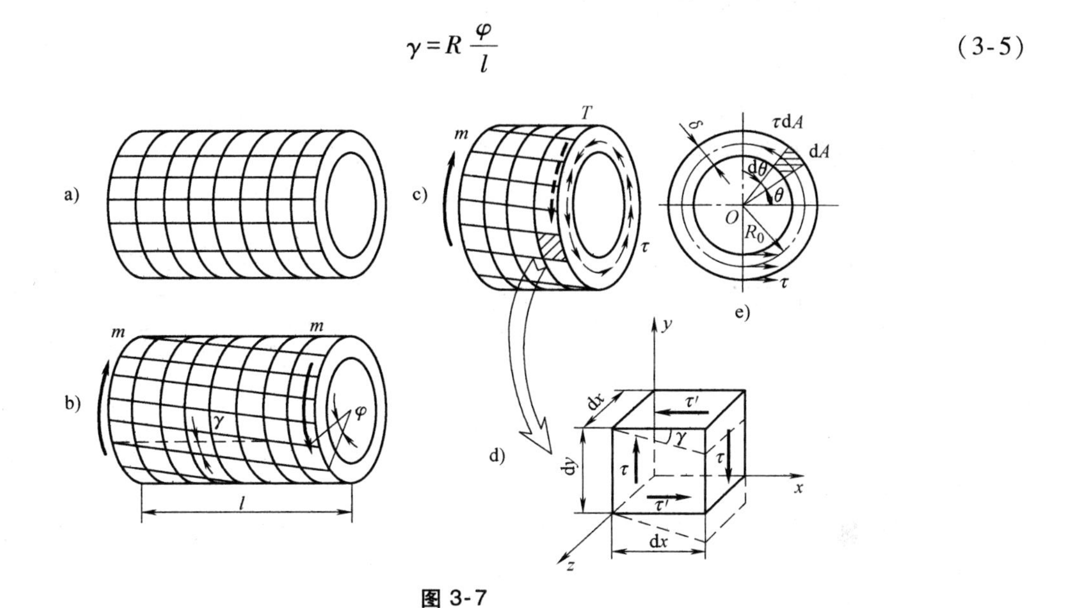


图 3-7

## 二、切应力互等定理

用相邻的两个横截面、两个径向截面及两个圆柱面，从圆筒中取出边长分别为 dx、dy、dz 的单元体（图 3-7d），单元体左、右两侧面是横截面的一部分，则其上作用有等值、反向的切应力 $\tau$，其组成一个力偶矩为（$\tau$dzdy）dx 的力偶。则单元体上、下面上的切应力 $\tau$，必组成一等值、反向的力偶与其平衡。

由 $$\Sigma m = 0,\ (\tau' \mathrm{d}z\mathrm{d}x)\mathrm{d}y - (\tau \mathrm{d}z\mathrm{d}y)\mathrm{d}x = 0$$

解得 $$\tau = \tau' \tag{3-6}$$

上式表明：**在互相垂直的两个平面上，切应力总是成对存在，且数值相等；两者均垂直两个平面交线，方向则同时指向或同时背离这一交线**。如图 3-7d 所示的单元体的四个侧面上，只有切应力而没有正应力作用，这种情况称为纯剪切。

## 三、剪切胡克定律

通过薄壁圆筒扭转试验可得逐渐增加的外力偶矩 $m$ 与扭转角 $\varphi$ 的对应关系，由式（3-4）和式（3-5）得到一系列的 $\tau$ 与 $\gamma$ 的对应值，便可作出图 3-8 所示的 $\tau$-$\gamma$ 曲线（由低碳钢得出的），其与 $\sigma$-$\varepsilon$ 曲线相似。在 $\tau$-$\gamma$ 曲线中 $OA$ 为一直线，表明 $\tau \leqslant \tau_p$ 即切应力 $\tau$ 小于材料的切变比例极限 $\tau_p$ 时，切应力与切应变 $\gamma$ 成正比例关系，即

$$\tau = G\gamma \tag{3-7}$$

式中，$G$ 为比例系数，称为材料的剪切弹性模量，单位与弹性模量 $E$ 相同，为 Pa。钢材的剪切弹性模量约为 80GPa。

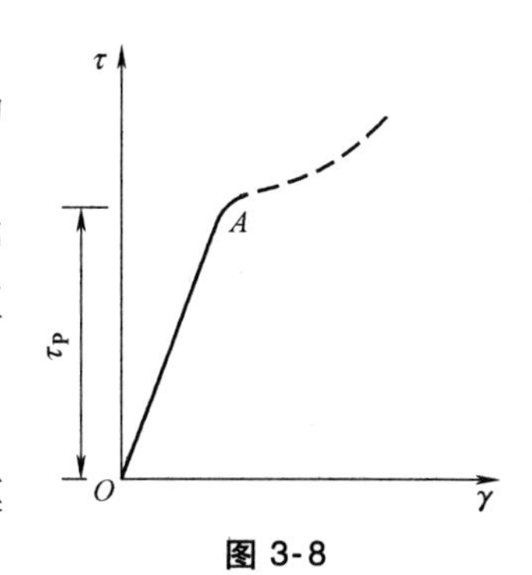


图 3-8

当外加力偶矩在某一范围时，力矩与转角呈线性关系，这个范围即是材料剪切的比例极限范围，统称为线弹性范围。在此范围内，剪切胡克定律才成立。所以，剪切胡克定律的适用条件是材料的线弹性范围。

## 四、圆轴扭转时横截面上的应力

### 1. 扭转变形现象及平面假设

由图 3-9 可知，圆轴与薄壁圆筒的扭转变形相同。由此做出圆轴扭转变形的平面假设：**圆轴变形后其横截面仍保持为平面，其大小及相邻两横截面间的距离不变，且半径仍为直线。**按照该假设，圆轴扭转变形时，其横截面就像刚性平面一样，绕轴线转了一个角度。

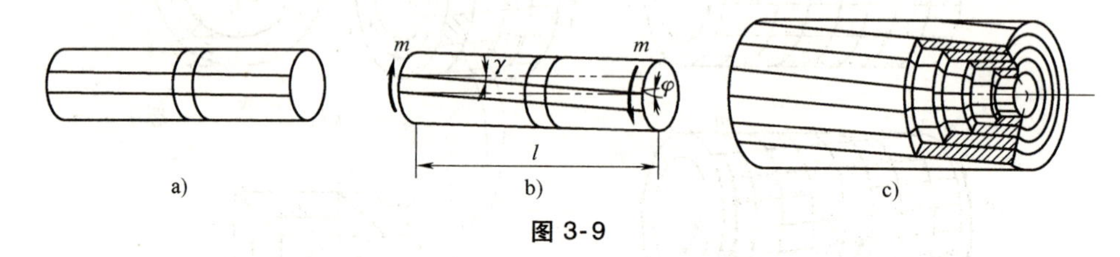


图 3-9

### 2. 变形的几何关系

从圆轴中取出长为 d$x$ 的微段（图 3-10a），截面 $n$—$n$ 相对于截面 $m$—$m$ 绕轴转了 d$\varphi$ 角，半径 $O_2C$ 转至 $O_2C'$位置。若将圆周看成无数薄壁圆筒组成，则在此微段中，组成圆轴的所有圆筒的扭转角 d$\varphi$ 均相同。设其中任意圆筒的半径为 $\rho$，且应变为 $\gamma_\rho$（图 3-10b），由式(3-5)得

$$\gamma_\rho=\rho\frac{\mathrm{d}\varphi}{\mathrm{d}x}=\rho\theta \tag{3-8}$$

式中，$\theta$ 为沿轴线方向单位长度的扭转角。对一个给定的截面，$\theta$ 为常数。显然 $\gamma_\rho$ 发生在垂直于 $O_2H$ 半径的平面内。

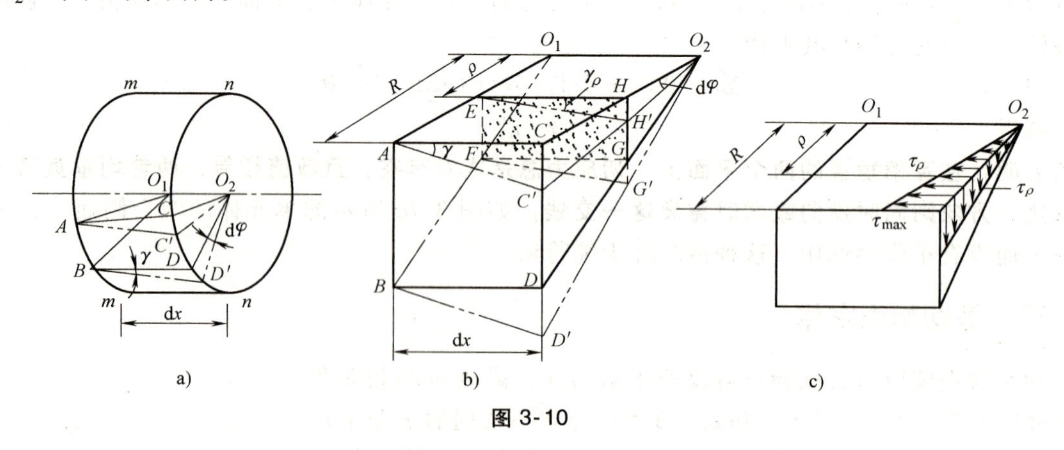


图 3-10

### 3. 物理关系

以 $\tau_\rho$ 表示横截面上距圆心为 $\rho$ 处的切应力，由式（3-6），得

$$\tau_\rho=G\gamma_\rho$$

将式（3-8）代入上式，得

$$\tau_\rho=G\rho\frac{\mathrm{d}\varphi}{\mathrm{d}x}=G\rho\theta \tag{3-9}$$

式（3-9）表明，横截面上任意点的切应力 $\tau_\rho$ 与该点到圆心的距离 $\rho$ 成正比。因为 $\gamma_\rho$ 发生在垂直于半径的平面内，所以 $\tau_\rho$ 也与半径垂直，切应力在纵、横截面上沿半径分布如图3-10c所示。

**4. 静力学关系**

在横截面上距圆心为 $\rho$ 处取一微面积 $dA$（图 3-11），其上内力 $\tau_\rho dA$ 对 $x$ 轴之矩为 $\tau_\rho dA\rho$，所有内力矩的总和即为截面上的扭矩，即

$$T=\int_A \rho\tau_\rho dA \tag{3-10}$$

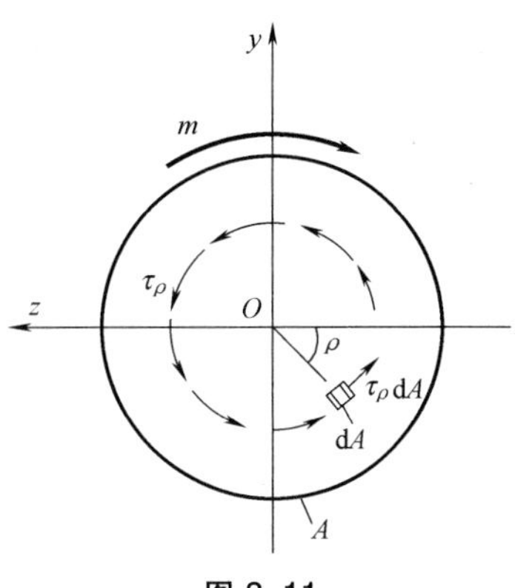

图 3-11

将式（3-9）代入式（3-10），得

$$T=G\theta\int_A \rho^2 dA=G\theta I_P \tag{3-11}$$

式中，令 $I_P=\int_A \rho^2 dA$，则将 $I_P$ 称为横截面对点 $O$ 的极惯性矩。

由式（3-11），可得单位长度扭转为

$$\theta=\frac{T}{GI_P} \tag{3-12}$$

将式（3-12）代入式（3-9），得

$$\tau_\rho=\frac{T\rho}{I_P} \tag{3-13}$$

这就是圆轴扭转时横截面上任意点的切应力公式。

在圆截面边缘上，$\rho$ 的最大值为 $R$，则最大切应力为

$$\tau_{max}=\frac{TR}{I_P}$$

令 $W_t=I_P/R$，则上式可写为

$$\tau_{max}=\frac{T}{W_t} \tag{3-14}$$

式中，$W_t$ 仅与截面的几何尺寸有关，称为抗扭截面模量。若截面是直径为 $d$ 的圆形，则

$$W_t=\frac{I_P}{d/2}=\frac{\pi d^3}{16}$$

若截面是外径为 $D$、内径为 $d$ 的空心圆形，内外径比 $\alpha=\frac{d}{D}$，则

$$W_t=\frac{I_P}{D/2}=\frac{\pi D^3}{16}\left[1-\left(\frac{d}{D}\right)^4\right]=\frac{\pi D^3}{16}[1-\alpha^4]$$

**例 3-4** 如图3-12 所示，传动轴的转速 $n=360\text{r/min}$，其传递的功率 $P=15\text{kW}$。已知 $D=30\text{mm}$，$d=20\text{mm}$。试计算 $AC$ 段横截面上的最大切应力；$CD$ 段横截面上的最大和最小切应力。

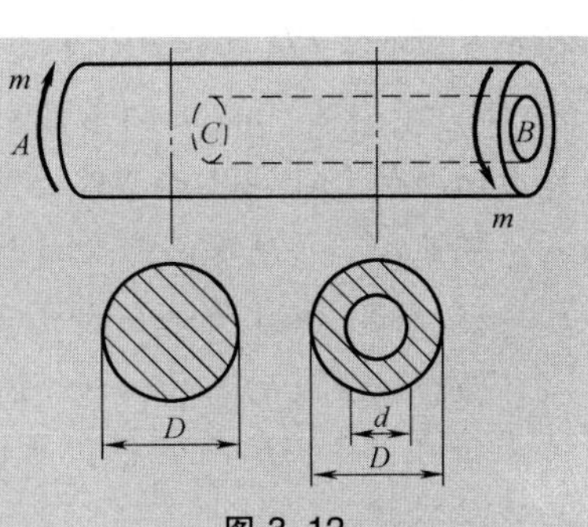

图 3-12

**解：** 由式（3-1）计算外力偶矩，得 $m=9.55\frac{15}{360}\text{kN}\cdot\text{m}=398\text{N}\cdot\text{m}$

扭矩 $T=m=398\text{N}\cdot\text{m}$

AC 段：$\tau_{max}=\dfrac{T}{W_t}$，$W_t=\dfrac{\pi}{16}D^3$

$$\tau_{max}=\frac{398\times16}{3.14\times30^3\times10^{-9}}\text{Pa}=75\times10^6\text{Pa}=75\text{MPa}$$

CB 段：$\tau_{max}=\dfrac{T}{W_t}$，$W_t=\dfrac{\pi D^3}{16}\left[1-\left(\dfrac{d}{D}\right)^4\right]$

$$\tau_{max}=\frac{398\times16}{3.14\times30^3\times10^{-9}\left[1-\left(\frac{2}{3}\right)^4\right]}\text{Pa}=93.6\times10^6\text{Pa}=93.6\text{MPa}$$

$$\tau_{min}=\frac{T\rho}{I_P},\ \rho=\frac{d}{2},\ I_P=\frac{\pi D^4}{32}\left[1-\left(\frac{d}{D}\right)^4\right]$$

$$\tau_{min}=\frac{398\times10\times10^{-3}\times32}{3.14\times30^4\times10^{-12}\left[1-\left(\frac{2}{3}\right)^4\right]}\text{Pa}=62.4\times10^6\text{Pa}=62.4\text{MPa}$$

## 五、圆轴扭转的强度计算

为了保证圆杆受扭时具有足够的强度，杆内的最大剪应力不能超过材料的容许剪应力，即

$$\tau_{max}\leqslant[\tau] \tag{3-15}$$

将式（3-14）代入式（3-15）可得

$$\tau_{max}=\frac{T_{max}}{W_t}\leqslant[\tau] \tag{3-16}$$

式（3-16）就是圆轴扭转时的强度条件计算公式。根据该强度条件计算公式可以解决工程上三类问题，即：

1）强度校核。已知杆件的外力偶、截面的形状和尺寸及许用剪应力，计算杆件是否满足强度要求。

2）截面选择。已知杆件的外力偶、杆件的许用剪应力，计算所需截面尺寸。此时公式写为

$$W_t\geqslant\frac{T_{max}}{[\tau]} \tag{3-17}$$

3）确定许用荷载。已知杆件的截面尺寸和许用应力，确定许可荷载。此时公式写为

$$T_{max}\leqslant[\tau]W_t \tag{3-18}$$

**例 3-5** 如图3-13a 所示的阶梯形圆轴，AB 段的直径 $d_1=40\text{mm}$，BD 段的直径 $d_2=70\text{mm}$。外力偶矩分别为：$m_A=0.7\text{kN}\cdot\text{m}$，$m_C=1.1\text{kN}\cdot\text{m}$，$m_D=1.8\text{kN}\cdot\text{m}$。许用切应力 $[\tau]=60\text{MPa}$。试校核该轴的强度。

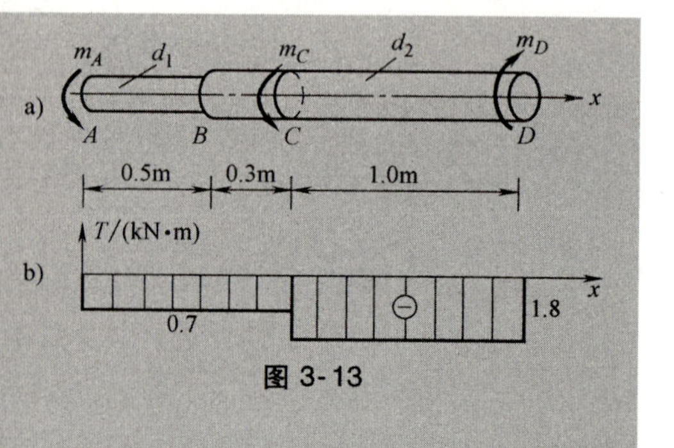

图 3-13

**解**：AC、CD 段的扭矩分别为 $T_1=-0.7\text{kN}\cdot\text{m}$，$T_2=-1.8\text{kN}\cdot\text{m}$。扭矩图如图 3-13b 所示。

虽然 CD 段的扭矩大于 AB 段的扭矩，但 CD 段的直径也大于 AB 段直径，所以对这两段轴均应进行强度校核。

*AB* 段
$$\tau_{max}=\frac{T_1}{W_t}=55.7\text{MPa}<60\text{MPa}=[\tau]$$

*CD* 段
$$\tau_{max}=\frac{T_2}{W_t}=26.7\text{MPa}<60\text{MPa}=[\tau]$$

故该轴满足强度条件。

**例 3-6**　材料相同的实心轴与空心轴，通过牙嵌离合器相连，传递外力偶矩为 $m=0.7\text{kN}\cdot\text{m}$。设空心轴的内外径比 $\alpha=0.5$，许用切应力 $[\tau]=20\text{MPa}$。试计算实心轴直径 $d_1$ 与空心轴外径 $D_2$，并比较两轴的截面面积。

**解：** 扭矩为 $T=m=0.7\text{kN}\cdot\text{m}$，由式（3-17），有

$$W_t\geqslant\frac{T}{[\tau]}=35\text{cm}^3 \tag{a}$$

对实心轴，将 $W_t=\pi d_1^3/16$ 代入式（a），解得 $d_1\geqslant5.6\text{cm}$。

取 $d_1=5.6\text{cm}$。

对空心轴，将 $W_t=\frac{\pi D_2^3}{16}(1-\alpha^4)$ 代入式（a），解得 $D_2\geqslant5.75\text{cm}$。

取 $D_2=5.75\text{cm}$，则内径 $d_2=2.83\text{cm}$。

实心轴与空心轴的截面面积比为

$$\frac{A_1}{A_2}=\frac{\pi d_1^2}{4}\Big/\frac{\pi D_2^2}{4}(1-\alpha^2)=1.248$$

可见，在传递同样的力偶矩时，空心轴所耗材料比实心轴少。

# 第三节　圆轴扭转的变形及刚度计算

## 一、圆轴扭转的变形计算

圆轴扭转变形时，杆的任意两横截面间将发生相对扭转角。

将 $\theta=\frac{d\varphi}{dx}$ 代入式（3-12）并积分，便得相距为 $l$ 的两个截面间的扭转角 $\varphi$ 为

$$\varphi=\int_l d\varphi=\int_l\frac{T}{GI_P}dx \tag{3-19}$$

若相距为 $l$ 的两个截面间的 $T$、$G$、$I_P$ 均不变，则此两截面间扭转角为

$$\varphi=\frac{Tl}{GI_P} \tag{3-20}$$

由式（3-20）可知，当 $l$ 及 $T$ 均为常数时，$GI_P$ 越大则扭转角 $\varphi$ 越小，所以 $GI_P$ 称为圆轴的抗扭刚度。

轴的单位长度扭转角 $\theta$ 为

$$\theta=\frac{\varphi}{l}=\frac{T}{GI_P} \tag{3-21}$$

## 二、圆轴扭转时的刚度条件

扭转轴在满足强度条件的同时，还需满足刚度要求，特别在机械传动轴中，对刚度要求较高。如车床的丝杆，扭转变形过大就会影响螺纹加工精度；镗床主轴变形过大则会产生剧烈的振动，影响加工精度。

为了避免刚度不够而影响正常使用，工程上对受扭构件的单位长度扭转角进行限制，即单位长度扭转角不能超过规定的许用值。若用 $[\theta]$ 表示单位长度扭转角的许用值，则有

$$\theta_{max}=\frac{T_{max}}{GI_P}\leqslant[\theta] \quad (rad/m) \tag{3-22}$$

式（3-22）即为圆轴扭转时的刚度条件。

若 $[\theta]$ 的单位为°/m，式（3-22）应改为

$$\theta_{max}=\frac{T_{max}\times180°}{\pi GI_P}\leqslant[\theta] \tag{3-23}$$

**例 3-7** 有一闸门启闭机的传动轴。已知：材料为 45 号钢，剪切弹性模量 $G=79GPa$，许用切应力 $[\tau]=88.2MPa$，许用单位扭转角 $[\theta]=0.5°/m$，使原轴转动的电动机功率为 16kW，转速为 3.86r/min。试根据强度条件和刚度条件选择圆轴的直径。

**解：**（1）计算传动轴传递的扭矩

$$T=m=9.55\frac{P}{n}=9.55\frac{16}{3.86}kN\cdot m=39.59kN\cdot m$$

（2）由强度条件确定圆轴的直径 由式（3-17）有

$$W_t\geqslant\frac{T}{[\tau]}=0.4488\times10^{-3}m^3$$

而 $W_t=\frac{\pi d^3}{16}$，则

$$d\geqslant\sqrt[3]{\frac{16W_t}{\pi}}=131mm$$

（3）由刚度条件确定圆轴的直径 由式（3-21），有

$$I_P\geqslant\frac{T}{G[\theta]}\times\frac{180°}{\pi}$$

而 $I_P=\frac{\pi d^4}{32}$，则

$$d\geqslant\sqrt[4]{\frac{32T}{\pi G[\theta]}\times\frac{180°}{\pi}}=155mm$$

选择圆轴的直径 $d=160mm$，可既满足强度条件又满足刚度条件。

**例 3-8** 一电动机的传动轴传递的功率为30kW，转速为 1400r/min，直径为 40mm，轴材料的许用切应力 $[\tau]=40MPa$，剪切弹性模量 G=80GPa，许用单位扭转角 $[\theta]=1°/m$，试校核该轴的强度和刚度。

**解：**（1）计算扭矩

$$T=m=9.55\frac{P}{n}=9.55\frac{30}{1400}kN\cdot m=204.6N\cdot m$$

（2）强度校核　由式（3-16）有

$$\tau_{\max}=\frac{T}{W_t}=\frac{16\times204.6}{\pi\times(40\times10^{-3})^3}=16.3\text{MPa}<40\text{MPa}=[\tau]$$

（3）刚度校核　由式（3-23）有

$$\theta=\frac{T}{GI_P}\times\frac{180°}{\pi}=\frac{32\times204.6}{80\times10^9\times\pi\times(40\times10^{-3})^4}\times\frac{180°}{\pi}=0.58°/\text{m}<1°/\text{m}=[\theta]$$

该传动轴即满足强度条件又满足刚度条件。

## 三*、非圆轴截面杆扭转的概念

矩形截面杆扭转后横截面不再保持为平面，要发生翘曲。材料力学方法不能研究这一问题，需用弹性力学知识来解决。

矩形截面杆扭转分为自由扭转和约束扭转。杆两端无约束，翘曲程度不受任何限制的情况，属于**自由扭转**。此时，杆各横截面的翘曲程度相同，纵向纤维长度无变化，横截面上只有剪应力，没有正应力。杆一端被约束，杆各横截面的翘曲程度不同，横截面上不但有剪应力，还有正应力，这属于**约束扭转**。

矩形截面杆自由扭转时，剪应力图如图 3-14 所示，其横截面上的剪应力计算有以下特点：

1）截面周边各点处的剪应力方向与周边平行（相切）。

2）截面角点处的剪应力等于零。

3）截面内最大剪应力发生在截面长边的中点处，其计算式为

$$\tau_{\max}=\frac{|T|_{\max}}{W_t}=\frac{T}{\alpha hb^2}$$

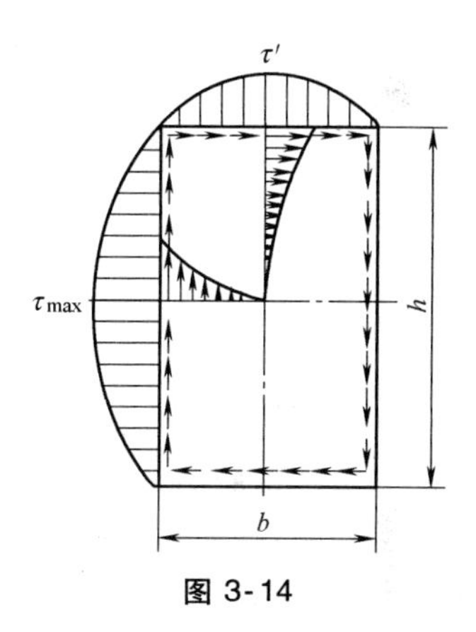

图 3-14

式中　$h$——矩形截面长边的长度；

$b$——矩形截面短边的长度；

$\alpha$——与截面尺寸的比值$\frac{h}{b}$有关的系数。

# 小　　结

1. 用截面法求轴的内力——扭矩，作扭矩图。

2. 剪应力互等定理：在互相垂直的两个平面上，切应力总是成对存在，且数值相等；两者均垂直两个平面交线，方向则同时指向或同时背离这一交线。

3. 剪切胡克定律：在线弹性范围内，剪应力与剪应变成正比关系。

4. 圆轴切应力计算：横截面上任意一点剪应力的大小与该点矩圆心的距离成正比。

5. 圆轴扭转的强度条件为：$\tau_{\max}\leqslant[\tau]$。

6. 圆轴扭转的刚度条件为：$\theta_{\max}\leqslant[\theta]$。

# 思　考　题

3-1　外力偶矩与扭矩的区别与联系是什么？

3-2 直径相同、材料不同的两根等长的实心圆轴，在相同的扭矩作用下，其最大剪应力是否相同？

3-3 对比实心圆截面和空心圆截面，为什么说空心圆截面是扭转轴的合理截面？

3-4 横截面面积相同的空心圆轴和实心圆轴相比，为什么空心圆轴的强度和刚度都较大？

## 习 题

3-1 计算图 3-15 所示圆轴指定截面的扭矩，并在各截面上表示出扭矩的转向。

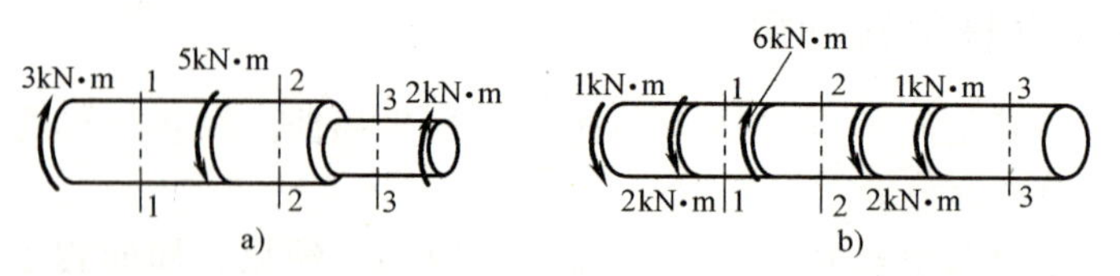


图 3-15

3-2 如图 3-16 所示传动轴，转速 $n=130\text{r/min}$，$P_A=13\text{kW}$，$P_B=30\text{kW}$，$P_C=10\text{kW}$，$P_D=7\text{kW}$。试画出该轴扭矩图。

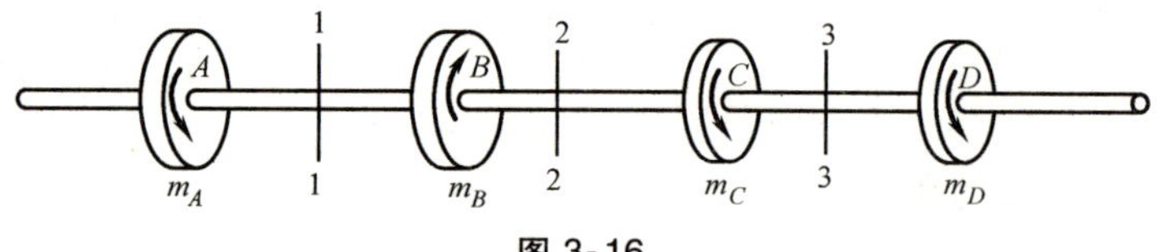


图 3-16

3-3 如图 3-17 所示圆截面轴，$AB$ 与 $BC$ 段的直径分别为 $d_1$和 $d_2$，且 $d_1=\frac{3d_2}{4}$，试求轴内的最大扭转切应力。

3-4 一根外径 $D=80\text{mm}$，内径 $d=60\text{mm}$ 的空心圆截面轴，其传递的功率 $P=150\text{kW}$，转速 $n=100\text{r/min}$，求内圆上一点和外圆上一点的应力。

3-5 如图 3-18 所示传动轴，其直径 $d=50\text{mm}$。试计算：（1）轴的最大切应力；（2）截面Ⅰ—Ⅰ上半径为 20mm 圆轴处的切应力；（3）从强度考虑三个轮子如何布置比较合理。

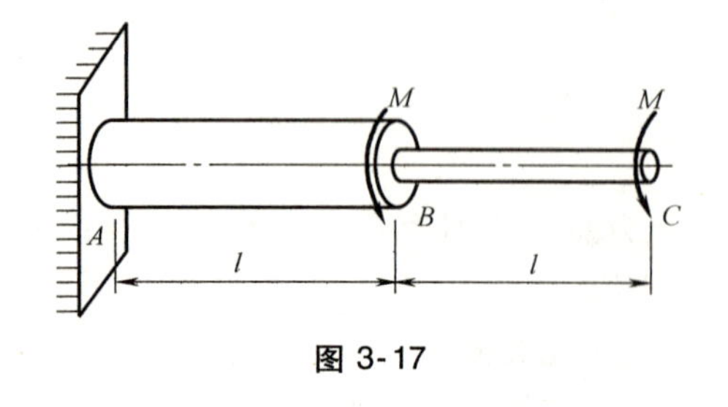


图 3-17

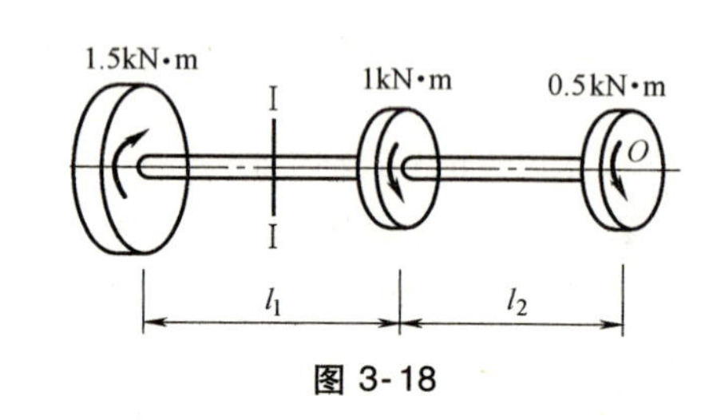


图 3-18

3-6 如图 3-19 所示传动轴，转速 $n=500\text{r/min}$，主动轮 1 输入功率 $P_1=500\text{kW}$，从动轮 2、3 输出功率分别为 $P_2=200\text{kW}$，$P_3=300\text{kW}$。已知 $[\tau]=70\text{MPa}$，（1）试确定 $AB$ 段的直径 $d_1$和 $BC$ 段的直径 $d_2$；（2）若将主动轮 1 和从动轮 2 调换位置，试确定等径直轴 $AC$ 的直径 $d$。

3-7 如图 3-20 所示，实心轴和空心轴用牙嵌式离合器连接在一起，其传递的转速 $n=96\text{r/min}$，功率 $P_1=7.5\text{kW}$，材料的许用应力 $[\tau]=40\text{MPa}$，试求实心段的直径 $d_1$和空心段

的外径 $D_2$。已知内外径比值为 0.7。

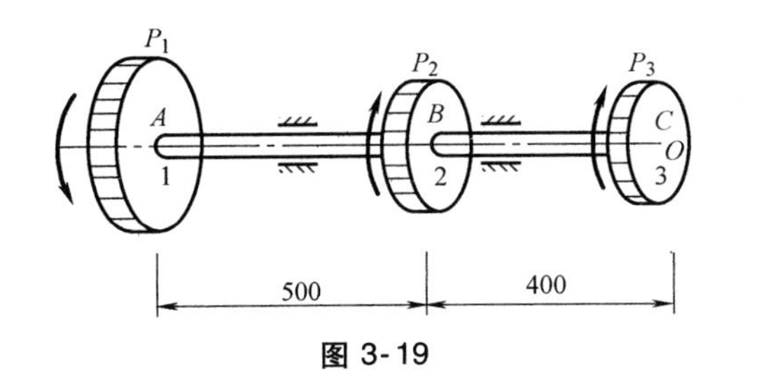


图 3-19

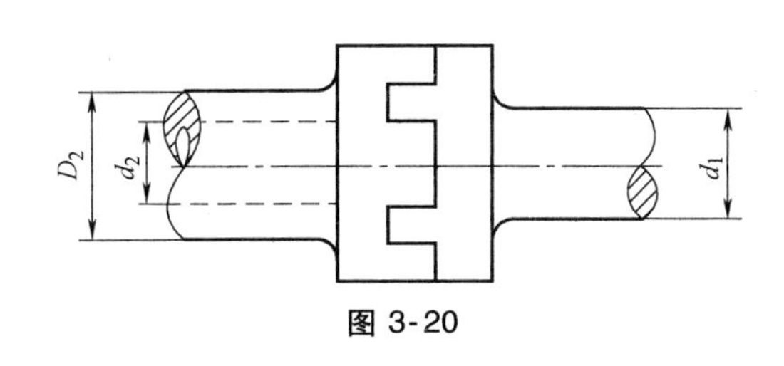


图 3-20

3-8　如图 3-21 所示的阶梯轴，直径分别为 $d_1=40\text{mm}$，$d_2=70\text{mm}$，轴上装有三个带轮。已知轮 3 的输入功率 $P_3=30\text{kW}$。轮 1 的输出功率 $P_1=13\text{kW}$，轴的转速 $n=200\text{r/min}$，材料的许用应力 $[\tau]=640\text{MPa}$，试校核轴的强度。

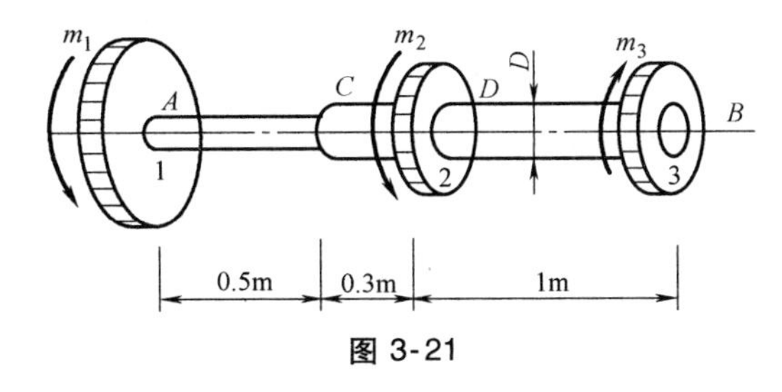


图 3-21

3-9　某圆截面钢轴，转速 $n=250\text{r/min}$，其传递功率 $P=60\text{kN}$，已知：$[\tau]=40\text{MPa}$、$[\theta]=0.8°/\text{m}$、$G=80\text{GPa}$。试设计轴径。

3-10　已知轴的许用应力 $[\tau]=21\text{MPa}$，$[\theta]=0.3°/\text{m}$，$G=80\text{GPa}$，问该轴的直径达到多少时，轴的直径由强度条件决定，而刚度条件总可以满足。

3-11　有一受扭钢轴，已知横截面直径 $d=25\text{mm}$，剪切弹性模量 $G=79\text{GPa}$，当扭转角为 $6°$ 时的最大切应力为 95MPa。试求此轴的长度。

## 习题参考答案

3-1　$T_1=3\text{kN}\cdot\text{m}$　$T_2=-2\text{kN}\cdot\text{m}$　$T_3=-2\text{kN}\cdot\text{m}$

3-2　$T_{\max}=1249\text{kN}\cdot\text{m}$　$T_{\min}=-955\text{N}\cdot\text{m}$

3-3　$\tau_{\max}=\dfrac{16M}{\pi d_2^3}$

3-4　$\tau_{外}=208.4\text{MPa}$　$\tau_{内}=156.3\text{MPa}$

3-5　（1）$\tau_{\max}=61\text{MPa}$　（2）$\tau=48.9\text{MPa}$　（3）将第 1 个轮子放在第 2 和第 3 个轮子中间，提高轴的强度。

3-6　（1）$d_1\geqslant 88.6\text{mm}$　$d_2\geqslant 74.7\text{mm}$　（2）$d\geqslant 74.7\text{mm}$

3-7　$d_1\geqslant 45.6\text{mm}$　$D_2\geqslant 50\text{mm}$

3-8　$\tau_{\max}=49.4\text{MPa}<[\tau]$

3-9　$d=97.1\text{mm}$

3-10　$d=79.75\text{mm}$

3-11　$l=1.09\text{m}$

# 第四章 梁的强度计算

## 第一节 平面弯曲的概念

### 一、弯曲实例

弯曲是杆件的基本变形形式之一。等直杆在包含其轴线的纵向平面内，受到垂直于杆件轴线方向的横向外力或外力偶的作用时，杆件轴线由原来的直线变成为曲线。这种变形形式称为弯曲。凡是以弯曲变形为主要变形的杆件，通称为**梁**。

在工程实际中发生弯曲变形的杆件是很多的。例如，房屋建筑中的楼板梁（图 4-1a），桥梁中的纵梁（图 4-1b），火车轮轴（图 4-1c），桥式吊车梁（图 4-1d），单位长度的挡水墙（图 4-1e）等。

### 二、平面弯曲的概念

工程中常用的梁，其横截面通常有一根竖向对称轴（图 4-2a），梁的轴线与横截面的竖向

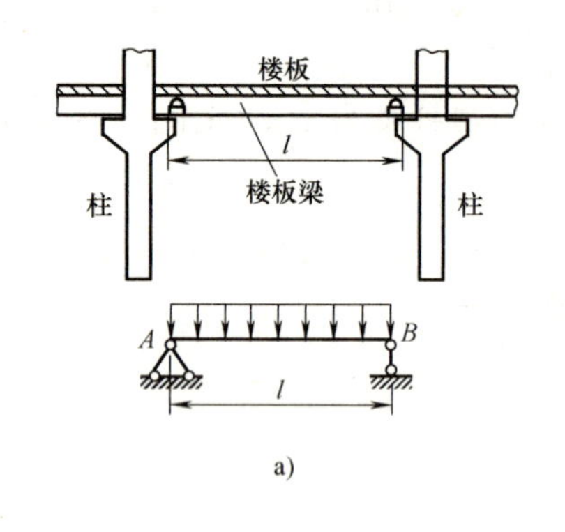


a)

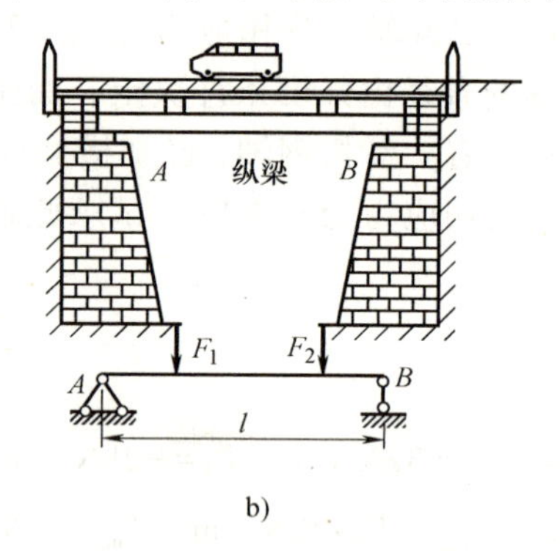


b)

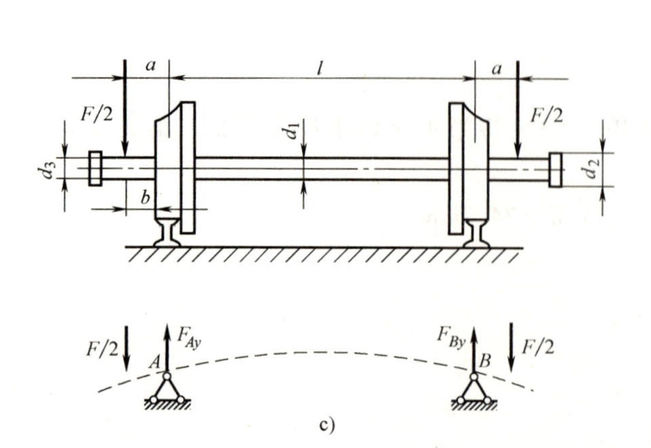


c)

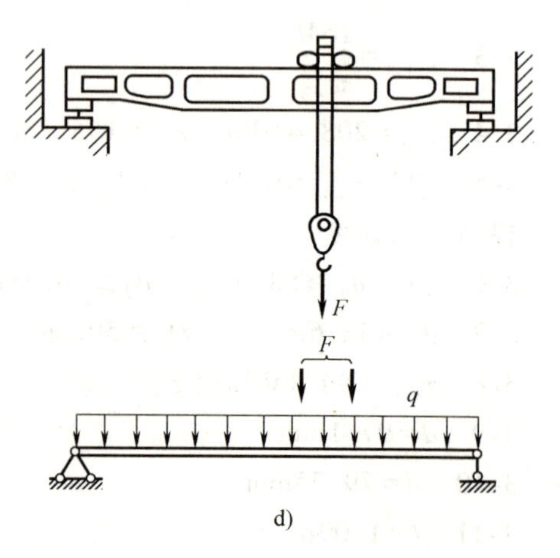


d)

图 4-1

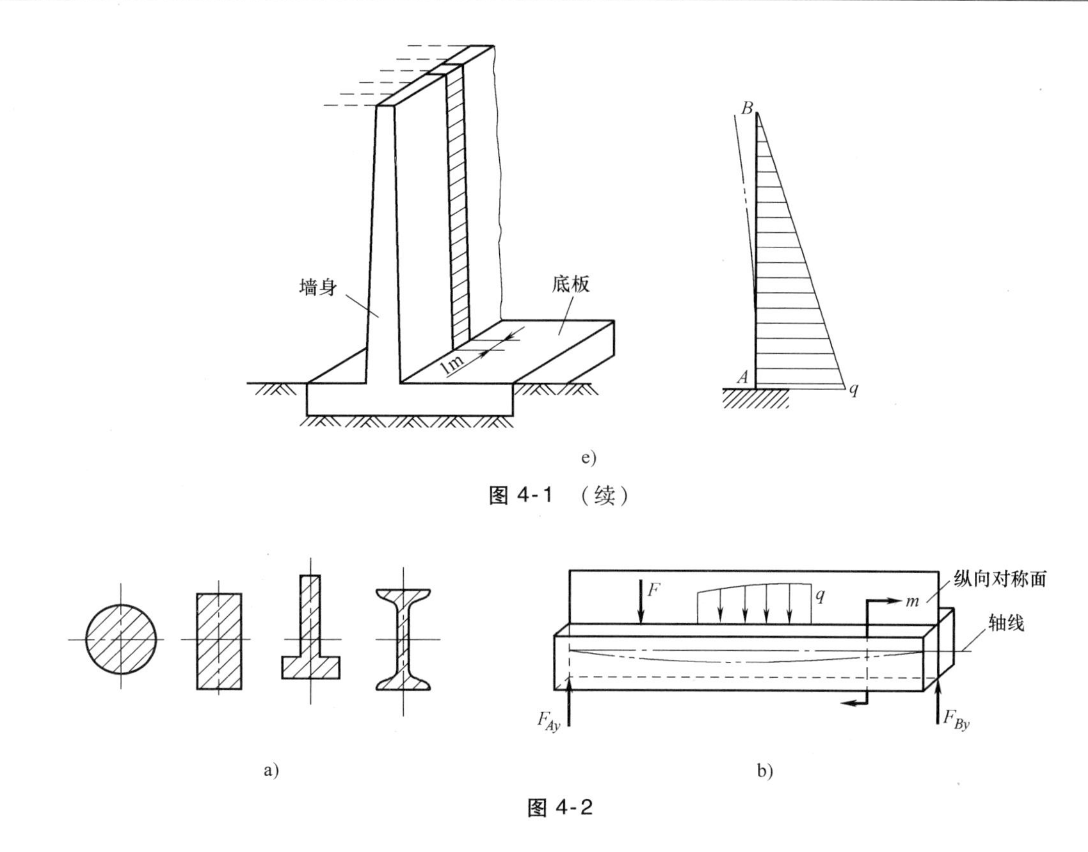


e)

图 4-1　（续）

图 4-2

对称轴构成的平面称为梁的**纵向对称面**，当所有荷载都作用在梁的纵向对称面内时，梁的轴线变成位于对称平面内的一条平面曲线（图 4-2b），这样的弯曲称为**对称弯曲**，又称**平面弯曲**。平面弯曲是工程中最常见基本弯曲变形情况，也是最基本的弯曲问题。掌握了它的计算对于工程应用以及进一步研究复杂的弯曲问题都具有十分重要的意义。本课程主要研究平面弯曲问题。

## 三、梁的计算简图

梁的支承条件与荷载情况一般都比较复杂，为了便于分析计算，工程中的梁一般应进行三方面的简化，以便抽象出计算简图。

**1. 梁本身的简化**

处于对称弯曲下的等截面直梁，由于外力为作用在梁纵向对称面内的平面力系，因此，梁的计算简图可用梁的轴线表示。

**2. 荷载的简化**

作用于梁上的荷载（包括支座反力）可简化为三种类型：集中力 $F$、集中力偶 $m$ 和分布荷载 $q$。

如果力或力偶分布在梁表面一小块面积上，则可近似地把它看作集中作用在一个点上，称为集中力或集中力偶。

如果荷载分布在梁上较大的范围内，则应看作分布荷载。例如，梁的自重可简化为均布荷载（图 4-1a），水压力（图 4-1e）或土压力简化为非均布荷载。

**3. 支座的简化**

梁的支座按其对梁在荷载作用平面的约束情况，可简化为以下三种基本形式。它们的简化形式和支座反力如图 4-3 所示。

（1）固定铰支座　如桥梁下的固定支座，止推滚珠轴承等（图 4-3a）。

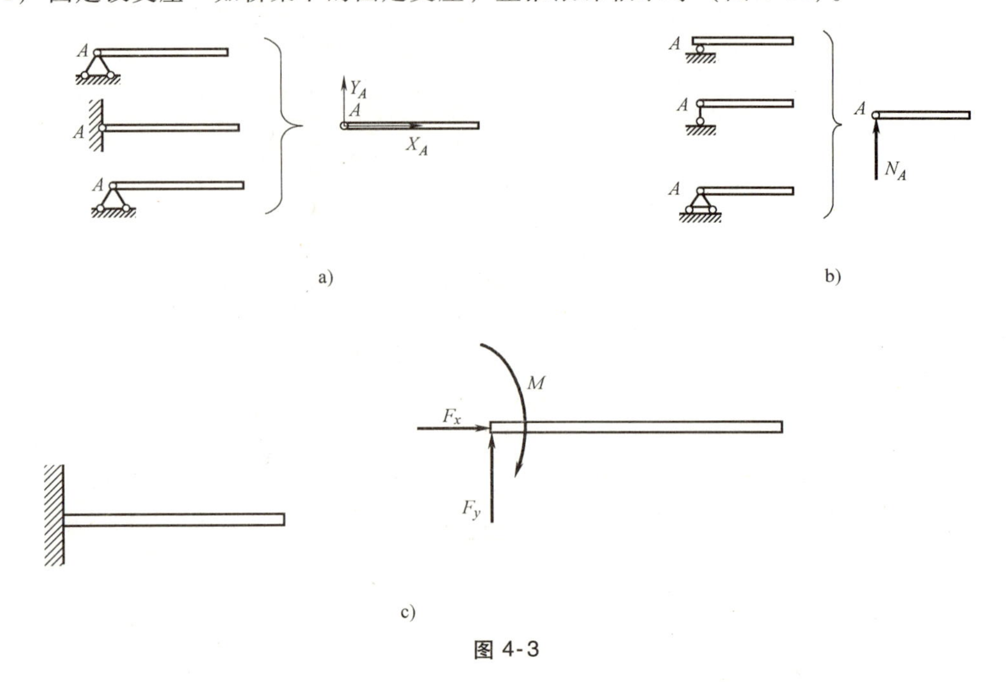


图 4-3

（2）可动铰支座　如桥梁下的辊轴支座，滚珠轴承等（图 4-3b）。

（3）固定端　如游泳池的跳水板支座，木桩下端的支座等（图 4-3c）。

工程中的梁经过梁本身、荷载、支座等三方面的简化后，便得到如图 4-4 所示的计算简图。工程上最常用的三种简单梁，分别为简支梁（图 4-4a）、外伸梁（图 4-4b、c）和悬臂梁（图 4-4d）

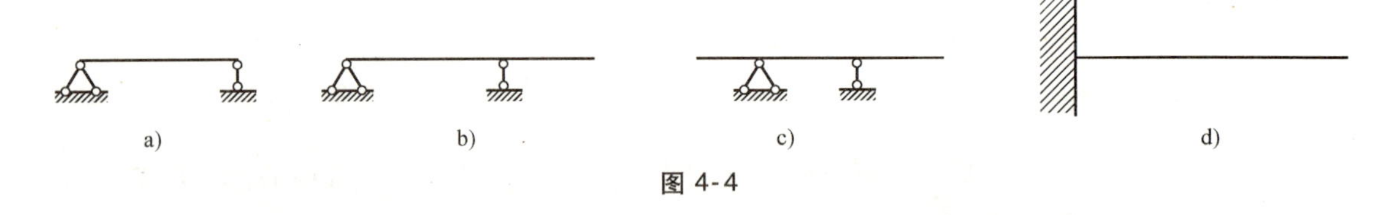


图 4-4

在平面弯曲问题中，梁上的荷载与支座反力组成一平面平衡力系，该力系有三个独立的平衡方程。简支梁、外伸梁和悬臂梁各自恰好有三个未知的支座反力，它们可由静力平衡方程求出，因此，这三种梁属于静定梁。

在求得了梁的约束力后，就可进一步分析梁横截面上的内力。

梁在两支座间的部分称为**跨**，其长度则称为梁的**跨度**。常见的静定梁大多是单跨的。

## 第二节　梁的内力及内力图

### 一、梁的内力

梁横截面上的内力可用截面法求得。以图 4-5a 所示的受集中荷载 $F$ 作用的简支梁为例，要求距 $A$ 端 $x$ 处横截面 $m—m$ 上的内力，首先求出支座反力 $R_A$、$R_B$，然后用一假想截面沿截

面 $m$—$m$ 将梁分为两段，取如图 4-5b 所示的左半部分为研究对象。由于梁原来处于平衡状态，取出的任一部分也应保持平衡，则在横截面上必然存在一个切于该横截面的合力 $F_S$，称为剪力，它是与横截面相切的分布内力系的合力。由于支座反力 $R_A$ 与剪力 $F_S$ 组成一力偶，根据左段梁的平衡，在横截面上一定存在一个位于荷载平面内与其相平衡的内力偶，其力偶矩用 $M$ 表示，称为弯矩，它是与横截面垂直的分布内力偶系的合力偶矩。由此可知，梁弯曲时横截面上一般存在两种内力。

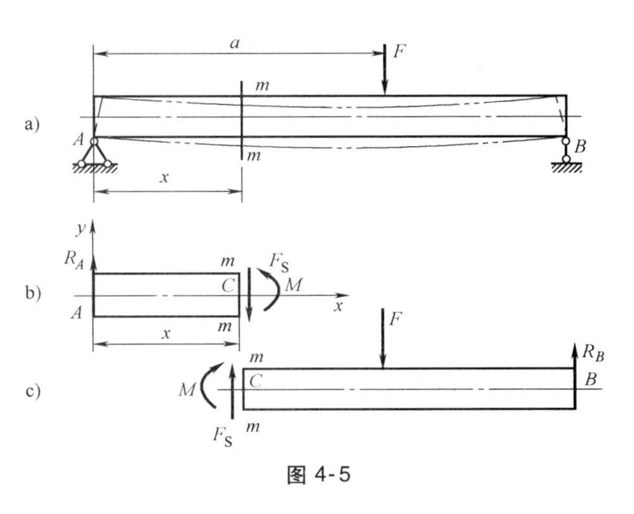


图 4-5

由　　$\sum F_y=0 \quad R_A-F_S=0$

解得　　$F_S=R_A$

由　　$\sum m_C=0 \quad -R_Ax+M=0$

解得　　$M=R_Ax$

剪力与弯矩的符号规定如下：

1）剪力符号：**当截面上的剪力使分离体做顺时针方向转动时为正；反之为负**（图 4-6a）。

2）弯矩符号：**当截面上的弯矩使分离体上部受压、下部受拉时为正，反之为负**（图 4-6b）。

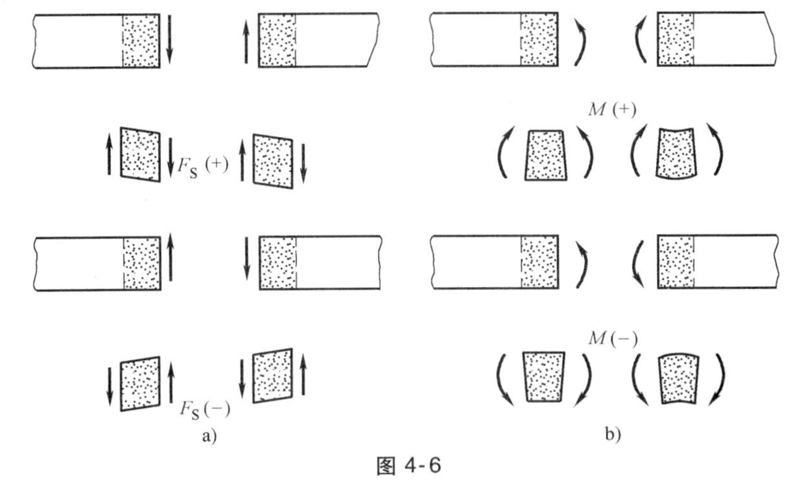


图 4-6

**例 4-1**　试求图 4-7a 所示外伸梁指定的截面 1—1 和截面 2—2 的剪力和弯矩。

**解**　求外伸梁的剪力和弯矩时，需先求出梁的支座反力。

(1) 计算支座反力　如图 4-7b 所示。

由平衡方程　　$\sum m_B=0 \quad -R_Ca-F\times 2a-m_A=0$

解得　　$R_C=3F$

由平衡方程　　$\sum F_y=0 \quad R_C+R_B-F=0$

解得　　$R_B=2F$

(2) 求截面 1—1 的剪力和弯矩　应用截面法，并取截面左侧的梁段（图 4-7c）。假定截面 1—1 的剪力 $F_{S1}$ 和弯矩 $M_1$ 均为正。

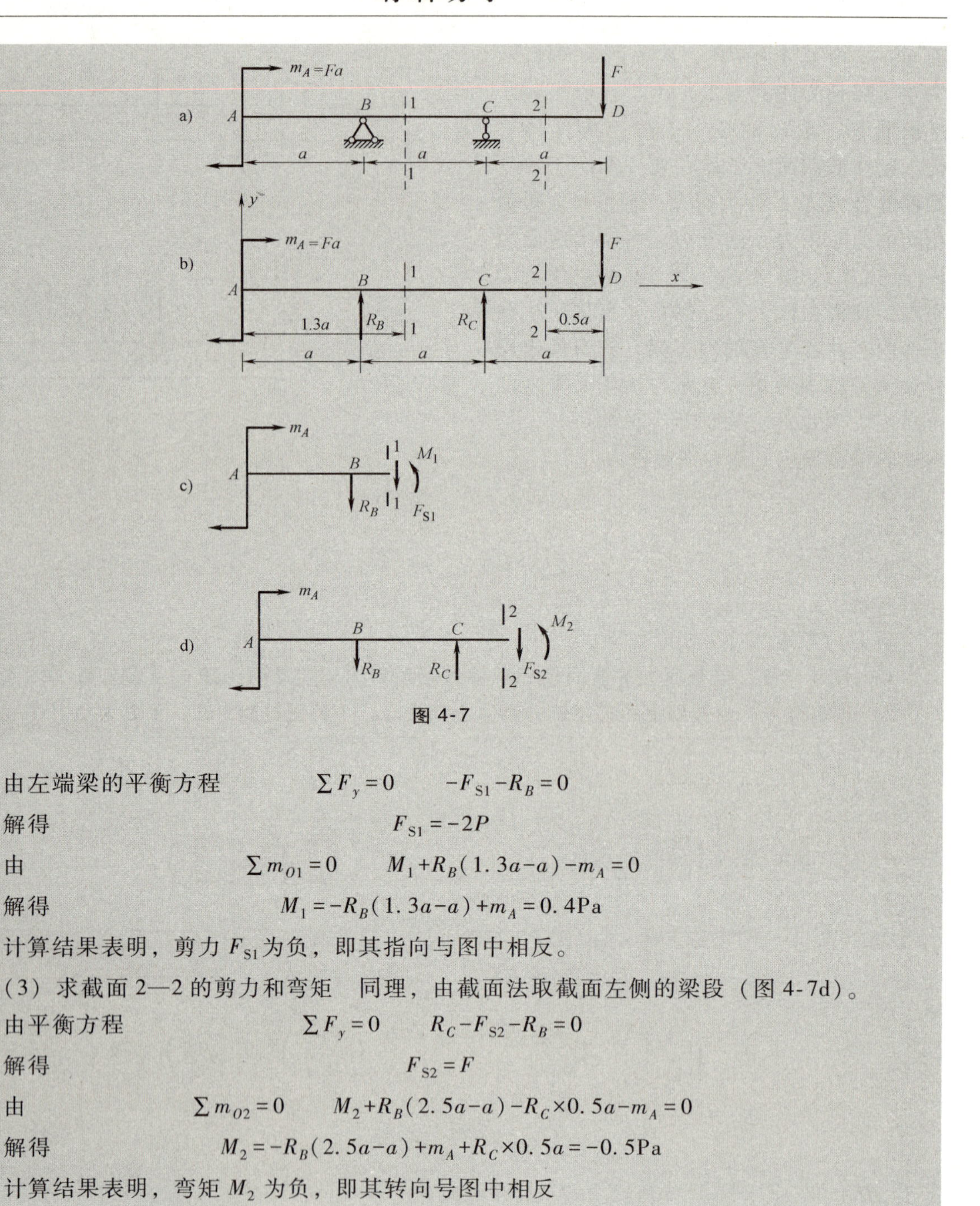


图 4-7

由左端梁的平衡方程　　$\sum F_y = 0 \qquad -F_{S1} - R_B = 0$

解得　　$F_{S1} = -2P$

由　　$\sum m_{O1} = 0 \qquad M_1 + R_B(1.3a - a) - m_A = 0$

解得　　$M_1 = -R_B(1.3a - a) + m_A = 0.4Pa$

计算结果表明，剪力 $F_{S1}$ 为负，即其指向与图中相反。

(3) 求截面 2—2 的剪力和弯矩　同理，由截面法取截面左侧的梁段（图 4-7d）。

由平衡方程　　$\sum F_y = 0 \qquad R_C - F_{S2} - R_B = 0$

解得　　$F_{S2} = F$

由　　$\sum m_{O2} = 0 \qquad M_2 + R_B(2.5a - a) - R_C \times 0.5a - m_A = 0$

解得　　$M_2 = -R_B(2.5a - a) + m_A + R_C \times 0.5a = -0.5Pa$

计算结果表明，弯矩 $M_2$ 为负，即其转向号图中相反

为简化计算，梁某一横截面上的剪力和弯矩值，可直接根据横截面任意一侧梁上的外力来计算，即

**1）任一截面上剪力的数值等于对应截面一侧所有外力在垂直于梁轴线方向上的投影的代数和，且当外力对截面形心之矩为顺时针转向时外力的投影取正，反之取负。**

**2）任一截面上弯矩的数值等于对应截面一侧所有外力对该截面形心的矩的代数和。若取左侧，则当外力对截面形心之矩为顺时针转向时取正，反之取负；若取右侧，则当外力对截面形心之矩为逆时针转向时取正，反之取负。**

即

$$F_S = \sum F \qquad M = \sum m \tag{4-1}$$

为了使所求内力符号统一，我们规定：使微段产生顺时针转动趋势的剪力为正，逆时针转动趋势的为负（图 4-8）；使微段梁弯曲为向下凸时的弯矩 $M$ 为正，反之为负（图 4-9）。可简单归纳为：**“外力左上右下，剪力为正；左顺右逆，上压下拉，弯矩为正”**。

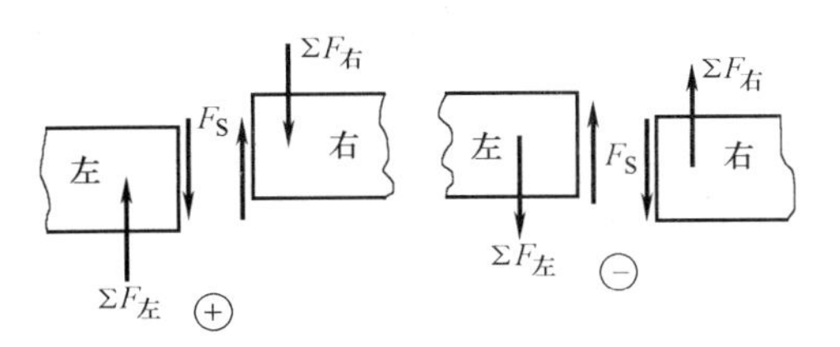


图 4-8　剪力的正负判断

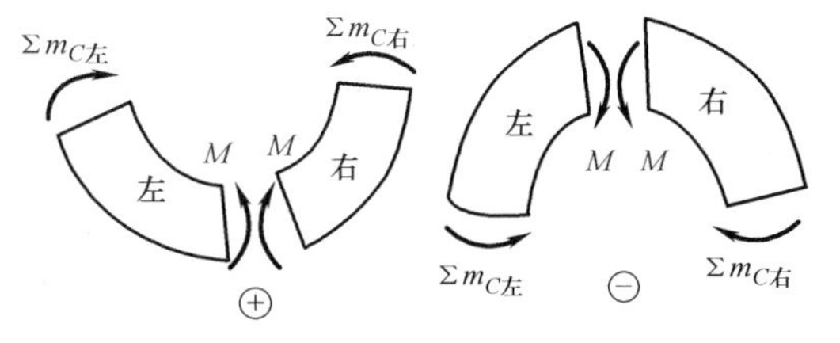


图 4-9　弯矩的正负判断

**例 4-2**　如图4-10 所示简支梁，在点 $C$ 处作用一集中力 $F=10\text{kN}$，求截面 $n$—$n$ 上的剪力和弯矩。

**解**：(1) 求梁的支座反力　以整体为分析对象，如图 4-10a 所示：

由　$\sum m_A=0$　　$4\text{m}\times R_B-1.5\text{m}\times F=0$

解得　　$R_B=3.75\text{kN}$

由　$\sum F_y=0$　$R_A+R_B-F=0$

解得　　$R_A=6.25\text{kN}$

(2) 求截面 $n$—$n$ 上的剪力和弯矩

1) 以左段为分析对象，如图 4-10b 所示：

$$F_S=R_A=6.25\text{kN}$$

$$M=R_A\times0.8\text{m}=5\text{kN}\cdot\text{m}$$

2) 以右段为分析对象，如图 4-10c 所示：

$$F_S=F-R_B=6.25\text{kN}$$

$$M=R_B(4\text{m}-0.8\text{m})-F(1.5\text{m}-0.8\text{m})=5\text{kN}\cdot\text{m}$$

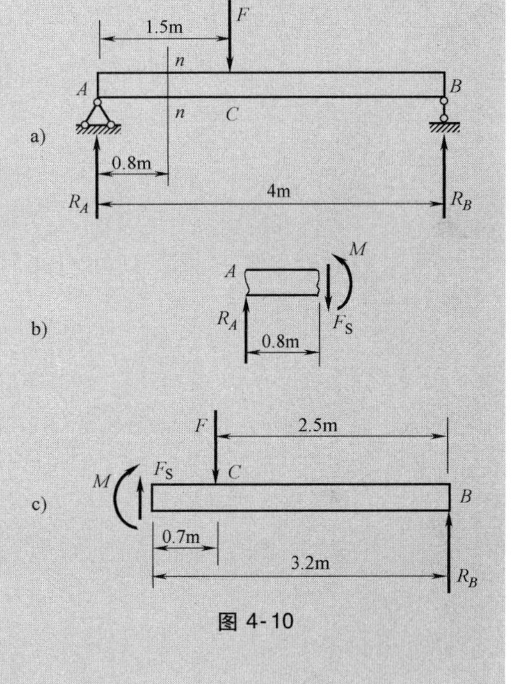


图 4-10

## 二、剪力图和弯矩图——用内力方程法绘制

在一般情况下，梁横截面上的剪力和弯矩是随横截面的位置而变化的。设横截面沿梁轴线的位置用坐标 $x$ 表示，则梁的各个横截面上的剪力和弯矩可以表示为坐标 $x$ 的函数，即

$$F_S=F_S(x) \quad 和 \quad M=M(x)$$

以上两式表示沿梁轴线各横截面上剪力和弯矩的变化规律，分别称为梁的**剪力方程**和**弯矩方程**。

为了形象直观地反映内力沿杆长度方向的变化规律，以平行于杆轴线的坐标 $x$ 表示横截面的位置，以垂直于杆轴线的坐标表示内力的大小，选取适当的比例尺，根据剪力方程和弯矩方程绘出表示 $F_S(x)$ 和 $M(x)$ 的图线，分别称为**剪力图**和**弯矩图**。绘图时将正值的剪力画在 $x$ 轴的上侧；至于正值的弯矩则画在梁的受拉侧，也就是画在 $x$ 轴的下侧。

应用剪力图和弯矩图可以确定梁的剪力和弯矩的最大值以及它们所在截面的位置。此外，在计算梁的位移时，也需利用剪力方程或弯矩方程。

**例 4-3** 图4-11a 所示的简支梁在全梁上受集度为 $q$ 的均布荷载作用，试作梁的剪力图和弯矩图。

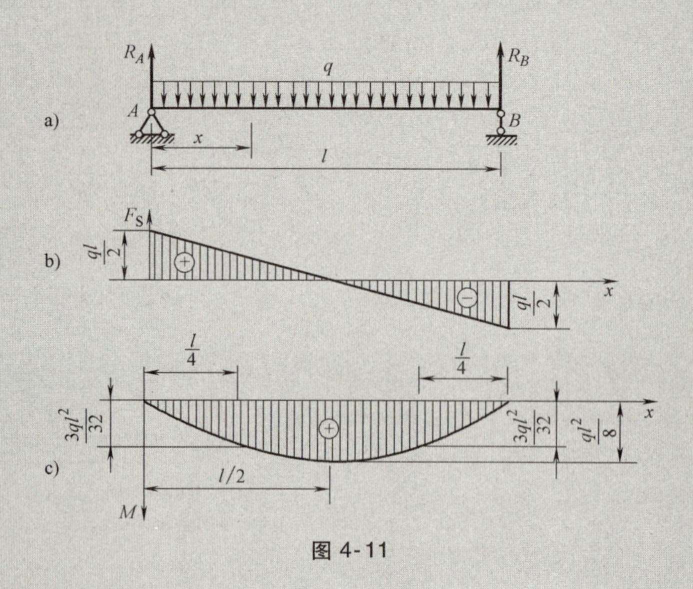


图 4-11

**解：**（1）计算支座约束反力　由于荷载及支座均对称于梁跨的中点，因此两支座反力相等，由平衡方程 $\sum F_y=0$，得

$$R_A=R_B=\frac{ql}{2}$$

（2）列剪力、弯矩方程　取距左端为 $x$ 的任意横截面为分析对象，如图 4-11a 所示，则梁的剪力方程和弯矩方程为

$$F_S(x)=R_A-qx=\frac{ql}{2}-qx \quad (0<x<l) \tag{1}$$

$$M(x)=R_Ax-qx\frac{x}{2}=\frac{qlx}{2}-\frac{qx^2}{2} \quad (0\leqslant x\leqslant l) \tag{2}$$

（3）作剪力、弯矩图　由式（1）可知，剪力图为在 $0<x<l$ 范围内的斜直线，且 $F_S(0)=\frac{ql}{2}$，$F_S(l)=-\frac{ql}{2}$，所以，梁的剪力图如图 4-11b 所示。由式（2）可知，弯矩图为在 $0\leqslant x\leqslant l$ 范围内的二次抛物线，需确定其上的三个点，即 $M(0)=0$、$M(l)=0$ 和 $M\left(\frac{l}{2}\right)=\frac{ql^2}{8}$，由此绘制出弯矩图，如图 4-11c 所示。

由图 4-11c 可见，梁在梁跨中截面上的弯矩值最大，$M_{\max}=\frac{ql^2}{8}$，该截面上 $F_S=0$；而两支座内侧横截面上的剪力值为最大，$F_{S,\max}=\frac{ql}{2}$。

**例 4-4** 图4-12a 所示的简支梁在 $C$ 点处受以集中力 $F$ 作用，试做梁的剪力图和弯矩图。

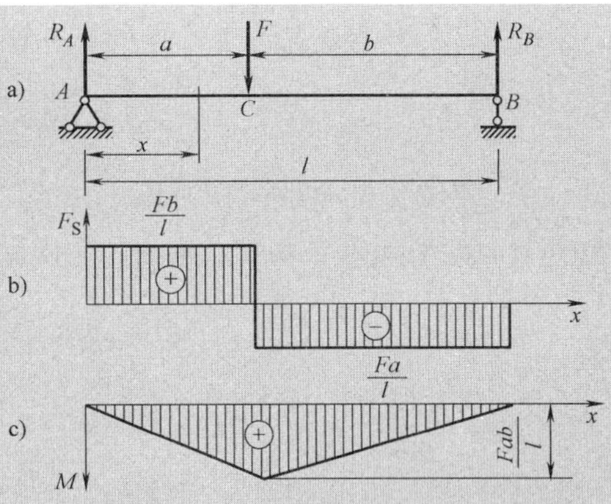

**解：**（1）**计算支座约束反力**　由平衡方程 $\sum M_B=0$ 和 $\sum M_A=0$ 分别求的支座反力为

$$R_A=\frac{Fb}{l},\quad R_B=\frac{Fa}{l}$$

（2）列剪力、弯矩方程　由于梁在 $C$ 点处有集中荷载 $F$ 作用，故 $AC$ 和 $CB$ 两段的剪力方程和弯矩方程不同，以该截面为分界面，分别写出剪力方程和弯矩方程。

对于 $AC$ 段梁，其剪力方程和弯矩方程分别为

图 4-12

$$F_S(x)=\frac{Fb}{l}\quad (0<x<a)\qquad(1)$$

$$M(x)=\frac{Fb}{l}x\quad (0\leqslant x\leqslant a)\qquad(2)$$

对于 $CB$ 段梁，剪力方程和弯矩方程分别为

$$F_S(x)=\frac{Fb}{l}-F=\frac{F(l-b)}{l}=-\frac{Fa}{l}\quad (a<x<l)\qquad(3)$$

$$M(x)=\frac{Fb}{l}x-F(x-a)=\frac{Fa}{l}(l-x)\quad (a\leqslant x\leqslant l)\qquad(4)$$

（3）作剪力、弯矩图　由式（1）、式（2）可知，左、右两段梁的剪力图各为一条平行 $x$ 轴的直线，由式（3）、式（4）可知，左、右两段梁的弯矩图各为一条斜直线，根据这些方程绘出的剪力图和弯矩图分别如图 4-12b、c 所示。

由图 4-12 可见，在 $b>a$ 的情况下，$AC$ 段梁任意横截面上的剪力值为最大，$F_{S,\max}=\frac{Fb}{l}$，而集中荷载作用处左、右两横截面的剪力值有突变，突变值为 $F$；在集中荷载作用处横截面上的弯矩值为最大，$M_{\max}=\frac{Fab}{l}$。

**例 4-5**　图4-13 所示的简支梁在 $C$ 点处受集中力偶作用，试作梁的剪力图和弯矩图

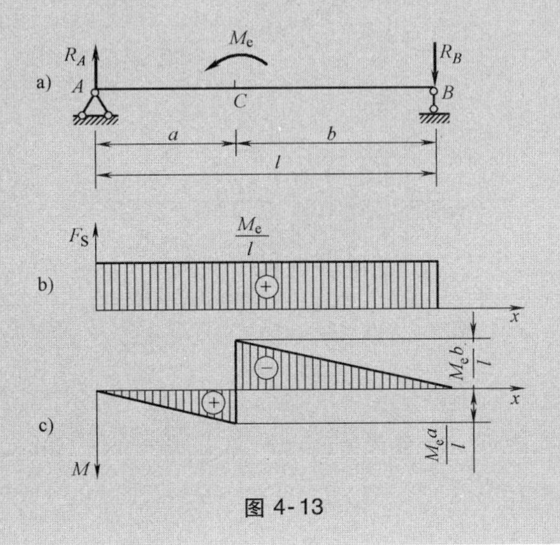


图 4-13

**解：**（1）计算支座约束反力　由平衡方程$\sum M_B=0$和$\sum M_A=0$分别求得支座反力为

$$R_A=\frac{M_e}{l},\quad R_B=\frac{M_e}{l}$$

（2）列剪力、弯矩方程　由于简支梁上只有一力偶作用，故全梁只有一个剪力方程，而$AC$和$CB$两段梁的弯矩方程不同。剪力方程和弯矩方程分别为

$$F_S(x)=\frac{M_e}{l}\quad(0<x<l)\tag{1}$$

$AC$段：

$$M(x)=\frac{M_e}{l}x\quad(0\leqslant x<a)\tag{2}$$

$CB$段：

$$M(x)=\frac{M_e}{l}x-M_e=-\frac{M_e}{l}(l-x)\quad(a\leqslant x\leqslant l)\tag{3}$$

（3）作剪力、弯矩图　由式（1）可知，整个梁的剪力图是一条平行于$x$轴的直线，由式（2）、式（3）可知，左、右两段梁的弯矩图各为一条斜直线，根据这些方程绘出的剪力图和弯矩图，分别如图4-13b、c所示。

由图4-3可见，在集中力偶作用的左、右两横截面上的弯矩值有突变，若$b>a$，则最大弯矩发生在集中力偶作用处的右侧截面上，$M_{max}=\dfrac{M_e b}{l}$

**例4-6**　试作出图4-14a所示梁的剪力图和弯矩图。

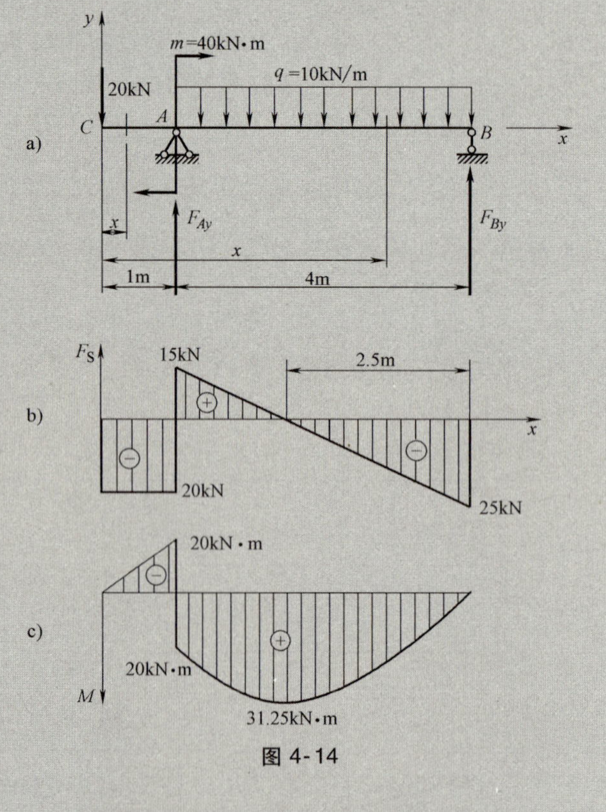


图4-14

**解：**（1）求梁的支座反力　以整体为分析对象如图4-14a所示。

由　$\sum m_A=0$　$4\text{m}\times F_{By}-4\text{m}\times q\times 2\text{m}-m+20\text{kN}\times 1\text{m}=0$

解得　　$F_{By}=25\text{kN}$

由　　$\sum F_y=0\quad F_{Ay}+F_{By}-4\text{m}\times q-20\text{kN}=0$

解得　　$F_{Ay}=35\text{kN}$

（2）列剪力、弯矩方程

$CA$ 段：$F_S(x)=-20\text{kN}\quad(0<x<1)$

$M(x)=-20x\quad(0\leqslant x<1)$

$F_{SC}^{+}=-20\text{kN}\quad M_C=0,\quad M_A^{-}=-20\text{kN}\cdot\text{m}$

$AB$ 段：$F_S(x)=q(5-x)-Y_B=25-10(x)\quad(1<x<5)$

$$M(x)=F_{By}(5-x)-\frac{1}{2}q(5-x)^2=25x-5x^2\quad(1<x\leqslant 5)$$

$F_{SA}^{+}=15\text{kN}\quad F_{SB}^{-}=-25\text{kN}\quad M_A^{+}=20\text{kN}\cdot\text{m}\quad M_{\max}=31.25\text{kN}\cdot\text{m}$

（3）作剪力图、弯矩图　根据 $F_{SB}^{-}$、$F_{SC}^{+}$、$F_{SA}^{-}$、$F_{SA}^{+}$ 的对应值便可作出图 4-14b 所示的剪力图。根据 $M_C$、$M_B$、$M_{\max}$、$M_A^{-}$、$M_A^{+}$ 的对应值便可作出图 4-14c 所示的弯矩图。

由上述内力图可见，**集中力作用处的横截面，剪力图发生突变，突变的值等于集中力的数值；集中力偶作用的横截面，剪力图无变化，而弯矩图发生突变，突变的值等于集中力偶的力偶矩数值。**

## 三、剪力图和弯矩图——用微分关系法绘制

在例 4-3 中，若将弯矩函数 $M(x)$ 对 $x$ 求导数，则得到剪力函数 $F_S(x)$；将剪力函数 $F_S(x)$ 对 $x$ 求导，则得到均布荷载的集度 $q$。事实上，这些关系在直梁中是普遍存在的。利用 $F_S(x)$、$M(x)$ 和 $q(x)$ 间的微分关系，将进一步揭示荷载、剪力图和弯矩图三者间存在的某些规律，在不列内力方程的情况下，能够快速准确地画出内力图。

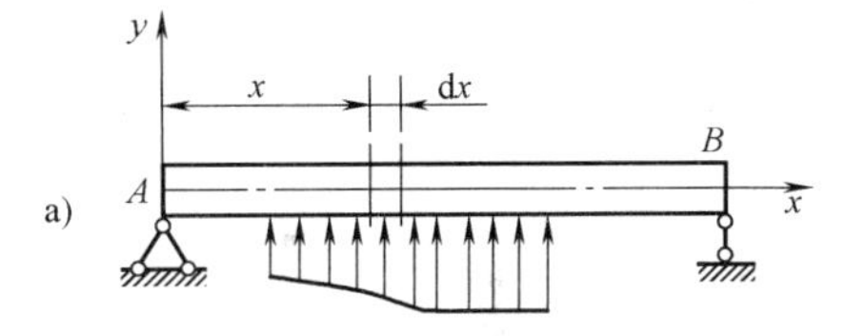


图 4-15

如图 4-15a 所示的梁上作用的分布荷载集度 $q(x)$ 是 $x$ 的连续函数。设分布荷载向上为正，反之为负，并以 $A$ 为原点，取 $x$ 轴向右为正。用坐标分别为 $x$ 和 $x+\mathrm{d}x$ 的两个横截面从梁上截出长为 $\mathrm{d}x$ 的微段，其受力图如图 4-15b 所示。

由　　$\sum F_y=0\quad F_S(x)+q(x)\mathrm{d}x-[F_S(x)+\mathrm{d}F_S(x)]=0$

解得
$$q(x)=\frac{\mathrm{d}F_S(x)}{\mathrm{d}x}\tag{4-2}$$

由　　$\sum m_C=0\quad -M(x)-F_S(x)\mathrm{d}x-\frac{1}{2}q(x)(\mathrm{d}x)^2+[M(x)+\mathrm{d}M(x)]=0$

略去二阶微量 $\frac{1}{2}q(x)(\mathrm{d}x)^2$，解得

$$F_S(x)=\frac{\mathrm{d}M(x)}{\mathrm{d}x}\tag{4-3}$$

将式（4-3）代入式（4-2）得

$$q(x)=\frac{\mathrm{d}^2M(x)}{\mathrm{d}x^2} \tag{4-4}$$

式（4-2）、式（4-3）和式（4-4）就是荷载集度、剪力和弯矩间的微分关系。由此可知 $q(x)$ 和 $F_S(x)$ 分别是剪力图和弯矩图的斜率。

根据上述各关系式及其几何意义，可得出内力图的一些规律：

1）$q=0$：剪力图为一水平直线，弯矩图为一斜直线。

2）$q=$常数：剪力图为一斜直线，弯矩图为一抛物线。

3）集中力 $F$ 作用处：剪力图在 $F$ 作用处有突变，突变值等于 $F$；弯矩图为一折线，$F$ 作用处有转折。

4）集中力偶作用处：剪力图在力偶作用处无变化。弯矩图在力偶作用处有突变，突变值等于集中力偶。

掌握上述荷载与内力图之间的规律，将有助于绘制和校核梁的剪力图和弯矩图。梁的荷载、剪力图、弯矩图之间的关系见表 4-1。

**表 4-1 梁的荷载、剪力图、弯矩图之间的关系**

| 荷载 | $q=0$ 无分布荷载梁段 | 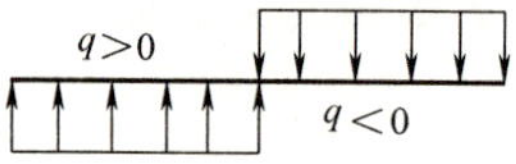 $q>0$，$q<0$（均布荷载梁段） | 集中力 $P$ 作用处（$C$ 点） 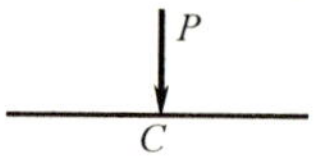 | 集中力偶 $m$ 作用处（$C$ 点） 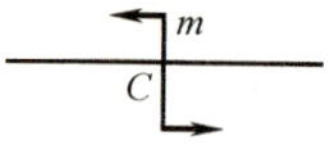 |
|---|---|---|---|---|
| $F_S$ 图 | 水平线 | 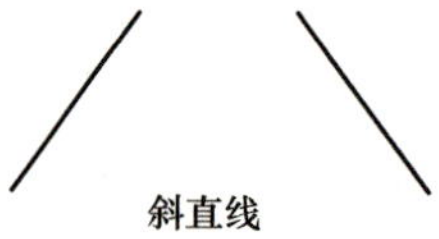 斜直线 | 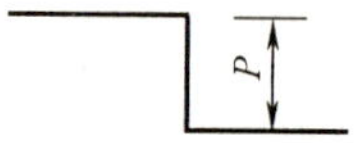 $C$ 截面突变。$P$ 向下，则向下突变，突变值 $=P$ |  $C$ 截面无变化 |
| $M$ 图 | 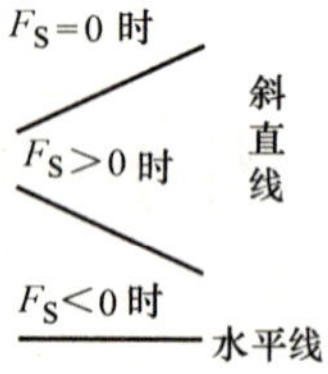 $F_S=0$ 时 水平线；$F_S>0$ 时、$F_S<0$ 时 斜直线 |  $F_S=0$ 处，$M$ 有极值。（$M$ 图凸向与荷载 $q$ 作用方向一致，两者互成弓箭状） | $C$ 截面有尖角或转折（图形斜率随 $F_S$ 的突变而改变，形成尖角和转折） | 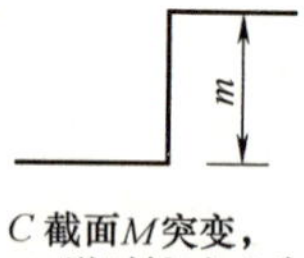 $C$ 截面 $M$ 突变，$M$（逆时针）向上突变，突变值等于 $m$ |
| 实例 | 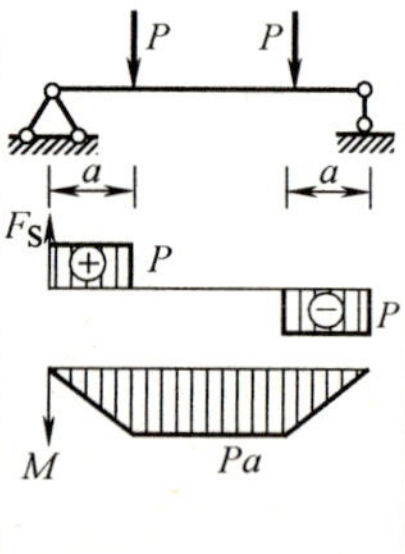 | 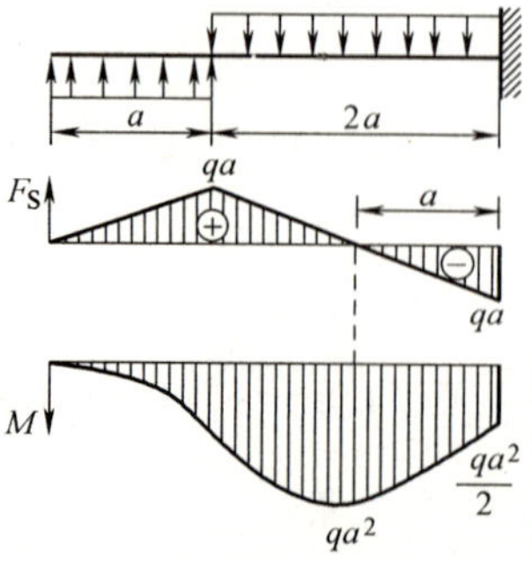 | 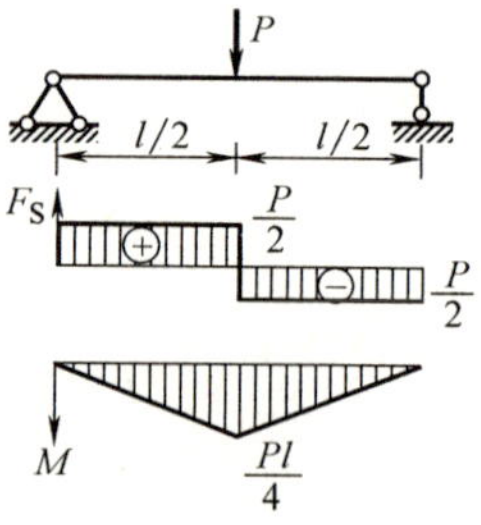 | 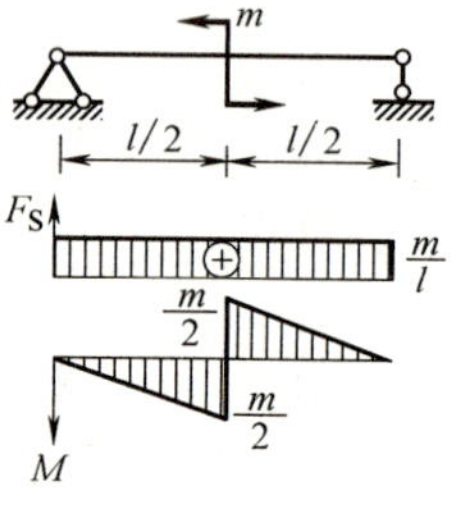 |

利用上述规律，首先根据作用于梁上的已知荷载，应用有关平衡方程求出支座反力，然后将梁分段，并由各段内荷载的情况初步确定剪力图和弯矩图的形状，最后由式（4-1）求出特

殊截面上的内力值，据此画出全梁的剪力图和弯矩图。这种绘图方法称为**简捷法**。下面举例说明。

**例 4-7**　外伸梁如图4-16a 所示，试画出该梁的内力图。

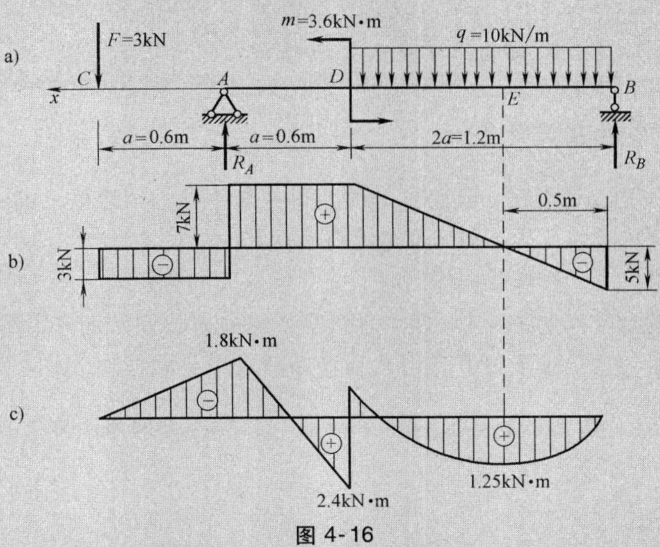


图 4-16

**解：**(1) 求梁的支座反力

由　$$\sum m_B=0 \quad F\times4a-R_A\times3a+m+\frac{1}{2}q\ (2a)^2=0$$

解得　$$R_A=\frac{1}{3}\left(4F+\frac{m}{a}+2qa\right)=10\text{kN}$$

由　$$\sum F_y=0 \quad -F+R_A+R_B-2qa=0$$

解得　$$R_B=P+2qa-R_A=5\text{kN}$$

(2) 画内力图

$CA$ 段：$q=0\text{kN}$，剪力图为水平直线，弯矩图为斜直线。

$$F_{SC}^{+}=F_{SA}^{-}=-F=-3\text{kN}$$

$$M_C=0,\quad M_A=-F\times a=-1.8\text{kN}\cdot\text{m}$$

$AD$ 段：$q=0\text{kN}$，剪力图为水平直线，弯矩图为斜直线。

$$M_A=-F\times a=-1.8\text{kN}\cdot\text{m}$$

$$F_{SA}^{+}=V_D=-F_S+R_A=7\text{kN}$$

$$M_D^{-}=-F_S\times2a+R_A\times a=2.4\text{kN}\cdot\text{m}$$

$DB$ 段：$q<0$（因其为方向向下），剪力图为斜直线，弯矩图为抛物线。

$$F_{SB}^{-}=-R_B=-5\text{kN}\ ,F_S(x)=-R_B+qx \quad (0<x\leqslant2a)$$

令 $F_S\ (x)\ =0$，得　$$x=\frac{R_B}{q}=0.5\text{m}$$

$$M_D^{+}=-F\times2a+R_A\times a-m=-1.2\text{kN}\cdot\text{m}$$

$$M_E=R_B\times0.5\text{m}-q\times(0.5\text{m})^2/2=1.25\text{kN}\cdot\text{m},M_B=0$$

(3) 作剪力图、弯矩图

1）根据 $F_{SB}^{-}$、$F_{SC}^{+}$、$F_{SA}^{-}$、$F_{SA}^{+}$、$F_{SD}$ 的对应值便可作出图 4-16b 所示的剪力图。由图 4-16b可见，在 $AD$ 段剪力最大，$F_{Smax}=7\text{kN}$。

2）根据 $M_C$、$M_B$、$M_A$、$M_E$、$M_D^-$、$M_D^+$ 的对应值便可作出图 4-16c 所示的弯矩图。由图 4-16c 可见，梁上点 $D$ 左侧相邻的横截面上弯矩最大，$M_{max}=M_D^-=2.4\text{kN}\cdot\text{m}$。

## 四、按叠加原理绘制弯矩图

当梁在荷载作用下为小变形时，其跨长的改变可忽略不计，则当梁上同时作用有几个荷载时，其每一个荷载所引起梁的支座反力、剪力及弯矩将不受其他荷载的影响，$F_S(x)$ 及 $M(x)$ 均是荷载的线性函数。因此，梁在几个荷载共同作用时，某一横截面的弯矩值，就等于梁在各荷载单独作用时同一横截面弯矩的叠加。例如图 4-17a 所示悬臂梁受集中荷载 $P$ 和均布荷载 $q$ 共同作用，在距右端为 $x$ 的任意横截面上的弯矩等于集中荷载 $P$ 和均布荷载 $q$ 单独作用（图4-17b、c）时该截面上的弯矩 $Px$ 和$\frac{1}{2}qx^2$ 的叠加。由于两弯矩作用在同一平面内，则叠加即为代数和：

$$M_x=-Px-\frac{1}{2}qx^2$$

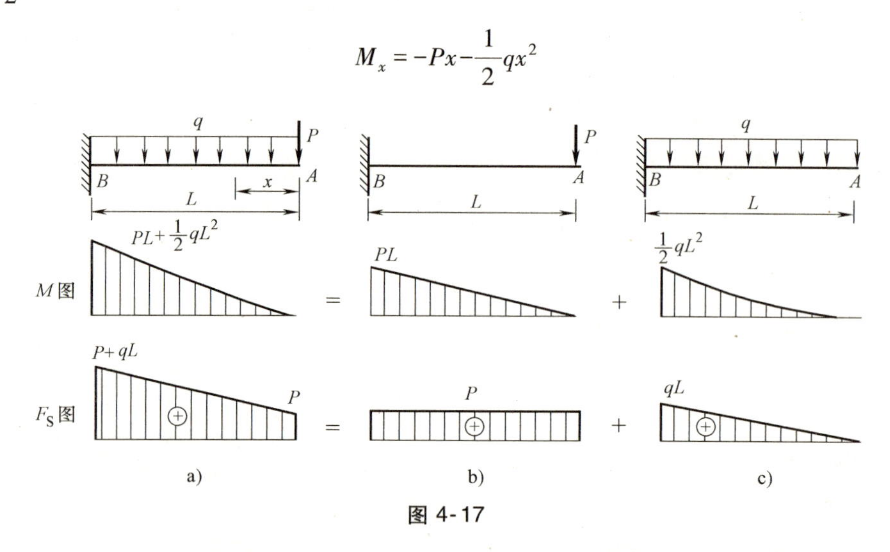


图 4-17

这个普遍性的原理即为**叠加原理**。由于弯矩可以叠加，故相应的弯矩图也可以叠加，即可分别作出各项荷载单独作用下梁的弯矩图，然后将其相应的坐标叠加，即得梁在所有荷载共同作用下的弯矩图。

**例 4-8** 用叠加法作图4-18a 所示梁的弯矩图。

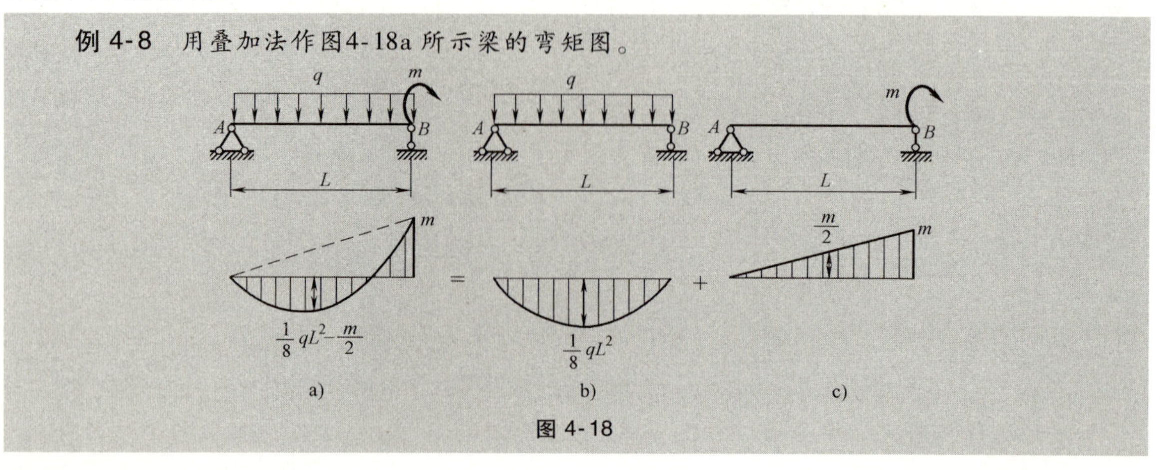


图 4-18

**解：** 先分别画出均布荷载和集中力偶单独作用下的弯矩图，如图 4-18b、c 所示。以弯矩图 4-18c 的斜直线为基线，向下做铅直线，其长度等于图 4-18b 中相应的纵坐标，即以图 4-18c 上的斜直线为基线作弯矩图 4-18b，两图的重叠部分相互抵消，不重叠部分为叠加后的弯矩图，如图 4-18a 所示。

综上所述，作杆段的弯矩图时，只要求出杆段的两端弯矩，并将两端弯矩作为荷载，用叠加法做相应的简支梁的弯矩图即可。

# 第三节　梁横截面上的应力及强度计算

在一般情况下，梁的横截面上即有弯矩，又有剪力，如图 4-19a 所示梁的 $AC$ 及 $DB$ 段。此两段梁不仅有弯曲变形，而且还有剪切变形，这种平面弯曲称为**横力弯曲**或**剪切弯曲**。为使问题简化，先研究梁内仅有弯矩而无剪力的情况，如图 4-16a 所示梁的 $CD$ 段，这种弯曲称为**纯弯曲**。

## 一、纯弯曲时梁横截面上的正应力

### 1. 纯弯曲变形现象与假设

为观察纯弯曲梁变形现象，在梁加力以前，先在其侧面上画两条相邻的横向线 $mm$ 和 $nn$，并在两横向线间靠近顶面和底面处分别画纵线 $ab$ 和 $cd$，如图 4-20a 所示，然后在梁端上加一对力偶 $M$。根据实验观察，在梁变形后，侧面上的纵线 $ab$ 和 $cd$ 弯曲成弧线，靠近底面的纵线 $ab$ 伸长，而靠近顶面的纵线 $cd$ 缩短，且相互间没有挤压；而横向线 $mm$ 和 $nn$ 在相对转过了一个角度后但仍保持为直线，且仍与弧线 $ab$ 和 $cd$ 正交，如图 4-20b 所示。即实验现象为：

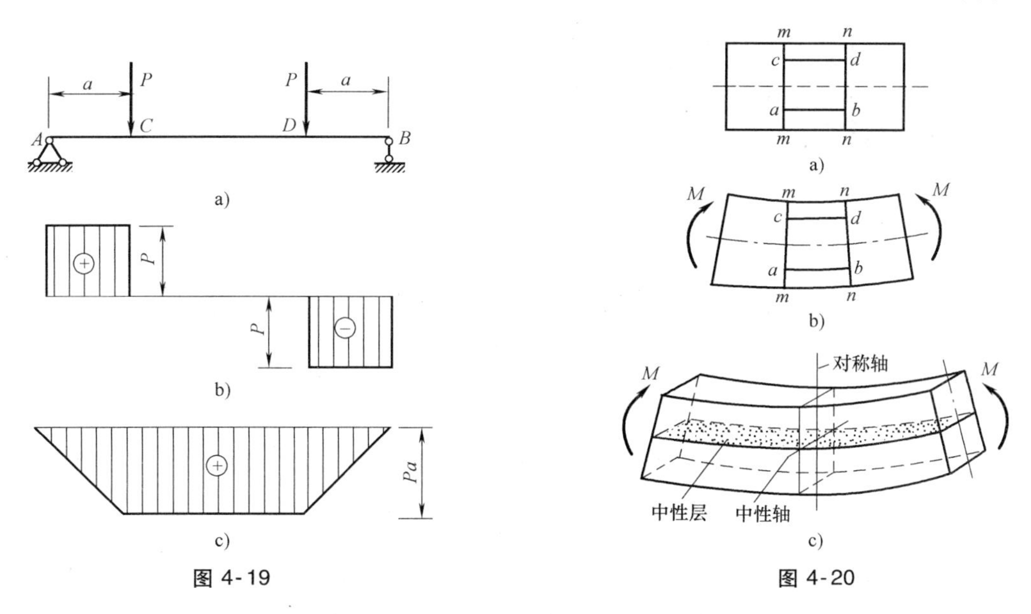


图 4-19　　图 4-20

1）梁侧面表面的横线仍为直线，仍与纵线正交，只是横线间作相对转动。

2）纵线变为弧线，而且，当靠近梁顶面的纵线缩短时，靠近梁底面的纵线伸长。

3）在纵线伸长区，梁的宽度减小，而在纵线缩短区，梁的宽度则增加，情况与轴向拉伸与压缩时的变形相似。

根据上述实验现象，位于凸边的纵向线伸长了，位于凹边的纵向线缩短了；纵向线变弯后仍与横向线垂直。由此做出纯弯曲变形的**平面假设：梁变形后其横截面仍保持为平面，且仍与变形后的梁轴线垂直**。同时还假设：**梁的各纵向纤维之间无挤压，即所有与轴线平行的纵向纤维均是单向拉伸或单向压缩**。如图 4-20c 所示，梁的下部纵向纤维伸长，而上部纵向纤维缩短，由变形的连续性可知，梁内肯定有一层长度不变的纤维层，称为**中性层**，中性层与横截面的交线称为**中性轴**。梁在弯曲时，横截面就是绕中性轴做相对转动的。由于荷载作用于梁的纵向对称面内，梁的变形沿纵向对称面，则中性轴垂直于横截面的对称轴，如图 4-20c 所示。若将梁的轴线取为 $x$ 轴，则横截面的对称轴取为 $y$ 轴，中性轴取为 $z$ 轴，如图 4-21 所示。至于中性轴在横截面上的具体位置，目前尚不确定。

**2. 变形的几何关系**

从图 4-20a 所示梁中取出的长为 d$x$ 的微段并对之分析，如图 4-22a 所示，变形后其两端相对转了 d$\varphi$ 角，距中性层为 $y$ 处的各纵向纤维变形后长为

$$\widehat{ab}=(\rho+y)\,\mathrm{d}\varphi$$

式中，$\rho$ 为中性层上的纤维$\widehat{O_1O_2}$的曲率半径。

由于$\widehat{O_1O_2}=\rho\mathrm{d}\varphi=\mathrm{d}x$，则纤维$\widehat{ab}$的应变为

$$\varepsilon=\frac{\widehat{ab}-\mathrm{d}x}{\mathrm{d}x}=\frac{(\rho+y)\,\mathrm{d}\varphi-\rho\mathrm{d}\varphi}{\rho\mathrm{d}\varphi}=\frac{y}{\rho}\tag{a}$$

由式（a）可知，梁内任一层纵向纤维的线应变 $\varepsilon$ 与其 $y$ 的坐标成正比。

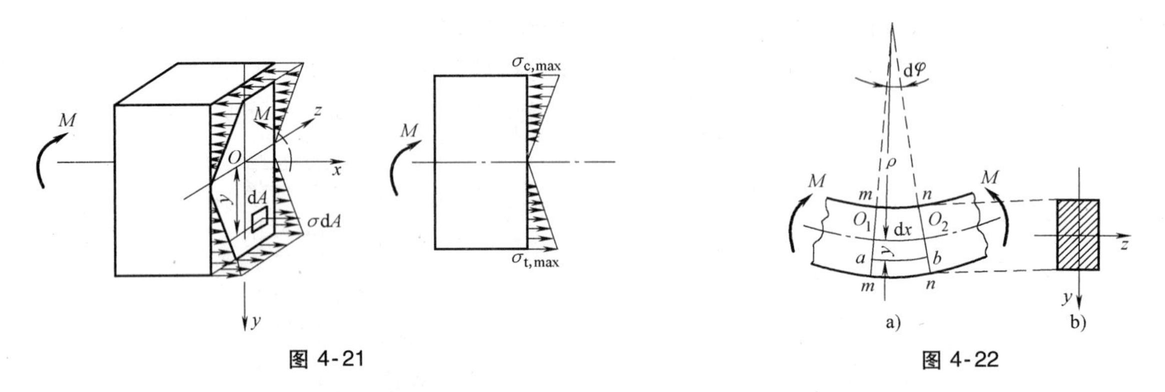


图 4-21　　　　图 4-22

**3. 物理关系**

由于将纵向纤维假设为单向拉压，因此当梁的变形在线弹性范围内，即 $\sigma\leqslant\sigma_p$ 时，则有

$$\sigma=E\varepsilon=E\cdot\frac{y}{\rho}\tag{b}$$

由式（b）可知，横截面上任一点的正应力与该纤维层的 $y$ 坐标成正比，其分布规律如图 4-21 所示。

**4. 静力学关系**

如图 4-21 所示，横截面上坐标为（$y$，$z$）的微面积上的法向内力为 $\sigma\mathrm{d}A$。于是横截面上各个微面积上的法向内力组成一空间平行力系，由 $\Sigma F_x=0$，有

$$\int\sigma\mathrm{d}A=0\tag{c}$$

将式（b）代入式（c），得

$$\int_A E\frac{y}{\rho}\mathrm{d}A=\frac{E}{\rho}\int_A y\mathrm{d}A=0$$

式中，$\int_A y\mathrm{d}A = S_z$ 为横截面对中性轴的静矩，而$\frac{E}{\rho}\neq 0$，则 $S_z=0$。由 $S_z=A\cdot y_C$ 可知，中性轴 $z$ 必过截面形心。

由 $\Sigma M_y=0$，有

$$\int \sigma \mathrm{d}A \cdot z = 0 \tag{d}$$

将式（b）代入式（d），得

$$\frac{E}{\rho}\int_A yz\mathrm{d}A = 0$$

式中，$\int_A yz\mathrm{d}A = I_{yz}$ 为横截面对轴 $y$、$z$ 的惯性积。因 $y$ 轴为对称轴，且 $z$ 轴又过形心，则轴 $y$、$z$ 为横截面的形心主惯性轴，$I_{yz}=0$ 成立。

由 $\Sigma M_z=0$，有

$$\int \sigma \mathrm{d}A \cdot y = 0 \tag{e}$$

将式（b）代入式（e），得

$$M = \frac{E}{\rho}\int_A y^2\mathrm{d}A = 0$$

式中，$\int_A y^2\mathrm{d}A = I_z$ 为横截面对中性轴的惯性矩，则上式可写为

$$\frac{1}{\rho}=\frac{M}{EI_z} \tag{4-5}$$

式中，$1/\rho$ 是梁轴线变形后的曲率。式（4-5）表明，当弯矩不变时，$EI_z$ 越大，曲率 $1/\rho$ 越小，故 $EI_z$ 称为梁的**抗弯刚度**。

将式（4-5）代入式（b），得

$$\sigma=\frac{My}{I_z} \tag{4-6}$$

式（4-6）为纯弯曲时横截面上正应力的计算公式。它适用于横截面具有一个竖向对称轴等直梁。

在使用式（4-6）计算应力时，通常以 $M$、$y$ 的绝对值代入，求得 $\sigma$ 的大小，再根据弯曲变形判断应力的正（拉）或负（压）。即以中性轴为界，梁的凸出边的应力为拉应力，凹入边的应力为压应力。

由式（4-6）可知，正应力 $\sigma$ 沿截面高度呈线性分布，在离中性轴最远的上、下边缘 $y=y_{\max}$处，正应力最大（图 4-21），其值为

$$\sigma_{\max}=\frac{My_{\max}}{I_z} \tag{4-7}$$

令 $I_z/y_{\max}=W_z$，则上式可写为

$$\sigma_{\max}=\frac{M_{\max}}{W_z} \tag{4-8}$$

式中，$W_z$ 仅与截面的几何形状及尺寸有关，被称为截面对中性轴的**抗弯截面系数**，其单位为 $\mathrm{m}^3$。

高为 $h$，宽为 $b$ 的矩形截面的 $W_z$ 为

$$W_z = \frac{I_z}{h/2} = \frac{bh^3/12}{h/2} = \frac{bh^2}{6}$$

直径为 $d$ 的圆形截面的 $W_z$ 为

$$W_z = \frac{I_z}{d/2} = \frac{\pi d^4/64}{d/2} = \frac{\pi d^3}{32}$$

外径为 $D$、内径为 $d$ 的空心圆形截面的 $W_z$ 为

$$W_z = \frac{I_z}{D/2} = \frac{\pi(D^4-d^4)/64}{D/2} = \frac{\pi D^3}{32}\left[1-\left(\frac{d}{D}\right)^4\right]$$

各种型钢截面的抗弯截面系数可在附录Ⅲ型钢表中查到。

## 二、横力弯曲时梁横截面上的正应力

梁横力弯曲时，横截面上不仅有正应力还有切应力。由于切应力的存在，梁的横截面将发生翘曲而不再保持为平面。此外，梁的纵向纤维还会相互挤压。因此，在式（4-6）的推导中，所做的平面假设和各纵向纤维间互不挤压的假设均不能成立。但进一步研究表明，对于跨长与横截面高度的比值 $l/h>5$ 的梁，按式（4-6）计算横截面上的正应力，所得的结果略为偏低，但其误差不超过1%，对于工程实际中常用的梁，足以满足工程中的精度要求，且梁的跨高比 $l/h$ 越大，其误差越小。因此，式（4-6）也适用于横力弯曲，但此时应注意用相应横截面上的弯矩 $M(x)$ 代替该式中的 $M$。

横力弯曲时，如果梁的横截面对称于中性轴，例如矩形、圆形等截面，则梁的最大正应力将发生在最大弯矩（绝对值）所在横截面的边缘各点处，且最大拉应力和最大压应力的值相等。梁的最大正应力为

$$\sigma_{max} = \frac{M_{max}}{W_z} \tag{4-9}$$

如果梁的横截面不对称于中性轴，例如T形（图4-23）、槽形等截面，由于 $y_1 \neq y_2$，则梁的最大正应力将发生在最大正弯矩或最大负弯矩所在横截面的边缘各点处，且最大拉应力和最大压应力的值不相等（详见例4-10）。

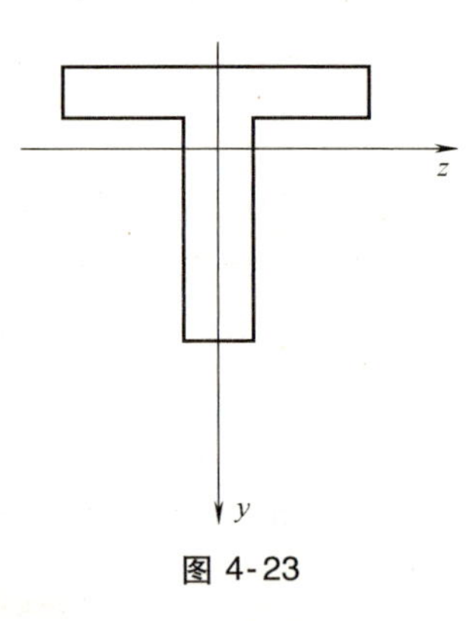


图 4-23

**例 4-9** 受均布荷载作用的简支梁如图4-24所示，试计算跨中点截面上 $a$、$b$、$c$、$d$、$e$ 各点处的正应力，并求梁的最大正应力。

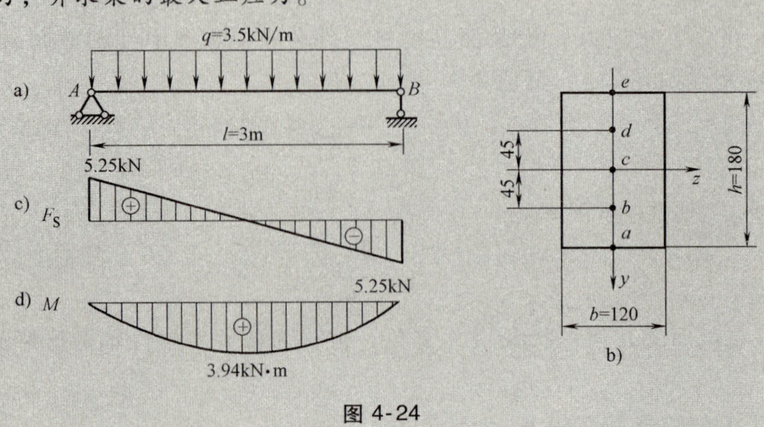


图 4-24

**解：**（1）求跨中点截面上的弯矩 梁的弯矩如图 4-24d 所示。由图可知，跨中点截面上的弯矩为

$$M=\frac{1}{8}ql^2=\frac{1}{8}\times 3.5\times 3^2\text{kN}\cdot\text{m}=3.94\text{kN}\cdot\text{m}$$

（2）计算正应力 矩形截面对中性轴的惯性矩为

$$I_z=\frac{bh^3}{12}=\frac{120\times 10^{-3}\times 180^3\times 10^{-9}}{12}\text{m}^4=58.32\times 10^{-6}\text{m}^4$$

截面上各点处的正应力分别为

$$\sigma_a=\frac{My_a}{I_z}=\frac{3.94\times 10^3\times 90\times 10^{-3}}{58.32\times 10^{-6}}\text{Pa}=6.08\times 10^6\text{Pa}=6.08\text{MPa}\ (\text{拉})$$

$$\sigma_b=\frac{My_b}{I_z}=\frac{3.94\times 10^3\times 45\times 10^{-3}}{58.32\times 10^{-6}}=3.04\times 10^6\text{Pa}=3.04\text{MPa}(\text{拉})$$

$$\sigma_c=0$$

$$\sigma_d=\frac{My_d}{I_z}=\frac{3.94\times 10^3\times 45\times 10^{-3}}{58.32\times 10^{-6}}=3.04\times 10^6\text{Pa}=3.04\text{MPa}(\text{压})$$

$$\sigma_e=\frac{My_e}{I_z}=\frac{3.94\times 10^3\times 90\times 10^{-3}}{58.32\times 10^{-6}}=6.08\times 10^6\text{Pa}=6.08\text{MPa}(\text{压})$$

由弯矩图可知，跨中点截面上的弯矩最大，梁的最大正应力发生在该截面的上、下边缘各点处，其值为 $\sigma_{\max}=6.08\text{MPa}$

**例 4-10** 如图 4-25 所示 T 形截面梁。已知 $P_1=8\text{kN}$，$P_2=20\text{kN}$，$a=0.6\text{m}$；横截面的惯性矩 $I_z=5.33\times 10^6\text{mm}^4$。试求此梁的最大拉应力和最大压应力。

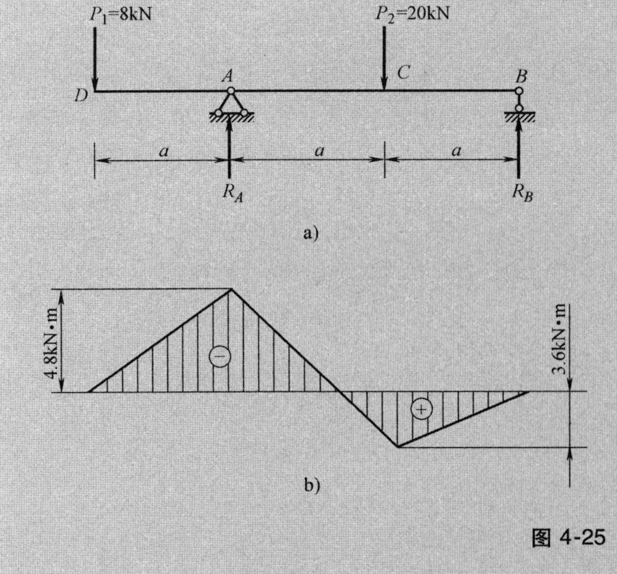


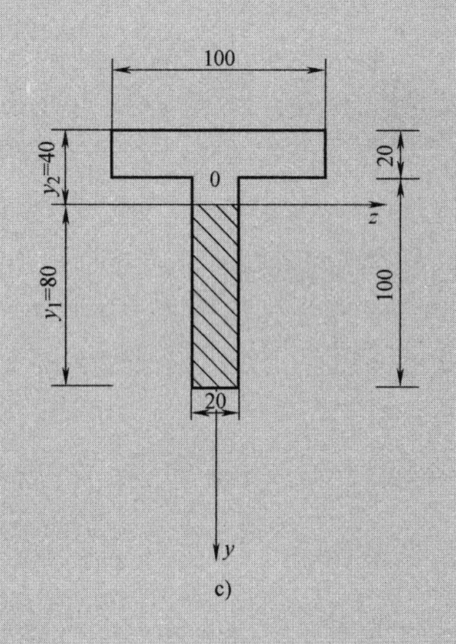


图 4-25

**解：**（1）求支座反力 以整体为分析对象，如图 4-25a 所示。

由 $\Sigma m_A=0$， $R_B\times 2a-P_2\times a+P_1\times a=0$

解得 $R_B=6\text{kN}$

由　$\Sigma F_y=0$，　　　$-R_B+P_2+P_1-R_A=0$

解得　　　$R_A=22\text{kN}$

（2）作弯矩图

*DA* 段：　$M_D=0$，$M_A=-P\times a=-4.8\text{kN}\cdot\text{m}$

*AC* 段：　$M_C=R_B\times a=3.6\text{kN}\cdot\text{m}$

*CB* 段：　$M_B=0$

根据 $M_D$、$M_A$、$M_C$、$M_B$ 的对应值便可作出图 4-25b 所示的弯矩图。

（3）求最大拉压应力　由弯矩图可知，截面 *A* 的上边缘及截面 *C* 的下边缘受拉；截面 *A* 的下边缘及截面 *C* 的上边缘受压。

虽然 $|M_A|>|M_C|$，但 $|y_2|<|y_1|$，所以只有分别计算此两截面的拉应力，才能判断出最大拉应力所对应的截面；截面 *A* 下边缘的压应力最大。

截面 *A* 上边缘处：

$$\sigma_t=\frac{M_A y_2}{I_z}=\frac{4.8\times10^3\times40\times10^{-3}}{5.33\times10^6\times10^{-12}}\text{Pa}=36\text{MPa}$$

截面 *C* 下边缘处：

$$\sigma_t=\frac{M_C y_1}{I_z}=\frac{3.6\times10^3\times80\times10^{-3}}{5.33\times10^6\times10^{-12}}\text{Pa}=54\text{MPa}$$

比较可知在截面 *C* 下边缘处产生最大拉应力，其值为 $\sigma_{t,\max}=54\text{MPa}$

截面 *A* 下边缘处：

$$\sigma_{c,\max}=\frac{M_A y_1}{I_z}=\frac{4.8\times10^3\times80\times10^{-3}}{5.33\times10^6\times10^{-12}}=72\text{MPa}$$

**例 4-11**　图 4-26a 所示简支梁由 56a 号工字钢制成，其截面简化后的尺寸如图 4-26b所示，$F=150\text{kN}$。试求梁危险截面上的最大正应力 $\sigma_{\max}$ 和同一截面上翼缘与腹板交界处 *a* 点的正应力 $\sigma_a$。

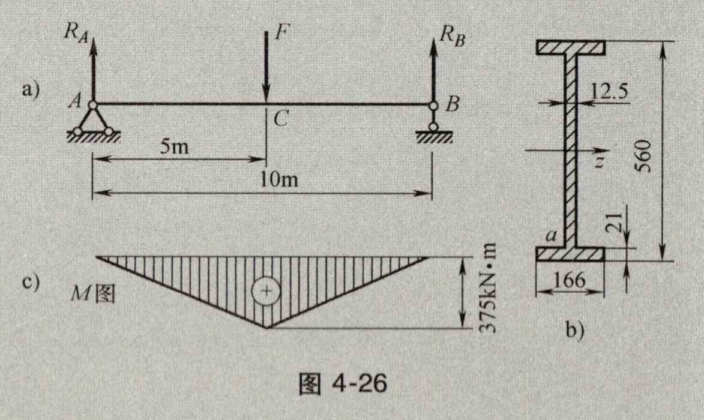


图 4-26

**解：**（1）梁的最大正应力　作梁的弯矩图，如图 4-26c 所示，截面 *C* 为危险截面，最大弯矩为 $M_{\max}=375\text{kN}\cdot\text{m}$。

由型钢表查得 56a 号工字钢截面的 $W_z=2342\times10^3\text{mm}^3$ 和 $I_z=65586\times10^4\text{mm}^4$。

可得危险截面上最大正应力 $\sigma_{\max}$ 为

$$\sigma_{\max}=\frac{M_{\max}}{W_z}=\frac{375\times10^3\text{N}\cdot\text{m}}{2342\times10^{-6}\text{m}^3}=160\times10^6\text{Pa}=160\text{MPa}$$

（2）求危险截面上点 *a* 处的正应力　利用式（4-6），代入 $M_{\max}$、$I_z$ 和有关尺寸，得

$$\sigma_a=\frac{M_{\max}}{I_z}y_a=\frac{375\times10^3}{65586\times10^{-8}}\times\left(\frac{0.56}{2}-0.021\right)\text{Pa}=148\times10^6\text{Pa}=148\text{MPa}$$

在上述计算中并未考虑钢梁的自重，因为由钢梁自重引起的最大正应力与由荷载引起的相比极小（如例4-11中，由梁自重引起的最大正应力约为5.4MPa）。在一般情况下，钢梁的自重可略去不计。

## 三、梁横截面上的切应力

在工程中的梁，大多数并非发生纯弯曲，而是横力弯曲，梁的横截面上有剪力，相应地将有切应力。由于其绝大多数梁为细长梁，并且在一般情况下，细长梁的强度取决于其正应力强度，因此无须考虑其切应力强度。但在遇到梁的跨度较小或在支座附近作用有较大荷载，铆接或焊接的组合截面钢梁（如工字形截面的腹板厚度与高度之比较一般型钢截面的对应比值小），木梁等特殊情况，则必须考虑切应力强度。为此，将常见梁截面的切应力分布规律及其计算公式简介如下。

### 1. 矩形截面梁横截面上的切应力

与弯曲正应力的研究方法不同，由于横力弯曲梁横截面上既有正应力又有切应力，不可能再用实验的方法单独找出切应力的分布规律。解决这个问题的方法是：采用分析方法找出切应力分布的某些规律，再用静力平衡关系建立切应力计算公式。

设有高为 $h$，宽为 $b$ 的狭长矩形截面（图4-27），截面上的剪力为 $F_S$。对称弯曲（平面弯曲）中，$F_S$ 的作用线与截面的对称轴重合。对于狭长矩形截面，由于梁的侧面上无切应力，故横截面上侧边各点处的切应力必与侧边平行，而在对称弯曲情况下，对称轴 $y$ 处的切应力必沿 $y$ 方向，且狭长矩形截面上的切应力沿截面宽度的变化不可能大，于是，可做如下两个假设：

1）横截面上各点处的切应力均与侧边平行。

2）横截面上距离中性轴相等的各点处的切应力大小相等。

根据上述假设所得到的解与弹性理论的解相比较，可以发现，对高宽比 $\frac{h}{b} \geqslant 2$ 的矩形截面梁，两者所得最大切应力非常接近，因此，对一般高度大于宽度的矩形截面梁，按上述假设计算，结果是能满足工程要求的。

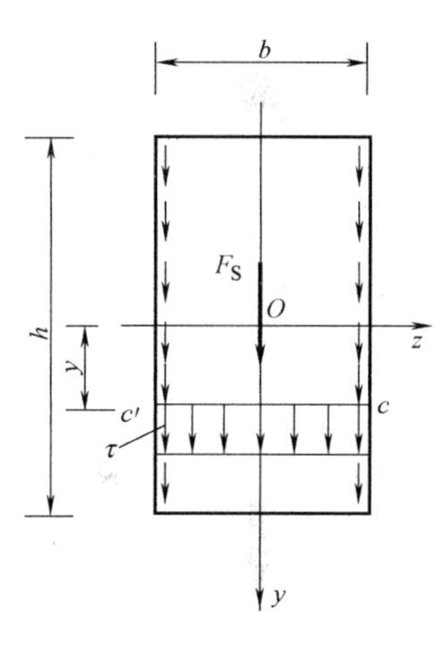


图4-27

图4-28a所示一矩形截面梁，截面的高度和宽度分别为 $h$ 与 $b$，并在纵向对称面内受任意横向力作用，以距梁右端为 $x$ 和 $x+\mathrm{d}x$ 的 $a$—$a$ 和 $b$—$b$ 两横截面假想地从梁中截取长为 $\mathrm{d}x$ 的微段，微段梁两侧面上的弯矩和剪力如图4-28b所示。设各侧面上的内力都为正，左侧面上的剪力为 $F_S$，弯矩为 $M$；右截面的剪力为 $F_S$，弯矩为 $M+\mathrm{d}M$。微段梁两侧面上的应力分布如图4-28c所示。两横截面上距中性轴为 $y$ 处正应力分别为 $\sigma'$ 和 $\sigma''$，于是，可得两端面上的法向内力 $F_{N1}$ 和 $F_{N2}$ 分别为

$$F_{N1} = \int_{A1} \sigma' \mathrm{d}A = \frac{M}{I_z} \int_{A1} y_1 \mathrm{d}A = \frac{M S_z^*}{I_z} \tag{f}$$

$$F_{N2} = \int_{A1} \sigma'' \mathrm{d}A = \frac{M+\mathrm{d}M}{I_z} \int_{A1} y_1 \mathrm{d}A = \frac{(M+\mathrm{d}M)\ S_z^*}{I_z} \tag{g}$$

式中，$S_z^* = \int_{A1} y_1 \mathrm{d}A$ 为横截面上距中性轴为 $y$ 的横线以外部分的面积 $A^*$ 对中性轴的静矩。

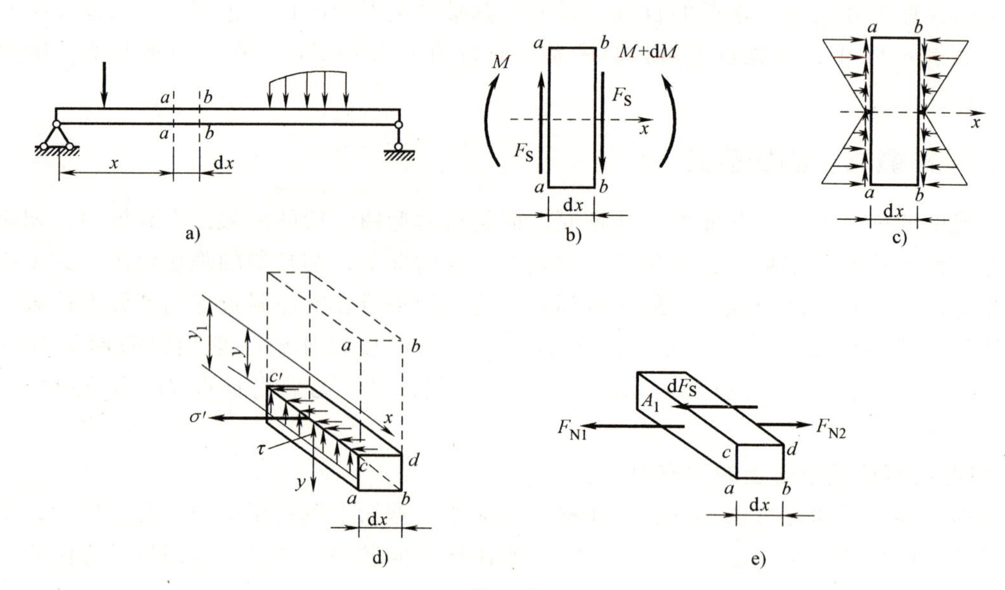


图 4-28

用距中性轴为 $y$ 的纵截面从微段梁 d$x$ 上切去分离体（图 4-28d），由切应力互等定理可知，距中性轴为 $y$ 的宽度线 $cc'$上各点在横截面上的切应力 $\tau$ 与其在纵切面上的切应力 $\tau'$相等。而在微段 d$x$ 长度上，$\tau'$的变化为高阶微量可略去不计，从而认为 $\tau'$在纵截面上为一常量，纵截面上的内力为 d$F_S$。分离体的受力如图 4-28e 所示，考虑分离体在梁轴线方向的平衡，由平衡条件 $\sum F_x=0$ 得

$$F_{N2}-F_{N1}-dF_S=0 \tag{h}$$

式中，

$$dF_S=\tau'\cdot b dx=\tau\cdot b dx \tag{i}$$

将式（f）、式（g）、式（i）代入式（h），得

$$\frac{MS_z^*}{I_z}+\tau\cdot b dx=\frac{(M+dM)S_z^*}{I_z}$$

整理后得切应力计算公式

$$\tau=\frac{F_S S_z^*}{I_z b} \tag{4-10}$$

式中 $F_S$——横截面上的剪力；

$S_z^*$——距中性轴为 $y$ 的横线以外的部分横截面的面积对中性轴的静矩；

$I_z$——横截面对中性轴的惯性矩；

$b$——矩形截面的宽度。

式（4-10）中的 $F_S$、$I_z$ 和 $b$ 对某一横截面而言均为常量，因此，截面上的切应力 $\tau$ 沿截面高度（即随坐标 $y$）的变化情况，由部分面积的静矩 $S_z^*$ 与坐标 $y$ 之间的关系反映。如图 4-29a所示，$S_z^*$ 的计算式为

$$S_z^*=b\left(\frac{h}{2}-y\right)\left[y+\frac{1}{2}\left(\frac{h}{2}-y\right)\right]=\frac{b}{2}\left(\frac{h^2}{4}-y^2\right) \tag{j}$$

将式（j）代入式（4-10），得

$$\tau=\frac{F_S}{2I_z}\left(\frac{h^2}{4}-y^2\right) \tag{4-11}$$

由式（4-11）可知，矩形截面梁横截面上的切应力大小沿截面高度方向按二次抛物线规律变化（图4-29b），且在横截面的上、下边缘处$\left(y=\pm\frac{h}{2}\right)$的切应力为零，在中性轴上（$y=0$）的切应力值最大，即

$$\tau_{\max}=\frac{F_{S}h^{2}}{8I_{z}}=\frac{F_{S}h^{2}}{8\times bh^{3}/12}=\frac{3F_{S}}{2bh}=\frac{3}{2}\frac{F_{S}}{A} \qquad (4\text{-}12)$$

式中，$A=bh$为矩形截面的面积。

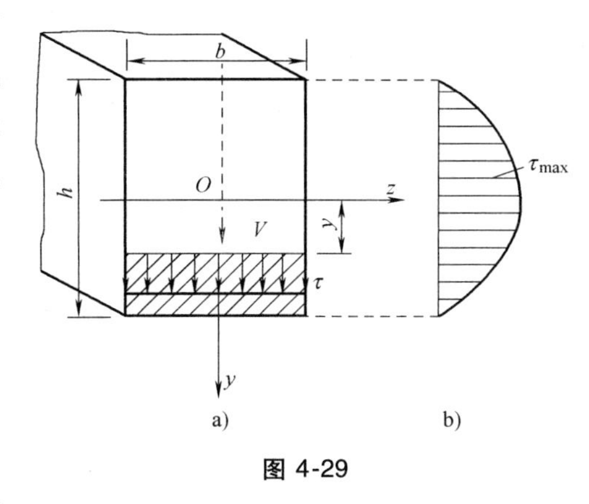

图 4-29

由式（4-12）可知，矩形截面梁的最大切应力发生在中性轴上各点，其值为截面平均应力的1.5倍。

**2. 工字形截面梁横截面上的切应力**

如图4-30a所示，工字形截面梁由三个狭长矩形截面组成，中间的矩形为腹板，上下的矩形为翼缘。当截面上有剪力$F_S$时，腹板和翼缘上都将产生切应力。

由于工字形截面的腹板是狭长矩形，前述两种假设依然适用，于是腹板上任一点的切应力可由式（4-10）计算。其切应力沿腹板高度方向的变化规律仍为二次抛物线（图4-30b）。中性轴上切应力值最大，其值为

$$\tau_{\max}=\frac{F_{S}S_{z,\max}^{*}}{I_{z}d} \qquad (4\text{-}13)$$

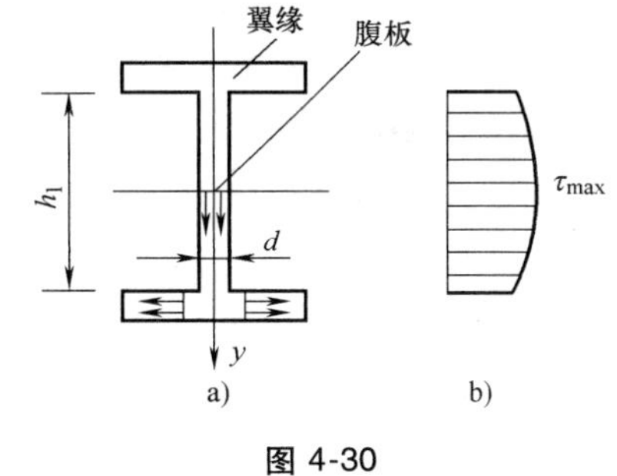

图 4-30

式中　$d$——腹板的厚度；

$S_{z,\max}^{*}$——中性轴一侧的截面面积对中性轴的静矩；比值$I_z/S_{z,\max}^{*}$可直接由型钢表查出。

对于工字形截面翼缘上的切应力，由于翼缘上下表面上无切应力，而翼缘又很薄，因此，翼缘上平行于$y$轴的切应力分量是次要的，主要是与翼缘长边平行的切应力分量（图4-30a）。后者也可仿照在矩形截面中所采用的方法解决。

**3. 圆形截面梁的最大切应力**

如图4-31所示，圆形截面上应力分布比较复杂。由切应力互等定理可知，在截面边缘上各点处切应力$\tau$的方向必与圆周相切，而在与对称轴相交的各点处，由于剪力和截面图形均对称于$y$轴，因此，其切应力必沿$y$方向。为此，可以做如下假设：

1）沿距中性轴为$y$的宽度$ab$上各点处的切应力均汇交于$d$点。

2）这些点的切应力矢端点的连线与宽度线$ab$平行，且沿宽度$ab$各点处切应力沿$y$方向的分量相等。

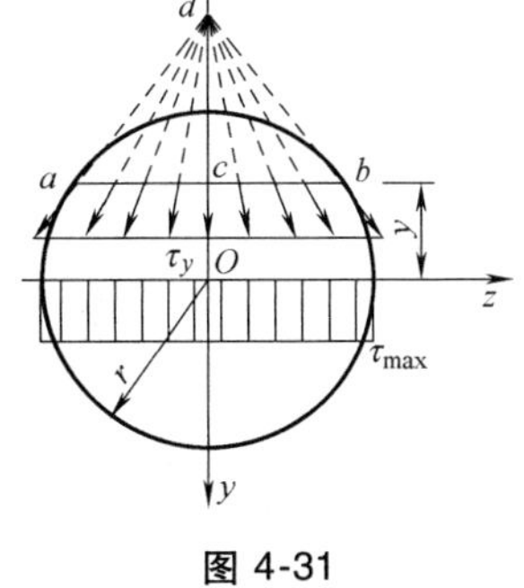

图 4-31

根据上述假设，即可应用式（4-10）求出截面上距中性轴为$y$的各点处切应力沿$y$方向的分量，然后按所在点处切应力方向与$y$轴的夹角，求出该点处的切应力。因为中性轴一侧的面积对中性轴的静矩最大，所以圆形截面最大切应力$\tau_{\max}$仍在中性轴上各点处。由于圆形截面在中性轴左

右边缘上点的切应力方向不仅与其圆周相切，而且与剪力 $F_S$ 同向，因此中性轴上各点处的切应力方向均与剪力平行，且数值相等。于是，可用式（4-10）来求圆形截面的最大切应力 $\tau_{max}$ 的约值，此时，$b$ 为圆的直径 $d$，而 $S_z^*$ 则为半圆面积对中性轴的静矩，即 $S_z^*=\left(\frac{\pi d^2}{8}\right)\cdot\frac{2d}{3\pi}$

将 $S_z^*$ 和 $b=d$ 代入式（4-10），便得

$$\tau_{max}=\frac{F_S S_z^*}{I_z b}=\frac{F_S\cdot\left(\frac{\pi d^2}{8}\right)\cdot\frac{2d}{3\pi}}{\frac{\pi d^4}{64}\cdot d}=\frac{4F_S}{3A} \tag{4-14}$$

式中，圆形截面的面积为 $A=\frac{\pi}{4}d^2$。

**4. 薄壁环形截面梁的最大切应力**

图 4-32 所示一薄壁环形截面梁，环壁厚为 $\delta$，环壁平均半径为 $r_0$，由于 $\delta$ 与 $r_0$ 相比很小，故可做如下的假设：

1）横截面上切应力的大小沿壁厚无变化。

2）切应力的方向与圆周相切。

如图 4-32 所示，由于假设 1）与矩形截面的假设相似，因此，可用式（4-10）近似计算横截面上任意点处切应力。由对称关系可知，横截面与 $y$ 轴相交的各点处切应力为零，且 $y$ 轴两侧各点处的切应力对称于 $y$ 轴，因此，在求式（4-10）中 $S_z^*$ 时，可自 $y$ 轴一侧量取角 $\varphi$，并以 $\varphi$ 角所包的圆环作为部分面积。下面只讨论横截面上的 $\tau_{max}$。

对于环形截面，其 $\tau_{max}$ 仍然发生在中性轴上，式（4-10）中的 $b$ 应为 $2\delta$，而 $S_z^*$ 则为半圆环面积对中性轴的静矩，即

$$S_z^*=\pi r_0\delta\times\frac{2r_0}{\pi}=2r_0^2\delta$$

由附录Ⅱ的表中查的环形截面对中性轴的惯性矩为

$$I_z=\pi r_0^3\delta$$

于是，得

$$\tau_{max}=\frac{F_S S_z^*}{I_z b}=\frac{F_S\times 2r_0^2\delta}{\pi r_0^3\delta\times 2\delta}=2\frac{F_S}{A} \tag{4-15}$$

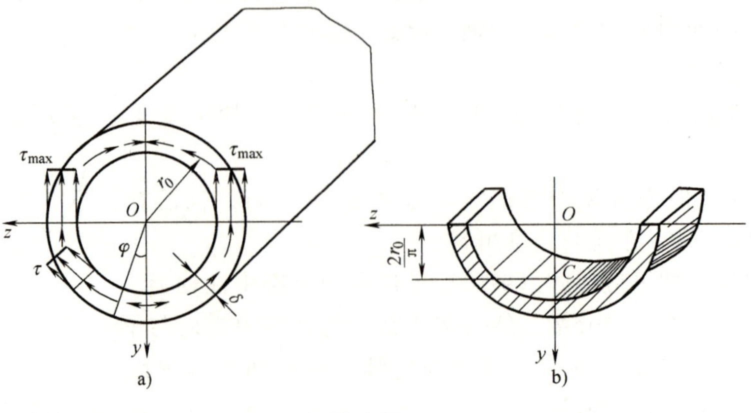

a) b)

图 4-32

式中，环形截面的面积$A=\frac{\pi}{4}\left[(2r_0+\delta)^2-(2r_0-\delta)^2\right]=2\pi r_0\delta$。

对于等直梁，其最大切应力$\tau_{max}$发生在最大剪力$F_{S,max}$所在的横截面上，而且位于该截面的中性轴处。由以上各种形状的横截面上的最大切应力计算公式可知，全梁各横截面中最大切应力$\tau_{max}$可统一表达为

$$\tau_{max}=\frac{F_{S,max}S^*_{z,max}}{I_z b} \tag{4-16}$$

式中 $F_{S,max}$——全梁最大剪力；

$S^*_{z,max}$——横截面上中性轴一侧的面积对中性轴的静矩；

$b$——横截面在中性轴处的宽度；

$I_z$——整个横截面对中性轴的惯性矩。

**例 4-12** 试计算例 4-9 中矩形截面梁在支座附近截面上 $b$、$c$ 两点处的切应力。

**解：**(1) 作剪力图 梁的剪力图如图 4-24c 所示。由图可知，在支座附近截面上，剪力最大，$|F_{S,max}|=5.25\text{kN}$。

(2) 计算剪应力 横截面上 $b$ 点处的横线以外的面积对中性轴 $z$ 的静矩为

$$S_z^*=120\times45\times67.5\text{mm}^3=364500\text{mm}^3=364.5\times10^{-6}\text{m}^3$$

将$F_{S,max}=5.25\text{kN}$、$I_z=58.32\times10^{-6}\text{m}^4$、$b=120\text{mm}$以及$S_z^*$代入式（4-10），得 $b$ 点处的剪应力为

$$\tau_b=\frac{F_{S,max}S_z^*}{I_z b}=\frac{5.25\times10^3\times364.5\times10^{-6}}{58.32\times10^{-6}\times120\times10^{-3}}\text{Pa}=0.273\times10^6\text{Pa}=0.273\text{MPa}$$

$c$ 点处的剪应力是梁的最大剪应力，可利用式（4-12）计算：

$$\tau_c=\tau_{max}=\frac{3F_{S,max}}{2A}=\frac{3\times5.25\times10^3}{2\times120\times180\times10^{-6}}\text{Pa}=0.365\times10^6\text{Pa}=0.365\text{MPa}$$

**例 4-13** 图 4-33a 所示为例 4-11 中的梁。试求梁横截面上最大切应力$\tau_{max}$和同一截面腹板部分在 $a$ 点（图 4-33b）处的切应力 $\tau$，并分析切应力沿腹板高度的变化规律。

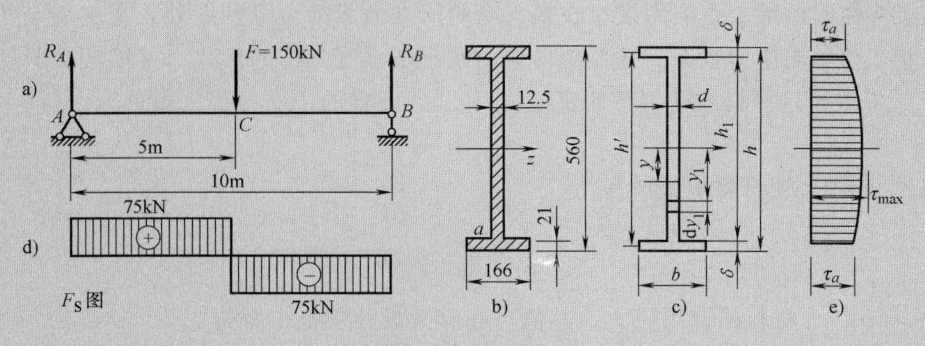


图 4-33

**解：**(1) 求最大切应力 作梁的剪力图，如图 4-33d 所示，最大剪力为$F_{S,max}=75\text{kN}$。

利用型钢表，查得 56a 号工字钢截面的$\frac{I_z}{S^*_{z,max}}=477.3\text{mm}$。

利用式（4-13），将相应数据代入得

$$\tau_{max}=\frac{F_{S,max}S_{z,max}^*}{I_z d}=\frac{F_{S,max}}{\left(\frac{I_z}{S_{z,max}^*}\right)d}=\frac{75\times10^3\text{N}}{(0.4773\text{m})\times(12.5\times10^{-3}\text{m})}=12.6\times10^6\text{Pa}=12.6\text{MPa}$$

(2) 求 $a$ 点处切应力　根据图 4-33b 所示尺寸，可得 $a$ 点横线一侧（即下翼缘截面）面积对中性轴的静矩为

$$S_{za}^*=166\text{mm}\times21\text{mm}\times\left(\frac{560\text{mm}}{2}-\frac{21\text{mm}}{2}\right)=940\times10^3\text{mm}^3$$

由式（4-10）及相应的值，得 $a$ 点处切应力为

$$\tau_a=\frac{F_{S,max}S_{za}^*}{I_z d}=\frac{(75\times10^3\text{N})\times(940\times10^{-6}\text{m}^3)}{(65586\times10^{-8}\text{m}^4)\times(12.5\times10^{-3}\text{m})}=8.6\times10^6\text{Pa}=8.6\text{MPa}$$

(3) 分析切应力 $\tau$ 沿腹板高度的变化规律　由于腹板壁厚 $d$ 为常量，故切应力 $\tau$ 与 $S_z^*$ 的变化规律相同，取 $d\text{d}y_1$（图 4-33c）为腹板部分的面积元素 $\text{d}A$，可得 $S_z^*$ 为

$$S_z^*=\frac{b\delta h'}{2}+\int_y^{h_1/2}y_1 d\text{d}y_1=\frac{b\delta h'}{2}+\frac{d}{2}\left(\frac{h_1^2}{4}-y^2\right)$$

代入式（4-10），可得

$$\tau=\frac{F_S}{I_z d}\left[\frac{b\delta h'}{2}+\frac{d}{2}\left(\frac{h_1^2}{4}-y^2\right)\right]$$

上式表明，$\tau$ 沿腹板高度按二次抛物线规律变化（图 4-33e）。

## 四、梁的强度条件及强度计算

由内力图可直观地判断出**等直杆内力最大值所发生的截面，即危险截面。危险截面上应力值最大的点称为危险点**。为了保证构件有足够的强度，其危险点处的有关应力需满足对应的强度条件。

### 1. 梁的正应力强度条件

等直梁弯曲时的最大正应力发生在最大弯矩所在截面的边缘各点处，在这些点处，切应力等于零，相当于单向应力状态。按照单向应力状态下强度条件的形式，梁横截面上的最大工作正应力 $\sigma_{max}$ 不得超过材料的许用弯曲正应力 $[\sigma]$，即梁的正应力强度条件为

$$\sigma_{max}\leqslant[\sigma] \tag{4-17}$$

利用式（4-9）还可将上式改写为

$$\sigma_{max}=\frac{M_{max}}{W_z}\leqslant[\sigma] \tag{4-18}$$

式中，$[\sigma]$ 为材料的许用应力，其值可在有关设计规范中查得。

对于抗拉和抗压强度不同的材料（如铸铁、混凝土等），则要求梁的最大拉应力 $\sigma_{t,max}$ 不超过材料的许用拉应力 $[\sigma_t]$，最大压应力 $\sigma_{c,max}$ 不超过材料的许用压应力 $[\sigma_c]$，即

$$\left.\begin{aligned}\sigma_{t,max}\leqslant[\sigma_t]\\ \sigma_{c,max}\leqslant[\sigma_c]\end{aligned}\right\} \tag{4-19}$$

### 2. 梁的切应力强度条件

等直梁的最大切应力 $\tau_{max}$ 发生在最大剪力所在横截面的中性轴上各点处，在这些点处，正

应力等于零，是纯剪切应力状态。因此，可按纯剪切应力状态下的强度条件建立梁的切应力强度条件，即

$$\tau_{max} \leqslant [\tau] \tag{4-20}$$

利用式（4-16）还可将上式改写为

$$\tau_{max}=\frac{F_{S,\,max}S_{z,\,max}^{*}}{I_z b}\leqslant[\tau] \tag{4-21}$$

**3. 梁的强度计算**

为了保证梁能安全工作，梁必须同时满足正应力和切应力强度条件。在进行强度计算时，通常是先按正应力强度计算，再按切应力强度校核。由于一般梁的强度大多数由正应力控制，故通常只需按正应力强度条件进行计算，并不需要再按切应力进行强度校核。但在下列几种情况下，还需检查梁是否满足切应力强度条件：

1）梁的跨度较短，或在支座附近作用有较大的荷载，因而使梁的最大弯矩较小，而最大剪力却很大时。

2）对铆接或焊接的组合截面（例如工字型）钢梁，当其腹板宽度与高度之比小于型钢的相应比值时。

3）对木梁。由于梁的最大切应力 $\tau_{max}$ 发生在中性轴上各点处，根据切应力互等定理，梁的中性层上也同时受到 $\tau_{max}$ 的作用，而木材的顺纹方向的抗剪能力较差，所以木梁有可能因中性层上的切应力过大而沿中性层发生剪切破坏。

根据梁的强度条件，可以解决校核强度、设计截面和确定许可荷载等三类强度计算问题。下面举例加以说明。

**例 4-14**　图 4-34a 为一受均布荷载的梁，其跨度 $l=200$mm，梁截面直径 $d=25$mm，许用应力 $[\sigma]=150$MPa。试求沿梁每米长度上可能承受的最大荷载 $q$ 为多少？

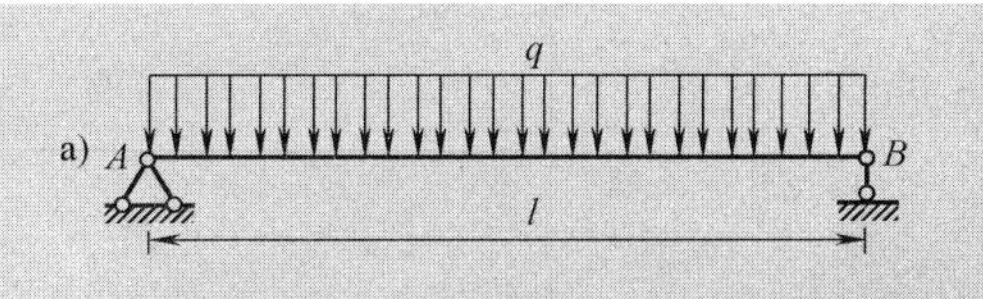


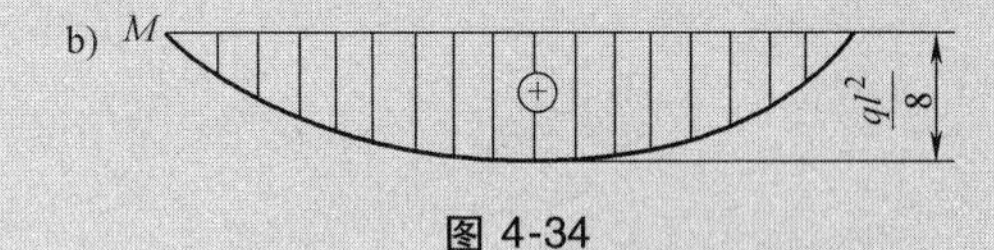


图 4-34

**解：** 弯矩图如图 4-34b 所示。最大弯矩发生在梁的中点所在横截面上，

$$M_{max}=ql^2/8=5\times10^{-3}q$$

由式（4-18），有

$$M_{max}\leqslant W_z[\sigma]=\frac{\pi d^3}{32}[\sigma]=234\text{N}\cdot\text{m}$$

于是　　$5\times10^{-3}q\leqslant 234$

解得　　$q_{max}=46.8\text{kN/m}$

**例 4-15**　某车间安装一简易桥式起重机（计算简图见图 4-35a）起重量 $G=50$kN，其跨度 $l=9500$mm，电动葫芦自重 $G_1=19$kN，许用应力 $[\sigma]=140$MPa。试选择工字钢截面。

**解：** 在一般机械中，梁的自重较其承受的其他荷载小，故可按集中力初选工字钢截面，集中力 $P$ 值为

$$P=G+G_1=69\text{kN}$$

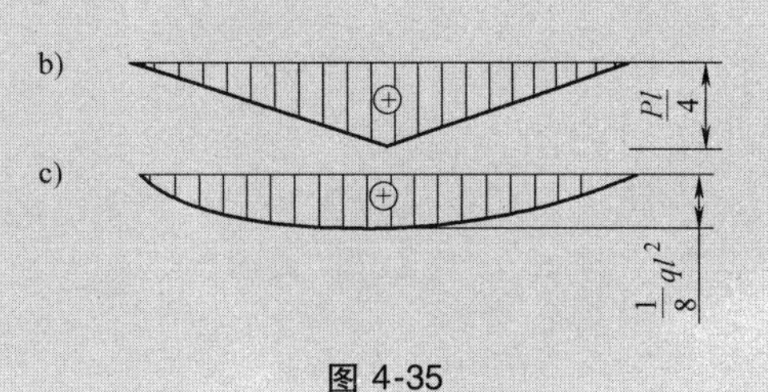


图 4-35

弯矩图如图 4-35b 所示，可得 $M_{p,\max}=Pl/4=161.5\text{kN}\cdot\text{m}$

由式（4-18），有

$$W_z \geqslant \frac{M_{p,\max}}{[\sigma]}=1153\times10^3\text{mm}^3$$

由型钢表找 $W_z$ 比 $1153\times10^3\text{mm}^3$ 稍大一些的工字钢型号，查出 40c 工字钢，其 $W_z=1190\times10^3\text{mm}^3$，此钢号的自重 $q=801\text{N/m}$。自重单独作用时的弯矩图如图 4-35c 所示。$M_{q,\max}=ql^2/8=9.04\text{kN}\cdot\text{m}$

中央截面的总弯矩为

$$M_{\max}=M_{p,\max}+M_{q,\max}=170.5\text{kN}\cdot\text{m}$$

于是考虑自重在内的最大工作应力为

$$\sigma_{\max}=\frac{M_{\max}}{W_z}=143.3\text{MPa}>140\text{MPa}=[\sigma]$$

$$\frac{\sigma_{\max}-[\sigma]}{[\sigma]}\times100\%=\frac{143.3\text{MPa}-140\text{MPa}}{140\text{MPa}}\times100\%=2.35\%$$

$\sigma_{\max}$ 虽大于许用应力 $[\sigma]$，但超出值在 5%以内，工程中是允许的。

**例 4-16** 铸铁梁受力如图 4-36a 所示，其截面尺寸如图 4-36b 所示，点 $C$ 为 T 形截面的形心，惯性矩 $I_z=6013\times10^4\text{mm}^4$，材料的许用拉应力 $[\sigma_t]=40\text{MPa}$，材料许用压应力 $[\sigma_c]=160\text{MPa}$。试校核该梁的强度。

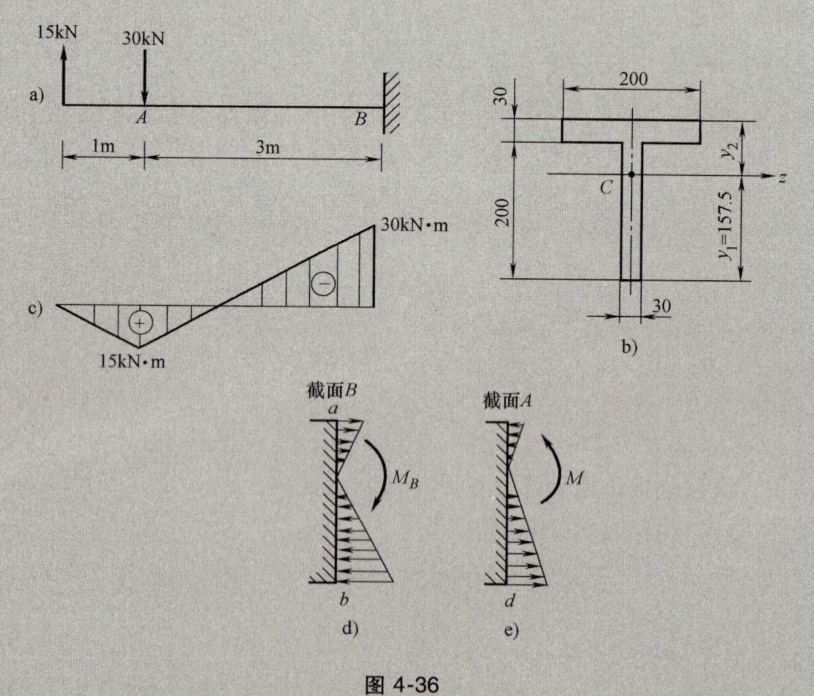


图 4-36

**解**：梁弯矩图如图 4-36c 所示。绝对值最大的弯矩为负弯矩，发生于 $B$ 点左侧相邻横截面上，应力分布如图 4-36d 所示。此截面最大拉应力发生于截面上边缘各点处。由式（4-6），有

$$\sigma_a=\frac{M_B y_2}{I_z}=36.2\text{MPa}<40\text{MPa}=[\sigma_t]$$

最大压应力发生于截面下边缘各点处。由式（4-6），有

$$\sigma_b=\frac{M_B y_1}{I_z}=78.6\text{MPa}<160\text{MPa}=[\sigma_c]$$

虽然 $A$ 截面弯矩值 $M_A<|M_B|$，但 $M_A$ 为正弯矩，应力分布如图 4-36e 所示。最大拉应力发生于截面下边缘各点，此截面上最大拉应力大于最大压应力。因此，全梁最大拉应力究竟发生在哪个截面上，必须经计算才能确定。

$A$ 截面最大拉应力为

$$\sigma_d=\frac{M_A y_1}{I_z}=39.3\text{MPa}<40\ \text{MPa}=[\sigma_t]$$

由上述计算结果可知，最大压应力发生于 $B$ 点左侧相邻横截面下边缘处，最大拉应力发生于 $A$ 截面下边缘处。均满足强度条件，因此是安全的。

**例 4-17**　图 4-37a 所示为工字钢截面简支梁。已知 $l=2\text{m}$，$q=10\text{kN/m}$，$P=200\text{kN}$，$a=0.2\text{m}$。许用应力 $[\sigma]=160\text{MPa}$，$[\tau]=100\text{MPa}$。试选择工字钢型号。



图 4-37

**解**：由结构及荷载分布的对称性得梁的支座反力为

$$R_A=R_B=(ql+2p)/2=210\text{kN}$$

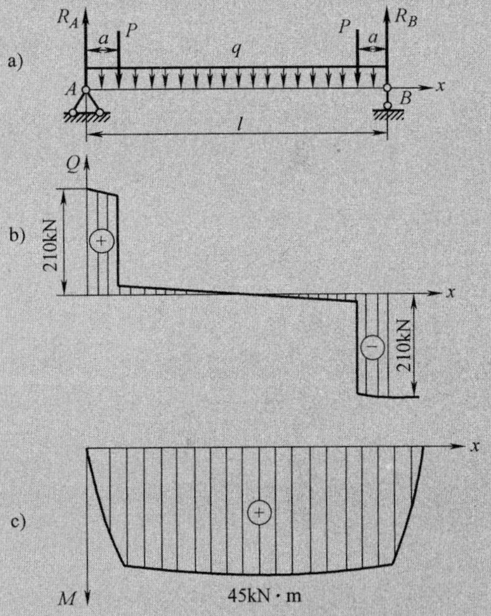

由图 4-37b、c 所示的剪力图和弯矩图可知，$F_{\text{S,max}}=210\text{kN}$，$M_{\max}=45\text{kN}\cdot\text{m}$

由式（4-18），得

$$W_z=\frac{M_{\max}}{[\sigma]}=\frac{45\times10^3}{160\times10^6}\text{m}^3=281\times10^{-6}\text{m}^3=281\text{cm}^3$$

查型钢表，选取 22a 工字钢，其 $W_z=309\text{cm}^3$，$I_z/S_z^*=18.9\text{cm}$，腹板厚度 $d=0.75\text{cm}$。

由式（4-21）得

$$\tau_{\max}=\frac{F_{\text{S, max}}S^*_{z,\ \max}}{I_z d}=\frac{210\times10^3}{18.9\times10^{-2}\times0.75\times10^{-2}}\text{Pa}=148\text{MPa}>100\text{MPa}=[\tau]$$

可见选取 22a 工字钢时切应力强度不够，则需重新选择。

若选取 25b 工字钢，由查型钢表查出，$I_z/S_z^*=21.3\text{cm}$，$d=1\text{cm}$，由式（4-21）得

$$\tau_{\max}=\frac{F_{\text{S, max}}S^*_{z\max}}{I_z d}=\frac{210\times10^3}{21.3\times10^{-2}\times1\times10^{-2}}\text{Pa}=98.6\text{MPa}<100\text{MPa}=[\tau]$$

因此，选取 25b 工字钢，可同时满足梁的正应力和切应力强度条件。

## 第四节　梁的合理设计

按强度要求设计梁时，依据正应力强度条件，等截面梁的表达式是

$$\sigma_{\max}=\frac{M_{\max}}{W_z}\leqslant[\sigma]$$

由上式可见，降低最大弯矩、提高弯曲截面系数，或局部加强弯矩较大的梁段，都能降低梁的最大正应力，从而提高梁的承载能力，使梁的设计更为合理。现将工程中常用的几种措施分述如下。

### 一、合理设置梁的荷载

合理设置梁的荷载是在不改变梁结构的前提下降低最大弯矩。根据弯矩与荷载位置的分布关系，基本原理是不使荷载集中于梁的中间截面附近。例如，简支梁在跨中点受到集中力 $F$ 作用时，梁的最大弯矩 $M_{\max}=\frac{1}{4}Fl$，如图 4-38a 所示。如果结构允许，将集中荷载 $F$ 分置于梁上两点（图 4-38b）或均匀分布于整个梁上（图 4-38c），则最大弯矩相应减小为 $M_{\max}=\frac{1}{6}Fl$、$M_{\max}=\frac{1}{8}Fl$。这样，在总荷载不变的情况下，最大的弯矩却只有原来的$\frac{2}{3}$或$\frac{1}{2}$。

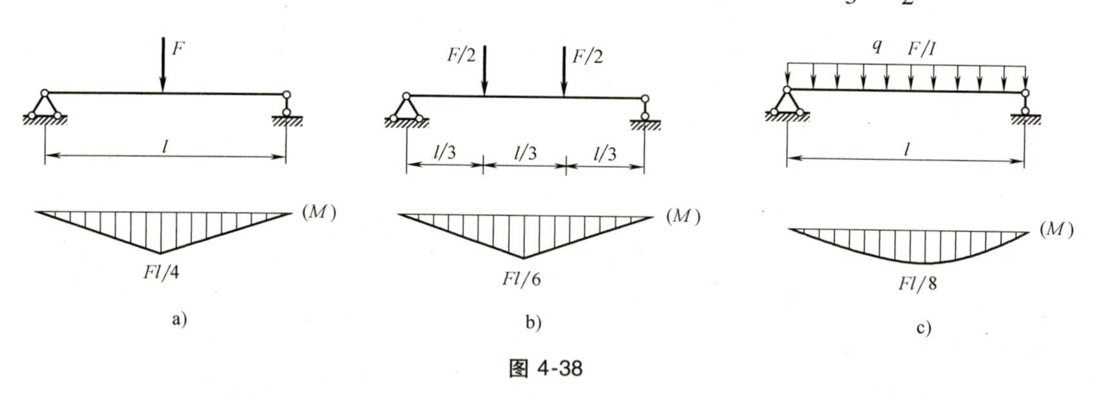


图 4-38

### 二、合理布置支座

合理地布置支座是从梁的构造上降低梁的$|M|_{\max}$的措施。如图 4-39a 所示受均布荷载作用的简支梁，最大弯矩为$\frac{1}{8}ql^2$。如果将简支梁的支座从两端向中间移动$\frac{1}{5}l$，做成如图 4-39b 所示的外伸梁，其最大弯矩为 $M_{\max}=\frac{1}{40}ql^2$，只有原简支梁最大弯矩的$\frac{1}{5}$，这就相当于把梁的承载能力提高到原来的 5 倍。造成这一结果的原因，是外伸梁的伸臂减小了梁的跨中长度，同时外伸长度上的荷载在跨中产生的弯矩符号与跨中荷载在跨中产生的弯矩符号相反，这两个因数都使外伸梁跨中弯矩降低。适当地调整伸臂长度，使最大正弯矩与最大负弯矩峰值的绝对值相等，可以得到一个最佳状态——梁的最大弯矩最小，计算得出，此时两端的伸臂长度 $a=0.207l$，$|M|_{\max}=0.0214ql^2$，如图 4-39c 所示，这个结果只是简支梁情况下最大弯矩的$\frac{1}{5.84}$。

根据上述力学原理，伸臂结构在工程上得到广泛应用。

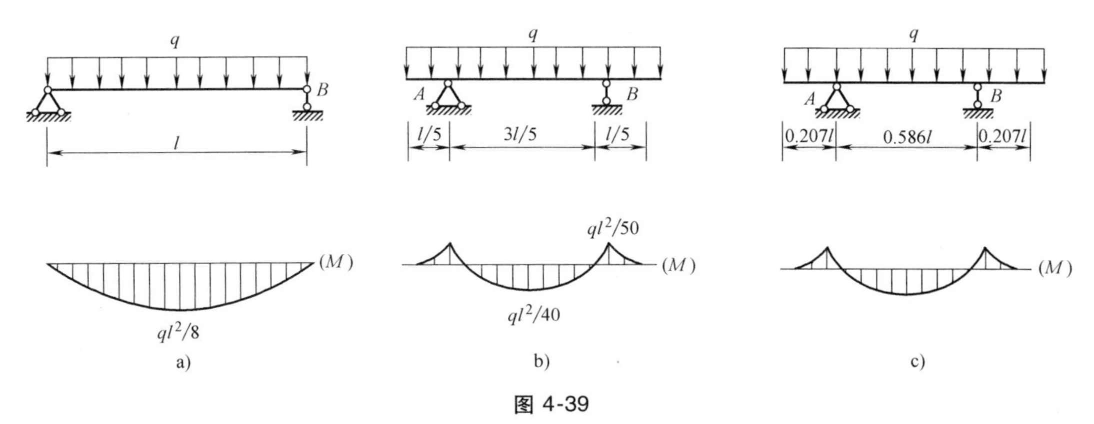


图 4-39

## 三、合理选取截面形状

梁的合理截面形状是从截面和材料抵抗破坏的能力两方面来考虑提高梁的强度措施。

一方面，根据弯曲正应力的分布规律，中性轴附近的材料几乎不起作用，为了提高梁的承载能力，应使材料适当地远离中性轴，以提高 $W_z$ 值；另一方面，截面的形状要与材料的力学性质协调，以合理地利用材料的性能。为此，在设计中应从以下几方面入手。

### 1. 合理利用截面

设计一个梁时，如果截面是限定的，要注意合理放置截面。如图 4-40a 所示矩形截面悬臂梁，横截面立放，截面的抗弯截面模量

$$W_z=\frac{bh^2}{6}$$

若将截面按图 4-40b 的方式平放，则抗弯截面模量为

$$W'_z=\frac{hb^2}{6}$$

两种放置方式抗弯截面模量之比为

$$\frac{W_z}{W'_z}=\frac{\frac{bh^2}{6}}{\frac{hb^2}{6}}=\frac{h}{b}$$

当矩形截面的 $h$ 比 $b$ 大得多情况下，两种放置方式将使承载能力相差很大。不过应当指出，如$\frac{h}{b}$太大，梁在承载时的稳定性会降低。

### 2. 合理选择截面

基于上述同样的原因，选择截面时应使材料远离中性轴，采用尽可能小的截面面积 $A$，而获得尽可能大的抗弯截面模量 $W_z$。因此可以用比值 $W_z/A$ 来评价截面的合理程度，这个比值越大，截面就越合理。从正应力在横截面上的分布规律来看，靠近中性轴的地方，正应

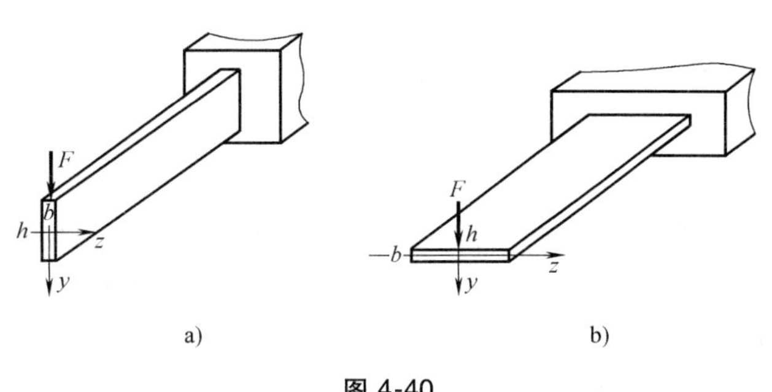


图 4-40

力小，材料不能得到充分利用。如果把中性轴附近的部分材料移植到离中性轴较远的地方，就能提高材料的利用率，从而提高梁的抗弯能力。工程上常用的空心板就较实心板合理；圆环形截面就较圆形截面合理；矩形截面竖放比平放合理；如把中性轴附近材料移植到上、下边缘处，成为工字形截面（图 4-30）就更为合理。以上几种情况，前者都比后者有较大的 $W_z/A$ 比值，几种常见截面的 $W_z/A$ 值列于表 4-2 中。

表 4-2　几种截面的 $W_z/A$ 值

| 截面形状 | 工字钢 | 槽钢 | 矩形 | 圆形 |
| --- | --- | --- | --- | --- |
| $W_z/A$ | $0.27 \sim 0.31h$ | $0.27 \sim 0.31h$ | $0.167h$ | $0.125d$ |

3. 截面形状与材料力学性质协调

在讨论梁的合理截面时，还应考虑到材料的特性，应使梁中最大拉应力 $\sigma_{t,max}$ 与最大压应力 $\sigma_{c,max}$ 同时达到材料的许用应力，从而使拉、压等强度。按照这一原则，一般说来，对于钢材等抗拉与抗压强度相同的塑性材料，宜采用对称于中性轴的截面，例如矩形、工字形等截面。因为这样可使截面上、下边缘处的最大拉应力和最大压应力的值相等，并可同时达到材料的许用应力。而对于铸铁等抗拉强度低于抗压强度的脆性材料，宜采用不对称于中性轴的截面，例如 T 形或槽形截面，并使中性轴偏于受拉一侧，在设计这类截面时，中性轴的位置应按下式确定，即

$$\frac{\sigma_{t,\ max}}{\sigma_{c,\ max}}=\frac{\dfrac{My_{t,\ max}}{I_z}}{\dfrac{My_{c,\ max}}{I_z}}=\frac{y_{t,\ max}}{y_{c,\ max}}=\frac{[\sigma_t]}{[\sigma_c]} \tag{4-22}$$

式中，$y_{t,max}$ 和 $y_{c,max}$ 分别为截面上最大拉应力点和最大压应力点到中性轴的距离。

图 4-41 中给出了几个这种截面的示意图，应该注意，使用这种截面时，弯矩绝对值最大的截面的中性轴应靠近受拉一侧，以保证截面上应力分布如图 4-41d 所示。

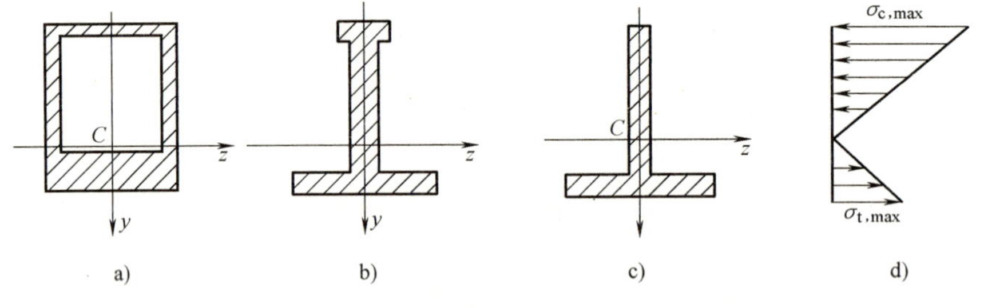


图 4-41

应该指出，合理的截面还应满足梁的刚度、稳定性以及制造、使用等方面的要求。例如，梁的横截面高度很大，宽度很小，从强度的观点是合理的，但却容易发生侧向变形而破坏（侧向失稳）。木梁由于制造上的原因，通常采用矩形截面。

## 四、等强度梁的概念

按强度条件设计的等截面梁只有危险截面处的材料得到充分利用，这显然不够经济、合理。为使梁在各个截面处材料都得到充分利用，工程上提出了等强度的概念，即梁在荷载作用下各个截面的最大工作应力都相同，并均达到材料的许用应力，则这样的梁称为等强度梁。

例如，在梁的中点受到集中荷载作用的矩形截面简支梁，如图 4-42a 所示，若使各截面的最大工作应力都等于材料的许用应力，即

$$\sigma_{\max}=\frac{M(x)}{W_z(x)}=[\sigma] \qquad (0\leqslant x\leqslant l/2)$$

按此设计的梁就是等强度梁。设计时，若使截面宽度 $b$ 不变，则为等宽等强度梁。由强度条件可得其高度的变化为

$$h(x)\geqslant\sqrt{\frac{6M(x)}{b[\sigma]}}=\sqrt{\frac{3Fx}{b[\sigma]}}$$

按此设计的梁如图 4-42b 所示，梁的高度沿轴线呈抛物线变化，截面的端部高度应满足切应力强度，即

$$h_0\geqslant\frac{3F}{4b[\tau]}$$

这样的梁称为“鱼腹梁”。

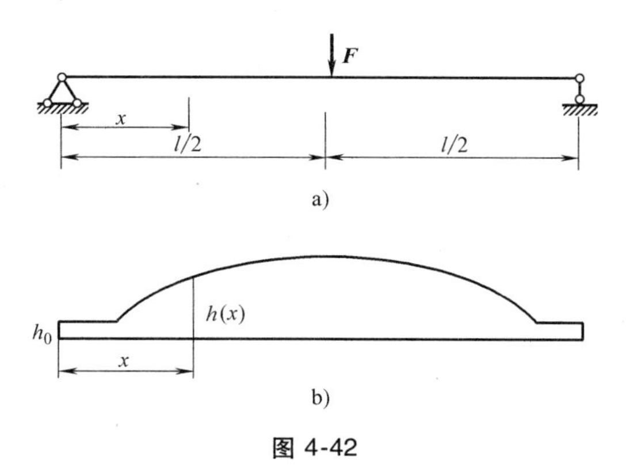

图 4-42

等强度梁是一种设计概念，严格按照等强度理论设计、制造、加工都很困难，即便是如此，除了截面上下边缘以外大部分材料仍然没有发挥作用。实际设计中通常要做适当的简化，设计成近似等强度，如建筑工程中的挑梁（图 4-43a）；或采取某些结构措施，以便更充分地利用材料，如桥梁工程中的将图 4-42b 所示的鱼腹梁设计为图 4-43b 所示的桁梁结构，因为桁杆中的应力均匀分布，材料的使用更合理。

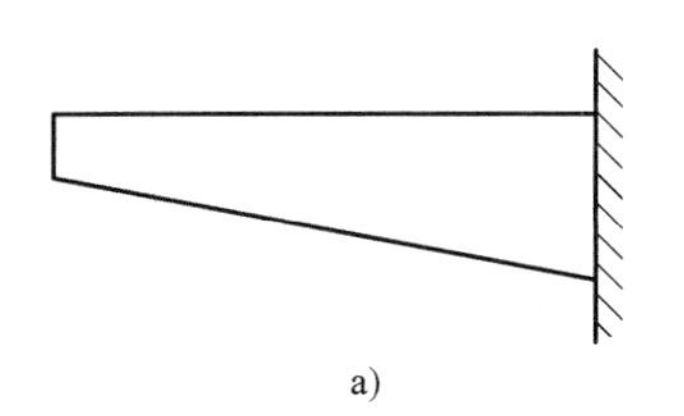
a)

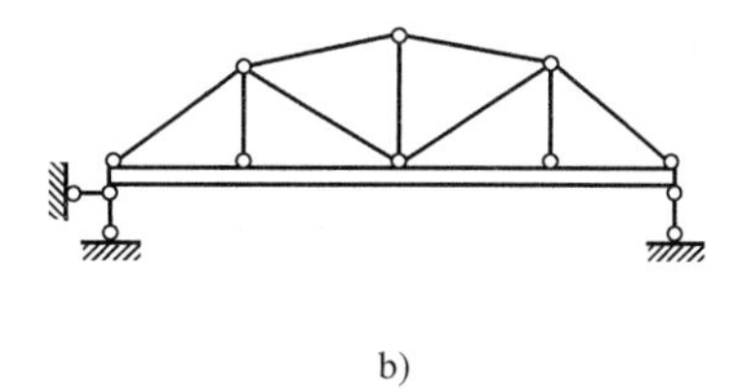
b)

图 4-43

# 第五节　弯曲中心的概念

弯曲中心是截面的几何性质，在弯曲理论的研究中弯曲中心有重要的意义，这里只对弯曲中心的概念作必要的介绍，更全面的讨论读者可参考其他资料。

## 一、弯曲中心的概念

为了讨论弯曲中心，首先要介绍形心主惯面。所谓形心主惯面即等截面直梁的轴线与截面的主惯性轴所构成的平面。通常以 $x$ 表示梁的轴线，$y$ 和 $z$ 表示横截面的形心主惯轴，则平面 $xy$，$xz$ 即为形心主惯面。图 4-44 是截面为任意形状的等截面直梁形心主惯面的示意图。

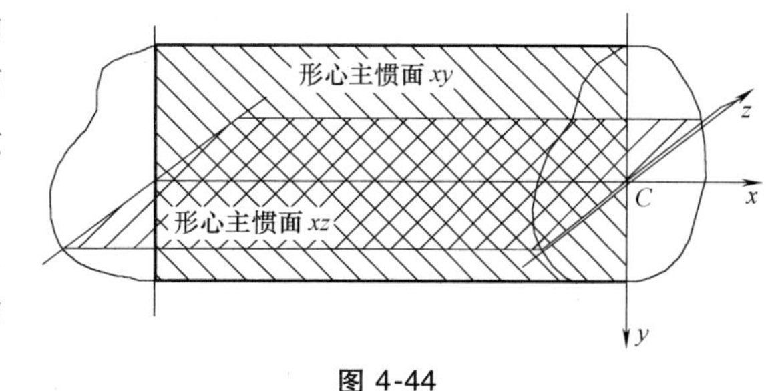

图 4-44

弯曲中心是截面图形上的一个特定的点，通常用 $A$ 表示。对等截面直梁来说，当荷载的作用面通过弯曲中心并且与梁的轴线平行时，

则梁就只弯曲不扭转；当荷载的作用面通过弯曲中心并且与梁的一个形心主惯面平行时，则梁的弯曲就为平面弯曲，且弯曲平面与这个形心主惯面平行。

对称弯曲是平面弯曲的一个简单情况。对称弯曲是平面弯曲的情况下，梁的每一个横截面都有一根纵向对称轴 $y$，整个梁有一个纵向对称面，作用于梁上的所有外力（包括荷载和约束反力）均作用在对称面内，或可以简化到纵向对称面内。在这样的条件下截面上切应力 $\tau$ 和正应力 $\sigma$ 的分布都对称于 $y$ 轴。横截面上的剪力 $F_S$ 也在纵向对称面内，不会与外力形成对轴线的扭矩；横截面上的正应力只对 $z$ 轴产生力矩 $M$，对 $y$ 轴的力矩为零。故各纵面的弯曲都在其原来平面内发生，所以是平面弯曲。由弯曲中心的概念，这个情况也表明，**如果截面有对称轴，则弯曲中心必在对称轴上**。

当一个梁没有纵向对称面或有纵向对称面但不是荷载作用面，这种情况下，如果外力仍在形心主惯面内（如图 4-45a 中 $xz$ 平面内），截面上切应力的分布不再对称于 $y$ 轴，截面上切应力的合力（$F_S$）会偏离形心主惯面（图 4-45b），$F_S$ 与梁上的外力 $F$ 形成对称线 $x$ 的力矩，截面上将产生扭矩 $M_n$，梁的变形不可能还是平面弯曲。如果过 $F$ 作用线作一与形心主惯面 $xy$ 平行的平面，即图 4-45b 中带阴影的平面，以 $Q$ 表示，并且令荷载 $F$ 也作用在 $Q$ 平面内，则 $F_S$

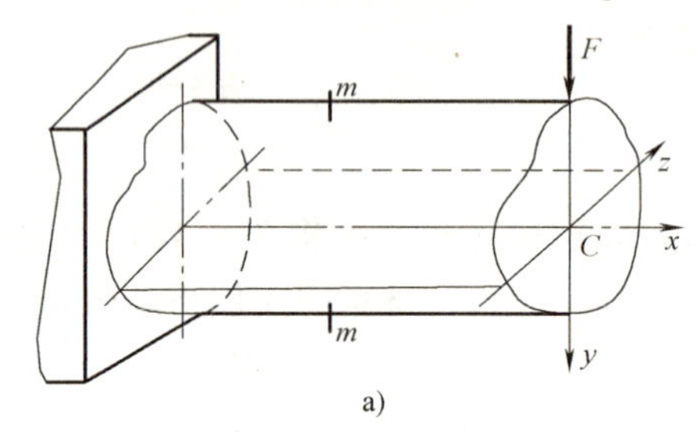

a)

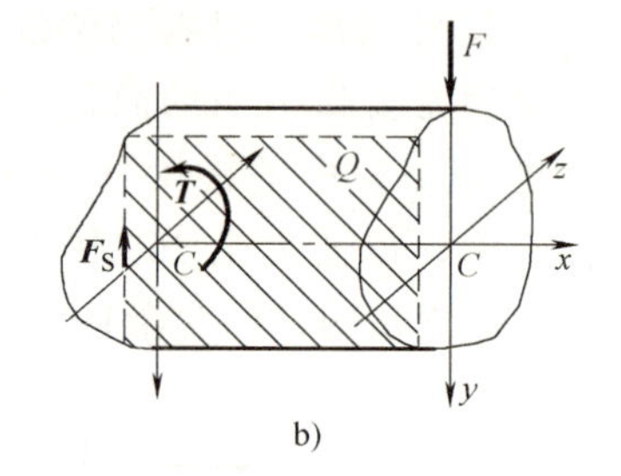

b)

图 4-45

与 $F$ 就不会形成对称线 $x$ 的力矩，截面上也就没有扭矩 $M_n$。根据弯曲中心的概念，这表明截面的弯曲中心就在截面切应力（$F_S$）作用线上。由此我们得出了确定截面弯曲中心的思路：即通过确定截面上剪力 $F_S$ 作用线的位置确定弯曲中心。但是对实心截面，一般情况下 $F_S$ 偏离截面形心很小，截面上的扭矩 $M_n$ 很小，而实心截面的抗扭刚度又较大，只要横荷载作用面与形心主惯面重合就可以按平面弯曲计算；若截面是开口薄壁面，$F_S$ 偏离截面形心较大，截面的抗扭刚度却较小，扭转变形的影响不容忽视。图 4-46 所示的是槽形截面在形心主惯面 $xz$ 内受到集中力 $F$ 作用下变形的情况。所以工程中最有意义的是确定开口薄壁截面的弯曲中心。

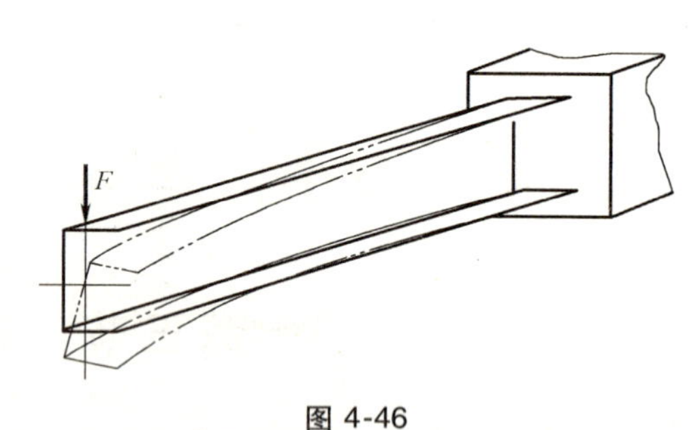

图 4-46

下面以槽形截面为例，讨论具有一个对称轴的开口薄壁截面弯曲中心的计算。设槽形截面如图 4-47a 所示，$y$、$z$ 为截面的形心主惯性轴，其中 $z$ 轴为对称轴。由上述讨论可知，截面的弯曲中心在 $z$ 轴上。现在，令荷载 $F$ 沿 $y$ 轴作用，由切应力流的概念假设该截面腹板和翼缘上切应力的合力如图 4-47b 所示。

槽形截面翼缘上的切应力与工字钢翼缘上的切应力分布规律相同，因此，翼缘上距开口边 $\xi$ 处切应力大小为

$$\tau'=\frac{F_S S_z^*}{I_z t}=\frac{F_S}{I_z t}\cdot\frac{th\xi}{2}$$

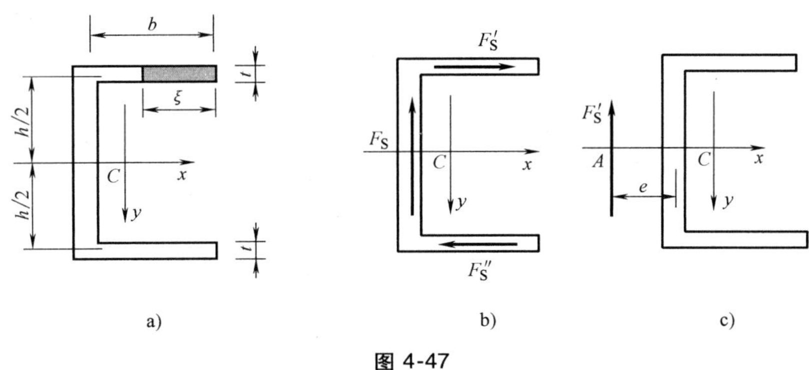

a)　b)　c)

图 4-47

翼缘上切应力合力为

$$F'_S = F''_S = \int_{h_1} \tau' \cdot dA = \int_0^b \frac{F_S h\xi}{2I_z} t \cdot d\xi = \frac{F_S b^2 ht}{4I_z}$$

截面上下翼缘上的切应力的合力构成力偶，其力偶矩为

$$M' = F'_S \cdot h = \frac{F_S b^2 h^2 t}{4I_z}$$

将截面各部分上剪力合成一个合力，设合力作用点到腹板轴线的距离为 $e$，于是有

$$F_S e = M' = \frac{F_S b^2 h^2 t}{4I_z}$$

由此解得

$$e = \frac{b^2 h^2 t}{4I_z}$$

则由 $e$ 确定的 $z$ 轴上的点 $A$ 即为弯曲中心。因为该点也是切应力合力的作用点，所以弯曲中心即为截面的切应力中心。

## 二、确定截面弯曲中心的简化规则

根据弯曲中心即截面的切应力简化中心和弯曲中心在截面的对称轴上的结论，可以得出确定弯曲中心的简化规则如下：

1）如果截面有一个对称轴，则弯曲中心必在对称轴上，如图 4-47a 中槽钢截面的弯曲中心。

2）如果截面有两个对称轴，则弯曲中心必在这两个对称轴的交点上。在这种情况下，弯曲中心与截面的形心重合，如矩形、工字型截面。

3）对由两个狭长矩形组成的截面，两个狭长矩形中切应力流的交点即为弯曲中心，如图 4-48a、b 所示。

4）Z 字形截面两翼缘上的切应力向截面形心简化的合力矩为零，故截面形心即是弯曲中心，如图 4-48c 所示。

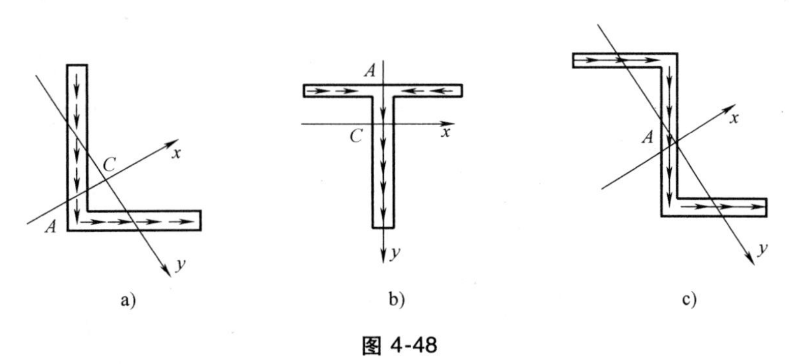

a)　b)　c)

图 4-48

# 小　结

1. 梁弯曲时，横截面上一般产生两种内力——剪力和弯矩。与此相对应的应力也有两种——切应力和正应力。

2. 梁弯曲时的正应力计算公式为

$$\sigma=\frac{M}{I_z}y$$

该式表明正应力在横截面上沿高度呈线性分布的规律。

3. 梁弯曲时的切应力计算公式为

$$\tau_{\max}=\frac{F_S S_z^*}{I_z b}$$

它是由矩形截面梁导出的，但可推广应用于其他截面形状的梁，如工字形梁、T 形梁等。此时，应注意要代入相应的 $S_z^*$ 和 $b$。切应力沿横截高度呈二次抛物线规律分布。

4. 梁的强度计算，校核梁的强度或进行截面设计，必须同时满足梁的正应力强度条件和切应力强度条件，即

$$\sigma_{\max}=\frac{M_{\max}}{W_z}\leqslant[\sigma]$$

$$\tau_{\max}=\frac{F_{S,\max}S_{z,\max}^*}{I_z b}\leqslant[\tau]$$

应该注意的是，对于一般的梁，正应力强度条件是起控制作用的，切应力强度条件是次要的。因此，在应用强度条件解决强度校核、选择截面、确定许可荷载等三类问题时，一般都先按最大正应力强度条件进行计算，必要时再按切应力强度条件进行校核。

5. 惯性矩 $I_z$ 和弯曲截面系数 $W_z$ 是两个十分重要的截面图形的几何性质。常用的矩形截面、圆形截面的 $I_z$ 和 $W_z$ 的计算式必须熟记。

# 思　考　题

4-1　列 $F_S(x)$ 及 $M(x)$ 方程时，在何处需要分段？

4-2　集中力及集中力偶作用的构件横截面上的剪力、弯矩如何变化？

4-3　试问：(1) 在图 4-49a 所示梁中，$AC$ 段和 $CB$ 段剪力图图线的斜率是否相同？为什么？(2) 在图 4-49b 所示梁的集中力偶作用处，左、右两段梁弯矩图图线的斜率是否相同？

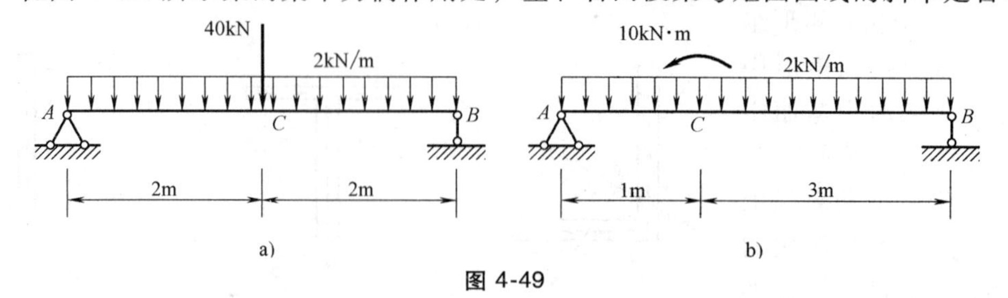


图 4-49

4-4　如图 4-50 所示，有体重均为 800N 的两个人，需借助跳板从沟的左端到右端，已知该跳板的许可弯矩为 600N · m，若跳板重量略去不计，试问两人采取什么办法可安全通过？

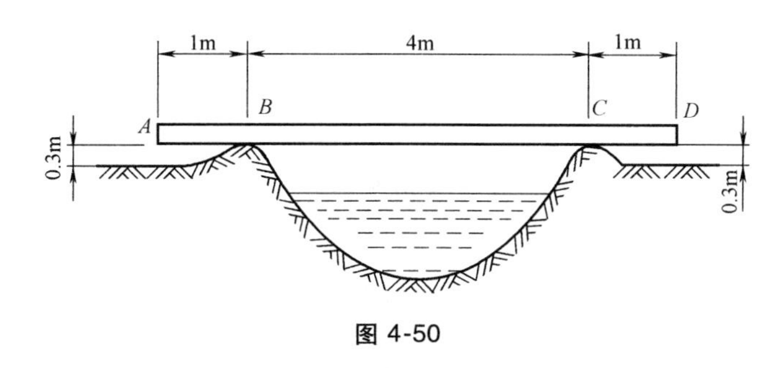


图 4-50

4-5　在推导纯弯曲正应力公式时做了哪些假设？在什么条件下这些假设才是正确的？

4-6　对比矩形截面和工字钢截面，为什么说工字形截面是平面弯曲梁的合理截面？

4-7　若矩形截面的高度或宽度增大一倍，截面的抗弯能力会各增大几倍？

4-8　对于抗拉、抗压性能不同的铸铁梁，工字形截面是合理截面吗？

4-9　一矩形截面 $b\times h$ 的等直梁，两段承受外力偶矩（图 4-51a），已知梁的中性轴上无应力，若将梁沿中性层锯开成两根截面为 $b\times\dfrac{h}{2}$ 的梁，而将两梁仍叠合在一起，并承受相同的外力偶矩 $M_e$（图 4-51b）。试问：

（1）锯开前、后，两者的最大弯曲正应力之比和弯曲刚度之比是多少？

（2）为什么锯开前、后，两者的工作情况不同？锯开后，可采取什么措施以保证其工作状态不变。

4-10　在计算图 4-52 所示矩形截面梁 $a$ 点处的弯曲切应力时，其中的静矩是多少？若取通过 $a$ 点横线以上或以下部分的面积来计算，试问结果是否相同？为什么？

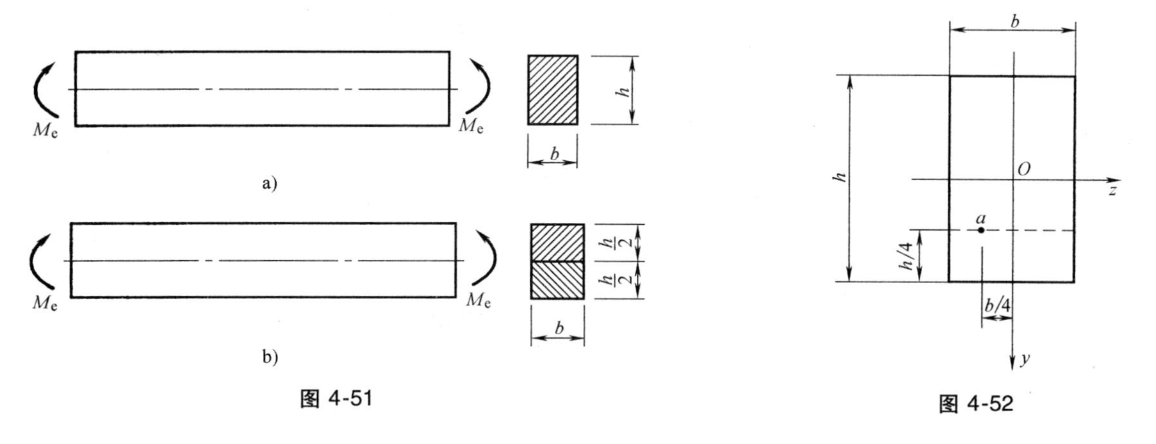


图 4-51　　图 4-52

4-11　跨度为 $l$ 的悬臂梁在自由端受集中力 $F$ 作用。该梁的横截面由四块木板胶合而成，若按图 4-53a、b 所示的两种方式胶合，考虑胶合缝的切应力强度，试问两种梁的强度是否相同？

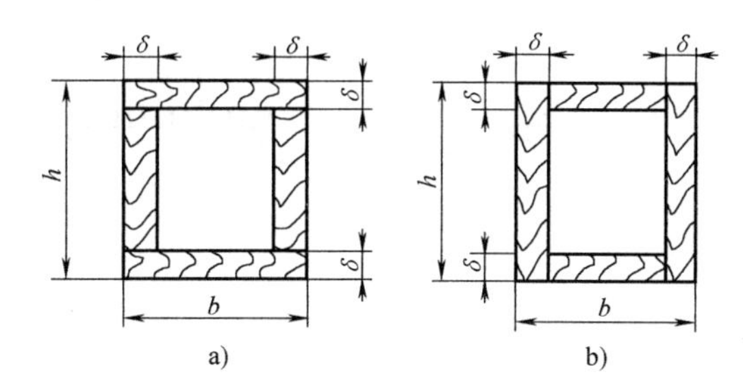


图 4-53

# 习 题

4-1 求图 4-54 所示各梁指定截面上的剪力和弯矩。

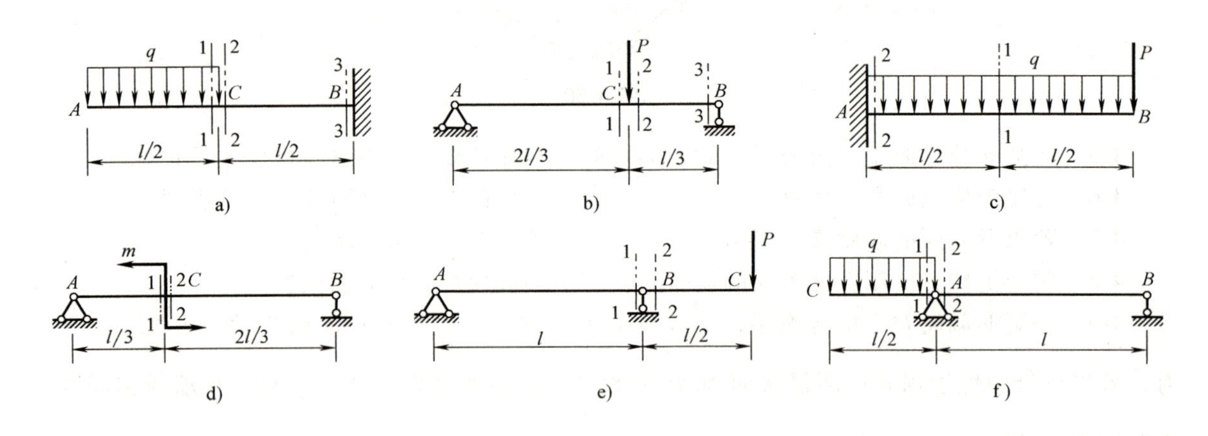


图 4-54

4-2 设已知图 4-55 所示各梁的荷载 $P$、$q$、$m$ 和尺寸 $a$，试：(1) 列出梁的剪力方程和弯矩方程；(2) 作剪力图和弯矩图；(3) 确定 $|F_S|_{max}$ 及 $|M|_{max}$

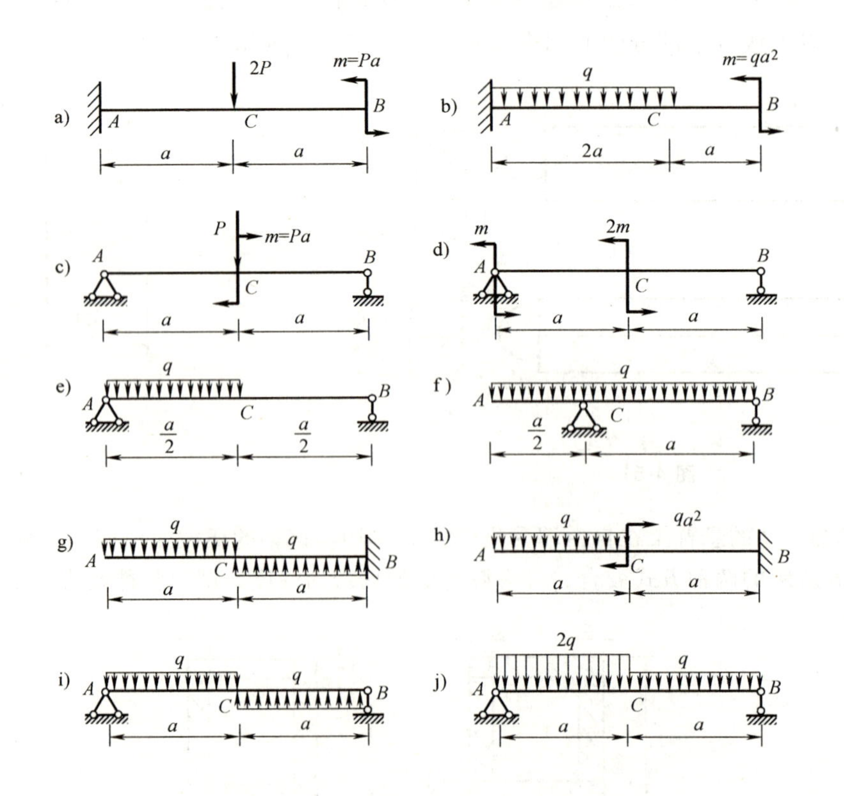


图 4-55

4-3 用微分关系作图 4-56 中各梁的剪力图和弯矩图。

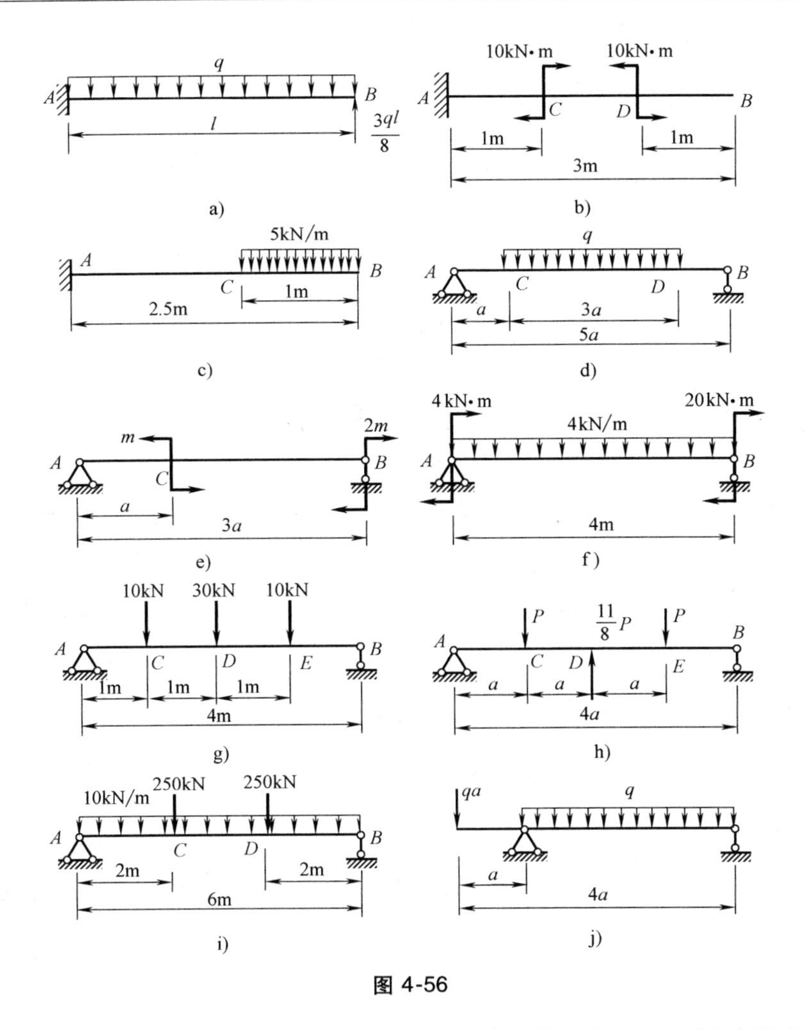


图 4-56

4-4　试根据弯矩、剪力与荷载集度之间的微分关系指出图 4-57 所示剪力图和弯矩图的错误。

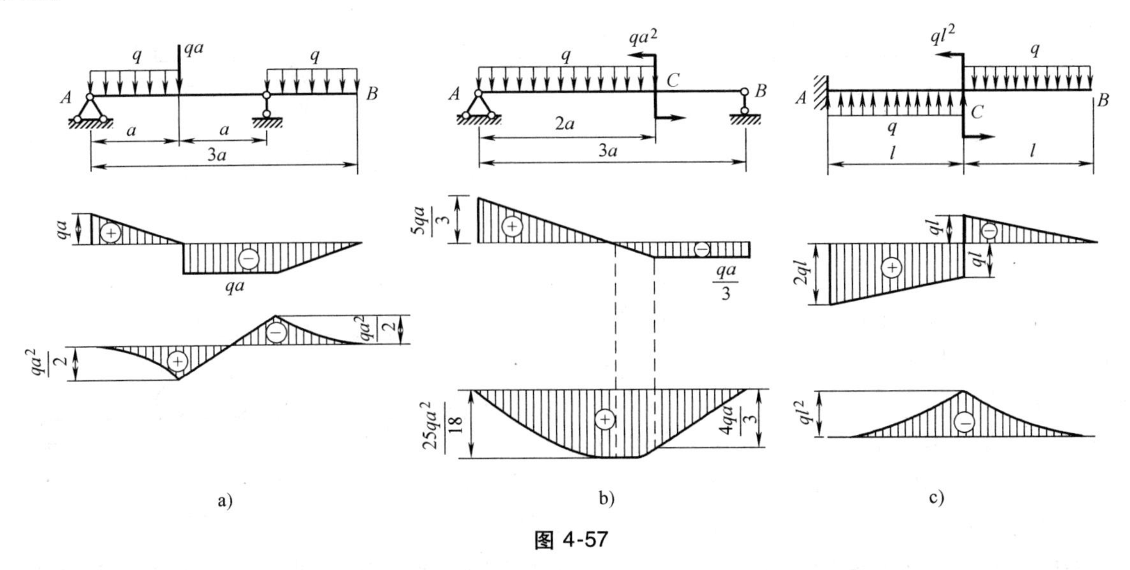


图 4-57

4-5　已知某简支梁的剪力图如图 4-58 所示，试作梁的弯矩图和荷载图。已知梁上没有集中力偶作用。

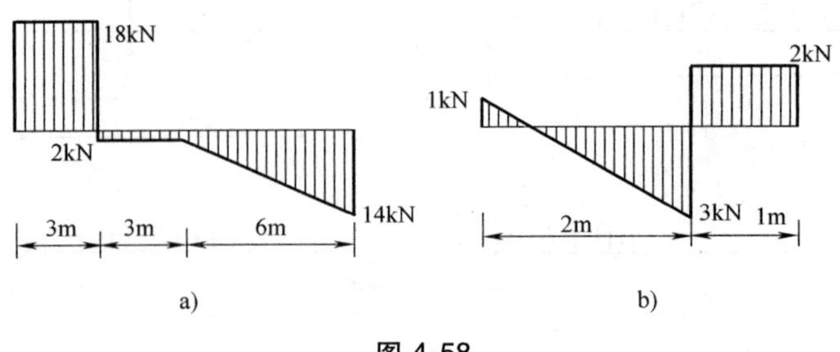


图 4-58

4-6　试根据图 4-59 所示简支梁的弯矩图作出梁的剪力图和荷载图。

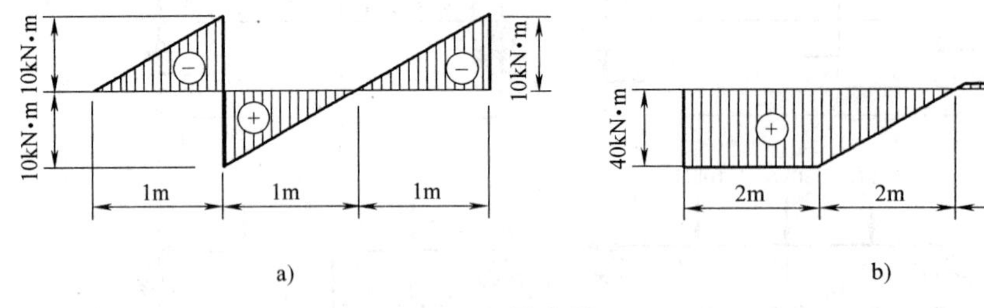


图 4-59

4-7　用叠加法作图 4-60 所示各梁的弯矩图。

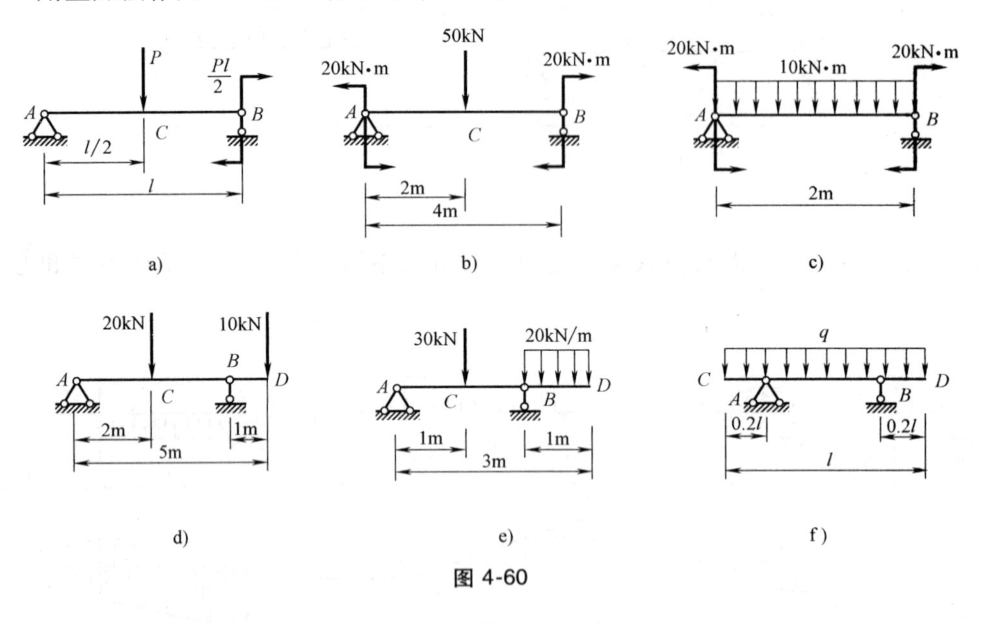


图 4-60

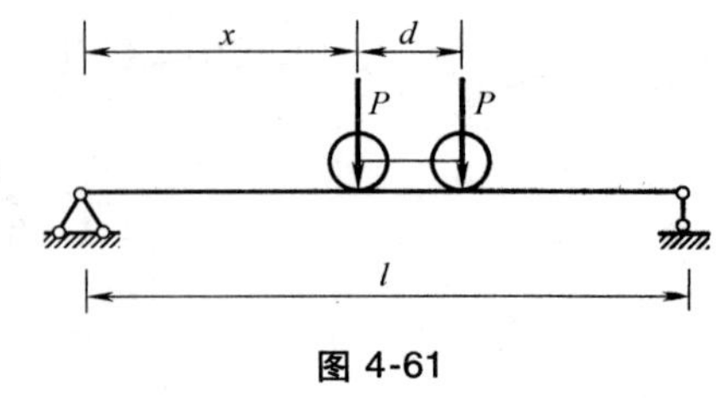


图 4-61

4-8　如图 4-61 所示，桥式起重机大梁上的小车的每个轮子对大梁的压力均为 $P$，试问小车在什么位置时梁内的弯矩为最大？其最大弯矩等于多少？最大弯矩的作用截面在何处？设小车的轮距为 $d$，大梁的跨度为 $l$。

4-9　把直径 $d=1\text{mm}$ 的钢丝绕在直径为 2m 的卷筒上，试计算该钢丝中产生的最大应力。设 $E=200\text{GPa}$。

4-10　矩形截面的悬臂梁受集中力和集中力偶作用，如图 4-62 所示。试求 Ⅰ—Ⅰ 截面和固定端 Ⅱ—Ⅱ 截面上 $A$、$B$、$C$、$D$ 四点处的正应力。

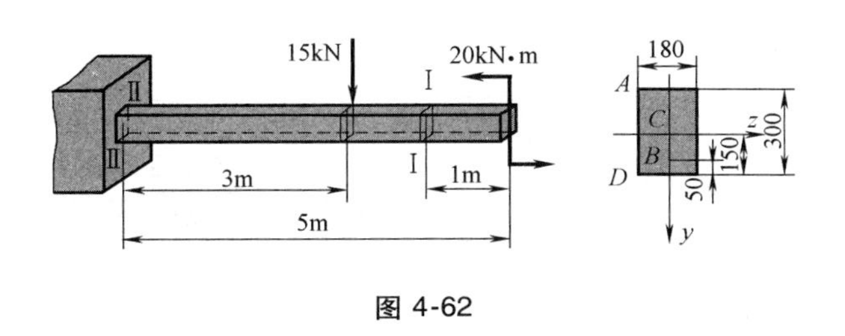


图 4-62

4-11 一外径为 250mm、壁厚为 10mm、长度 $l=12$m 的铸铁水管，两端搁在支座上，管中充满着水，如图 4-63 所示。铸铁的容重 $\gamma=76$kN/m$^3$，水的容重 $\gamma=10$kN/m$^3$。试求管内最大拉、压正应力的数值。

4-12 简支梁承受均布荷载如图 4-64 所示。若分别采用截面面积相等的实心和空心圆截面，且 $D_1=40$mm，$\dfrac{d_2}{D_2}=\dfrac{3}{5}$，试分别计算它们的最大正应力，并求空心截面比实心截面的最大正应力减少了百分之几？

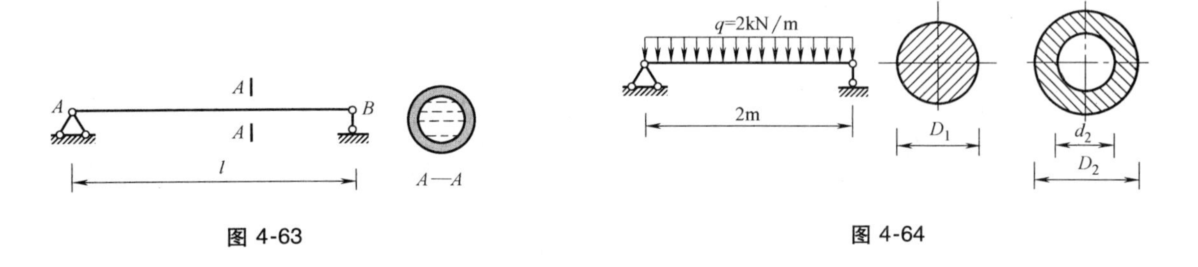


图 4-63　　图 4-64

4-13 矩形截面悬臂梁如图 4-65 所示，已知 $l=4$m，$b/h=2/3$，$q=10$kN/m，$[\sigma]=10$MPa，试确定此梁横截面的尺寸。

4-14 20a 工字钢梁的支承和受力情况如图 4-66 所示。若 $[\sigma]=160$MPa，试求许可荷载。

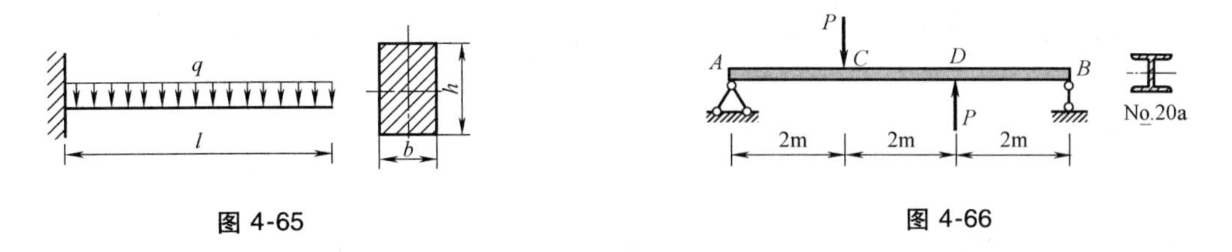


图 4-65　　图 4-66

4-15 图 4-67 所示为一承受弯曲的铸铁梁，其截面为⊥形，材料的拉伸和压缩许用应力之比 $[\sigma_t]/[\sigma_c]=1/4$，求水平翼板的合理宽度 $b$。

4-16 铸铁梁的荷载及横截面尺寸如图 4-68 所示。许用拉应力 $[\sigma_t]=40$MPa，许用压应力 $[\sigma_c]=160$MPa。试按正应力强度条件校核梁的强度。若荷载不变，但将 T 形截面倒置，即翼缘在下成为⊥形，是否合理？为什么？

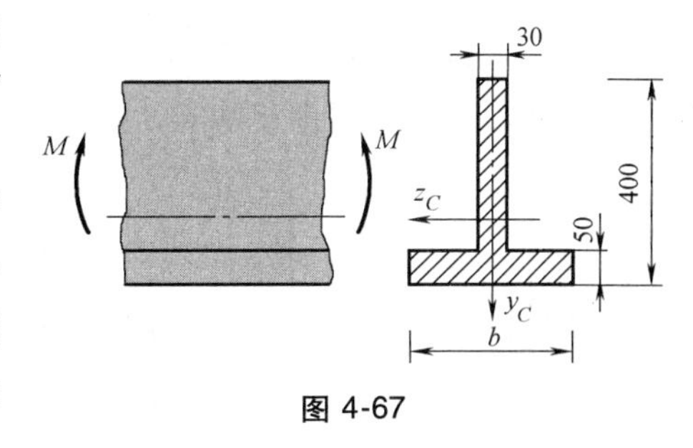


图 4-67

4-17 如图 4-69 所示，起重机下的梁由两根工字钢组成，起重机自重 $\boldsymbol{Q}=50$kN，起重量 $\boldsymbol{P}=10$kN。许用应力 $[\sigma]=160$MPa，$[\tau]=100$MPa。若暂不考虑梁的自重，试按正应力强度条件选定工字钢型号，然后再按剪应力强度条件进行校核。

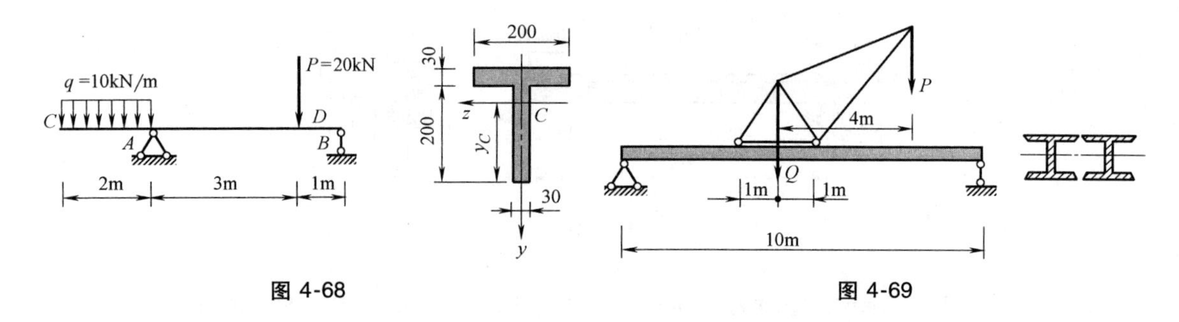


图 4-68　　图 4-69

4-18　由工字钢制成的简支梁受力如图 4-70 所示。已知材料的许用弯曲正应力 $[\sigma]=170\text{MPa}$，许用剪应力 $[\tau]=100\text{MPa}$，试选择工字钢型号。

4-19　我国宋朝李诫所著《营造法式》中，规定木梁截面的高宽比 $h/b=3/2$（图 4-71），试从弯曲强度的观点，证明该规定近似于由直径为 $d$ 的圆木中锯出矩形截面梁的合理比值。

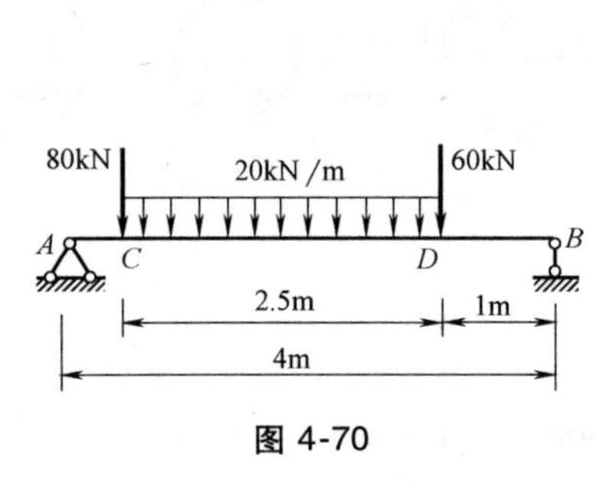


图 4-70

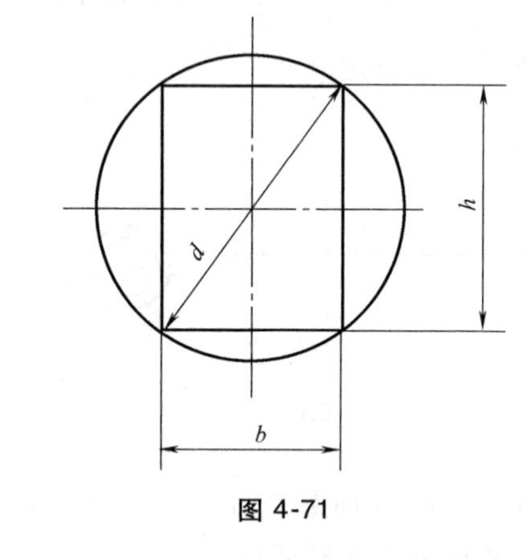


图 4-71

4-20　由两根 36a 号槽钢组成的梁如图 4-72所示。已知 $F=44\text{kN}$，$q=1\text{kN/m}$，钢的许用弯曲正应力 $[\sigma]=170\text{MPa}$，试校核梁的正应力强度。

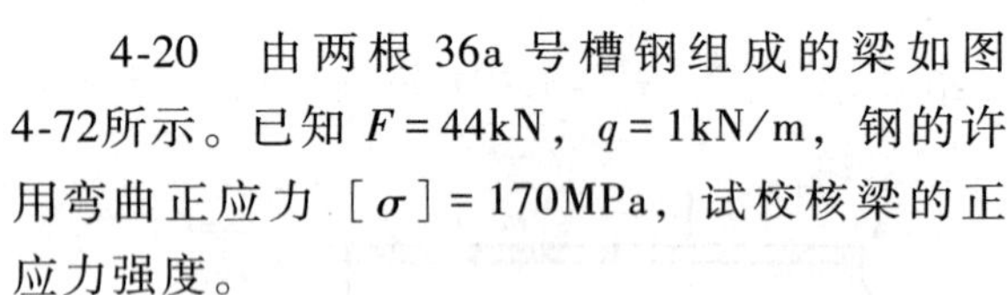

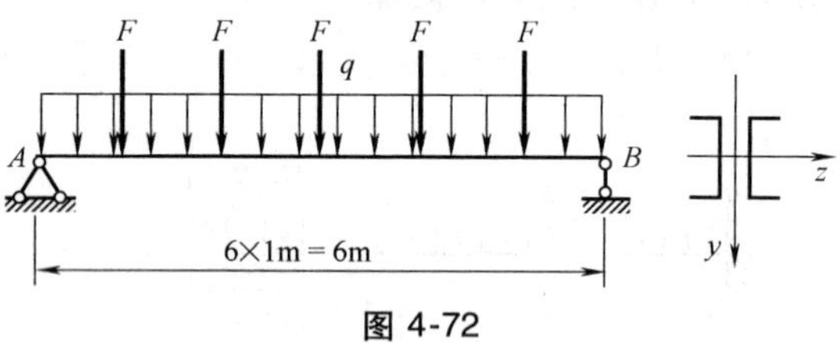


图 4-72

4-21　一简支木梁受力如图 4-73 所示。已知荷载 $F=5\text{kN}$，材料的许用弯曲正应力 $[\sigma]=10\text{MPa}$，横截面为 $\dfrac{h}{b}=3$ 的矩形，试按正应力强度条件确定横截面尺寸。

4-22　由两根 28a 号槽钢组成的简支梁受三个集中力作用，如图 4-74 所示，已知该梁材料为 Q235 钢，其许用弯曲正应力 $[\sigma]=170\text{MPa}$，试求梁的许可荷载 $[F]$。

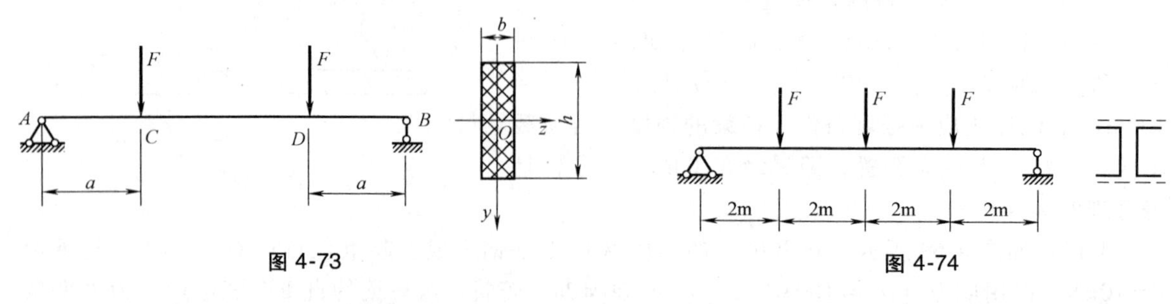


图 4-73　　图 4-74

4-23　图 4-75 所示一平顶凉台，其长度 $l=6\text{m}$，宽度 $a=4\text{m}$，顶面荷载集度 $f=2\text{kN/m}$，由

间距为 $s=1\text{m}$ 的木次梁 $AB$ 支撑，木梁的许用弯曲正应力 $[\sigma]=10\text{MPa}$，并已知 $\frac{h}{b}=2$。试：(1) 在次梁用料最经济的情况下，确定主梁位置 $x$ 值；(2) 选择矩形截面木次梁的尺寸。

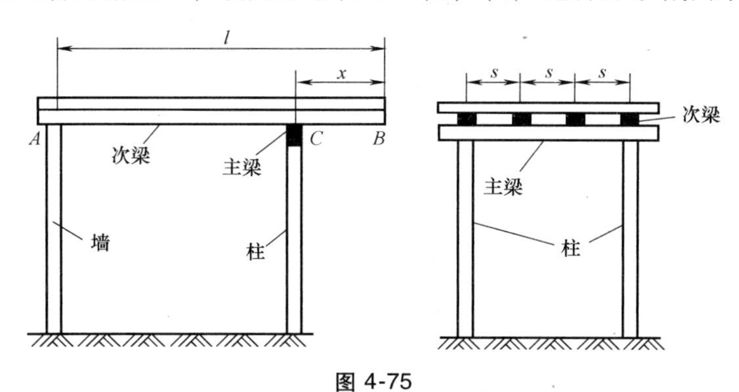


图 4-75

4-24　当荷载 $F$ 直接作用在跨长为 $l=6\text{m}$ 的简支梁 $AB$ 之中点时，梁内最大正应力超过许可值 30%。为了消除过载现象，配置了如图 4-76 所示的辅助梁 $CD$，试求辅助梁的最小跨长 $a$。

4-25　图 4-77 所示的外伸梁由 25a 号工字钢组成，其跨度 $l=6\text{m}$，且在全梁上受集度为 $q$ 的均布荷载作用，当支座处截面 $A$、$B$ 上及跨中截面 $C$ 上的最大正应力均为 $\sigma=140\text{MPa}$ 时，外伸部分的长度 $a$ 及荷载集度 $q$ 各等于多少？

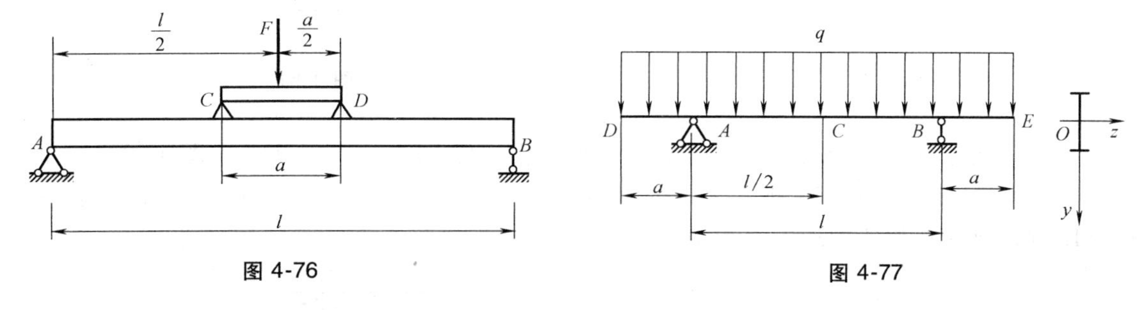


图 4-76　　　图 4-77

4-26　已知图 4-78 所示铸铁简支梁的 $I_{Z_1}=645.8\times10^6\text{mm}^4$，$E=120\text{GPa}$，许用拉应力 $[\sigma_t]=30\text{MPa}$，许用压应力 $[\sigma_c]=90\text{MPa}$。试求：(1) 许可荷载 $[F]$；(2) 在许可荷载作用下，梁下边缘的总伸长量。

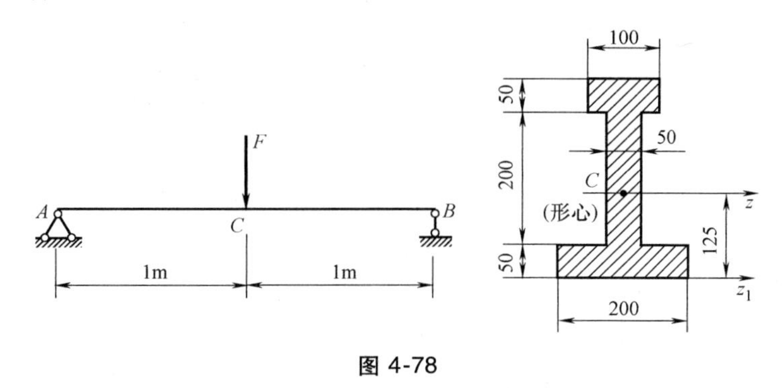


图 4-78

4-27　一铸铁梁如图 4-79 所示，已知材料的拉伸强度极限 $\sigma_b=150\text{MPa}$，压缩强度极限 $\sigma_{bc}=630\text{MPa}$，试求梁的安全因数。

4-28　一悬臂梁长为 900mm，在自由端受一集中力 $F$ 作用，梁由三块 50mm×100mm 的木板胶合而成，如图 4-80 所示，图中 $z$ 轴为中性轴，胶合缝的许用切应力 $[\tau]=0.35\text{MPa}$。试按

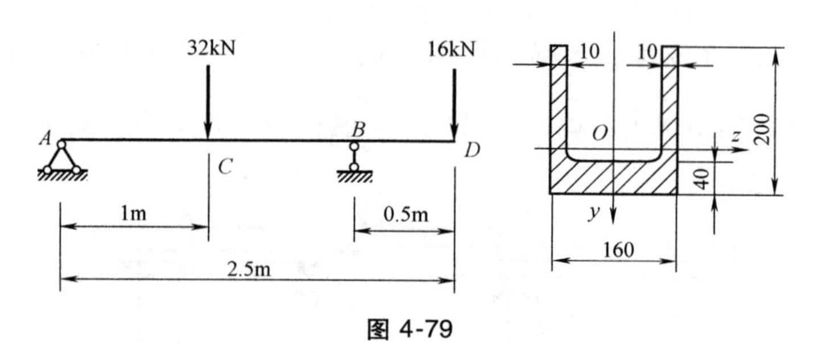


图 4-79

胶合缝的切应力强度求许可荷载 [$F$]，并求在此荷载作用下，梁的最大弯曲正应力。

4-29 一矩形截面木梁，其截面尺寸及荷载如图 4-81 所示，$q=1.3\text{kN/m}$。已知许用弯曲正应力 [$\sigma$] = 10MPa，许用切应力 [$\tau$] = 2MPa，试校核该梁的正应力和切应力强度。

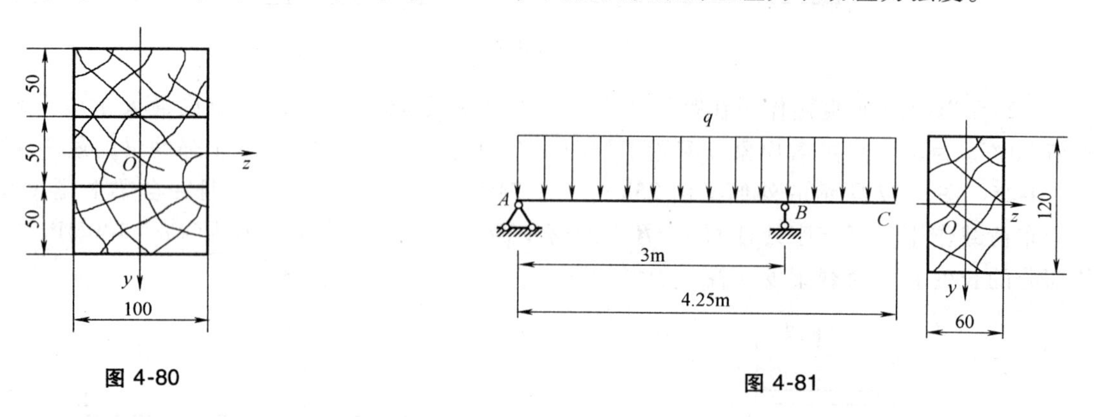


图 4-80

图 4-81

4-30 简支梁 $AB$ 承受如图 4-82 所示的均布荷载，其集度 $q=407\text{kN/m}$（图 4-82a）。梁横截面的形状及尺寸如图 4-82b 所示。梁的材料许用弯曲正应力 [$\sigma$] = 210MPa，许用切应力 [$\tau$] = 130MPa，试校核梁的正应力和切应力强度。

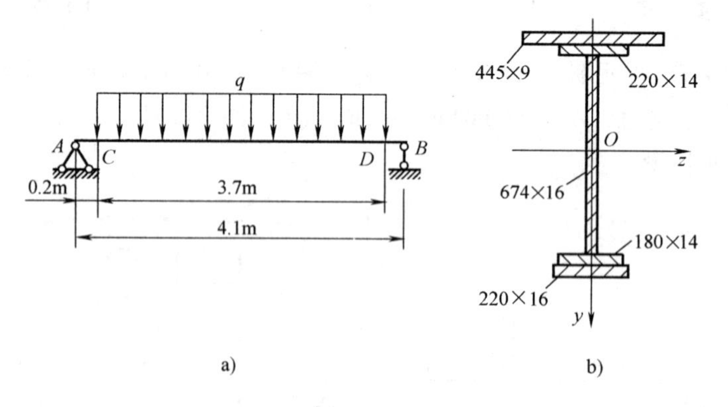


图 4-82

4-31 图 4-83 所示木梁受一可移动荷载 $F=40\text{kN}$ 作用，已知许用弯曲正应力 [$\sigma$] = 10MPa，许用切应力 [$\tau$] = 3MPa，木梁的横截面为矩形，其高宽比 $\dfrac{h}{b}=\dfrac{3}{2}$，试选择梁的截面尺寸。

4-32 外伸梁 $AC$ 承受荷载如图 4-84 所示，$M_e=40\text{kN}\cdot\text{m}$，$q=20\text{kN/m}$，材料的许用弯曲正应力 [$\sigma$] = 170MPa，许用切应力 [$\tau$] = 100MPa，试选择工字钢型号。

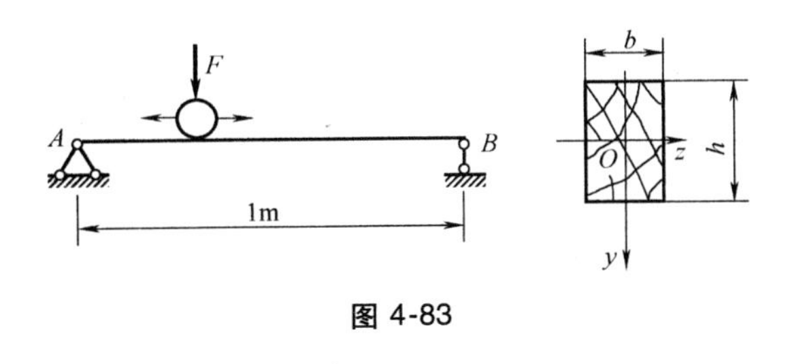

图 4-83

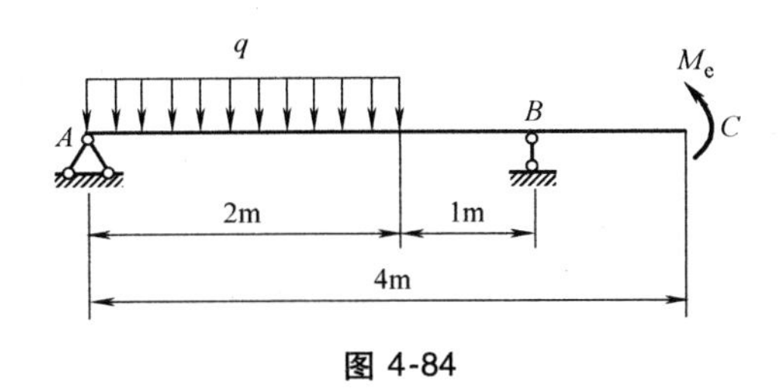

图 4-84

# 习题参考答案

4-2 a) $|F_S|_{max}=2P$ $|M|_{max}=Pa$ b) $|F_S|_{max}=2qa$ $|M|_{max}=qa^2$

c) $|F_S|_{max}=P$ $|M|_{max}=Pa$ d) $|F_S|_{max}=\frac{3M}{2a}$ $|M|_{max}=\frac{3}{2}M$

e) $|F_S|_{max}=\frac{3}{8}qa$ $|M|_{max}=\frac{9}{128}qa^2$ f) $|F_S|_{max}=\frac{5}{8}qa$ $|M|_{max}=\frac{1}{8}qa^2$

g) $|F_S|_{max}=qa$ $|M|_{max}=qa^2$ h) $|F_S|_{max}=qa$ $|M|_{max}=\frac{1}{2}qa^2$

i) $|F_S|_{max}=\frac{1}{2}qa$ $|M|_{max}=\frac{1}{8}qa$ j) $|F_S|_{max}=\frac{7}{4}qa$ $|M|_{max}=\frac{49}{64}qa^2$

4-3 a) 最大正剪力$\frac{5}{8}ql$，最大负剪力$\frac{3}{8}ql$，最大正弯矩$\frac{9}{128}ql^2$，最大负弯矩$\frac{1}{8}ql^2$

b) 最大正剪力 0，最大负剪力 0，最大正弯矩 10kN · m

c) 最大正剪力 5kN，最大负弯矩 10kN · m

d) 最大正剪力$\frac{3}{2}qa$，最大负剪力$\frac{3}{2}qa$，最大正弯矩$\frac{21}{8}qa^2$

e) 最大负剪力$\frac{m}{3a}$，最大负弯矩 $2m$

f) 最大正剪力 2kN，最大负剪力 14kN，最大正弯矩 4.5kN · m，最大负弯矩 20kN · m

g) 最大正剪力 25kN，最大负剪力 25kN，最大正弯矩 4kN · m

h) 最大正剪力$\frac{11}{16}P$，最大负剪力$\frac{11}{16}P$，最大正弯矩$\frac{5}{16}Pa$，最大负弯矩$\frac{3}{8}Pa$

i) 最大正剪力 280kN，最大负剪力 280kN，最大正弯矩 545kN · m

j) 最大正剪力$\frac{11}{6}qa$，最大负剪力$\frac{7}{6}qa$，最大正弯矩$\frac{49}{72}qa^2$，最大负弯矩 $qa^2$

4-5 a) 最大正弯矩 54kN · m

b) 最大正弯矩 0.25kN · m，最大负弯矩 2kN · m

4-7 a) 最大负弯矩$\frac{1}{2}Pl$

b) 最大正弯矩 30kN · m，最大负弯矩 20kN · m

c) 最大负弯矩 20kN · m

d) 最大正弯矩 15kN · m，最大负弯矩 10kN · m

e) 最大正弯矩 10kN · m，最大负弯矩 10kN · m

f）最大正弯矩$\frac{1}{40}ql^2$，最大负弯矩$\frac{1}{50}ql^2$

4-8 $x=\frac{l}{2}-\frac{d}{4}$，$M_{\max}=\frac{P}{2}(l-d)+\frac{Pd^2}{8l}$，最大弯矩的作用截面在左轮处；或 $x=\frac{l}{2}-\frac{3d}{4}$，$M_{\max}=\frac{P}{2}(l-d)+\frac{Pd^2}{8l}$，最大弯矩的作用截面在右轮处

4-9 $\sigma_{\max}=100\text{MPa}$

4-10 Ⅰ—Ⅰ截面：$\sigma_A=-7.41\text{MPa}$，$\sigma_B=4.94\text{MPa}$，$\sigma_C=0$，$\sigma_D=7.41\text{MPa}$

Ⅱ—Ⅱ截面：$\sigma_A=9.26\text{MPa}$，$\sigma_B=-6.18\text{MPa}$，$\sigma_C=0$，$\sigma_D=-9.26\text{MPa}$

4-11 $\sigma_{\max}=40.7\text{MPa}$

4-12 实心轴 $\sigma_{\max}=159\text{MPa}$，空心轴 $\sigma_{\max}=93.6\text{MPa}$；空心截面比实心截面的最大正应力减小了 41%

4-13 $b\geqslant 277\text{mm}$，$h\geqslant 416\text{mm}$

4-14 $[\boldsymbol{P}]=56.8\text{kN}$

4-15 $b=510\text{mm}$

4-16 $\sigma_{t,\max}=26.4\text{MPa}<[\sigma_t]$，$\sigma_{c,\max}=52.8\text{MPa}<[\sigma_c]$ 安全

4-17 28a 工字钢；$\tau_{\max}=13.9\text{MPa}<[\tau]$，安全

4-18 选 28a 工字钢

4-19 $h/b=\sqrt{2}\approx 3/2$

4-20 $\sigma_{\max}=153.5\text{MPa}$

4-21 $b\geqslant 61.5\text{mm}$，$h\geqslant 184.5\text{mm}$

4-22 $[F]=28.9\text{kN}$

4-23 （1）$x=1.74\text{m}$；（2）$b\geqslant 76.9\text{mm}$，$h\geqslant 154\text{mm}$

4-24 $a=1.385\text{m}$

4-25 $a=2.12\text{m}$，$q=25\text{kN/m}$

4-26 （1）$[F]=122\text{kN}$；（2）$\Delta l=0.25\text{mm}$

4-27 $n=3.71$

4-28 $F\leqslant 3.94\text{kN}$；$\sigma_{\max}=9.47\text{MPa}$

4-29 $\sigma_{\max}=7.06\text{MPa}$，$\tau_{\max}=0.477\text{MPa}$

4-30 $\sigma_{\max}=159.8\text{MPa}$，$\tau_{\max}=74.5\text{MPa}$

4-31 $h\geqslant 208\text{mm}$，$b\geqslant 138.7\text{mm}$

4-32 选 20a 号工字钢

# 第五章　梁的变形及刚度计算

## 第一节　挠度和转角

梁在荷载作用下将产生变形，当变形过大时，将影响结构的正常使用。例如，吊车梁的变形过大时，将影响起重机的正常运行；楼板梁变形过大时，会使下面的灰层开裂、脱落等。要保证一个梁能够正常工作，除了强度要满足一定的要求以外，其变形也要满足一定的要求，即要满足刚度条件。

研究梁变形的目的，一个是解决梁的刚度计算问题，一个是为求解超静定问题建立补充方程。梁在横向荷载作用下产生弯曲变形的同时，使得横截面产生位移。本章主要介绍直梁在平面弯曲时由弯矩引起的横截面的位移即挠度和转角的计算，目的是为了解决梁的刚度问题与静不定问题，同时也为研究其他相关问题提供基础。

工程中将梁变形前后轴线形状的变化称为变形。梁变形前后横截面位置的变化称为位移。变形以后梁的轴线称为挠曲线，在平面弯曲中，梁的挠曲线是一条平面曲线。

图 5-1 是一个简支梁的变形示意图，图中水平直线 $AB$ 为变形前梁的轴线，曲线 $AC_1B$ 为变形后该梁的挠曲线。当梁变形时各截面的位置将发生改变，如果考察梁的一个截面，如图 5-1 中的 $C$ 截面，它有两个位移：一个是截面的形心从原来的 $C$ 点移到 $C_1$，这个位移是线位移；另一个是截面方位相对原来位置的转动，这个位移称为角位移。但是，工程中的梁一般的都是小变形，各截面水平方向的位移分量可以忽略不计，仅研究该截面的竖向线位移，称为挠度，并以 $w$ 表示。因为梁的变形是连续的，每一个截面只有一个挠度。在如图 5-1 所示的坐标系中，各截面的挠度将是截面的函数，可以表示为

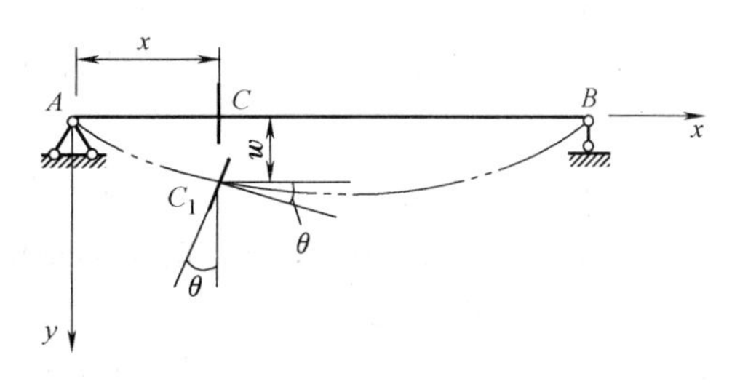

图 5-1

$$w=f_1(x) \tag{a}$$

这个方程就称为梁的挠曲线方程，表示挠度随梁长的变化规律。

角位移是在梁变形后，横截面绕其中性轴相对转过的角度，简称转角，以 $\theta$ 表示。

$$\theta=f_2(x) \tag{b}$$

在图 5-1 所示坐标系中，规定挠度向下为正，向上为负；转角 $\theta$ 顺时针为正，逆时针为负。根据平面假设，变形后梁的横截面与梁的挠曲线垂直，所以某截面的转角 $\theta$ 即挠曲线在该点处的法线与 $y$ 轴的夹角。根据几何关系这个角也是挠曲线在该处的切线与 $x$ 轴的夹角（图 5-1）。利用曲线斜率与微分的关系，并注意到当斜率很小时 $\theta\approx\tan\theta$，可以得到

$$\theta\approx\tan\theta=\frac{\mathrm{d}w}{\mathrm{d}x}=w'=f_2(x) \tag{c}$$

式（c）称为梁的转角方程，也是转角与挠曲线的关系方程，即把梁的挠曲线方程 $y(x)$

对 $x$ 求一次导数，即得转角方程 $\theta(x)$。由上可见，有了挠曲线方程和转角方程，只要给出截面的位置，就可以求出该截面的位移和转角。梁的变形研究中，关键是建立挠曲线方程。

## 第二节 梁的挠曲线近似微分方程

在前面的章节建立梁纯弯曲正应力公式时，曾导出用中性层曲率表示的弯曲变形公式

$$\frac{1}{\rho}=\frac{M}{EI} \tag{a}$$

在工程中，对跨度远大于截面高度的梁，剪力对弯曲变形的影响可以忽略不计，上式也可以作为横力弯曲变形的基本方程。

数学上，曲线 $w=f(x)$ 的曲率公式为

$$\frac{1}{\rho(x)}=\pm\frac{w''}{[1+(w')^2]^{3/2}} \tag{b}$$

将式（b）应用于梁的变形时，由于工程实际中的梁一般都是小变形，梁的挠曲线为一平缓曲线，$(w')^2\leqslant 1$，故曲率可以近似写为

$$\frac{1}{\rho(x)}=\pm w'' \tag{c}$$

联立式（a）和式（c），得

$$\pm w''=\frac{M(x)}{EI} \tag{d}$$

式（d）即是梁的挠曲线近似微分方程。称其近似是因为在推导中忽略了剪力的影响，并略去了曲率公式中的 $(w')^2$ 项。但是实践证明，由此方程求得的挠度和转角对工程实际来说足够精确。

式（d）中 $w''$前面正负号的选用与坐标系的选取有关。在图 5-2 所建立的坐标系中，$w''$与 $M(x)$ 的正负总是相反，如图 5-2 所示：当 $w''>0$ 时，$M(x)<0$；当时，$w''<0$，$M(x)>0$。所以式（d）的左边应取负号。于是，挠曲线近似微分方程的最后形式应写为

$$w''=-\frac{M(x)}{EI} \tag{5-1}$$

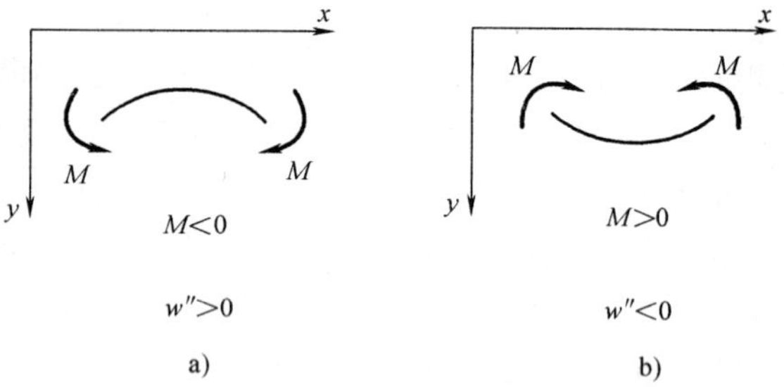

a) $M<0$，$w''>0$　　b) $M>0$，$w''<0$

图 5-2

解挠曲线近似微分方程式（5-1），可以得到近似的挠曲线方程和转角方程，进而计算指定截面的挠度和转角及梁的 $|w|_{max}$和 $|\theta|_{max}$。

## 第三节 积分法计算梁的位移

求解梁的挠曲线近似微分方程的基本方法是积分法（也称二次积分法）。设梁的刚度 $EI$ 为常数，将式（5-1）积分一次即得转角方程

$$\theta = w' = \int_l -\frac{M(x)}{EI(x)}\mathrm{d}x + C \tag{5-2}$$

再积分一次即得挠曲线方程

$$w = \iint -\frac{M(x)}{EI}\mathrm{d}x^2 + Cx + D \tag{5-3}$$

上两式为微分方程的通解，式中 $C$、$D$ 为积分常数，可根据梁的边界条件确定。计算出 $C$、$D$ 后，即可确定梁的转角和挠曲线方程，从而计算任何截面的转角和挠度值。

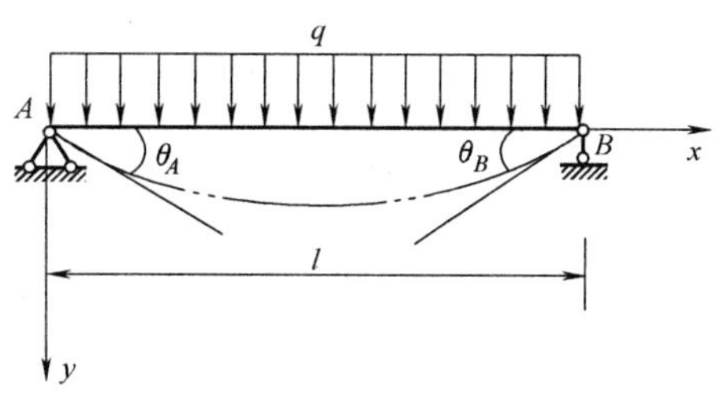


图 5-3

下面结合图 5-3 所示的简支梁讨论这种情况下用积分法求梁的变形的过程。设该梁跨度为 $l$，抗弯刚度 $EI$=常数，在梁的全长 $l$ 上受集度为 $q$ 的均布荷载作用。取坐标系如图 5-3 所示，梁的弯矩方程为

$$M(x)=\frac{ql}{2}x-\frac{q}{2}x^2 \quad (0 \leqslant x \leqslant l)$$

梁的挠曲线近似微分方程为

$$w''=-\frac{M(x)}{EI}=-\frac{1}{EI}\left[\frac{ql}{2}x-\frac{q}{2}x^2\right]$$

微分方程积分后得到的转角方程和挠曲线方程为

$$\theta=w'=-\frac{1}{EI}\left[\frac{ql}{4}x^2-\frac{q}{6}x^3\right]+C \tag{a}$$

$$w=-\frac{1}{EI}\left[\frac{ql}{12}x^3-\frac{q}{24}x^4\right]+Cx+D \tag{b}$$

式（a）、式（b）中 $C$、$D$ 为积分常数，可以由位移边界条件确定。

位移边界条件泛指挠曲线上某些点处挠度或转角已知的条件。例如对刚性支座（无支座位移的支座），固定端处的挠度和转角都等于零，铰支座和链杆支座处的挠度等于零；又如在弯曲变形的对称截面处转角等于零等。图 5-3 中的简支梁，两端都是刚性支座，不可能沿垂直方向产生线位移，故边界条件可写为

$$x=0 \quad w=0 \qquad x=l \quad w=0$$

将上述边界条件分别代入式（b），可得出两个积分常数的值：

$$C=\frac{ql^3}{24EI} \qquad D=0$$

将积分常数 $C$、$D$ 的值代入式（a）、式（b）中，整理后即得该梁的转角方程和挠曲线方程

$$\theta=\frac{q}{24EI}(l^3-6lx^2+4x^3) \tag{c}$$

$$w=\frac{qx}{24EI}(l^3-2lx^2+x^3) \tag{d}$$

利用式（c）、式（d）确定绝对值最大的转角 $|\theta|_{\max}$ 和 $|w|_{\max}$ 时，一般情况下要先确定 $\theta$ 和 $w$ 出现极值的位置，再求函数的极值，最后找出 $|\theta|_{\max}$ 和 $|w|_{\max}$ 的值。图 5-3 中，梁上的荷载、边界条件都关于梁的中点对称，所以挠曲线也关于梁的中点对称。在 $x=\frac{l}{2}$ 处，必有 $\theta=w'=0$，所以最大挠度必在梁的中点。将 $x=\frac{l}{2}$ 代入式（d），得

$$w_{\max}=\frac{5ql^4}{384EI}$$

在梁的两端，即 $x=0$ 和 $x=l$ 处，$M=0$，从而 $\theta'=0$，转角取极值。由转角方程（c）可得 $A$、$B$ 两截面的转角，也即该梁 $|\theta|_{\max}$：

$$\theta_A=-\theta_B=\theta_{\max}=\frac{ql^3}{24EI}$$

综上讨论，当 $w''=-\dfrac{M(x)}{EI}$ 在梁的全长上单值连续时，用积分法求位移有两个积分常数，可以由位移边界条件完全确定。

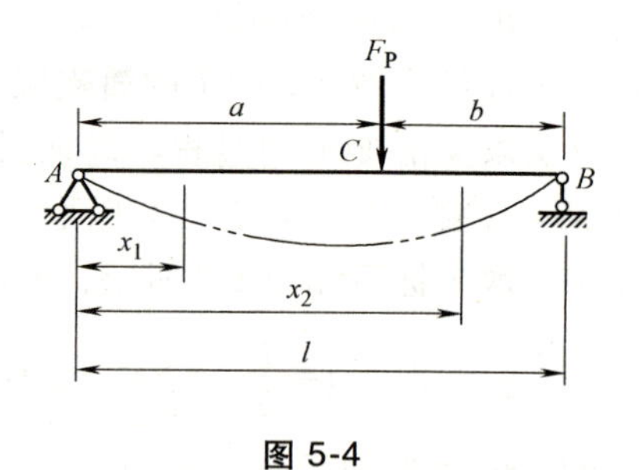

图 5-4

分析梁的挠曲线近似微分方程可以注意到，除去端点外，在梁的全长上梁的抗弯刚度或荷载中只要有一个不连续，则 $w''=-\dfrac{M(x)}{EI}$ 在梁的全长上就不能连续。图 5-4 所示的就属于这种情况，下面结合图 5-4 进行分析。

图 5-4 中所示简支梁的刚度 $EI$、长度 $l$ 已知，在 $C$ 点受到集中力 $F_P$ 作用，图中 $a$、$b$ 分别为集中力 $F_P$ 到 $A$、$B$ 两端支座的距离，并设 $a>b$。

由于梁上的荷载不连续，求出支反力 $F_A=\dfrac{F_Pb}{l}$，$F_B=\dfrac{F_Pa}{l}$ 后，需分 $AC$ 和 $CB$ 两段列弯矩方程和挠曲线近似微分方程，并对微分方程积分，过程列于表 5-1 中。该梁的挠曲线分两段，共四个积分常数。但是，位移边界条件只有两个。为此，再引入连续条件。前面已经指出，梁的挠曲线是一条平坦光滑的连续曲线，同一个截面只能有一个挠度和一个转角。即在两段梁的分段截面 $C$ 处转角和挠度均应相等，否则挠曲线将出现不连续或不光滑的现象。

表 5-1　图 5-4 所示梁弯矩、转角方程及挠曲线微分方程

| $AC$ 段　$0\leqslant x_1\leqslant a$ | | $CB$ 段　$a\leqslant x_2\leqslant l$ | |
|---|---|---|---|
| $M(x_1)=\dfrac{F_Pb}{l}x_1$ | | $M(x_2)=\dfrac{F_Pb}{l}x_2-F(x_2-a)$ | |
| $w''=-\dfrac{1}{EI}\dfrac{F_Pb}{l}x_1$ | (1) | $w_2''=-\dfrac{1}{EI}\left[\dfrac{F_Pb}{l}x_2-F(x_2-a)\right]$ | (4) |
| $\theta_1=w_1'=-\dfrac{1}{EI}\dfrac{F_Pb}{2l}x_1^2+C_1$ | (2) | $\theta_2=w_2'=-\dfrac{1}{EI}\left[\dfrac{F_Pb}{2l}x_2^2-\dfrac{F_P\ (x_2-a)^2}{2}\right]+C_2$ | (5) |
| $w_1=-\dfrac{1}{EI}\dfrac{F_Pb}{6l}x_1^3+C_1x_1+D_1$ | (3) | $w_2=-\dfrac{1}{EI}\left[\dfrac{F_Pb}{6l}x_2^3-\dfrac{F_P(x_2-a)^3}{6}\right]+C_2x_2+D_2$ | (6) |

梁变形的连续性条件：

$$x_1=x_2=a\qquad\theta_1=\theta_2\qquad w_1=w_2$$

支座 $A$、$B$ 处的位移边界条件：

$$x_1=0,w_1=0;\qquad x_2=l,w_2=0$$

运用上述条件确定积分常数时，先考虑连续性条件。将其代入表 5-1 中式（2）、式（5）、式（3）、式（6），可得

$$C_1=C_2\qquad D_1=D_2$$

再将边界条件 $x_1=0$，$w_1=0$ 代入表 5-1 中式（3），得

$$D_1=D_2=0$$

将边界条件 $x_2=l$，$w_2=0$ 代入表 5-1 中式（6），得

$$C_1=C_2=\frac{F_P ab(l+b)}{6lEI}$$

将积分常数 $C_1$、$D_1$ 代入表 5-1 中式（2）、式（3）；将 $C_2$、$D_2$ 代入表 5-1 中式（5）、式（6）得到 $AC$ 和 $CB$ 两段梁的转角方程和挠曲线方程。整理后的表达式列于表 5-2 中。

上述讨论表明，当梁上荷载分布情况复杂时，用积分法求变形时的积分常数可以利用边界条件和连续性条件完全确定。

最后确定 $|\theta|_{max}$ 和 $w_{max}$。

梁的两端 $M=0$，转角取得极值。由式（7）和式（9）可得

$$\theta_A=\frac{F_P ab(l+b)}{6lEI},\qquad \theta_B=-\frac{F_P ab(l+a)}{6lEI}$$

表 5-2　图 5-4 所示梁的转角和挠曲线方程

| $AC$ 段　$0\leqslant x_1\leqslant a$ | | $CB$ 段　$a\leqslant x_2\leqslant l$ | |
|---|---|---|---|
| $\theta_1=\frac{F_P b}{2lEI}\left[\frac{1}{3}(l^2-b^2)-x_1^2\right]$ | (7) | $\theta_2=\frac{F_P b}{2lEI}\left[\frac{l}{b}(x_2-a)^2-x_2^2+\frac{1}{3}(l^2-b^2)\right]$ | (9) |
| $w_1=\frac{F_P bx_1}{6lEI}[l^2-b^2-x_1^2]$ | (8) | $w_2=\frac{F_P b}{6lEI}\left[\frac{l}{b}(x_2-a)^3-x_2^3+(l^2-b^2)x_2\right]$ | (10) |

由题设条件 $a>b$，所以有

$$|\theta|_{max}=|\theta_B|=\frac{F_P ab(l+a)}{6lEI}$$

即最大转角发生在离荷载较近的支座处。

为了确定最大挠度 $w_{max}$，应首先判断 $w_{max}$ 发生于梁的哪一段。根据连续函数极值的微分学条件，最大挠度处应有 $\theta=w'|_{x=x_0}=0$。为正确使用上述条件，必须先判断 $\theta=0$ 的截面出现在哪个梁段。为此，先求出 $C$ 截面的转角：令 $x_1=a$，由表 5-2 中式（7）得

$$\theta_C=-\frac{F_P ab(a-b)}{3lEI}$$

因为 $a>b$，所以 $\theta_C<0$。从 $\theta_A>0$ 过渡到 $\theta_C<0$，由变形的连续性可以断定 $\theta=0$ 的截面在 $AC$ 段。利用表 5-2 中式（7），令 $x_1=x_0$ 处的转角 $\theta_1(x_0)=0$，解得最大挠度截面位置

$$x_0=\sqrt{\frac{l^2-b^2}{3}}\tag{e}$$

将 $x_0$ 的值代入到表 5-2 中的式（8），可得最大挠度

$$w_{max}=\frac{F_P b\,(l^2-b^2)^{3/2}}{9\sqrt{3}\,lEI}\tag{f}$$

值得讨论的是最大挠度位置及其数值计算。由本梁最大挠度位置表达式（e）可知：

1）若 $b=\frac{l}{2}$，则 $x_0=\frac{l}{2}$。即当集中力 $F_P$ 作用于梁的中点时，最大挠度也就是梁的中间截面的挠度，由式（f）可得其大小为

$$w_{max}=w_{\frac{l}{2}}=\frac{F_P l^3}{48EI}\tag{g}$$

2）若 $b\to0$，可以计算出 $x_0=\frac{l}{\sqrt{3}}\approx0.577l$。这一结果表明：当集中力 $F_P$ 的作用点接近梁的

支座时，最大挠度仍然在梁的中间截面附近。由式（f）计算出这时最大挠度的数值为

$$w_{\max}=\frac{F_{\mathrm{P}}bl^2}{9\sqrt{3}EI}\approx 0.0642\frac{F_{\mathrm{P}}bl^2}{EI} \tag{h}$$

再由式（8）计算出这种情况下梁的中间截面的挠度，可得

$$w_{\frac{l}{2}}=\frac{F_{\mathrm{P}}b}{48EI}(3l^2-4b^2)\approx\frac{F_{\mathrm{P}}bl^2}{16EI}=0.0625\frac{F_{\mathrm{P}}bl^2}{EI} \tag{i}$$

比较式（h）、式（i）中的结果，可得

$$\frac{w_{\max}-w_{\frac{l}{2}}}{w_{\max}}\times 100\%=2.65\%$$

这一结果表明，即使在极端的情况下，梁的中间截面挠度与最大挠度的相对误差也不超过2.65%。

由此可以得出结论：受多个同向集中荷载作用的简支梁，总可以用跨度中点的挠度代替最大挠度，其精度足可以满足工程要求。

综上讨论，当$w''=-\frac{M(x)}{EI}$在梁的全长上分段单值连续时，需分段建立梁的挠曲线近似微分方程。在写这些方程式，注意不要将其中弯矩方程$M(x)$中的括号展开，积分时带括号积分，这样得到的方程从形式上来看下一段方程总是包含上一段方程，且只差一项。在确定积分常数时，也比较方便。积分常数由位移边界条件和连续性条件共同确定，解题时，先使用连续性条件再使用边界条件。

## 第四节　叠加法计算梁的位移

在工程中，当梁上分布多个荷载时，利用积分法求梁的位移计算过程冗繁，而且工程中常只是求某些特定截面的位移。这种情况下多采用叠加法计算指定截面转角和位移。

叠加法是指在线性弹性小变形条件下，当梁上同时承受几种荷载作用时，每一种荷载引起的位移将不受其他荷载的影响。于是可以分别计算各个荷载单独作用时指定截面的位移，然后再求出它们的代数和，即得到所有荷载共同作用下该截面的位移。工程上已把简单荷载作用下等刚度单跨静定梁的挠曲线方程及梁端转角、最大挠度绘制成表5-3，因此用叠加法计算梁的位移比较方便。

工程中的梁有各种各样的情况，而表5-3给出的都是一些简单情况，在运用叠加法计算位移时，关键是根据梁的荷载及结构的特点做相应的变换，以达到利用表5-3和叠加法进行位移计算的目的。下面介绍几个运用叠加法的常用方法。

表5-3　简单荷载下梁的挠度和转角

| 序号 | 梁上荷载及弯矩图 | 挠曲线方程 | 转角和挠度 |
|---|---|---|---|
| 1 | $M_e$ A B $l$ $M_e$ | $w=\frac{M_e x^2}{2EI}$ | $\theta_B=\frac{M_e l}{EI}$<br>$w_B=\frac{M_e l^2}{2EI}$ |

（续）

| 序号 | 梁上荷载及弯矩图 | 挠曲线方程 | 转角和挠度 |
|---|---|---|---|
| 2 | 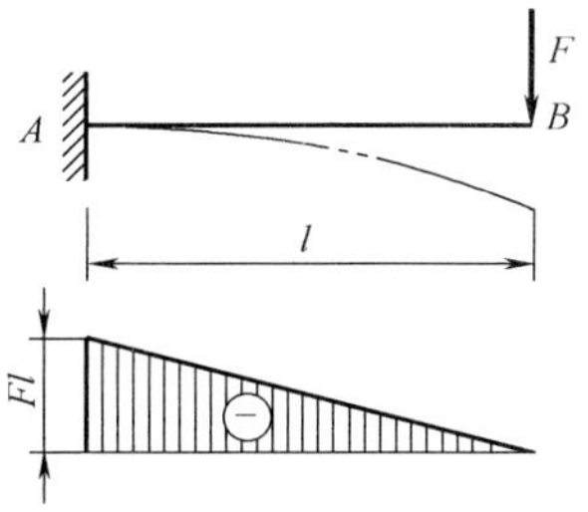 | $w=\frac{Fx^2}{6EI}(3l-x)$ | $\theta_B=\frac{Fl^2}{2EI}$<br>$w_B=\frac{Fl^3}{3EI}$ |
| 3 | 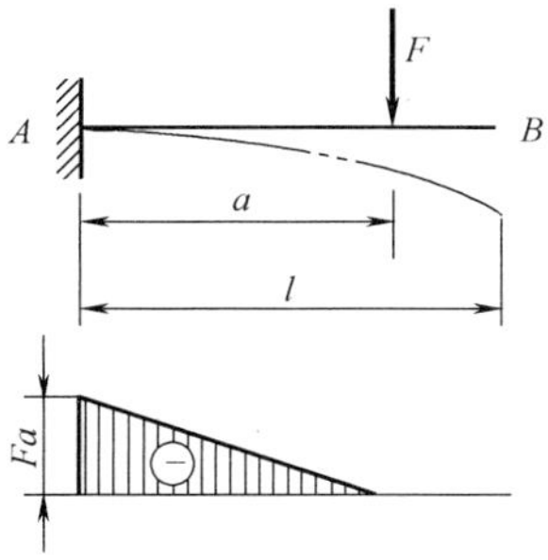 | $w=\frac{Fx^2}{6EI}(3a-x)$<br>$(0\leqslant x\leqslant a)$<br>$w=\frac{Fa^2}{6EI}(3x-a)$<br>$(a\leqslant x\leqslant l)$ | $\theta_B=\frac{Fa^2}{2EI}$<br>$w_B=\frac{Fa^2}{6EI}(3l-a)$ |
| 4 | 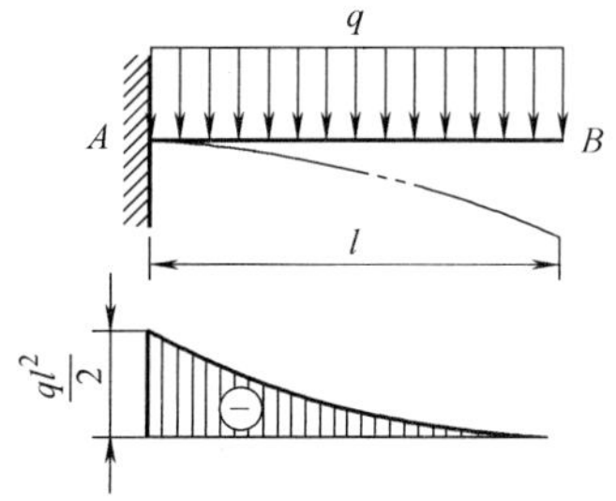 | $w=\frac{qx^2}{24EI}(x^2+6l^2-4lx)$ | $\theta_B=\frac{ql^3}{6EI}$<br>$w_B=\frac{ql^4}{8EI}$ |
| 5 | 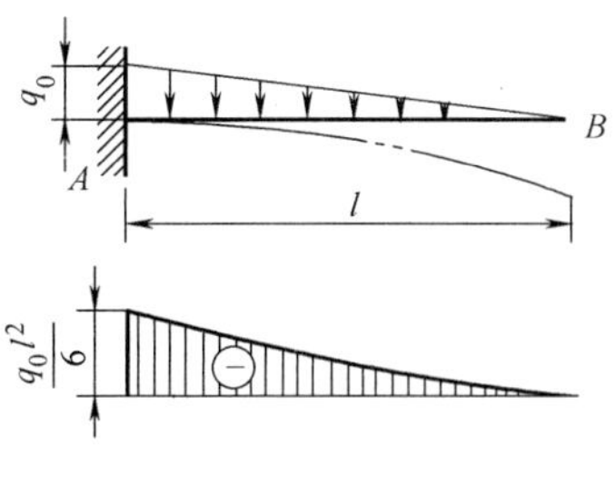 | $w=\frac{q_0x^2}{120EIl}(10l^3-10l^2x+5lx^2-x^3)$ | $\theta_B=\frac{q_0l^3}{24EI}$<br>$w_B=\frac{q_0l^4}{30EI}$ |
| 6 | 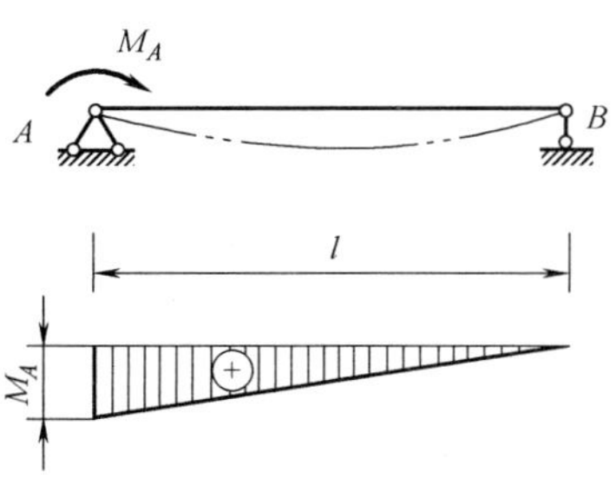 | $w=\frac{M_Ax}{6EIl}(l-x)(2l-x)$ | $\theta_A=\frac{M_Al}{3EI}$<br>$\theta_B=-\frac{M_Al}{6EI}$<br>$w_C=\frac{M_Al^2}{16EI}$ |

（续）

| 序号 | 梁上荷载及弯矩图 | 挠曲线方程 | 转角和挠度 |
|---|---|---|---|
| 7 | 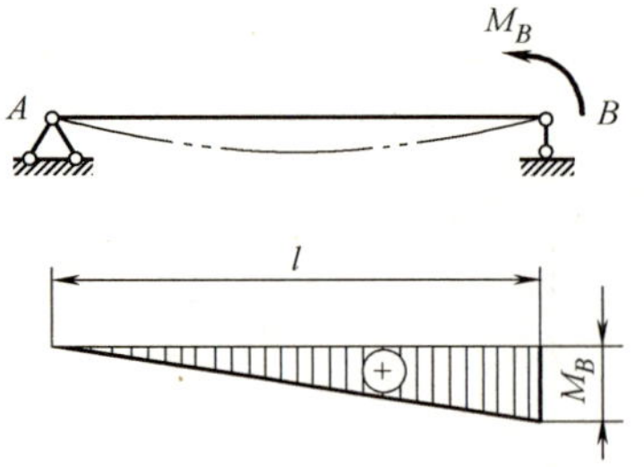  | $w=\frac{M_B x}{6EIl}(l^2-x^2)$ | $\theta_A=\frac{M_B l}{6EI}$<br>$\theta_B=-\frac{M_B l}{3EI}$<br>$w_C=\frac{M_B l^2}{16EI}$ |
| 8 | 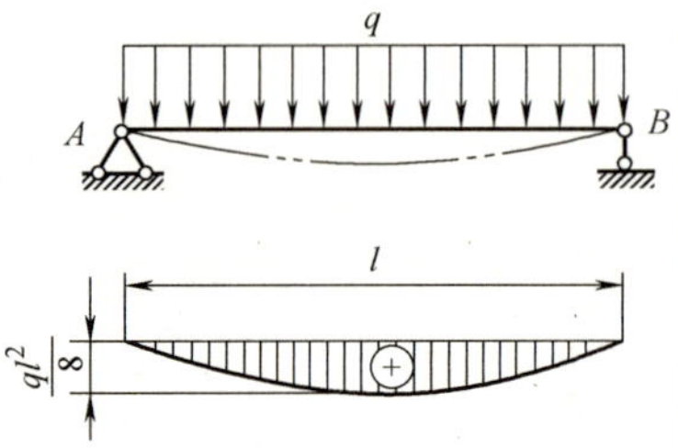  | $w=\frac{qx}{24EIl}(l^3-2lx^2+x^3)$ | $\theta_A=\frac{ql^3}{24EI}$<br>$\theta_B=-\frac{ql^3}{24EI}$<br>$w_C=\frac{5ql^4}{384EI}$ |
| 9 | 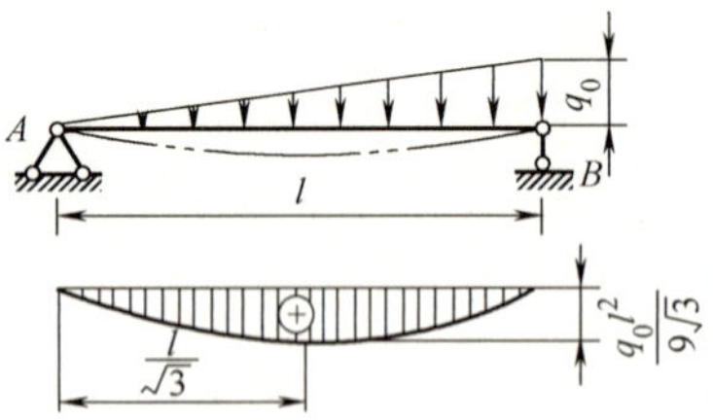  | $w=\frac{q_0 x}{360EIl}(7l^4-10l^2x^2+3x^4)$ | $\theta_A=\frac{7q_0 l^3}{360EI}$<br>$\theta_B=-\frac{q_0 l^3}{45EI}$<br>$w_C=\frac{5q_0 l^4}{768EI}$ |
| 10 | 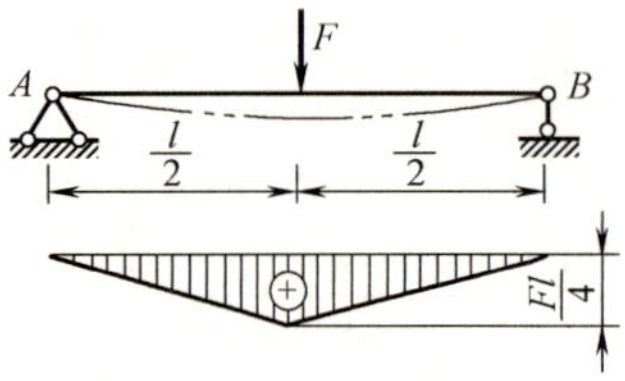  | $w=\frac{Fx}{48EI}(3l^2-4x^2)$<br>$\left(0\leqslant x\leqslant\frac{l}{2}\right)$ | $\theta_A=\frac{Fl^2}{16EI}$<br>$\theta_B=-\frac{Fl^2}{16EI}$<br>$w_C=\frac{Fl^3}{48EI}$ |
| 11 | 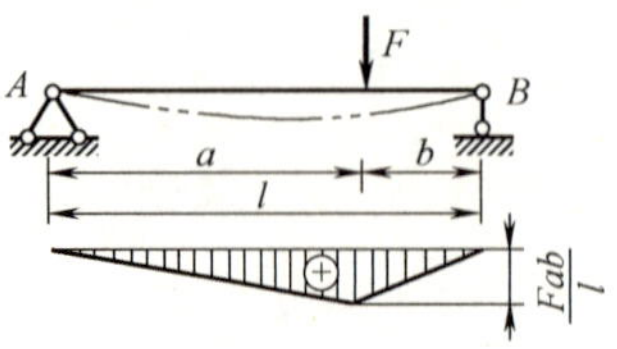  | $w=\frac{Fbx}{6EIl}(l^2-x^2-b^2)$<br>$(0\leqslant x\leqslant a)$<br>$w=\frac{Fb}{6EIl}\left[\frac{l}{b}(x-a)^3+(l^2-b^2)x-x^3\right]$<br>$(a\leqslant x\leqslant l)$ | $\theta_A=\frac{Fab(l+b)}{6EIl}$<br>$\theta_B=-\frac{Fab(l+a)}{6EIl}$<br>$w_C=\frac{Fb(3l^2-4b^2)}{48EI}$<br>（当 $a\geqslant b$ 时） |
| 12 | 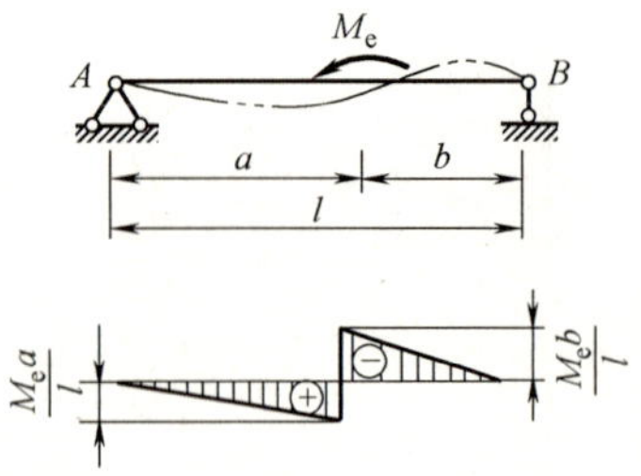  | $w=\frac{M_e x}{6EIl}(6al-3a^2-2l^2-x^2)$<br>$(0\leqslant x\leqslant a)$<br>当 $a=b=\frac{l}{2}$ 时，<br>$w=\frac{M_e x}{24EIl}(l^2-4x^2)$<br>$\left(0\leqslant x\leqslant\frac{l}{2}\right)$ | $\theta_A=\frac{M_e}{6EIl}$<br>$(6al-3a^2-2l^2)$<br>$\theta_B=\frac{M_e}{6EIl}(l^2-3a^2)$<br>当 $a=b=\frac{l}{2}$ 时，<br>$\theta_A=\frac{M_e l}{24EI}$<br>$\theta_B=\frac{M_e l}{24EI}$，$w_C=0$ |

（续）

| 序号 | 梁上荷载及弯矩图 | 挠曲线方程 | 转角和挠度 |
|---|---|---|---|
| 13 | $q$, $A$, $B$, $a$, $b$, $l$, $\frac{qb^2(a+l)^2}{8l^2}$, $\frac{b(a+l)}{2l}$ | $w=\frac{qb^5}{24EIl}\left[2\frac{x^3}{b^3}-\frac{x}{b}\left(2\frac{l^2}{b^2}-1\right)\right]$<br>$(0\leqslant x\leqslant a)$<br>$w=-\frac{q}{24EI}\left[2\frac{b^2x^3}{l}-\frac{b^2x}{l}(2l^2-b^2)-(x-a^4)\right]$<br>$(a\leqslant x\leqslant l)$ | $\theta_A=\frac{qb^2(2l^2-b^2)}{24EIl}$<br>$\theta_B=\frac{qb^2(2l-b)^2}{24EIl}$<br>$w_C=\frac{qb^5}{24EIl}\left(\frac{3}{4}\times\frac{l^3}{b^3}-\frac{1}{2}\times\frac{l}{b}\right)$<br>（当 $a>b$ 时）<br>$w_C=\frac{qb^5}{24EIl}\left[\frac{3}{4}\times\frac{l^3}{b^3}-\frac{1}{2}\times\frac{l}{b}+\frac{1}{16}\times\frac{l^5}{b^5}\times\left(1-\frac{2a}{l}\right)^4\right]$<br>（当 $a<b$ 时） |

当梁上的荷载比较多，这时可先将荷载分组，每一个荷载单独作用时都属于表 5-3 中的简单情况，再用叠加法计算位移。

**例 5-1**　简支梁受力如图 5-5a 所示，抗弯刚度为 $EI$。试求该梁中点的挠度 $w_C$ 和 $A$ 端端面转角 $\theta_A$。

**解：**把荷载分为两组，一组为均布荷载 $q$，另一组为集中力 $F=ql$，如图 5-5b、c 所示。均布荷载 $q$ 单独作用时，由表 5-3 查得

$$w_{C1}=\frac{5ql^4}{384EI}\qquad \theta_{A1}=\frac{ql^3}{24EI}$$

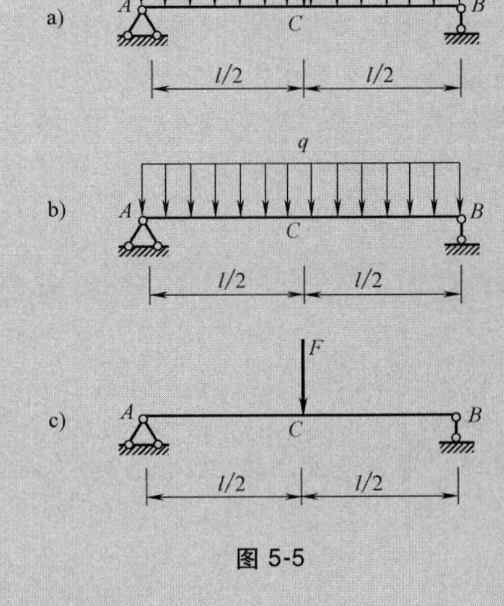

图 5-5

集中荷载 $F$ 单独作用时，由表 5-3 查得

$$w_{C2}=\frac{Fl^3}{48EI}=\frac{ql^4}{48EI}\qquad \theta_{A2}=\frac{Fl^2}{16EI}=\frac{ql^3}{16EI}$$

叠加上述结果，得

$$w_C=w_{C1}+w_{C2}=\frac{5ql^4}{384EI}+\frac{ql^4}{48EI}=\frac{13ql^4}{384EI}$$

$$\theta_A=\theta_{A1}+\theta_{A2}=\frac{ql^3}{24EI}+\frac{ql^3}{16EI}=\frac{5ql^3}{48EI}$$

**例 5-2**　图 5-6a 所示简支梁，刚度 $EI$ 已知，均布荷载 $q$ 作用左边半跨上，试求其跨中截面的挠度 $w_C$。

**解：**表 5-3 中仅有简支梁全长上受均布荷载 $q$ 作用的情况，而题中为半跨均布荷载作用，显然在图 5-6a、b 所示两种情况下，梁的中间截面挠度相同。若把图 5-6a、b 所示的两个受力情况叠加，就是如图 5-6c 所示的简支梁全长上受均布荷载 $q$ 作用的情况。由此可知：图 5-6a、b 所示的两种情况下中间截面挠度是图 5-6c 所示中间截面挠度的一半。

于是查表 5-3 可得

$$w_C=\frac{1}{2}\cdot\frac{5ql^4}{384EI}=\frac{5ql^4}{768EI}$$

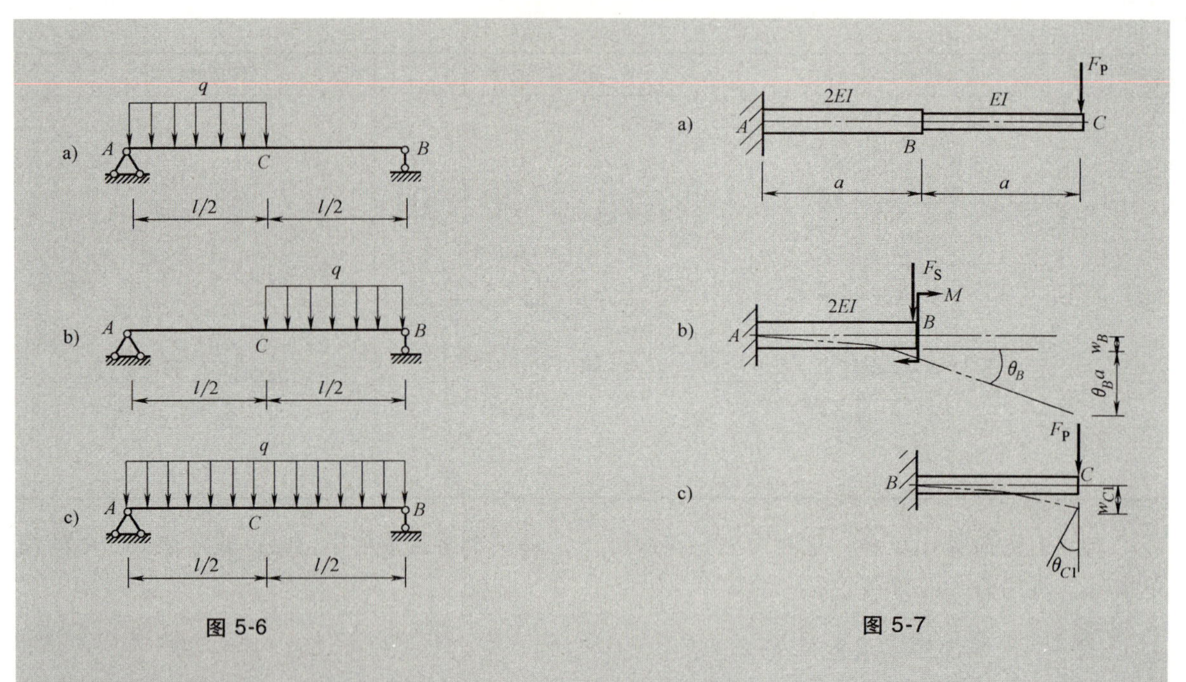


图 5-6　　　　图 5-7

**例 5-3**　图 5-7a 所示悬臂梁为变截面阶梯梁，$AB$ 段的刚度为 $2EI$，$BC$ 段的刚度为 $EI$，试求 $C$ 截面的转角和位移。

**解：** 在用叠加法求这种梁的位移时，无法直接利用表 5-3，因为表中没有变截面梁。为此可在保证变形相同的原则下将梁的结构做适当地改变，再做叠加运算。可先把结构改变成如图 5-7b、c 所示的两个等截面的悬臂梁。但应注意，由变形连续性条件可知，悬臂梁 $BC$ 在 $B$ 截面的挠度和转角与悬臂梁 $AB$ 在 $B$ 截面的挠度和转角相等。悬臂端梁 $AB$ 在悬臂端的荷载即原来梁在 $B$ 截面的剪力 $F_S$ 和弯矩 $M$。可以算出 $F_S=F_P$，$M=F_Pa$。

查表 5-3 并利用叠加法，可求出悬臂梁 $AB$ 自由端 $B$ 的转角和挠度为

$$\theta_B=\frac{F_Pa^2}{2(2EI)}+\frac{Ma}{2EI}=\frac{3F_Pa^2}{4EI}$$

$$w_B=\frac{F_Pa^3}{3(2EI)}+\frac{Ma^2}{2(2EI)}=\frac{5F_Pa^3}{12EI}$$

同理，得出悬臂端梁 $BC$ 自由端 $C$ 的转角和挠度为

$$\theta_{C1}=\frac{F_Pa^2}{2EI}\qquad w_{C1}=\frac{F_Pa^3}{3EI}$$

利用图 5-7b、c 中的位移图和几何关系，可得

$$\theta_C=\theta_{C1}+\theta_B=\frac{5F_Pa^2}{4EI}$$

$$w_C=w_{C1}+(\theta_B\cdot a+w_B)=\frac{F_Pa^3}{3EI}+\frac{3F_Pa^2}{4EI}\cdot a+\frac{5F_Pa^3}{12EI}=\frac{3F_Pa^3}{2EI}$$

## 第五节　梁的刚度校核

对于工程结构和机械工程中的梁，除应满足强度条件外，还应具备足够的刚度条件。实际

问题中，无论挠度或转角过大，都会给使用带来问题。例如，若机床主轴挠度过大，将影响加工精度；若轴承处转角过大，将造成严重磨损；桥梁的挠度过大，车辆通过时会发生很大振动；吊车梁挠度过大，将影响起重机的正常运行等。

## 一、梁的刚度校核方法

鉴于上述原因，梁的刚度条件是对梁的最大挠度和转角的限制，即要求梁在设计荷载作用下，最大挠度和转角不能超过其容许值。机械工程中一般对转角和挠度都进行校核，建筑工程中的刚度校核主要是对挠度的控制。校核的依据是梁的最大挠度 $w_{\max}$ 与跨长的比值 $\frac{w_{\max}}{l}$ 不超过容许比值 $\left[\frac{f}{l}\right]$，即

$$\frac{w_{\max}}{l} \leqslant \left[\frac{f}{l}\right] \tag{5-4}$$

各种工程用途的 $\left[\frac{f}{l}\right]$ 值，可以从相关规范中得出。

前面已经指出，要保证一个梁能够正常工作，既要有足够的强度又要有足够的刚度。但是，在建筑工程中起控制作用的一般是强度，根据强度条件设计的梁大多数满足刚度的要求。因此，在梁的设计中，通常是先按强度条件设计截面，之后再校核刚度是否满足。

**例 5-4**　一工字钢简支梁如图 5-8 所示，截面选用 22a 号工字钢，梁上受到均布荷载作用，已知 $l=6\text{m}$，$q=4\text{kN/m}$，弹性模量 $E=200\text{GPa}$，梁的容许挠度与跨长比值 $\left[\frac{f}{l}\right]=\frac{1}{400}$。试校核该梁的刚度。

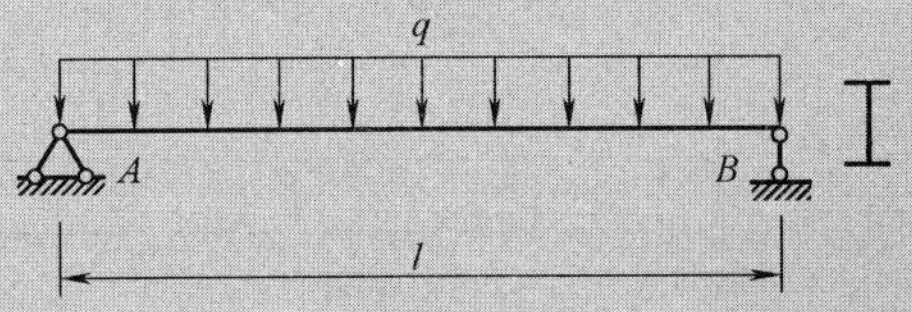

图 5-8

**解：** 查型钢规格表得工字钢 22a 号截面的惯性矩为 $I_z=3400\ \text{cm}^4$。

计算梁跨中最大挠度，进行刚度校核：

$$\frac{w_{\max}}{l}=\frac{1}{l}\left(\frac{5ql^4}{384EI}\right)=\frac{1}{6}\left(\frac{5\times4\times6^4}{384\times2\times10^{11}\times0.34\times10^{-4}}\right)=\frac{0.01}{6}<\frac{1}{400}$$

结论：选用工字钢 22a 号满足刚度要求。

## 二、提高梁弯曲刚度的措施

从挠曲线的近似微分方程及其积分可以看出，梁弯曲变形与弯矩大小、跨度长短、支座条件、梁截面抗弯刚度 $EI$ 等均有关。下面简单介绍提高梁弯曲刚度的措施。

### 1. 选择合理的截面形状

不同形状的截面，尽管面积相等，惯性矩却并不一定相等，所以选取形状合理的截面，增大截面惯性矩的数值，都是提高弯曲刚度的有效措施。例如，工字形、槽形、T 形截面都比面积相等的矩形截面具有更大的惯性矩。所以起重机大梁一般采用工字形或箱形截面。一般来说，提高截面惯性矩 $I$ 的数值，往往也同时提高了梁的强度。

### 2. 合理选择材料

弯曲变形还与材料的弹性模量 $E$ 有关。对于 $E$ 值不同的材料来说，$E$ 值越大弯曲变形越

小。但是，高强度钢和普通钢材的弹性模量 $E$ 大致相同，所以为提高弯曲刚度而采用高强度钢材，并不会达到预期的效果。

**3. 梁跨度和支座位置的选取**

如果条件允许，尽量减小梁的跨度将能显著提高其刚度。若长度不能缩短的，则采取增加支承的方法提高梁的刚度。例如在车床上加工细长工件时，为了减小切削力引起的挠度，以提高加工精度，可在卡盘与尾架之间再增加一个支座，如图 5-9 所示。

**4. 合理安排结构形式和加载方式**

合理安排结构形式和加载方式，以减小梁上弯矩数值，提高梁的弯曲刚度。如图 5-10 所示，简支梁在跨度中点作用集中力 $F$ 时，把集中力分散成分布力，也可以取得减小弯矩降低弯曲变形的效果。简支梁在跨度中点作用集中力 $F$ 时，最大挠度为 $w_{\max}=\dfrac{Fl^3}{48EI}$，如将集中力代以均布荷载 $q(ql=F)$，则最大挠度 $w_{\max}=\dfrac{5Fl^3}{384EI}$，仅为原来集中力作用下 $w_{\max}$的 62.5%。

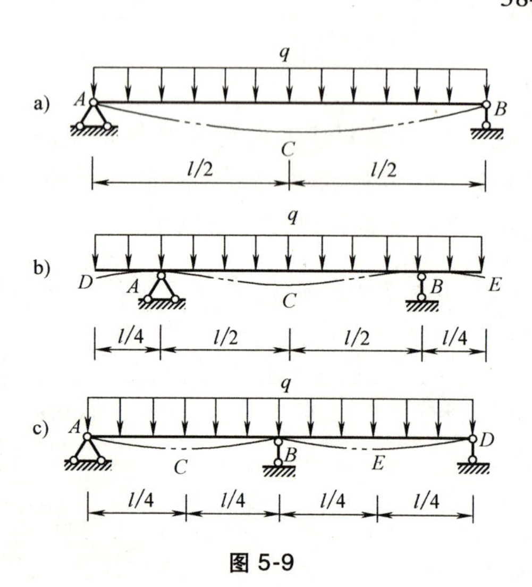


图 5-9

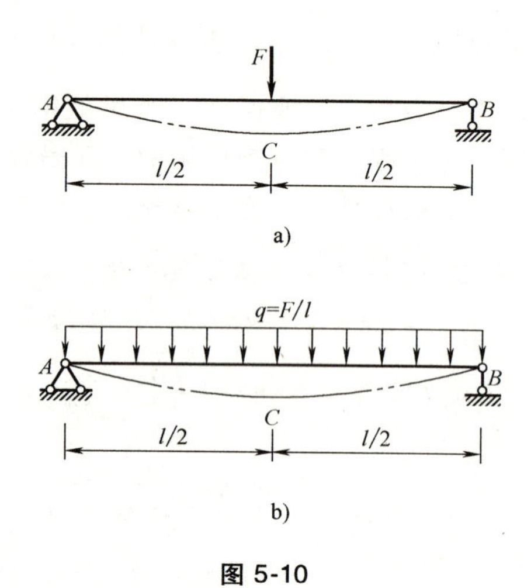


图 5-10

# 小　　结

1. 直梁弯曲变形曲率方程的表达式为

$$\frac{1}{\rho}=\frac{M(x)}{EI}$$

2. 弹性小变形条件下，直梁的挠曲线近似微分方程和转角近似微分方程为

$$w''=-\frac{M(x)}{EI}$$

3. 积分法计算梁的位移：先建立挠曲线近似微分方程，然后确定积分常数。

转角方程：
$$\theta = w' = \int_l -\frac{M(x)}{EI(x)}\mathrm{d}x + C$$

挠曲线方程：
$$w = \iint -\frac{M(x)}{EI}\mathrm{d}x^2 + Cx + D$$

4. 叠加法计算梁的位移。

5. 梁的刚度条件：$\dfrac{w_{\max}}{l} \leqslant \left[\dfrac{f}{l}\right]$

## 思　考　题

5-1　什么叫转角和挠度？它们之间有什么关系？其符号如何规定？

5-2　梁的变形与哪些因素有关？若两个梁的尺寸（包括横截面和梁长）、材料、荷载完全相同，则这两个梁的变形、对应横截面的位移一定完全相同吗？

5-3　如图 5-11 所示的等刚度梁，用积分法求其变形时，可否用下列条件确定积分常数？

$$x=0,\ w(0)=0;\ x=\frac{l}{2},\ \theta\left(\frac{l}{2}\right)=0$$

5-4　叠加原理的适用条件是什么？

5-5　如图 5-12 所示，欲从直径为 $d$ 的圆木中锯出一矩形截面梁，试求在下述条件下截面高度 $h$ 与宽度 $b$ 的合理比值：

（1）若使所得矩形截面梁的弯曲强度最高。

（2）若使所得矩形截面梁的弯曲刚度最大。

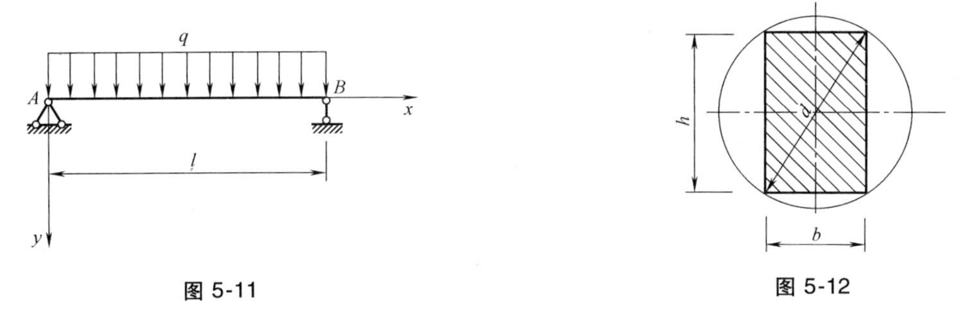


图 5-11　　图 5-12

5-6　跨度分别为 $l$ 和 $2l$ 的两个简支梁，材料和截面均相同，在梁的中点各受同样大小的集中力 $F$ 作用，试问后者的最大应力是前者的几倍？最大挠度是前者的几倍？

## 习　　题

5-1　图 5-13 所示各梁，抗弯刚度 $EI$ 均为常数。试根据梁的弯矩图和约束条件画出其挠曲线的大致形状。

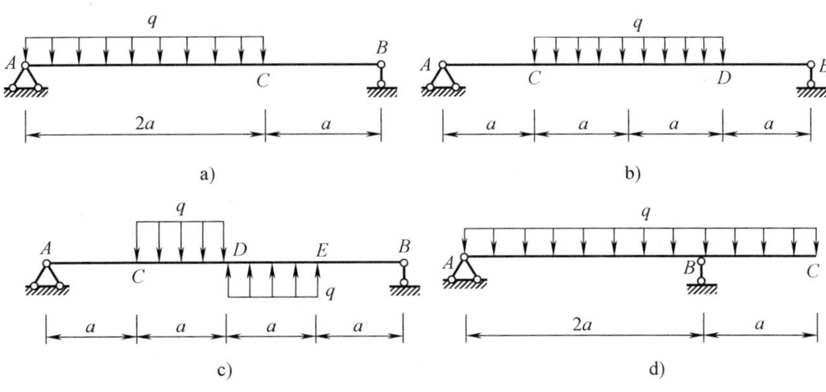


图 5-13

5-2 用积分法求图 5-14 所示悬臂梁自由端的转角和挠度。各梁均为等刚度梁，抗弯刚度 $EI$ 已知。

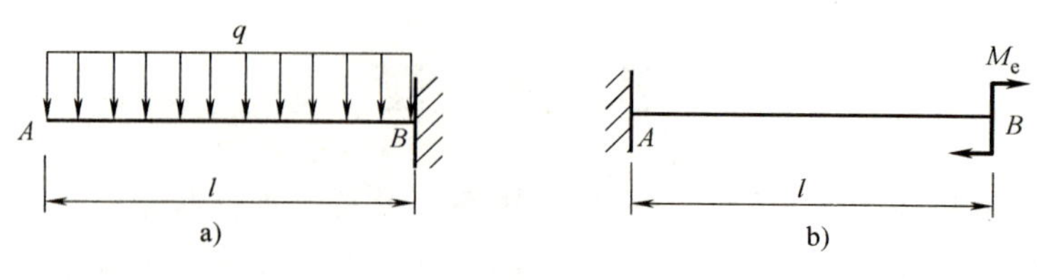


图 5-14

5-3 用积分法求图 5-15 所示简支梁 $A$、$B$ 截面的转角和跨中截面 $C$ 的挠度，设各梁的抗弯刚度 $EI$ 已知。

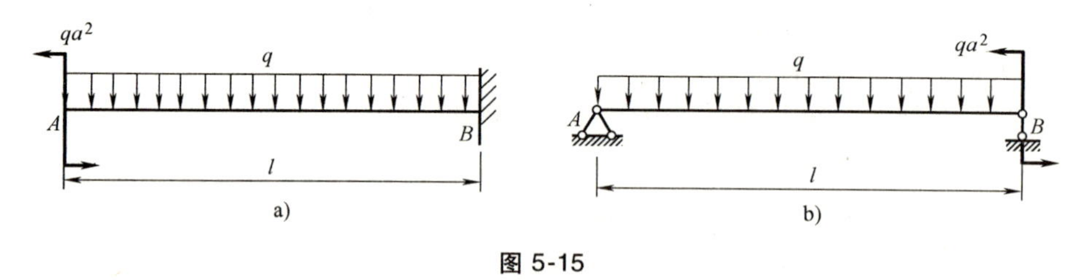


图 5-15

5-4 图 5-16 所示各梁的抗弯刚度均为 $EI$ 均为常数，试利用积分法求梁的最大挠度和最大转角，并根据弯矩图和位移边界条件画出各梁挠曲线的大致形状。

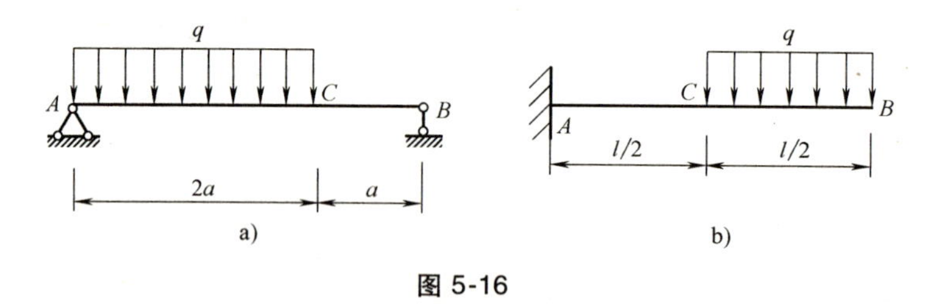


图 5-16

5-5 用积分法求图 5-17 所示梁外伸端的挠度和转角。梁的抗弯刚度 $EI$ 已知。

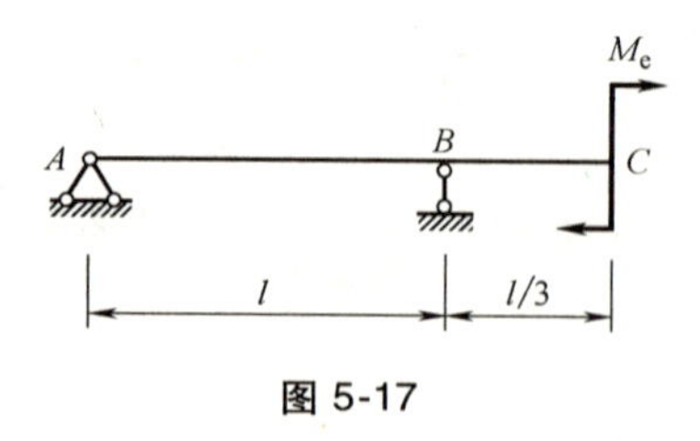


图 5-17

5-6 试说明用积分法求位移时，图 5-18 所示各梁的挠曲线近似微分方程应分几段写出，并写出相应的位移边界条件和连续性条件。

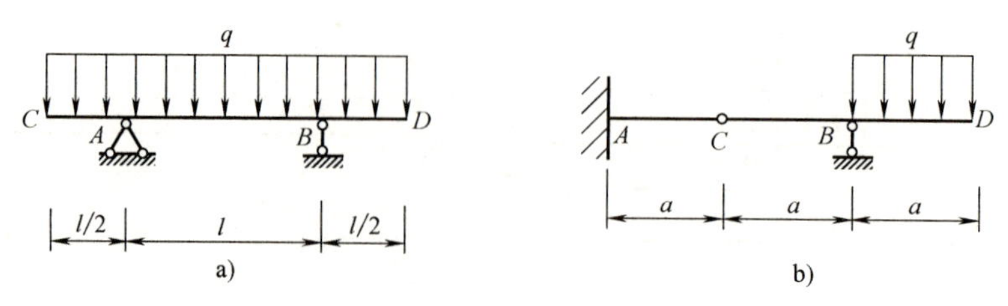


图 5-18

5-7　图 5-19 所示简支梁，两端支座各作用一个力偶矩 $M_{e1}$ 和 $M_{e2}$，如果要使挠曲线的拐点位于离左端支座 $\frac{l}{3}$ 处，试求 $\frac{M_{e1}}{M_{e2}}$。

5-8　在图 5-20 所示梁中，$M_e=\frac{ql^2}{6}$，梁的抗弯刚度为 $EI$，试用叠加法求 $A$ 截面的转角 $\theta_A$。

图 5-19　　图 5-20

5-9　如图 5-21 所示，各梁的抗弯刚度 $EI$ 均为常数。试用叠加法计算梁跨中截面 $A$ 的转角和挠度。

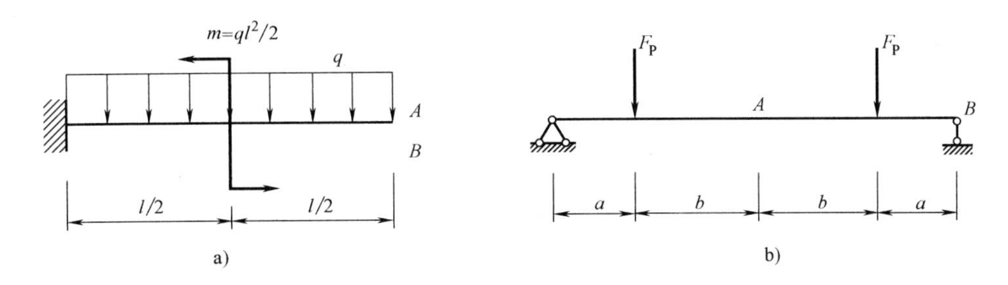


图 5-21

5-10　图 5-22 所示梁的抗弯刚度为 $EI$，试用叠加法计算横截面 $B$ 的转角和自由端 $C$ 的挠度。

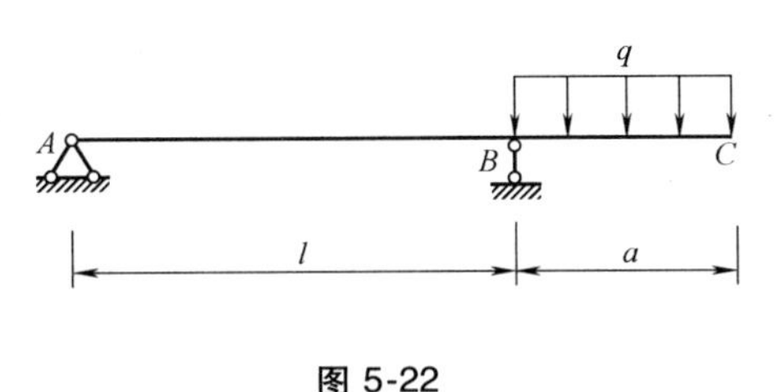


图 5-22

5-11　如图 5-23 所示矩形截面梁，若均布荷载集度 $q=10\text{kN/m}$，梁长 $l=3\text{m}$，弹性模量 $E=200\text{GPa}$，许用应力 $[\sigma]=120\text{MPa}$，许用单位长度上的最大挠度值 $\left[\frac{y_{\max}}{l}\right]=l/250$，且已知截面高度 $h$ 与宽度 $b$ 之比为 2，求截面尺寸。

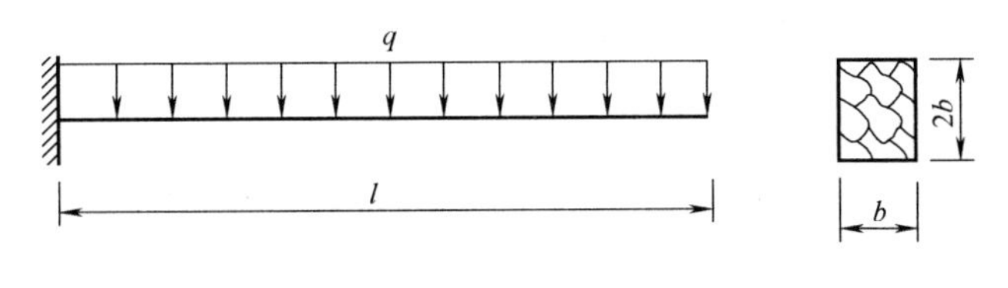


图 5-23

5-12 图 5-24 所示简支梁，跨度 $l=5\text{m}$，力偶矩 $M_{e1}=5\text{kNm}$，$M_{e2}=10\text{kNm}$。材料的弹性模量 $E=200\text{GPa}$，许用应力 $[\sigma]=160\text{MPa}$，许用挠度 $[f]=\dfrac{l}{500}$，试选择该梁工字钢的型号。

5-13 受均布荷载 $q$ 作用的工字钢简支梁如图 5-25 所示，已知梁长 $l=6\text{m}$，工字钢的型号为 20b，钢材的弹性模量 $E=200\text{GPa}$。若梁的许用挠度 $[f]=\dfrac{l}{400}$，试确定荷载集度 $q$ 的大小。

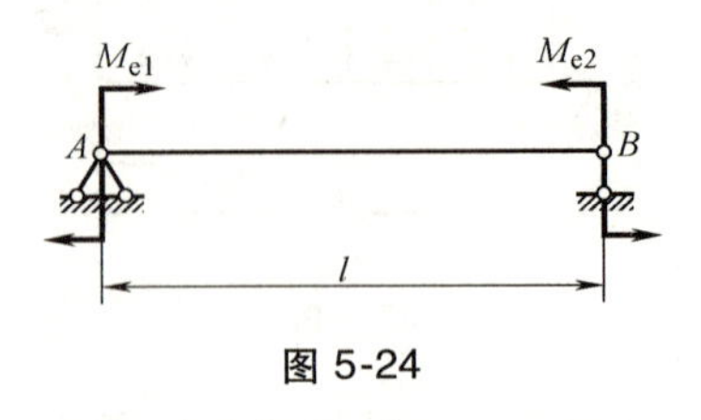

图 5-24

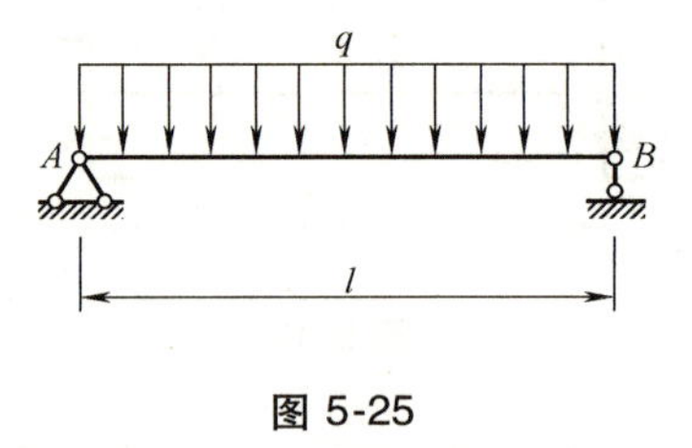

图 5-25

## 习题参考答案

5-2 a）$w_B=\dfrac{ql^4}{8EI}$（↓），$\theta_B=-\dfrac{ql^3}{6EI}$

b）$w_B=\dfrac{M_e l^2}{2EI}$（↓），$\theta_B=\dfrac{M_e l}{EI}$

5-3 a）$\theta_{\max}=\dfrac{M_e l}{EI}+\dfrac{ql^3}{9EI}$，$w_{\max}=\dfrac{ql^4}{8EI}+\dfrac{M_e l^2}{2EI}$

b）$\theta_{\max}=\dfrac{M_e l}{3EI}+\dfrac{ql^3}{24EI}$，$w_{\max}=\dfrac{5ql^4}{384EI}+\dfrac{M_e l^2}{16EI}$

5-4 a）$f_{\max}=\dfrac{0.795qa^4}{EI}$，$\theta_{\max}=\theta_A=\dfrac{8qa^3}{9EI}$

b）$f_{\max}=\dfrac{41ql^4}{384EI}$，$\theta_{\max}=\dfrac{7ql^3}{48EI}$

5-5 $w_C=\dfrac{M_e l^2}{6EI}$，$\theta_C=\dfrac{2M_e l}{3EI}$

5-7 $\dfrac{M_{e1}}{M_{e2}}=\dfrac{1}{2}$

5-8 $\theta_A=\dfrac{ql^3}{72EI}$

5-9 a）$\theta_A=-\dfrac{ql^2}{12EI}$，$w_A=-\dfrac{ql^4}{16EI}$

b）$\theta_B=-\dfrac{Fa(2b+a)}{2EI}$，$w_A=\dfrac{Fa(3b^2+6ab+2a^2)}{6EI}$

5-10 $w_C=-\dfrac{qa^3(4l+3a)}{24EI}$，$\theta_B=\dfrac{qa^2 l}{6EI}$

5-11 $b=82.5\text{mm}$，$h=165\text{mm}$

5-12 18 号工字钢

5-13 $q=4.44\text{kN/m}$

# 第六章　简单的超静定问题

## 第一节　超静定问题及其解法

### 一、超静定问题的概念

前面讨论了杆件的轴向拉压变形、圆杆受扭转时的扭转变形，以及杆件受弯曲时梁的弯曲变形问题。在这些问题中，它们的约束反力及杆件的内力，都是通过静力学中的静力平衡方程进行求解的。这类能够用静力平衡条件求解其全部内力和反力的问题，称为**静定问题（又称为静定结构）**。

在实际的工程设计中，为了改善构件的受力环境，增强构件的强度与刚度，往往会增加更多的杆件或支座。如图 6-1a 所示的简支梁是静定的，当其跨度增大时，简支梁跨中的内力以及梁的变形都将迅速增加。为了减少梁上的内力和变形，在工程允许的情况下，往往在梁的中部增加一个支座，这样梁上的内力与变形就会大大地减少，而此时梁上就存在四个约束反力 $F_{Ax}$、$F_{Ay}$、$F_{By}$、$F_{Cy}$，而静力平衡方程的个数只有三个，是不可能求解出这四个约束反力的。此时的梁，就成为具有一个多余约束的超静定问题，如图 6-1b 所示。

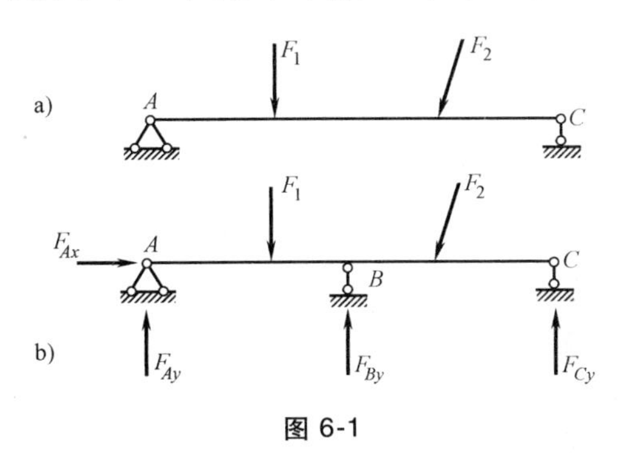

图 6-1

又如在大型的承重桁架中，为了增强桁架的承载能力，往往在某些结点处增加一些杆件。如图 6-2 中的 $A$ 结点是采用三链杆铰接而成，而对于平面汇交力系来说，其只有 2 个独立的平衡方程。很显然，仅由两个静力学平衡方程是不可能求出三个未知轴力的。这类单凭静力平衡条件不能求解出全部反力与内力的问题，称为**超静定问题，（又称为超静定结构）**。

### 二、超静定次数

在超静定问题中，总是存在多于维持体系**几何不变性**（在荷载作用下能保持其几何形状和位置不改变的体系）所必需的支座或杆件，习惯上称之为**“多余约束”**。由于多余约束的存在，未知约束力的数目必然多于独立平衡方程的数目。通常将未知约束力数量超出独立平衡方程数量的数目，称为**超静定次数**。而与多余约束相对应的支座反力或杆件的内力，习惯上称为多余未知力。因此，超静定的次数就等于多余约束或多余未知力的数目。如图 6-1b 和图 6-2 所示的超静定结构，都有一个多余约束，故被称为一次超静定结构。

### 三、超静定问题的求解

对于超静定问题，由于多余约束的存在，其未知力的个数超出独立静力平衡方程的个数，因此，要进行内力分析，除了采用静力平衡方程外，还必须寻求相应的补充方程。基于超静定问题的这种特性，在其内力与反力求解时，必须考虑以下三个条件：①平衡条件——构件的全部或任一部分的受力状态都应该满足平衡方程；②几何条件（也称为变形条件、位移条件、协调条件或相容条件等）——构件的变形和位移必须满足支承约束条件和各部分之间的变形连续条件；③物理条件——变形（或位移）与力之间的物理关系。满足以上三个条件的超静定问题解答才是唯一的解答。

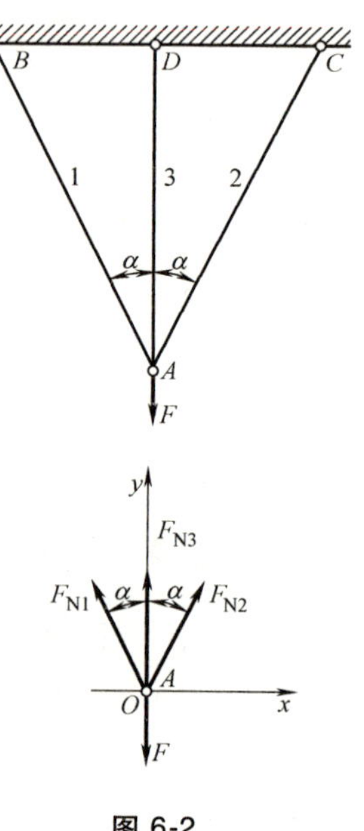

图 6-2

在求解具有多余约束的超静定结构时，可设想将该多余的约束予以解除，此时原来的超静定结构就变为静定结构，称之为基本结构；并在该处施加与所解除的约束相对应的约束反力（称之为多余未知力），从而得到一个由荷载和多余未知力共同作用的静定结构，称之为原超静定结构的基本静定体系（简称基本体系）。为使基本体系等同于原超静定结构，基本体系在多余未知力作用处相应的位移应满足原超静定结构的约束条件，即基本结构在多余未知力和荷载共同作用下，在多余约束处沿着多余约束方向上的位移应该等于零（变形协调条件）。由此变形协调条件建立补充方程，便可解得多余未知力。求得多余未知力后，基本体系就等同于原超静定结构，其余的约束反力及构件的内力均可在基本结构上用静力平衡方程进行计算。这种用变形协调条件建立补充方程进行超静定结构求解的方法，我们称为**力法**。

## 四、力法的基本结构和基本未知量

图 6-3a 所示为一单跨超静定梁，它是具有一个多余约束的超静定结构。如果把 $B$ 支座处的多余约束去掉，并在去掉多余约束处加上相应的多余未知力 $X_1$，则原结构就变成为静定结构（静定的悬臂梁）。此时梁上（图 6-3b）作用有均布荷载 $q$ 和多余未知力 $X_1$，这种在去掉多余联系后所得到的静定结构，称为原结构的**基本结构（基本体系）**，代替多余约束的未知力 $X_1$ 称为**多余未知力**。如果能设法求出符合实际变形和受力情况的 $X_1$，即 $B$ 支座处的实际约束反力，那么，基本结构在荷载和多余未知力 $X_1$ 共同作用下的内力和变形就与原结构在荷载作用下的情况完全一样。我们把多余未知力 $X_1$ 称为**力法的基本未知量**。

## 五、力法的基本原理

在图 6-3 中，将原结构与基本结构的变形情况进行比较可知，原结构在 $B$ 支座处由于竖向链杆的约束，不可能产生竖向位移；而基本结构则因该约束已被去掉，在 $B$ 点处可能产生竖向位移。只有当多余未知力 $X_1$ 的数值与原结构 $B$ 处支座链杆的实际约束反力相等时，基本结构在原有荷载 $q$ 和多余未知力 $X_1$ 共同作用下，$B$ 点的竖向位移才能等于零。所以，用来确定多余未知力 $X_1$ 的变形协调条件是：**基本结构在原有荷载和多余未知力共同作用下，在去掉约束处沿着多余约束方向上的位移应与原结构中相应的位移相等。**

用 $\Delta_{11}$ 表示基本结构在 $X_1$ 单独作用下 $B$ 点沿 $X_1$ 方向的位移（图 6-3c），用 $\delta_{11}$ 表示当 $\overline{X}_1=1$ 时 $B$ 点沿 $X_1$ 方向的位移，所以有 $\Delta_{11}=\delta_{11}X_1$。

用 $\Delta_{1P}$ 表示基本结构在荷载 $q$ 单独作用下 $B$ 点沿 $X_1$ 方向的位移（图 6-3d）。

根据叠加原理，$B$ 点的位移可视为基本结构的上述两种位移之和，即：

$$\Delta_B=\delta_{11}X_1+\Delta_{1P}=0$$

$$\delta_{11}X_1+\Delta_{1P}=0 \qquad (6\text{-}1)$$

式（6-1）就是根据一次超静定结构变形条件建立的用来确定多余未知力 $X_1$ 的变形协调方程，即**力法基本方程**。

式中，$\delta_{11}$ 称为系数；$\Delta_{1P}$ 称为自由项，它们都表示静定结构在已知荷载作用下的位移，可用第五章梁的位移计算方法进行计算（或查简单荷载作用下梁的挠度和转角表获得）。

由表 5-3 可查得当 $\overline{X}_1=1$ 单独作用在基本结构上时，$B$ 点沿 $X_1$ 方向的位移为：

$$\delta_{11}=\frac{l^3}{3EI}$$

图 6-3

同时查得外荷载 $q$ 单独作用在基本结构上时，$B$ 点沿 $X_1$ 方向的位移为

$$\Delta_{1P}=-\frac{ql^3}{8EI}$$

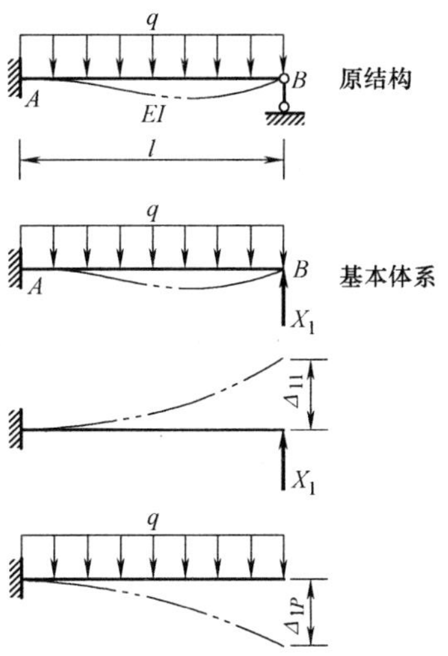

把 $\delta_{11}$ 和 $\Delta_{1P}$ 代入式（6-1）得

$$X_1=-\frac{\Delta_{1P}}{\delta_{11}}=\frac{3}{8}ql\ (\uparrow)$$

计算结果 $X_1$ 为正值，表示假设的 $X_1$ 方向是正确的（向上）。多余未知力 $X_1$ 求出后，原来超静定结构的内力分析问题，则变成基本结构在外荷载和已知的多余未知力 $X_1$ 共同作用下的静定结构内力分析问题，其内力可按静定结构的方法进行分析，也可利用叠加法计算对图 6-3a所示的结构绘制剪力图与弯矩图如图 6-4 所示。

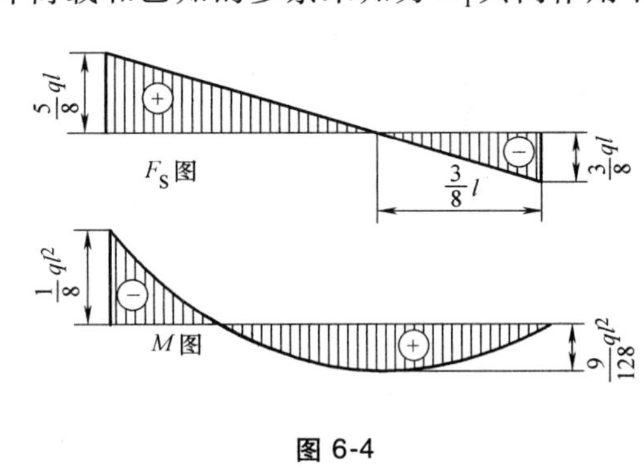


图 6-4

综上所述可知，所谓的力法就是把原来的超静定结构，通过解除多余约束的方式，变成静定结构（即力法基本结构）。然后，根据原结构在去掉约束处的已知位移条件（基本结构在原有荷载和多余未知力共同作用下，在去掉约束处沿多余约束方向上的位移应与原结构中相应的位移相等）建立力法基本方程，首先将去掉约束处的约束反力先求出，之后的其他反力与内力计算便与静定结构的内力分析方法一致。

**由于去掉多余约束的方式不同，同一个超静定问题可以选取不同的基本结构。不论选用哪种基本结构，力法方程的形式都是不变的，只是力法方程中的系数和自由项的物理意义与数值的大小有所不同，但最终结构的内力图是一样的。**例如，图 6-3a 所示结构也可选取图 6-5 所示基本体系进行求解，所得结果与上相同。

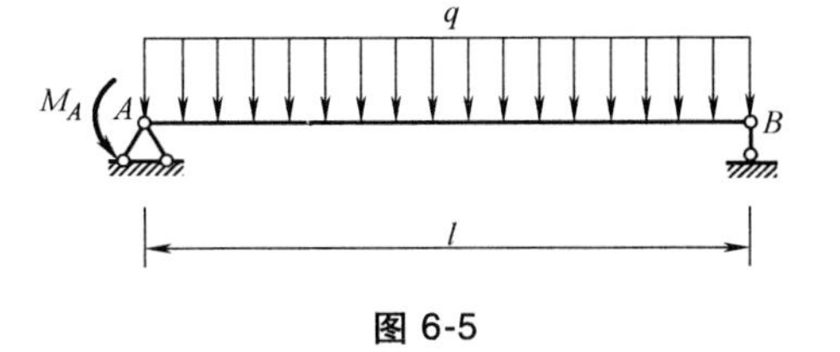


图 6-5

# 第二节 拉压超静定问题

## 一、拉压超静定问题解法

如上节所述，对于拉压超静定问题，可综合运用变形的几何相容条件、力与变形间的物理关系和静力学的平衡条件三方面来求解，也可以采用力法直接进行计算。下面通过例题来说明其解法。

**例 6-1** 设 1、2、3 三杆用铰连接，如图 6-6a 所示。已知 1、2 两杆的长度、横截面面积及材料均相同，即 $l_1=l_2=l$，$A_1=A_2=A$，$E_1=E_2=E$；杆 3 的长度为 $l_3$，横截面面积为 $A_3$，其材料的弹性模量为 $E_3$。试求在沿铅垂方向的外力 $F$ 作用下各杆的轴力。

**解法 1：** 取结点 $A$ 为分离体，作受力图如图 6-6b 所示，并设三杆的轴力均为拉力。由平衡方程，得

$$\sum F_x=0 \qquad F_{N1}=F_{N2} \tag{a}$$

$$\sum F_y=0 \qquad F_{N2}\cos\alpha+F_{N3}-F=0 \tag{b}$$

由上可以看出，杆系共有三个杆件汇交于 $A$ 点，图 6-6b 所示的受力图中共有三个未知轴力，而平面汇交力系仅有两个独立的平衡方程，故为一次超静定问题，需寻求一个补充方程。

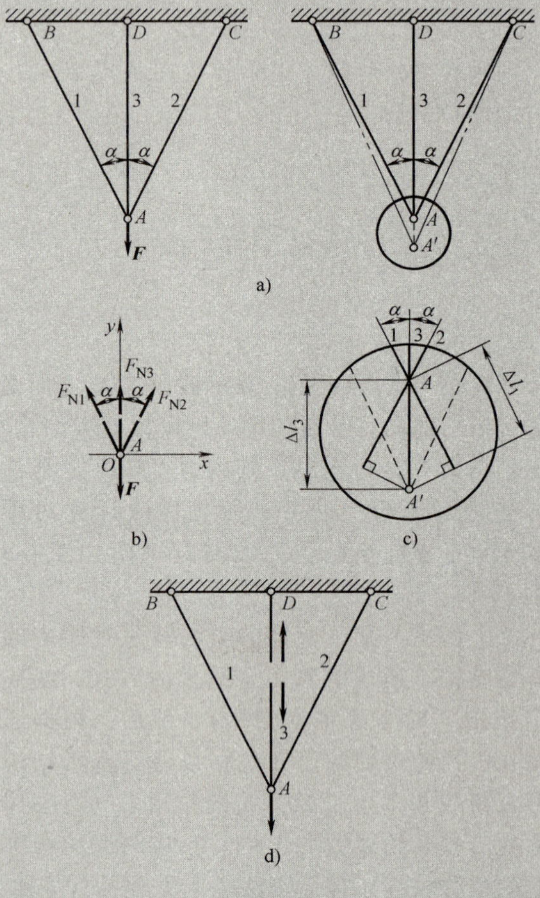

由于三杆在下端铰接于 $A$ 点，故三杆在变形后，其下端仍应铰接在一起，如图 6-6a 中 $A'$点。由于结构在几何形状、物理性质及受力方面的对称性，故 $A$ 点位移应铅直向下。1、2 两杆的伸长量 $\Delta l_1=\Delta l_2$ 与 3 杆的伸长量 $\Delta l_3$ 之间的关系如图 6-6c 所示。由此可得变形几何相容方程为

$$\Delta l_1=\Delta l_3\cos\alpha \tag{c}$$

在线弹性范围内，变形 $\Delta l_1$、$\Delta l_3$ 与所求轴力 $F_{N1}$、$F_{N3}$ 之间的物理关系式为

$$\Delta l_1=\frac{F_{N1}l}{EA} \tag{d}$$

和

$$\Delta l_3=\frac{F_{N3}l\cos\alpha}{E_3A_3} \tag{e}$$


图 6-6

将物理关系式 (d) 和式 (e) 代入变形几何相容方程式 (c)，得补充方程为

$$F_{N1}=F_{N3}\frac{EA}{E_3A_3}\cos^2\alpha \tag{f}$$

将补充方程式（f）与静力平衡方程式（a）、式（b）联立求解，即得

$$F_{N1}=F_{N2}=\frac{F}{2\cos\alpha+\dfrac{E_3A_3}{EA\cos^2\alpha}}$$

$$F_{N3}=\frac{F}{1+2\cos^3\alpha\dfrac{EA}{E_3A_3}}$$

所得结果均为正，说明三杆实际产生的轴力与假定的轴力方向相同，均为拉力。并且由上列结果可以看出，在超静定杆系问题中，各杆的轴力与各杆刚度之间的比值有关。

**解法 2：** 用力法直接求解。

如图 6-6d 所示，将 3 杆作为多余约束加以解除，则该结构变为静定结构，称之为力法基本结构。此时力法基本结构上作用有外荷载 $F$ 和多余未知力 $X_1$。由力法基本原理可知，基本结构在外荷载和多余未知力 $X_1$ 共同作用下所产生多余约束方向上的位移应该与原结构的位移相等，即等于零。由此可以建立力法方程

$$\delta_{11}X_1+\Delta_{1P}=0$$

式中，$\delta_{11}$ 为多余未知力 $\overline{X}_1=1$ 单独作用在基本结构上所产生的沿 $X_1$ 方向上的位移；$\Delta_{1P}$ 为外荷载单独作用在基本结构上所产生的沿 $X_1$ 方向上的位移。分别计算静定结构上的位移。

由图 6-6b 可知，当 $\overline{X}_1=1$ 单独作用在基本结构上（即 $F_{N3}=1$，且不考虑外 $F$ 的作用）时，1、2 杆的内力为

$$F_{N1}=F_{N2}=\frac{1}{2\cos\alpha}$$

则可计算出 $\delta_{11}$

$$\delta_{11}=\frac{F_{N3}l\cos\alpha}{E_3A_3}+\frac{F_{N1}l}{EA}=\frac{2\cos^3\alpha EA+E_3A_3}{2\cos\alpha EA\times E_3A_3}l$$

当 $F$ 单独作用在基本结构上时，1、2 杆的内力为

$$F_{N1}=F_{N2}=\frac{F}{2\cos\alpha}$$

则可计算出 $\Delta_{1P}$

$$\Delta_{1P}=-\frac{F_{N1}l}{EA}=-\frac{Fl}{2\cos\alpha EA}$$

解方程可得

$$X_1=-\frac{\Delta_{1P}}{\delta_{11}}=\frac{F}{1+2\cos^3\alpha\dfrac{EA}{E_3A_3}}$$

即

$$F_{N3}=\frac{F}{1+2\cos^3\alpha\dfrac{EA}{E_3A_3}}$$

由图 6-6b，利用平衡条件可以计算 1、2 杆的内力，即

$$\sum F_y=0 \quad F_{N1}\cos\alpha+F_{N2}\cos\alpha+F_{N3}-F=0$$

$$F_{N1}=F_{N2}=\frac{F}{2\cos\alpha+\dfrac{E_3A_3}{EA\cos^2\alpha}}$$

与解法1结果相同。

**例 6-2** 一内直径 $d_s=399.5\text{mm}$ 的钢圆环，在炽热的状态下套在外径为 $D_i=400\text{mm}$ 的铸铁圆环上，如图 6-7a 所示。两环的厚度分别为 $\delta_s=12\text{mm}$ 和 $\delta_i=25\text{mm}$，材料的弹性模量分别为 $E_s=200\text{GPa}$，$E_i=140\text{GPa}$，试求冷却后两环之间的压力及两环径向截面上的应力。

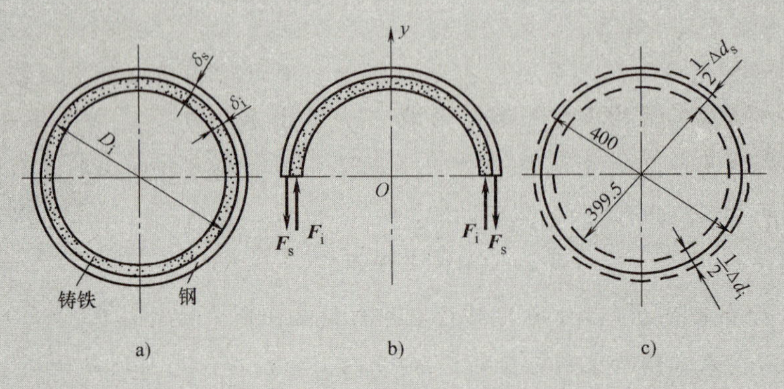


图 6-7

**解：** 由于冷却，外套钢环发生收缩变形，而铸铁环阻止其收缩，故使得外套钢环发生受拉变形，而铸铁环则发生受压变形（图 6-7b），由平衡方程，得

$$\sum F_y=0 \qquad F_s=F_i \tag{1}$$

由于内外两环紧密装配在一起，因此，外套钢环直径的伸长量与铸铁直径的收缩量之和应等于两环原始直径之差。可得变形几何相容方程为

$$D_i-d_s=\Delta d_s+\Delta d_i=\Delta d \tag{2}$$

圆环的径向压力与径向变形间的物理关系为

$$\Delta d=\frac{pd^2}{2E\delta} \tag{3}$$

将式（3）代入式（4），即得补充方程

$$D_i-d_s=\frac{pd_s^2}{2E_s\delta_s}+\frac{pD_i^2}{2E_i\delta_i} \tag{4}$$

由上式可解得两环间的压力为

$$p=\frac{2(D_i-d_s)E_s\delta_s\times E_i\delta_i}{d_s^2E_i\delta_i+D_i^2E_s\delta_s}=8.91\text{MPa}$$

钢环和铸铁径向截面上的应力分别为

$$\sigma_s=\frac{pd_s}{2\delta_s}=148.3\text{MPa} \qquad （拉应力）$$

$$\sigma_i=-\frac{pD_i}{2\delta_i}=-71.3\text{MPa} \qquad （压应力）$$

## 二、装配应力

在实际工程中，杆件在加工制作时，其几何尺寸有微小的误差，这是不可避免的。对于静定结构，这种制造误差，只会改变结构的几何形状，而不会引起结构的内力。但在超静定结构中，由于多余约束的存在，这种制造误差将在结构中产生附加的内力。如图 6-8 所示杆系，若杆件 3 的尺寸较其设计长度 $DA$ 短了 $\Delta_e$，则杆系在装配后，各杆将处于如图中双点画线所示的位置，并因而产生轴力（其中杆件 3 为拉力，而杆件 1、2 为压力）。这种附加的内力被称为**装配内力**。与之相应的应力则称为**装配应力**。在例 6-2 中，由于热装配而引起的应力，也称为装配应力。装配应力是结构承受荷载以前就已经具有的应力，称为初应力。

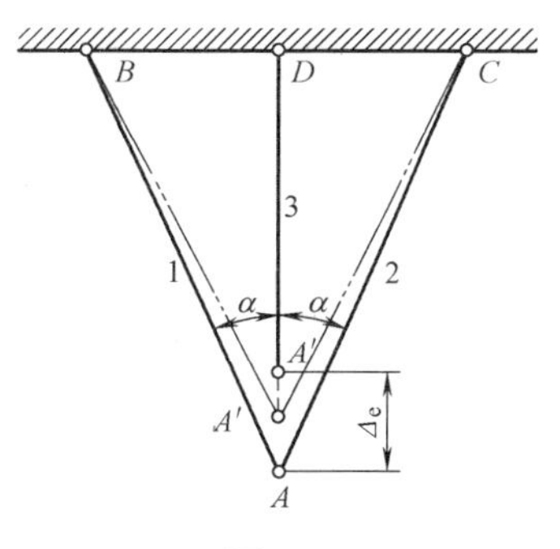


图 6-8

**例 6-3**　两铸件用两钢杆 1、2 连接，其间距为 $l=200\text{mm}$，如图 6-9a 所示。现需将制造得过长（$\Delta_e=0.11\text{mm}$）的铜杆 3（图6-9b）装入铸件之间，并保持三杆的轴线平行且有等间距 $a$。已知：钢杆直径 $d=10\text{mm}$，铜杆横截面尺寸为 $20\text{mm}\times30\text{mm}$ 的矩形，钢的弹性模量 $E=210\text{GPa}$，铜的弹性模量 $E_3=100\text{GPa}$。由于铸件很厚，其变形可略去不计。试计算各杆内的装配应力。

**解：** 由于两端的铸件很厚，可看作刚体，其变形可略去不计。三杆变形后的端点须在同一铅垂线上。且结构在几何性质和物理性质方面均对称于杆 3。

用力法求解，取图 6-9e 所示的基本体系，则有

$$\delta_{11}X_1+\Delta_{1e}=\Delta l_1 \tag{1}$$

$\Delta l_1$ 为装配后的结构中 1、2 杆件发生的变形，如图 6-9d 所示。由轴向拉压杆件变形计算公式可知：

$$\Delta l_1=-\delta_{11}X_1 \tag{2}$$

当 $X_1=1$ 作用在杆件 1 上时，铸件的受力如图 6-9c 所示，为一平面平行力系。由平衡方程，得

$$\sum M_C=0\qquad F_{N1}=F_{N2}=1 \tag{3}$$

$$\sum F_x=0\qquad F_{N3}-F_{N1}-F_{N2}=0 \tag{4}$$

$$F_{N3}=2 \tag{5}$$

由轴向变形计算公式可求得

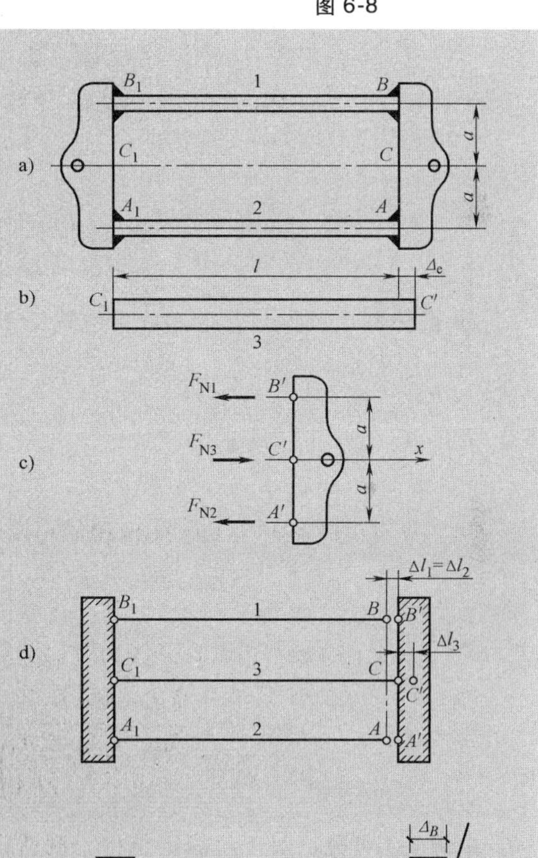


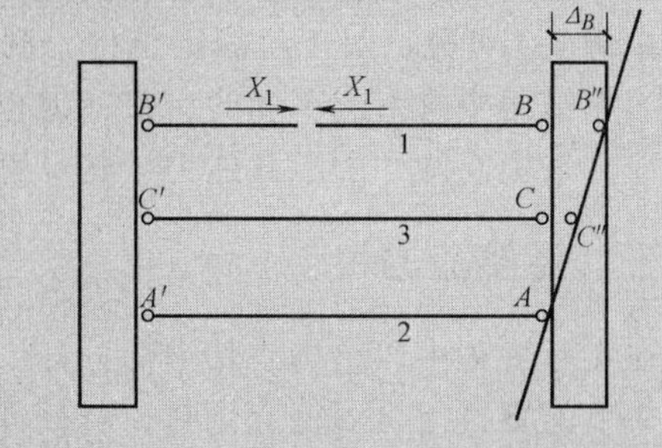


图 6-9

$$\delta_{11}=\frac{F_{N1}l}{EA}+\frac{F_{N3}l}{E_3A_3}=\frac{E_3A_3+2EA}{EA\times E_3A_3}l=\frac{1+\dfrac{2EA}{E_3A_3}}{EA}l \tag{6}$$

由图 6-9e 中各杆件的几何关系，可以计算出

$$\Delta_{1e}=-2\Delta_e \tag{7}$$

将式（2）、式（6）、式（7）代入力法方程式（1）可得

$$\delta_{11}X_1+\Delta_{1e}=-\delta_{11}X_1$$

解得

$$X_1=\frac{EA}{l\left(1+\dfrac{2EA}{E_3A_3}\right)}\Delta_e$$

则有

$$F_{N1}=F_{N2}=\frac{EA}{l\left(1+\dfrac{2EA}{E_3A_3}\right)}\Delta_e$$

$$F_{N3}=\frac{E_3A_3}{l\left(1+\dfrac{E_3A_3}{2EA}\right)}\Delta_e$$

由应力公式（2-2），即得杆件横截面上的装配应力为

$$\sigma_1=\frac{F_{N1}}{A}=\frac{E}{l\left(1+\dfrac{2EA}{E_3A_3}\right)}\Delta_e$$

$$=\frac{(0.11\times10^{-3}\text{m})\times(210\times10^9\text{Pa})}{0.2}\times\left[\frac{1}{1+\dfrac{2\times(210\times10^9\text{Pa})\times\dfrac{\pi}{4}\times(10\times10^{-3}\text{m})^2}{(100\times10^9\text{Pa})\times(20\times10^{-3}\text{m})\times(30\times10^{-3}\text{m})}}\right]$$

$=74.53\times10^6\text{Pa}=74.53\text{MPa}$（拉应力）

$$\sigma_3=\frac{F_{N3}}{A_3}=\frac{E_3}{l\left(1+\dfrac{E_3A_3}{2EA}\right)}\Delta_e=19.51\text{MPa}\text{（压应力）}$$

由例 6-3 可见，对于超静定结构，制造误差将在结构中产生相当可观的装配应力。这种装配应力在结构中将引起不利的后果，但也有有利的一面。土木工程中的预应力结构，就是利用装配应力来提高构件的承载能力，其计算原理与此例相同。

## 三、温度应力

在实际工程中，结构或其中部分杆件往往会受到温度变化的影响，例如工作环境温度的改变或季节的更替等。温度变化时，若杆件沿截面高度的温度变化相同，则杆件只发生轴向伸长或缩短变形。在静定结构中，由于杆件能自由伸缩，则温度变化所引起的变形不会在杆件中产生内力，只会引起位移。但是，在超静定结构中，由于多余约束的存在，杆件由于温度变化所引起的变形受到多余约束的限制，将在杆件中产生内力，这种内力称为温度内力，与之相应的

应力则称为温度应力。温度应力计算的关键，是根据变形相容条件建立问题的变形协调方程。须注意，此时杆件的变形分为两部分：一是由温度变化所引起的变形，二是由温度内力引起的相应弹性变形。

**例 6-4**　一外直径 $D=45\mathrm{mm}$，厚度 $\delta=3\mathrm{mm}$ 的钢管，与直径 $d=30\mathrm{mm}$ 的实心铜杆同心地装配在一起，两端均固定在刚性平板上，如图 6-10a 所示。已知钢和铜的弹性模量及线膨胀系数分别为 $E_S=210\mathrm{GPa}$，$\alpha_S=12\times10^{-6}(℃)^{-1}$；$E_C=110\mathrm{GPa}$，$\alpha_C=18\times10^{-6}(℃)^{-1}$。装配时的温度为 20℃，若工作环境的温度升高至 170℃，试求钢管和铜杆横截面上的应力以及组合筒的伸长。

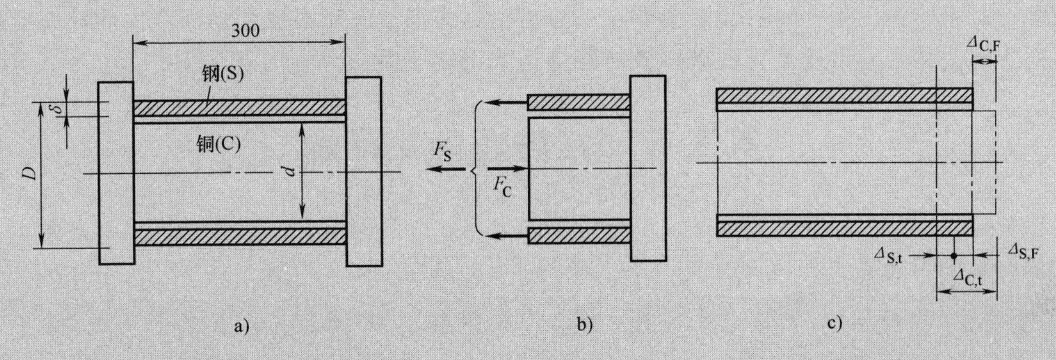


图 6-10

**解**：画受力图如图 6-10b 所示，由 $\sum F_x=0$ 得

$$F_S=F_C=F$$

组合件的变形如图 6-10c 所示。若 $\Delta_{S,t}$、$\Delta_{C,t}$ 分别表示钢管和铜杆由于温度变化所产生的变形；$\Delta_{S,F}$、$\Delta_{C,F}$ 分别表示钢管和铜杆由于温度内力所产生的变形，则其变形协调方程为

$$\Delta_{C,t}=\Delta_{S,t}+\Delta_{S,F}+\Delta_{C,F}$$

由温度变化和轴向拉压变形计算公式得

$$\Delta_{S,t}=\alpha_S\Delta tl\qquad \Delta_{C,t}=\alpha_C\Delta tl$$

$$\Delta_{S,F}=\frac{F_Sl}{E_SA_S}\qquad \Delta_{C,F}=\frac{F_Cl}{E_CA_C}$$

则有

$$\alpha_C\Delta tl=\alpha_S\Delta tl+\frac{Fl}{E_SA_S}+\frac{Fl}{E_CA_C}$$

解此方程可得

$$F=\frac{(\alpha_C-\alpha_S)\Delta tE_SA_SE_CA_C}{E_SA_SE_CA_C}=36.2\mathrm{kN}$$

则钢管与铜杆的轴力为

$$F_S=F_C=36.2\mathrm{kN}$$

钢管的应力

$$\sigma_S=\frac{F_S}{A_S}=91.5\mathrm{MPa}\text{（拉应力）}$$

铜杆的应力

$$\sigma_C=\frac{F_C}{A_C}=51.2\text{MPa}\ (\text{压应力})$$

组合件的伸长变形

$$\Delta=\Delta_{S,t}+\Delta_{S,F}=\alpha_S\Delta tl+\frac{F_Sl}{E_SA_S}=0.67\text{mm}$$

由例 6-4 可知，在超静定问题中，由于温度变化而引起的温度应力是个不容忽视的因素。在铁路钢轨的接头处、大跨度桥梁的路面施工中以及大面积混凝土的浇筑中，通常都需要预留伸缩缝；对于管道工程，隔一段距离要设一弯道：这些都是应对温度变化而产生的伸缩变形的措施。否则，将会导致建筑物的破坏或妨碍结构的正常使用。

## 第三节　扭转超静定问题

扭转超静定问题的解法，也是要综合考虑静力条件、几何条件、物理条件三个方面。下面通过例题来说明其解法。

**例 6-5**　如图 6-11a 所示的两端固定的实心圆杆 $AB$，$AC$ 段的直径为 $d_1$、长度为 $l_1$；$BC$ 段的直径为 $d_2$、长度为 $l_2$。在截面 $C$ 处承受扭转外力偶矩 $M_e$，试求圆杆两端支座处的支反力偶矩。

**解**：如图 6-11a 所示，圆杆有 2 个未知支反力偶矩，仅有一个平衡方程 $\sum M_x=0$，故该结构为一次超静定问题。若解除 $B$ 支座处的多余约束，并加上相应的多余未知力偶矩 $M_B$，则得力法基本体系如图 6-11b 所示。

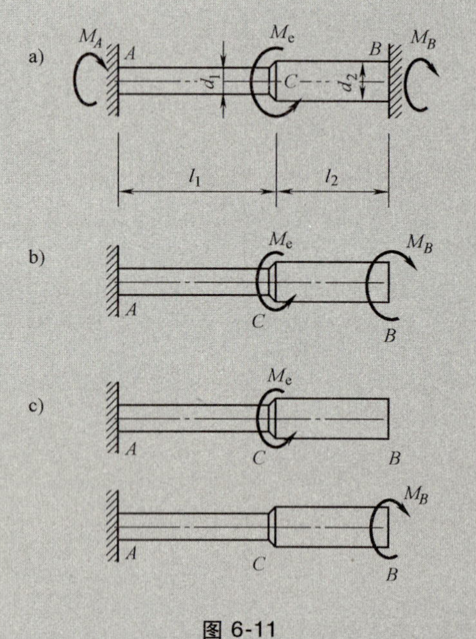

图 6-11

为使基本体系等效于原来的超静定体系，自由端 $B$ 截面的扭转角（即角位移）应为零。基本体系中 $B$ 截面的扭转角是由两部分组成：一是基本结构在外力偶矩 $M_e$ 单独作用下所产生的转角 $\Delta_{1P}$；二是基本结构在多余未知力偶矩 $M_B$ 单独作用下所产生的转角 $\delta_{11}M_B$（图 6-11c）。由叠加原理可得力法方程为

$$\varphi_B=\delta_{11}M_B+\Delta_{1P}=0$$

式中，$\delta_{11}$ 表示 $\overline{M}_B=1$ 单独作用在基本结构上所产生的转角。

由扭转变形计算公式可得

$$\Delta_{1P}=-\frac{M_el_1}{GI_{P1}}=-\frac{32M_el_1}{G\pi d_1^4}$$

$$\delta_{11}=\frac{32l_1}{G\pi d_1^4}+\frac{32l_2}{G\pi d_2^4}$$

解方程可得

$$M_B=-\frac{\Delta_{1P}}{\delta_{11}}=\frac{M_e}{1+\frac{l_1}{l_2}\left(\frac{d_1}{d_2}\right)^4}$$

当未知支反力偶矩 $M_B$ 已知后，基本体系（图 6-11b）就等效于原来的超静定体系（图 6-11a）。即在静定的基本体系（图 6-11b）上就可以计算支反力偶矩 $M_A$，并作出扭矩图，从而进行应力、变形以及强度和刚度等的计算。

由 $\sum M_x=0$ 得

$$M_A+M_B-M_e=0$$

$$M_A=M_e\left(1-\frac{1}{1+\frac{l_2}{l_1}\left(\frac{d_1}{d_2}\right)^4}\right)$$

# 第四节　简单超静定梁

超静定梁求解，同样是综合运用静力条件、几何条件、物理条件三个方面。可运用力法基本原理直接进行求解。

## 一、荷载作用下超静定梁的解法

**例 6-6**　长度为 $l$、弯曲刚度为 $EI$ 的两端固定梁 $AB$，在跨度中点 $C$ 处承受集中荷载 $F$，如图 6-12a 所示。试求梁的弯矩图及跨中截面 $C$ 的挠度。

**解：**按照力法求解基本思路，首先选取静定的基本体系

如图 6-12a 所示，两端固定梁共有 6 个支座反力，而平面一般力系只有 3 个独立的静力平衡方程，故该梁为三次超静定梁。由于该超静定梁只有竖向荷载而无水平方向的荷载，在小变形条件前提下，两个水平反力应为零。只剩下 $F_A$、$M_A$，和 $F_B$、$M_B$ 四个未知约束反力。由于梁的几何尺寸、物理性质以及外荷载均对称于中间截面 $C$，故其反力也将于截面 $C$ 对称，则有

$$F_A=F_B\qquad M_A=M_B$$

由静力平衡方程得

$$\sum F_y=0\qquad F_A=F_B=\frac{F}{2}$$

由于未知反力偶矩 $M_A=M_B=X_1$ 为多余的未知力偶矩（称为力法的基本未知量），故选取静定的基本体系如图 6-12b 所示的简支梁。

由力法基本原理可得，基本体系在外荷载 $F$ 和多余未知力 $M_A=M_B$ 共同作用下所产生的 $A$（或 $B$）点的位移应当与原来超静定时的位移相等，即

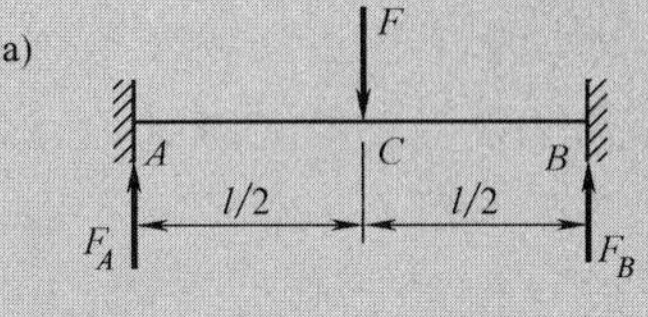


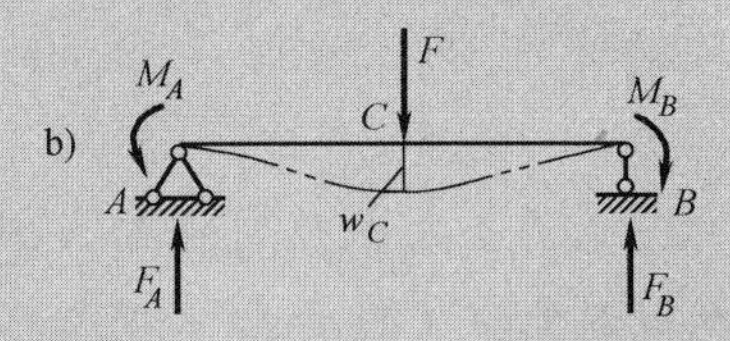


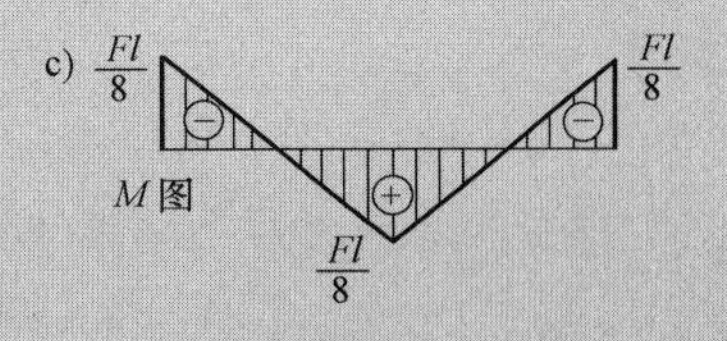


图 6-12

$$\Delta_A = \Delta_1 = 0$$

$$\Delta_1 = \delta_{11} X_1 + \Delta_{1F} = 0$$

上式即称为力法的基本方程，式中 $\delta_{11}$ 为多余未知力 $\overline{X}_1 = 1$ 单独作用在基本体系上时所产生的 $A$、$B$ 两点之间的相对转角位移；$\Delta_{1F}$ 为荷载 $F$ 单独作用在基本体系上时所产生的 $A$、$B$ 两点之间的相对转角位移。

由表 5-3 可以得到

$$\delta_{11} = 2\times\left(\frac{l}{3EI}+\frac{l}{6EI}\right) = \frac{l}{EI}$$

$$\Delta_{1F} = 2\times\frac{Fl}{16EI} = \frac{Fl^2}{8EI}$$

则可解得多余未知力为

$$X_1 = \frac{Fl}{8}$$

即得多余未知反力偶矩为

$$M_A = M_B = X_1 = \frac{Fl}{8}$$

由此可根据静定的基本体系（图 6-12b），作梁的弯矩图，如图 6-12c 所示。

由叠加原理及表 5-3，可得跨中挠度为

$$w_C = w_{CF} + w_{C,M_A} + w_{C,M_B}$$

$$= -\frac{Fl^3}{48EI} + 2\frac{M_A l^2}{16EI} = -\frac{Fl^3}{192EI} \ (\downarrow)$$

**例 6-7** 弯曲刚度 $EI = 5\times10^6\,\mathrm{N\cdot m^2}$ 的梁及其承载情况如图 6-13a 所示，试求梁的支反力，并绘梁的剪力图和弯矩图。

**解：** 图 6-13a 所示超静定梁为一次超静定。将支座 $B$ 处截面断开，用铰链连接，这样就解除了该截面阻止相对转动的约束，原超静定梁则变为由两个简支梁组成的两跨静定梁，如图 6-13b 所示。相应的多余约束力分别为作用于简支梁 $AB$ 和 $BC$ 在 $B$ 端处的一对弯矩 $M_B$，令 $X_1 = M_B$ 作为力法基本未知量。

由力法基本原理可知，静定基本体系在 $B$ 截面处的相对转角应与原超静定梁的转角相同，即

$$\Delta_1 = \Delta_B = 0$$

由叠加原理可得力法基本方程为

$$\Delta_1 = \delta_{11} X_1 + \Delta_{1F} = 0$$

式中，$\delta_{11}$ 为多余未知力 $\overline{X}_1 = 1$ 单独作用在基

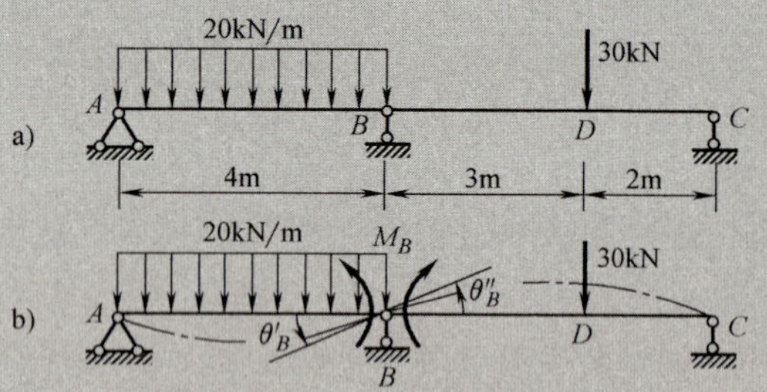


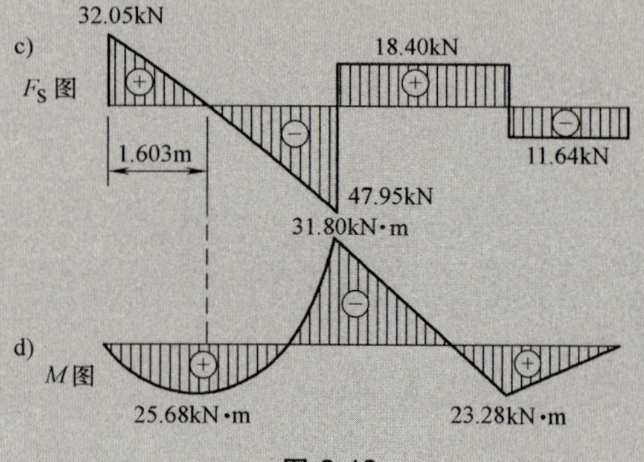


图 6-13

本体系上时所产生的 $B$ 截面左右两侧的相对转角位移；$\Delta_{1F}$ 为外荷载 $F$ 单独作用在基本体系上时所产生的 $B$ 截面左右两侧的相对转角位移。

由表 5-3 可以得到

$$\delta_{11}=\frac{4}{3EI}+\frac{5}{3EI}=\frac{3}{EI}$$

$$\Delta_{1F}=\frac{ql^3}{24EI}+\frac{Fab(l+b)}{6EIl}=\frac{20\times4^3}{24EI}+\frac{30\times3\times2\times(5+2)}{6EI\times5}=\frac{286}{3EI}$$

解方程得多余未知力偶矩为

$$M_B=X_1=-31.8\text{kNm}$$

式中的负号表示支座 $B$ 处的弯矩与所假设的方向相反，为负弯矩。求得多余未知力偶矩 $M_B$ 后，可在静定的基本体系上，由静力平衡条件求得其他支反力：$F_A=32.05\text{kN}$，$F_B=66.35\text{kN}$，$F_C=11.64\text{kN}$。在基本体系上绘出的剪力图（图 6-13c）和弯矩图（图 6-13d），即为原超静定梁的内力图。

若超静定梁中间有一个或更多个支座，则称之为连续梁。对于连续梁，把中间支座截面上用以阻止截面相对转动的约束作为多余约束，所得静定的基本体系即可作一系列简支梁组成的多跨静定梁，这样可使得求解大为简化。

## 二、支座沉陷的超静定梁的影响

在实际工程中，由于地基下沉的原因，超静定梁的各支座发生不同程度的沉陷，对于静定梁来说，将影响其几何外形，而产生位移，但一般情况下并不产生内力和应力。然而对于超静定梁来说，沉陷将不仅影响其几何外形，还会产生变形与位移，但不会产生内力和应力。

**例 6-8**　如图 6-14a 所示弯曲刚度为 $EI$ 的一次超静定梁，受均布荷载 $q$ 作用。若梁的三个支座均发生了沉陷，沉陷后三个支座的顶部 $A_1$、$B_1$ 和 $C_1$ 不在同一直线上，三支座的沉陷量 $\Delta_A$、$\Delta_B$ 和 $\Delta_C$ 均远小于梁的跨长 $l$，并设 $\Delta_B>\Delta_C>\Delta_A$。求图 6-14a 中超静定梁的三个支反力 $F_A$、$F_B$ 和 $F_C$。

**解：**将支座 $B$ 处的支座链杆作为“多余”约束解除，并在解除约束处施加相应的多余未知力 $F_B$，即得静定的基本体系为图 6-14b 所示的简支梁 $A_1C_1$。基本体系 $B$ 点处的位移应与原超静定梁的位移相等。

原超静定梁在 $B$ 点处的位移可以看成为两部分所组成。第一部分是由于 $A$、$C$ 两支座的沉陷而引起的刚体位移，它使 $B$ 点移至 $B_0$ 点。很显然，这部分的位移并不引起支座反力。第二部分是支座 $B$ 由 $B_0$ 点继续下沉至 $B_1$ 点的位移，如图 6-14a 所示，这部分的位移将引起超静定梁的内力与反力。

若以 $\Delta_1$、$w_B$ 分别表示上述两部分位移。由图 6-14a、b 可知

$$\Delta_1=\frac{\Delta_A+\Delta_C}{2},$$

而 $w_B=\Delta_B-\Delta_1$，于是，根据已知的 $\Delta_A$、$\Delta_B$ 和 $\Delta_C$ 可求得超静定梁 $B$ 点处的位移为

$$w_B=\Delta_B-\frac{\Delta_A+\Delta_C}{2}$$

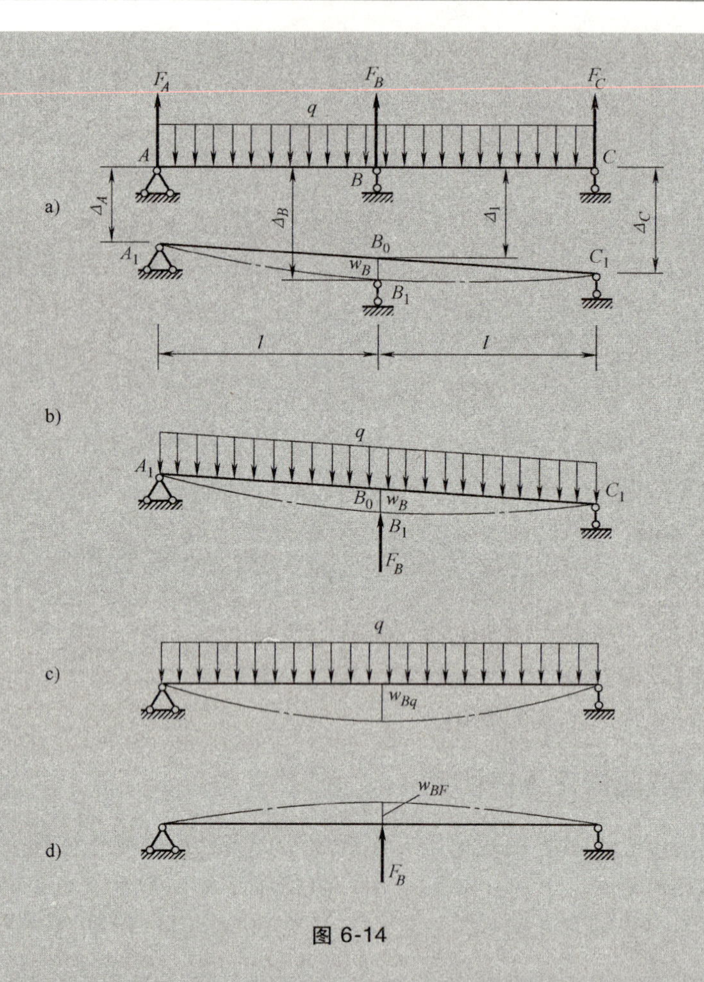


图 6-14

由于支座沉陷所引起的位移相对甚小，故基本体系 $A_1C_1$ 可近似地视为水平梁。其 $B$ 点的位移由两部分组成，若用 $X_1=F_B$ 作为力法基本未知量，$\delta_{11}$ 为多余未知力 $\overline{X}_1=1$ 单独作用在基本体系上时所产生的 $B$ 点的位移，$\Delta_{1F}$ 为外荷载 $F$ 单独作用在基本体系上时所产生的 $B$ 点的位移。由力法基本原理可以建立力法方程为

$$\delta_{11}X_1+\Delta_{1F}=w_B$$

即

$$\delta_{11}X_1+\Delta_{1F}=\Delta_B-\frac{\Delta_A+\Delta_C}{2}$$

式中，$\delta_{11}$ 及 $\Delta_{1F}$ 可由表 5-3 查得：

$$\delta_{11}=-\frac{(2l)^3}{48EI}=-\frac{l^3}{6EI}$$

$$\Delta_{1F}=\frac{5}{384}\frac{q(2l)^4}{EI}=\frac{5}{24}\frac{ql^4}{EI}$$

解方程得

$$X_1=\frac{1}{4}\left[5ql-\frac{24EI}{l^3}\left(\Delta_B-\frac{\Delta_A+\Delta_C}{2}\right)\right]$$

即

$$F_B=\frac{1}{4}\left[5ql-\frac{24EI}{l^3}\left(\Delta_B-\frac{\Delta_A+\Delta_C}{2}\right)\right]$$

由静力平衡方程可求得

$$F_A=F_C=\frac{3ql}{8}+\frac{3EI}{l^3}\left(\Delta_B-\frac{\Delta_A+\Delta_C}{2}\right)$$

式中含有 $\Delta_B-\frac{\Delta_A+\Delta_C}{2}$ 的项，反映了支座沉陷对支反力的影响。

## 三、温度改变对超静定梁的影响

工程中，有些梁会受到周围环境的影响，因而使其上、下表面的温度变化有较大的差别。这些影响对于静定梁来说，只会影响其几何形状，而产生变形与位移，一般情况下并不产生内力和应力。然而对于超静定梁来说，将不仅影响其几何形状，产生变形与位移，还会产生内力和应力。

如图 6-15a 所示两端固定梁，在温度为 $t_0$ 时安装在两固定墙体之间。安装以后，由于上、下表面工作条件不同，其顶面的温度上升为 $t_1$，而底面的温度上升为 $t_2$，设 $t_2>t_1$，设温度沿截面高度呈线性变化。已知材料的弹性模量为 $E$、线膨胀系数为 $\alpha$ 及截面惯性矩为 $I$，不计梁的自重。下面讨论上述温度变化对该梁的影响。

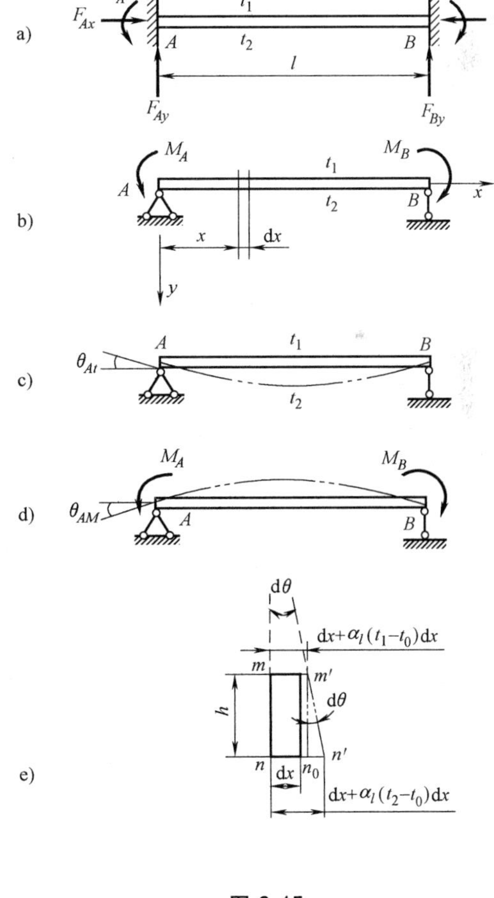

图 6-15

图 6-15a 所示两端固定梁共有 6 个未知支反力，而平面一般力系仅有 3 个独立的静力平衡方程，故为三次超静定梁，需建立 3 个补充方程。考虑到梁的几何形状、物理性质及温度的变化均对称于其跨中截面，于是可得 $F_{Ay}=F_{By}$，$M_A=M_B$。当梁上无横向荷载作用时，由平衡方程 $\sum F_y=0$，可得

$$F_{Ay}=F_{By}=0$$

又因在微小变形条件下，梁的轴向支反力 $F_{Ax}$ 和 $F_{Bx}$ 对挠度的影响均可略去不计，因此，可先不予考虑。于是，梁的多余未知力简化为一个，并取基本静定体系如图 6-15b 所示的简支梁，其多余未知力偶矩为 $M_A$（或 $M_B$）。

为求解多余未知力偶矩，需寻求补充方程。为此，考察变形几何相容条件。由于温度变化后，梁底面的温度 $t_2$ 大于其顶面温度 $t_1$，从而使梁的端面 $A$ 发生转角 $\theta_{At}$（图 6-15c），而多余未知力偶矩 $M_A$ 和 $M_B$ 将引起端面 $A$ 的转角 $\theta_{AM}$（图 6-15d）。于是，得变形几何相容方程

$$\theta_A=\theta_{At}+\theta_{AM}=0 \tag{a}$$

对于由温度变化引起的转角 $\theta_{At}$，取长为 $dx$ 的微段来分析（图 6-15e）。当微段的底面温度由 $t_0$升至 $t_2$时，其长度由 $dx$ 增至 $dx+\alpha_1(t_2-t_0)dx$，而顶面温度由 $t_0$升至 $t_1$时，其长度将增至 $dx+\alpha_1(t_1-t_0)dx$。由于温度沿截面高度呈线性变化，则微段 $dx$ 左、右两横截面将发生相对转角 $d\theta$（图 6-15e），作辅助线 $m'n_0$平行于 $mn$，可得相对转角为

$$d\theta=\frac{[dx+\alpha_1(t_2-t_0)dx]-[dx+\alpha_1(t_1-t_0)dx]}{h}$$

$$=\frac{\alpha_1(t_2-t_1)}{h}dx \tag{b}$$

应当注意，当 $t_2>t_1$时，上式右边为正值，而当取 $y$ 轴向下为正时，图 6-15e 所示的转角 $d\theta$ 为负值。为此，应在式（b）的右边添加负号。于是，可得

$$\frac{d\theta}{dx}=-\frac{\alpha_1(t_2-t_1)}{h} \tag{c}$$

由$\frac{d\theta}{dx}=\frac{d^2w}{dx^2}$，即得梁由温度变化而引起的挠曲线近似微分方程为

$$\frac{d^2w}{dx^2}=-\frac{\alpha_1(t_2-t_1)}{h} \tag{d}$$

将式（d）积分两次，并应用边界条件 $x=0$，$w=0$ 及 $x=1$，$w=0$ 确定积分常数，即得由温度变化而引起弯曲变形的转角和挠度方程分别为

$$\theta=\frac{dw}{dx}=-\frac{\alpha_1(t_2-t_1)}{h}x+\frac{\alpha_1(t_2-t_1)}{h}\times\frac{l}{2} \tag{e}$$

$$w=-\frac{\alpha_1(t_2-t_1)}{h}\times\frac{x^2}{2}+\frac{\alpha_1(t_2-t_1)}{h}\times\frac{l}{2}x \tag{f}$$

由转角方程式（e），即得基本静定体系端面 $A$ 由温度引起的转角为

$$\theta_{At}=\theta\big|_{x=0}=\frac{\alpha_1(t_2-t_1)}{h}\times\frac{l}{2} \tag{g}$$

在多余未知力偶矩 $M_A$和 $M_B$作用下，由叠加原理及表 5-3，可得基本静定体系端面 $A$ 的转角 $\theta_{AM}$为

$$\theta_{AM}=-\frac{M_Al}{3EI}-\frac{M_Bl}{6EI}=-\frac{M_Al}{2EI} \tag{h}$$

将物理关系式（g）和式（h）代入变形几何相容方程（a），即得补充方程

$$\frac{\alpha_1(t_2-t_1)}{h}\times\frac{l}{2}-\frac{M_Al}{2EI}=0 \tag{i}$$

于是，解得多余未知力偶矩

$$M_A=M_B=\frac{\alpha_1EI(t_2-t_1)}{h}$$

式中，$M_A$（$M_B$）为正号，表明原来假设的转向（图 6-15b）正确。

关于轴向支反力 $F_{Ax}$、$F_{Bx}$，可根据梁的平均温度 $t_m=\frac{1}{2}(t_1+t_2)$ 与安装时的温度 $t_0$之差，按轴向拉压的超静定问题求解，建议读者自行验算。

# 小　　结

超静定结构是工程结构中经常采用的一种结构形式，因此在结构设计中超静定结构的计算显得尤为重要。超静定结构由于多余约束的存在，在进行内力分析时，必须考虑以下三个条件：即平衡条件、几何条件、物理条件。满足以上三个条件的超静定问题解答才是唯一的解答。因此，在超静定问题求解时，除了要考虑平衡条件外，还必须利用几何与物理条件建立补充方程，才能够得出唯一解答。超静定问题的求解方法，除了有本章介绍的力法外，还有位移法、力矩分配法、矩阵位移法等计算方法，这些方法将在后续课程结构力学中有详细的介绍。

# 思　考　题

6-1　试判别图 6-16 所示各结构是静定的，还是超静定的？若是超静定，则为几次超静定？

6-2　试问超静定结构的基本体系和变形几何相容方程是不是唯一的？其解答是不是唯一的？如图 6-17 所示两端固定的超静定杆，试给出其三个不同形式的基本体系及其相应的力法方程。

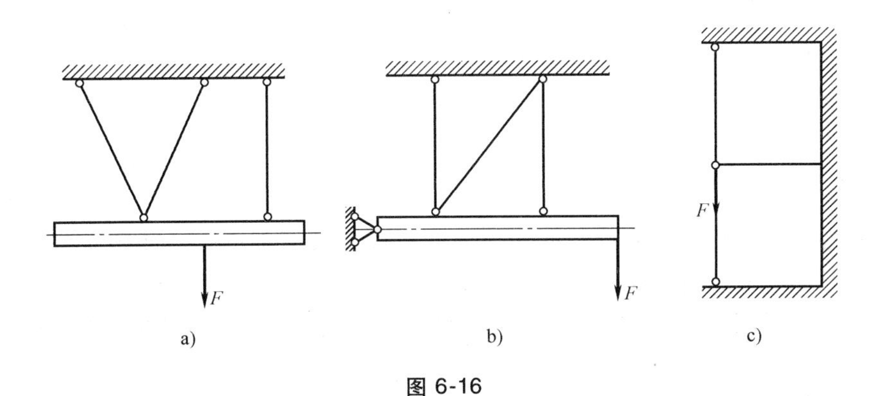


图 6-16

6-3　在例 6-1 中，若 1、2、3 三杆的材料及横截面面积均相同，试问有何办法可使各杆同时达到材料的许用应力 $[\sigma]$？

6-4　如图 6-18 所示，长度为 $l$ 的钢螺旋，螺距为 $\Delta$，外面套一铜导管。在使螺母与导管正好密合（无间隙也无应力）后，再将螺母旋紧 1/4 圈，为求螺栓和导管内的应力，试列出其变形几何相容方程。

图 6-17　　图 6-18

6-5　对于例 6-7 中的超静定梁，试再选取两种不同形式的基本体系，并列出力法方程。

比较所选基本体系与例 6-7 中的基本体系的优劣。

6-6　弯曲刚度为 $EI$ 的两端固定梁，在梁跨中点下有一支座，但与梁底边相距 $\delta$，如图 6-19 所示。当梁承受均布荷载 $q$ 后，梁与中间支座接触。试问该梁为几次超静定，并列出其变形几何相容方程和物理关系式。

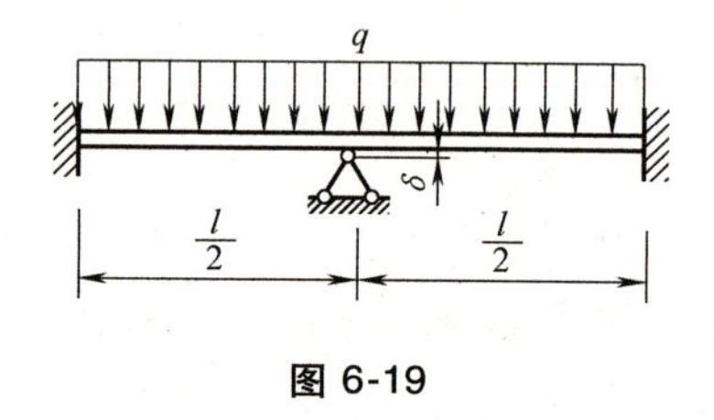


图 6-19

## 习　题

6-1　试作图 6-20 所示等直杆的轴力图。

6-2　图 6-21 所示支架承受荷载 $F=10$ kN，1、2、3 各杆由同一材料制成，其横截面面积分别为 $A_1=100\text{mm}^2$，$A_2=150\text{mm}^2$ 和 $A_3=200\text{mm}^2$。试求各杆的轴力。

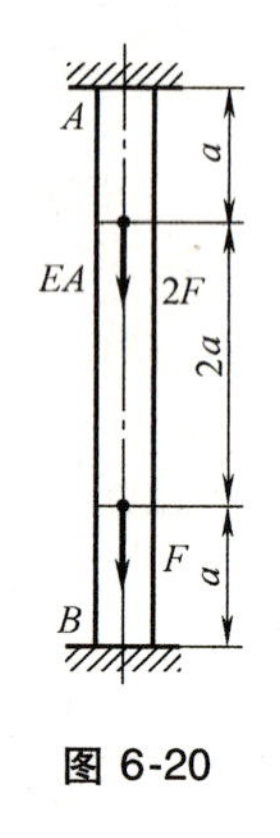


图 6-20

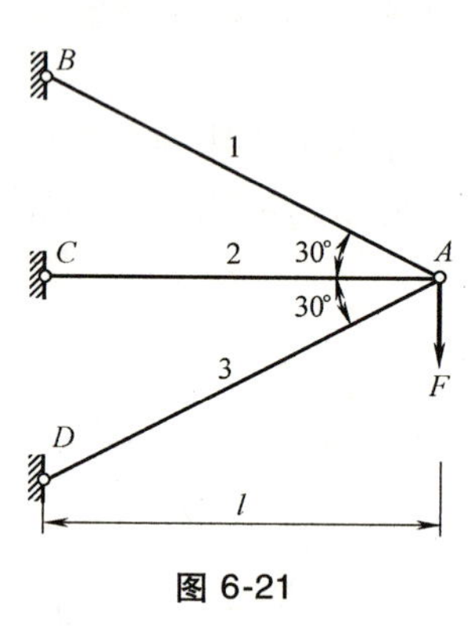


图 6-21

6-3　一刚性板由四根支柱支撑，四根支柱的长度和截面都相同，如图 6-22 所示。如果荷载 $F$ 作用在 $A$ 点，试求四根支柱的轴力。

6-4　图 6-23 所示桁架，各杆的拉伸（压缩）刚度均为 $EA$，试求在荷载 $F$ 作用下结点 $A$ 的位移。

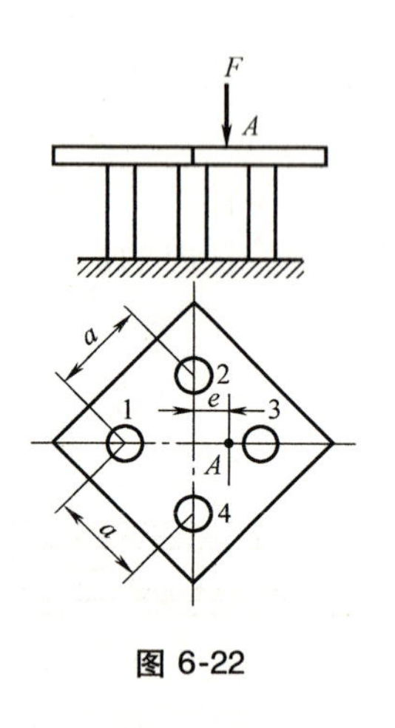


图 6-22

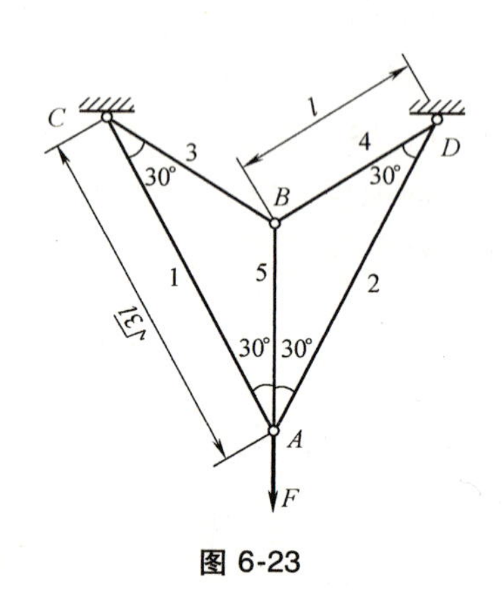


图 6-23

6-5　图 6-24 所示刚性梁受均布荷载作用，梁在 $A$ 端铰支，在 $B$ 点和 $C$ 点由两根钢杆 $BD$ 和 $CE$ 支承。已知钢杆 $BD$ 和 $CE$ 的横截面面积为 $A_2=200\text{mm}^2$ 和 $A_1=400\text{mm}^2$，钢的许用应力

$[\sigma]=170\text{MPa}$，试校核钢杆的强度。

6-6　图 6-25 所示结构，已知杆 $AD$、$CE$、$BF$ 的横截面面积均为 $A$，杆材料的弹性模量为 $E$，许用应力为 $[\sigma]$，梁 $AB$ 可视为刚体。试求结构的许可荷载 $[F]$。

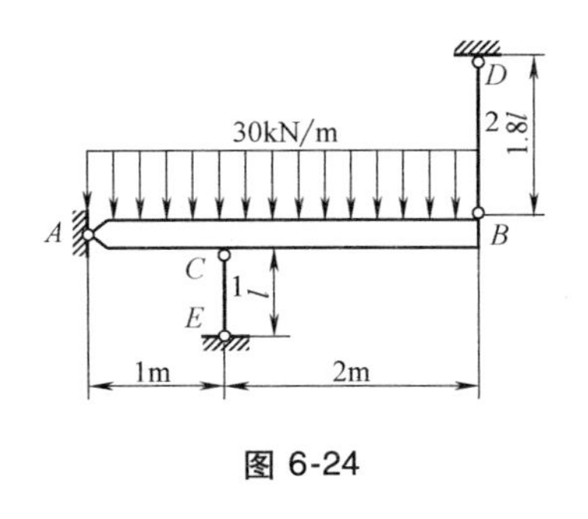


图 6-24

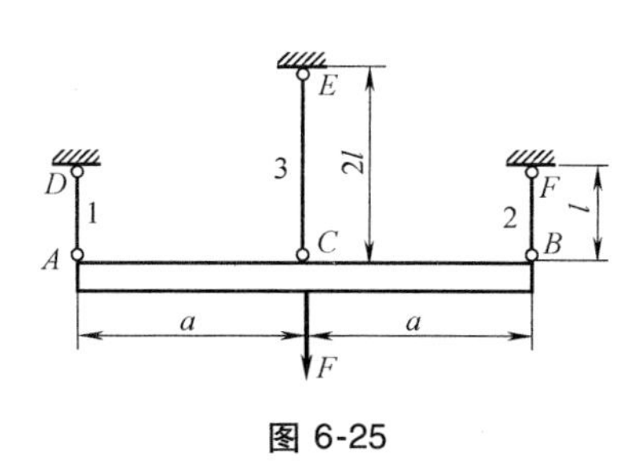


图 6-25

6-7　截面尺寸为 250mm×250mm 的短木柱，用四根 40mm×40mm×5mm 的等边角钢加固，并承受压力 $F$，如图 6-26 所示。已知角钢的许用应力 $[\sigma_s]=160\text{MPa}$，弹性模量 $E_s=200\ \text{GPa}$；木材的许用应力 $[\sigma_w]=12\text{MPa}$，弹性模量 $E_w=10\text{GPa}$。试求短木柱的许可荷载 $[F]$。

6-8　水平刚性横梁 $AB$ 上部由杆 1 和杆 2 悬挂，下部由铰支座 $C$ 支承，如图 6-27 所示。由于制造误差，杆 1 的长度短了 $\delta=1.5\text{mm}$。已知两杆的材料和横截面面积均相同，且 $E_1=E_2=E=200\text{GPa}$，$A_1-A_2=A$。试求装配后两杆横截面上的应力。

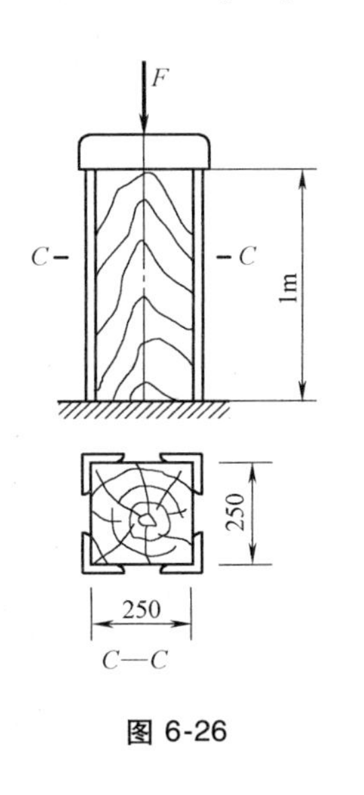


图 6-26

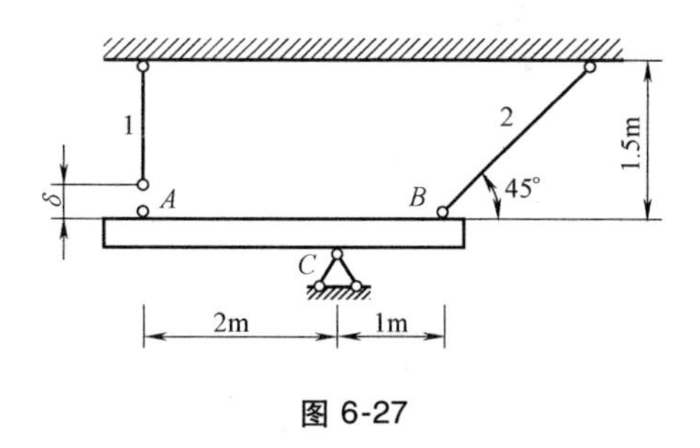


图 6-27

6-9　图 6-28 所示阶梯状杆，其上端固定，下端与支座距离 $\delta=1\text{mm}$。已知上、下两段杆的横截面面积分别为 600 $\text{m}^2$ 和 $300\text{mm}^2$，材料的弹性模量 $E\ =\ 210\ \text{GPa}$。试作图示荷载作用下杆的轴力图。

6-10　两端固定的阶梯状杆如图 6-29 所示。已知 $AC$ 段和 $BD$ 段的横截面面积为 $A$、$CD$ 段的横截面面积为 $2A$；杆材料的弹性模量为 $E=210\ \text{GPa}$，线膨胀系数 $\alpha_1=12\times10^{-6}\ (℃)^{-1}$。试求当温度升高 30℃后，该杆各部分横截面上的应力。

6-11　图 6-30 所示一两端固定的钢圆轴，其直径 $d\ =\ 60\text{mm}$。轴在截面 $C$ 处承受一外力偶矩 $M_e=3.8\text{kN}\cdot\text{m}$。已知钢的切变模量 $G=80\ \text{GPa}$。试求截面 $C$ 两侧横截面上的最大切应力和截面 $C$ 的扭转角。

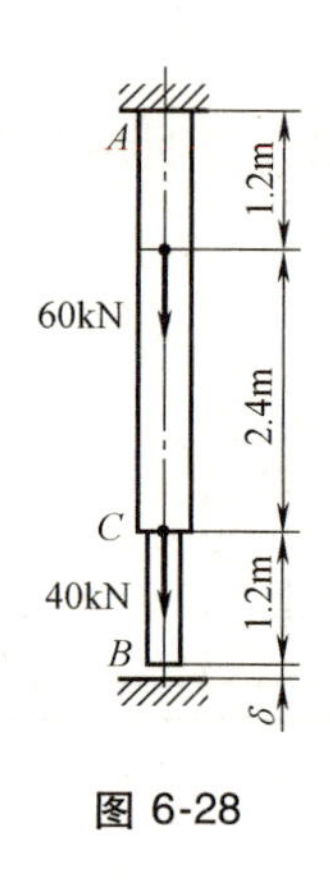


图 6-28

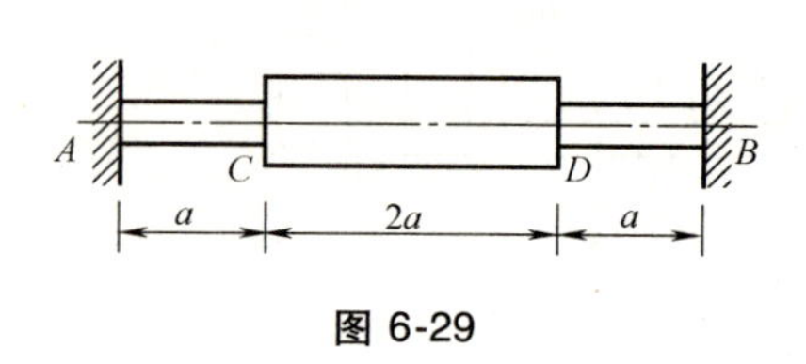


图 6-29

6-12 一空心圆管 $A$ 套在实心圆杆 $B$ 的一端，如图 6-31 所示。管、杆在同一横截面处各有一直径相同的贯穿孔，但两孔的中心线构成一个 $\beta$ 角。现在杆 $B$ 上施加外力偶使杆 $B$ 扭转，以使两孔对准，并穿过孔装上销钉。在装上销钉后卸除施加在杆 $B$ 上的外力偶。已知管 $A$ 和杆 $B$ 的极惯性矩分别为 $I_{PA}$ 和 $I_{PB}$；管、杆的材料相同，其切变模量为 $G$。试求管 $A$ 和杆 $B$ 横截面上的扭矩。

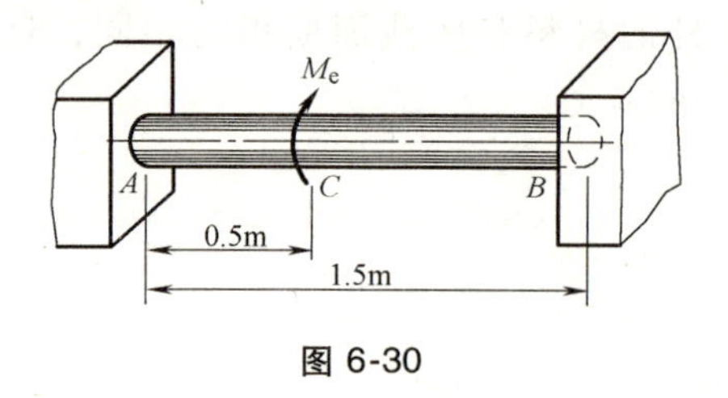


图 6-30

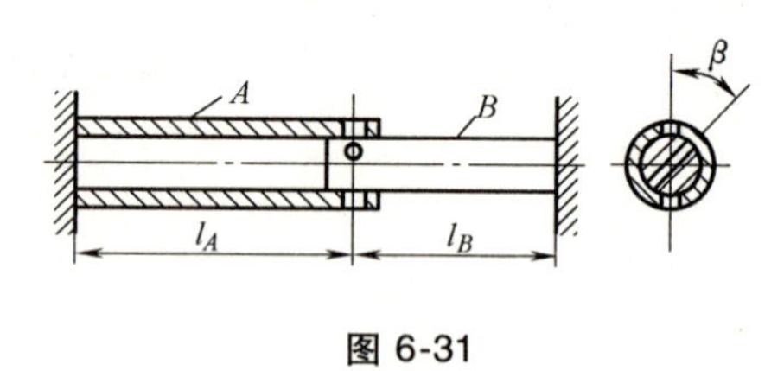


图 6-31

6-13 试求图 6-32 所示各超静定梁的支反力。

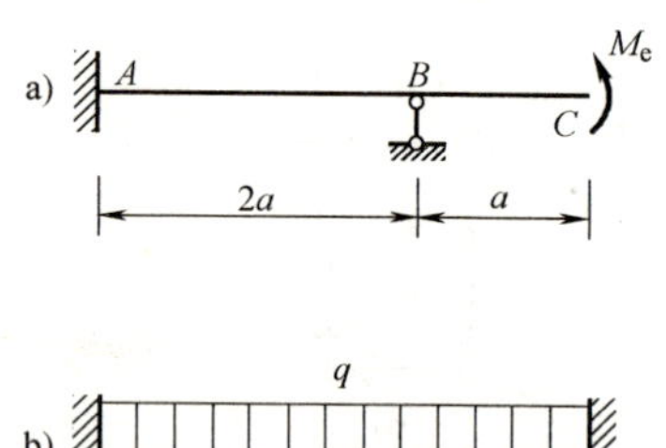


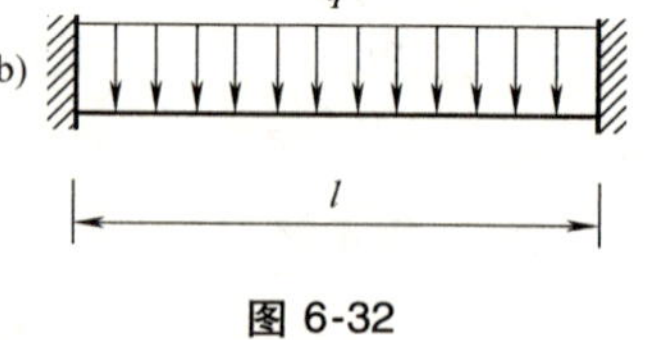


图 6-32

6-14 在伽利略的一篇论文中，讲述了一个故事。古罗马人在运输大石柱时，先前是把石柱对称地支承在两根圆木上（图 6-33a），结果石柱往往在其中一个滚子的上方破坏。后来，为避免发生破坏，古罗马人增加了第三根圆木（图 6-33b）。伽利略指出：石柱将在中间支承处破坏。试证明伽利略论述的正确性。

6-15 如图 6-34 所示，梁 $AB$ 因强度和刚度不足，用同一材料和同样截面的短梁 $AC$ 加固。试求：(1) 两梁接触处的压力 $F_c$；(2) 加固后梁 $AB$ 的最大弯矩和 $B$ 点的挠度减小的百分数。

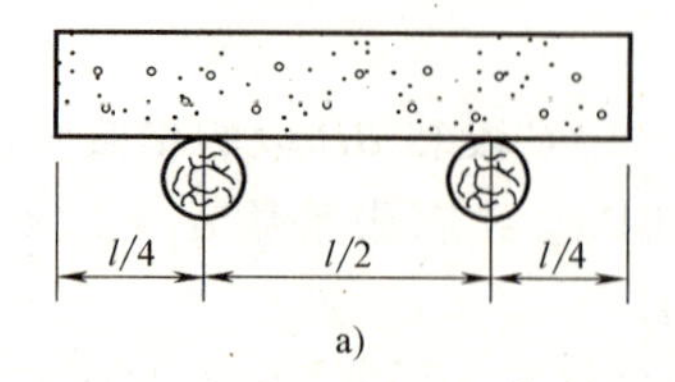


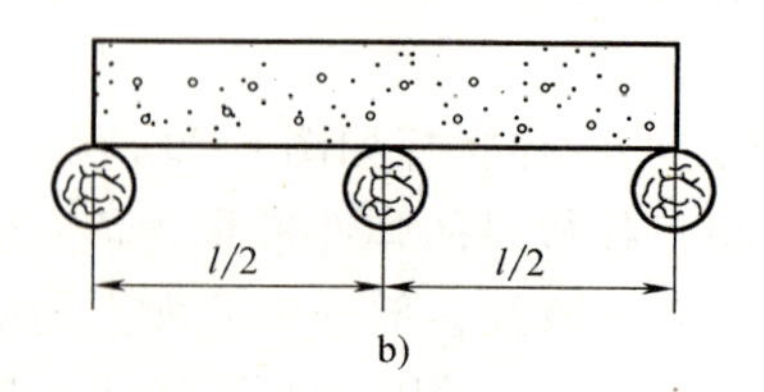


图 6-33

6-16 如图 6-35 所示，弯曲刚度为 $EI$ 的刚架 $ABCD$；$A$ 端固定，$D$ 端装有滑轮，可沿刚性水平面滑动，其摩擦因数为 $f$，在刚架的结点 $C$ 处作用有水平集中力 $F$。试求刚架的弯矩图。

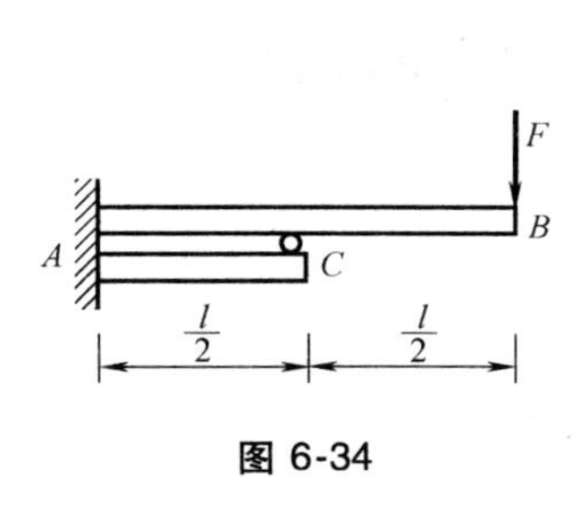


图 6-34

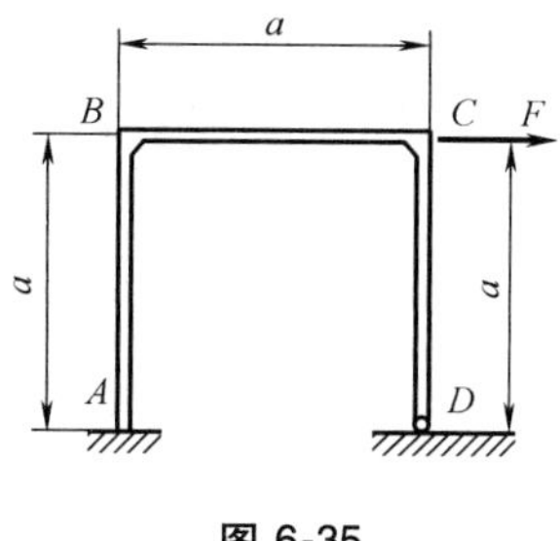


图 6-35

# 习题参考答案

6-1　最大拉力 $F_{\mathrm{N}}=\frac{7}{4}F$，最大压力 $F_{\mathrm{N}}=\frac{5}{4}F$

6-2　$F_{\mathrm{N1}}=8.45\mathrm{kN}$，$F_{\mathrm{N2}}=2.68\mathrm{kN}$，$F_{\mathrm{N3}}=-11.55\mathrm{kN}$

6-3　$F_{\mathrm{N1}}=-\left(\frac{1}{4}-\frac{e}{\sqrt{2}a}\right)F$，$F_{\mathrm{N2}}=-\frac{F}{4}$

$F_{\mathrm{N3}}=-\left(\frac{1}{4}+\frac{e}{\sqrt{2}a}\right)F$，$F_{\mathrm{N4}}=-\frac{F}{4}$

6-4　$\Delta_A=\frac{6Fl}{(2+3\sqrt{3})\ EA}(\downarrow)$

6-5　$\sigma_{CE}=96\mathrm{MPa}$，$\sigma_{BD}=161\mathrm{MPa}$

6-6　$[F]\leqslant 2.5[\sigma]A$

6-7　$[F]=742\mathrm{kN}$

6-8　杆 1 应力 $\sigma_1=16.2\mathrm{MPa}$，杆 2 应力 $\sigma_2=45.9\mathrm{MPa}$

6-9　最大拉伸内力 $F_{\mathrm{N}}=85\mathrm{kN}$，最大压缩内力 $F_{\mathrm{N}}=-15\mathrm{kN}$

6-10　$\sigma_{AC}=-100.8\mathrm{MPa}$，$\sigma_{CD}=-50.4\mathrm{MPa}$

6-11　截面 $C$ 左侧 $\tau_{\max}=59.8\mathrm{MPa}$，截面 $C$ 右侧 $\tau_{\max}=29.2\mathrm{MPa}$，
$\varphi_{AC}=\varphi_{BC}=0.713°$

6-12　$T_A=T_B=\frac{G\beta I_{\mathrm{P}A}I_{\mathrm{P}B}}{l_A I_{\mathrm{P}B}+l_B I_{\mathrm{P}A}}$

6-13　a) $F_B=-\frac{3M_e}{4a}(\downarrow)$；b) $M_A=\frac{ql^2}{12}$（逆时针）

6-14　两者的最大弯矩相等，$|M_{\max}|=\frac{ql^2}{32}$

6-15　$F_C=\frac{5}{4}F$，$w_B$减小 39%，$M_{\max}$减小 50%

6-16　$F_D=\frac{3F}{8-6f}(\downarrow)$

# 第七章　应力状态和强度理论

## 第一节　应力状态的概念

在研究杆件的基本变形时，我们讨论过轴向拉伸或压缩、圆轴扭转和平面弯曲杆件中过一点任一斜截面上的应力，这些应力都是随着斜截面位置的变化而变化的。通过杆件上某一点可以作无数个不同方位的截面，这些截面上的应力情况就称为一点的**应力状态**。

研究一点的应力状态，称为**应力分析**。理论分析已经证明，在过受力构件中一点的所有截面中，只要有三个正交面上的应力是已知的，则所有其他截面上的应力都能确定。因此，在研究受力构件内某点的应力状态时，关键是围绕该点切取一个各个面上应力都已知的微小正六面体，这个微小正六面体称为**原始单元体**。由于单元体边长为无穷小量，可以认为：

1）单元体各面上的应力均匀分布，并且平行面上应力大小和正负都是相同的。

2）单元体各个截面上的应力也就代表受力构件内过该点对应截面上的应力。

例如，在图 7-1a 中，围绕轴向拉伸杆件上一点 $K$ 切取的原始单元体，如图 7-1b 所示 。该单元体的左、右平面与杆件的横截面重合，上、下平面和前、后平面则与杆件的纵截面重合，而 3456 平面则代表了过 $K$ 点与杆轴线呈 45°角的斜截面。图 7-1c 表示一扭转圆轴，$B$ 为其上一点，$B$ 点的原始单元体示于图 7-1d 中。图 7-2a 所示悬臂梁上 $A$、$B$、$C$ 三点的原始单元体分别如图 7-2b、c、d 所示。可以注意到，从杆件上截取原始单元体时，总是有两个平面与杆件的横截面重合，其余四个平面则与杆的纵截面重合。

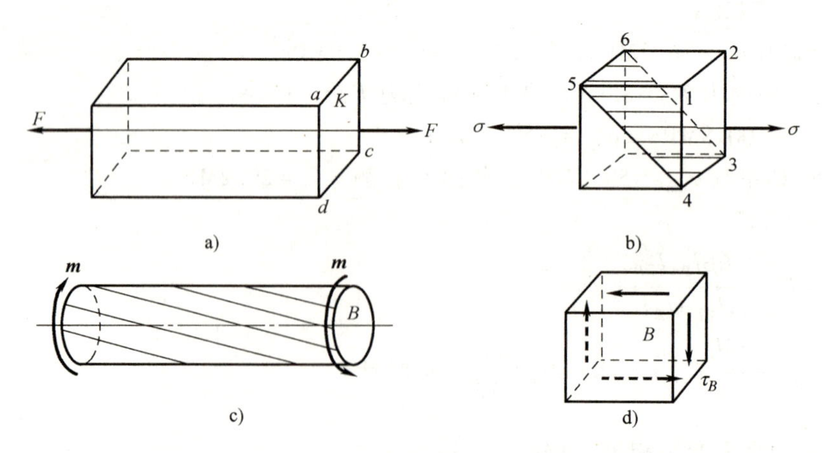


图 7-1

如果单元体的某一个面上只有正应力分量而没有切应力分量，则这个面称为**主平面**，主平面上的正应力称为**主应力**。可以证明，在受力构件内的任意点总可以找到三个互相垂直的主平面，因此总存在三个互相垂直的主应力，通常用 $\sigma_1$、$\sigma_2$、$\sigma_3$ 表示，规定 $\sigma_1$、$\sigma_2$、$\sigma_3$ 按代数值大小排列，即 $\sigma_1 \geqslant \sigma_2 \geqslant \sigma_3$。

根据主应力的情况，应力状态可分为三种：

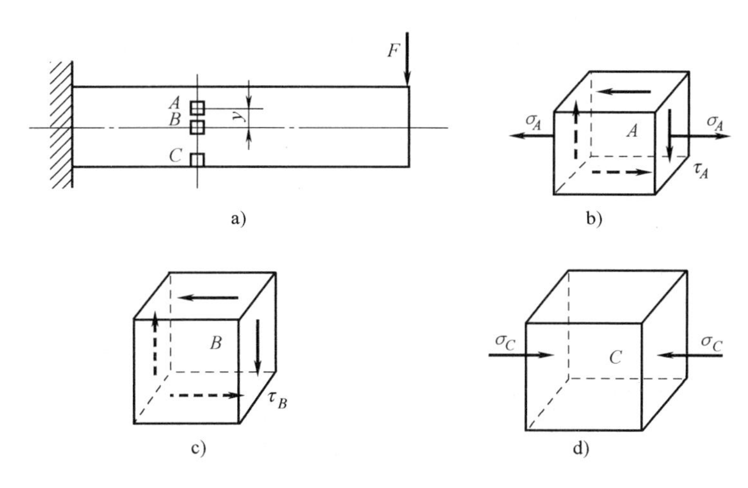


图 7-2

1）三个主应力中只有一个不等于零，这种应力状态称为**单向应力状态**。例如，轴向拉伸或压缩杆件内任一点的应力状态就属于单向应力状态。

2）三个主应力中有两个不等于零，这种应力状态称为**二向应力状态**。例如，横力弯曲梁内任一点（该点不在梁的表面）的应力状态，圆轴扭转时任一点的应力状态都属于二向应力状态。

3）三个主应力均不等于零的应力状态称为**三向应力状态**。例如，钢轨受到机车车轮作用处的点、滚珠轴承受到滚珠压力作用处的点，还有建筑物中基础内的任一点，它们均属于三向压应力状态，而受轴向拉伸的螺纹根部各点则为三向拉应力状态。

单向应力状态也称为**简单应力状态**，二向应力状态和三向应力状态统称为**复杂应力状态**。从几何的意义上划分，单向应力状态和二向应力状态均称**平面应力状态**；三向应力状态则称为**空间应力状态**。

在材料力学中重点讨论平面应力状态，对三向应力状态只做简要介绍，更详细的讨论可参考弹性力学。

# 第二节　平面应力状态分析

## 一、任意斜截面上的应力——解析法

图 7-3a 所示的单元体为二向应力状态的一般情况，外法线与 $z$ 轴重合的平面是主平面，其上的主应力为零。因为前后面上什么应力都没有，所以可将其简化为图 7-3b 所示的平面图形。现在要确定任意与 $x$ 参考面间的夹角为 $\alpha$ 的斜截面上应力。$\alpha$ 是斜截面外法线与参考面内法线 $x$ 间的夹角，规定 $\alpha$ 以从 $x$ 到 $n$ 逆时针转向为正，顺时针转向为负。

设想用 $\alpha$ 截面将单元体切分为两部分，取其左下部分为分离体，斜截面上的正应力和切应力分别以 $\sigma_\alpha$ 和 $\tau_\alpha$ 表示，如图 7-3c 所示。为方便，取与 $\alpha$ 斜截面相切和垂直的坐标轴如图 7-3d 所示，并设 $\alpha$ 斜截面面积为 d$A$，由分离体的平衡条件 $\sum F_n=0$，$\sum F_t=0$，可得平衡方程式为

$$\sigma_a \mathrm{d}A+(\tau_x \mathrm{d}A\cos\alpha)\sin\alpha-(\sigma_x \mathrm{d}A\cos\alpha)\cos\alpha+(\tau_y \mathrm{d}A\sin\alpha)\cos\alpha-(\sigma_y \mathrm{d}A\sin\alpha)\sin\alpha=0$$

$$\tau_a \mathrm{d}A-(\tau_x \mathrm{d}A\cos\alpha)\cos\alpha-(\sigma_x \mathrm{d}A\cos\alpha)\sin\alpha+(\sigma_y \mathrm{d}A\sin\alpha)\cos\alpha+(\tau_y \mathrm{d}A\sin\alpha)\sin\alpha=0$$

考虑到切应力互等定理 $\tau_x=\tau_y$ 和如下三角关系

$$\cos^2\alpha=\frac{1+\cos2\alpha}{2}\qquad\sin^2\alpha=\frac{1-\sin2\alpha}{2}$$

$$2\sin\alpha\cos\alpha=\sin2\alpha$$

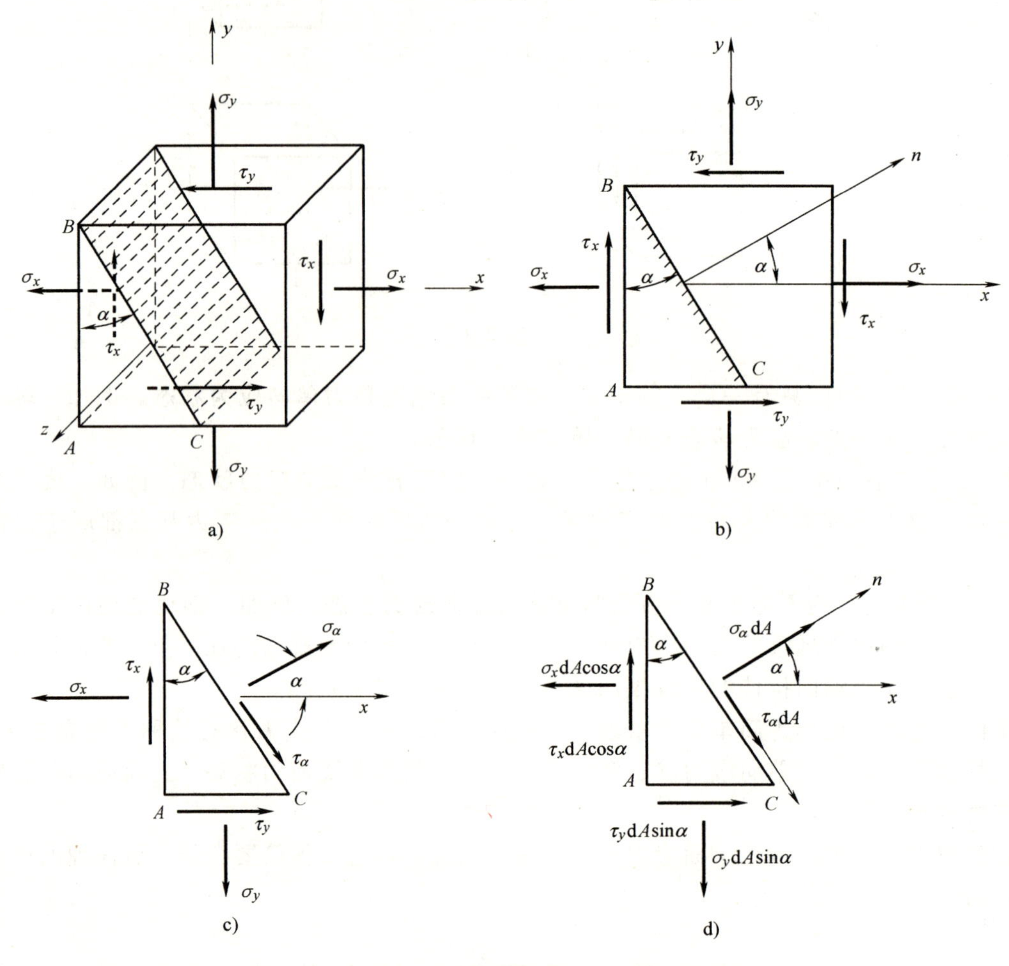


图 7-3

整理后得

$$\sigma_\alpha=\frac{\sigma_x+\sigma_y}{2}+\frac{\sigma_x-\sigma_y}{2}\cos2\alpha-\tau_x\sin2\alpha\tag{7-1}$$

$$\tau_\alpha=\frac{\sigma_x-\sigma_y}{2}\sin2\alpha+\tau_x\cos2\alpha\tag{7-2}$$

式（7-1）和式（7-2）即二向应力状态任意斜截面 $\alpha$ 上的正应力和切应力公式。式中：$\sigma_x$ 和 $\tau_x$ 分别为参考面上的正应力和切应力，$\sigma_y$ 和 $\tau_y$ 则是与参考面正交的平面上的正应力和切应力。$\sigma_x$、$\sigma_y$、$\tau_x$ 均为代数量。可以看出，$\sigma_\alpha$ 和 $\tau_\alpha$ 都是斜截面位置 $\alpha$ 的函数，随 $\alpha$ 的变化而变化。使用这些公式计算斜截面上的应力时，参考面是任意选定的；为计算简便，选择参考面时，应尽可能使 $2\alpha$ 角为锐角。

如果取一与 $\alpha$ 平面正交的斜截面 $\alpha_1$，即 $\alpha_1=\alpha+\frac{\pi}{2}$，由式（7-1）可以得

$$\sigma_{\alpha_1}=\frac{\sigma_x+\sigma_y}{2}-\frac{\sigma_x-\sigma_y}{2}\cos2\alpha+\tau_x\sin2\alpha$$

将此式与式（7-1）两边相加，可得

$$\sigma_\alpha+\sigma_{\alpha_1}=\sigma_x+\sigma_y \tag{7-3}$$

式（7-3）表明，互相正交的两个面上的正应力的和为常数。

**例 7-1**　求图 7-4a、c 所示二向应力状态下斜截面上的应力（图中应力单位是 MPa），并用图表示出来。

**解：**（1）求图 7-4a 中单元体指定斜截面上的应力　取右截面为参考平面，则已知：$\sigma_x=30\text{MPa}$，$\sigma_y=-40\text{MPa}$，$\tau_x=60\text{MPa}$，$\alpha=30°$，将各数值代入式（7-1）、式（7-2），得斜截面上的应力为

$$\sigma_{30°}=\left[\frac{30-40}{2}+\frac{30+40}{2}\cos 60°-60\sin 60°\right]\text{MPa}=-39.46\text{MPa}$$

$$\tau_{30°}=\left[\frac{30+40}{2}\sin 60°+60\cos 60°\right]\text{MPa}=60.31\text{MPa}$$

将 $\sigma_{30°}$、$\tau_{30°}$ 方向画在斜截面上，如图 7-4b 所示。

（2）求图 7-4（c）中单元体指定斜截面上的应力　取下截面为参考平面，则：$\sigma_x=0$，$\sigma_y=-80\text{MPa}$，$\tau_x=40\text{MPa}$，$\alpha=30°$，将各数值代入式（7-1）、式（7-2）得斜截面上的应力为

$$\sigma_{30°}=\left[\frac{-80}{2}+\frac{80}{2}\cos 60°-40\sin 60°\right]\text{MPa}=-54.64\text{MPa}$$

$$\tau_{30°}=\left[\frac{80}{2}\sin 60°+40\cos 60°\right]\text{MPa}=54.64\text{MPa}$$

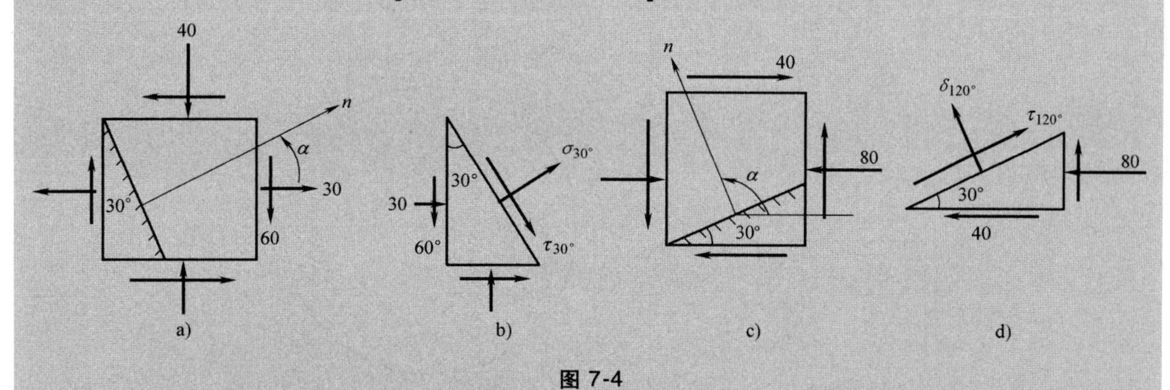


图 7-4

将 $\sigma_{30°}$、$\tau_{30°}$ 方向画在斜截面上，如图 7-4d 所示。

## 二、二向应力状态分析——图解法

由二向应力状态分析解析法方程式（7-1）和式（7-2），可以得到二向应力状态分析的另一种解法——图解法。

将式（7-1）改写为

$$\sigma_\alpha-\frac{\sigma_x+\sigma_y}{2}=\frac{\sigma_x-\sigma_y}{2}\cos2\alpha-\tau_x\sin2\alpha \tag{7-4}$$

再将式（7-4）和式（7-2）两边平方，然后相加，注意到$\sin^2 2\alpha+\cos2\alpha^2=1$，便可得出

$$\left(\sigma_{\alpha}-\frac{\sigma_x+\sigma_y}{2}\right)^2+\tau_{\alpha}^2=\left(\frac{\sigma_x-\sigma_y}{2}\right)^2+\tau_x^2 \tag{7-5}$$

对于所研究的单元体，$\sigma_x$、$\sigma_y$、$\tau_x$ 是常量，$\sigma_{\alpha}$、$\tau_{\alpha}$ 是变量，可以注意到，式（7-5）是以 $\sigma_{\alpha}$、$\tau_{\alpha}$ 为变量，以 $\sqrt{\left(\frac{\sigma_x-\sigma_y}{2}\right)^2+\tau_x^2}$ 为半径的圆的方程。方程表明，当通过受力构件上一点的截面位置（即 $\alpha$ 角）连续变化时，作用在其上的正应力 $\sigma_{\alpha}$ 和剪应力 $\tau_{\alpha}$ 的变化规律是一个圆。

若取 $\sigma$ 为横坐标，$\tau$ 为纵坐标，建立平面直角坐标系，则在 $\tau$-$\sigma$ 坐标系中，该圆的圆心坐标为$\left(\frac{\sigma_x+\sigma_y}{2},\ 0\right)$。这样画出的圆，其上每一点的两个坐标分别对应两个应力，故称为**应力圆**。因为应力圆是德国学者莫尔（O. Mohr）于 1882 年最先提出的，所以又叫莫尔圆。

应力圆是应力状态分析的简明快捷工具。为了利用应力圆进行二向应力状态分析，必须建立应力圆与其相应的单元体间的对应关系。为此，在绘制应力圆时须遵循一定的步骤。

设二向应力状态单元体如图 7-5a 所示，互相垂直的两个面上的应力 $\sigma_x$、$\sigma_y$、$\tau_x$、$\tau_y$ 已知，且设 $\sigma_x>\sigma_y>0$，$\tau_x>0$。在作单元体的应力圆时，首先选择好比例尺，避免使画出的圆过大或过小。之后，按比例尺在 $\sigma$ 轴上量取线段 $OA$，令其按比例尺等于 $\sigma_x$，即 $OA=\sigma_x$。过 $A$ 点作 $\sigma$ 轴的垂线，在此垂线上量取 $AD_1=\tau_x$，因为 $\tau_x>0$，所以 $AD_1$ 在横轴的上方。这样，根据参考面上的应力就在 $\sigma$-$\tau$ 坐标系中得到了一个与 $x$ 平面对应的点 $D_1$。按同样的方法，沿 $\sigma$ 轴量取 $OB=\sigma_y$，$BD_2=\tau_y$，于是又得到了与 $y$ 平面对应的点 $D_2$，连接点 $D_1$ 和 $D_2$ 交 $\sigma$ 轴于点 $C$，则以 $C$ 为圆心，$CD_1$（或 $CD_2$）为半径作圆，可以证明此圆即为给定单元体的应力圆。证明时只要证明此圆的圆心和半径满足式（7-5）即可。利用几何关系可以证明 $\mathrm{Rt}\triangle CAD_1\cong \mathrm{Rt}\triangle CBD_2$，因此有

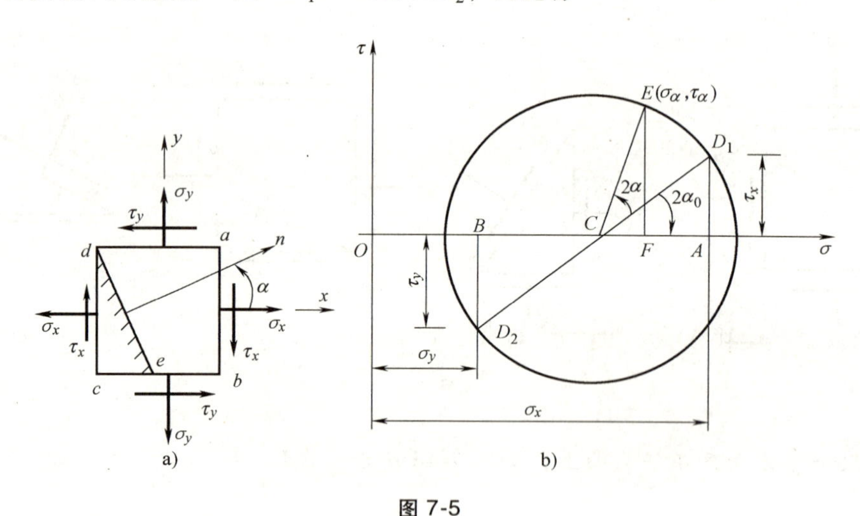


图 7-5

$$CA+CB=\frac{\sigma_x-\sigma_y}{2} \qquad OC=OB+CB=\frac{\sigma_x+\sigma_y}{2}$$

可见按上述步骤画出的应力圆的圆心为$\left(\frac{\sigma_x+\sigma_y}{2},\ 0\right)$，圆的半径

$$CD_1=\sqrt{CA^2+AD_1^2}=\sqrt{\left(\frac{\sigma_x-\sigma_y}{2}\right)^2+\tau_x^2}$$

故此，上述结论获证。

按上述作图方法绘制应力圆，可以得出应力圆与单元体之间如下对应关系：

1）应力圆上的一个点，对应单元体上的一个面，如图上的点 $D_1$，即对应单元体上 $x$ 平面。

2）应力圆上一点的横、纵坐标即对应该点单元体相应面上的正应力和切应力，例如 $D_1$ 点的两个坐标，即对应 $x$ 平面上的 $\sigma_x$，$\tau_x$。

3）单元体上斜截面的方位角为 $\alpha$，应力圆上斜截面的对应点与参考点 $D_1$ 的夹角为 $2\alpha$，且二者的转向相同。如单元体的 $y$ 平面与 $x$ 平面（参考面）夹角为 90°，则应力圆上与 $y$ 平面对应的点 $D_2$ 与 $x$ 平面对应的点 $D_1$（参考点）夹角为 180°，且都是正号。

有了上述对应关系，若用图解法去求单元体任意斜截面 $\alpha$ 上的应力，只需将应力圆上过参考点 $D_1$ 的半径沿 $\alpha$ 的方向旋转 $2\alpha$，即可得到 $\alpha$ 斜截面在应力圆上的对应点 $E$，则 $E$ 点的纵横坐标即 $\alpha$ 斜截面上的切应力 $\tau_\alpha$ 和正应力 $\sigma_\alpha$，这个结果可做如下证明。

过 $E$ 点作 $EF$ 垂直 $\sigma$ 轴，则

$$
\begin{aligned}
OF &= OC+CF=OC+CE\cos(2\alpha+2\alpha_0) \\
&= OC+CE\cos2\alpha_0\cos2\alpha-CE\sin2\alpha_0\sin2\alpha \\
&= OC+CD_1\cos2\alpha_0\cos2\alpha-CD_1\sin2\alpha_0\sin2\alpha \\
&= OC+CA\cos2\alpha-AD_1\sin2\alpha \\
&= \frac{\sigma_x+\sigma_y}{2}+\frac{\sigma_x-\sigma_y}{2}\cos2\alpha-\tau_x\sin2\alpha
\end{aligned}
$$

这就是前面用解析法得出的结论。同理可证，$E$ 点的纵坐标等于斜截面上的剪应力，读者可自己证明。

**例 7-2** 用图解法求解例 7-1。

**解：** 1）按单元体上的已知应力作应力圆，如图 7-6b 所示。

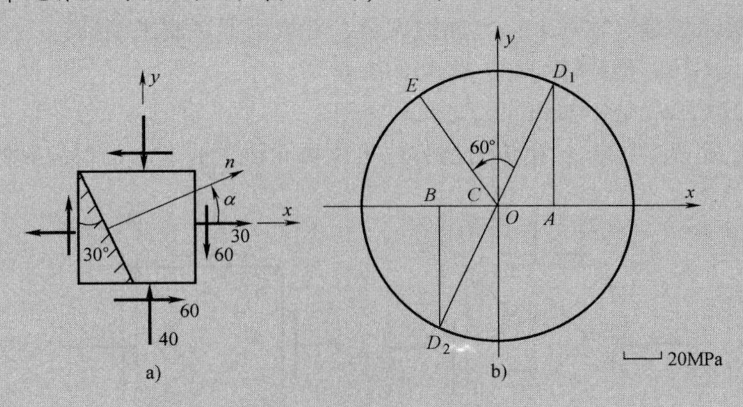


图 7-6

指定斜截面的外法线与 $\sigma_x$ 间的夹角 $\alpha=30°$，从应力圆上的 $D_1$ 点逆时针量取圆心角 60° 得 $E$ 点，量出 $E$ 点的横、纵坐标，按比例尺换算后得 $\sigma_E=-40\text{MPa}$、$\tau_E=60\text{MPa}$。

2）按单元体上的已知应力，作应力圆（类似图 7-6b，略）。

指定斜截面的外法线与 $x$ 间的夹角 $2\alpha=60°$，从应力圆上的 $D_1$ 点逆时针量取圆心角 60° 得 $E$ 点，量出 $E$ 点的横、纵坐标得 $\sigma_E=-55\text{MPa}$、$\tau_E=55\text{MPa}$。

## 三、主应力及主平面的确定

应力分析的目的之一就是确定一点的主应力和主平面，这是后面要讨论的强度理论的基础。正应力的确定也可以用解析法和图解法。

**1. 解析法**

根据主应力的定义，由式（7-2），令 $\tau_\alpha=0$，便可得出单元体主平面的位置。设主平面外法线与 $x$ 轴的夹角为 $\alpha_0$，则

$$\tan 2\alpha_0=-\frac{2\tau_x}{\sigma_x-\sigma_y} \tag{7-6}$$

其中，$\alpha_0$ 有两个根：$\alpha_0$ 和（$\alpha_0+90°$），因此说明由式（7-6）可以确定两个互相垂直的主平面。

利用式（7-6）可以得出

$$\cos 2\alpha_0=\pm\frac{\frac{\sigma_x-\sigma_y}{2}}{\sqrt{\left(\frac{\sigma_x-\sigma_y}{2}\right)^2+\tau_x^2}}$$

$$\sin 2\alpha_0=\mp\frac{\tau_x}{\sqrt{\left(\frac{\sigma_x-\sigma_y}{2}\right)^2+\tau_x^2}}$$

代入式（7-1）整理后便可得到主应力计算公式

$$\sigma_{\min}^{\max}=\frac{\sigma_x+\sigma_y}{2}\pm\sqrt{\left(\frac{\sigma_x-\sigma_y}{2}\right)^2+\tau_x^2} \tag{7-7}$$

由式（7-7）得出的主应力有两个，由式（7-6）计算出的角度 $\alpha_0$ 也有两个，那么 $\alpha_0$ 是 $x$ 轴和 $\sigma_{max}$之间的夹角还是 $x$ 轴和 $\sigma_{min}$之间的夹角，可按以下法则来判断：

1）当 $\sigma_x>\sigma_y$ 时，$\alpha_0$ 是 $x$ 轴和 $\sigma_{max}$之间的夹角。

2）当 $\sigma_x<\sigma_y$ 时，$\alpha_0$ 是 $x$ 轴和 $\sigma_{min}$之间的夹角。

3）当 $\sigma_x=\sigma_y$ 时，$\alpha_0=45°$，主应力的方位可由单元体上剪应力的情况判断（图 7-7）。

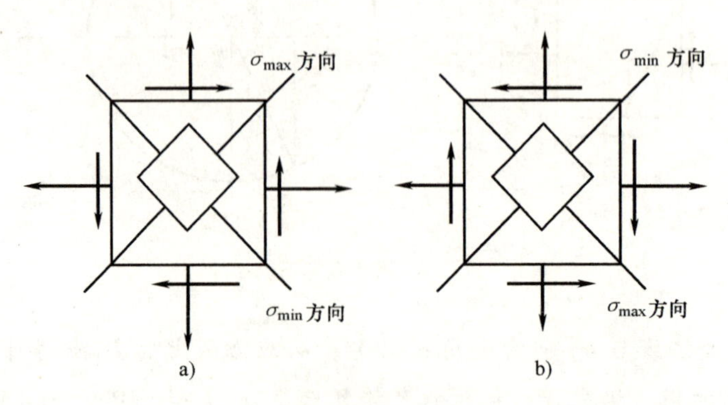


图 7-7

应指出：应用以上法则时，由式（7-6）计算的 $2\alpha_0$ 应取锐角（正或负）。

因为平面应力状态至少有一个主应力等于零，因此可根据 $\sigma_{max}$、$\sigma_{min}$的正负号确定它们是

第几主应力。但是当二向应力单元体只有一对平面上有正应力时，如图 7-8a、b 所示，可以断定，按式（7-7）得出的两个主应力一定是 $\sigma_1$、和 $\sigma_3$，此时

$$\sigma_{\min}^{\max}=\frac{\sigma_x}{2}\pm\sqrt{\left(\frac{\sigma_x}{2}\right)^2+\tau_x^2} \tag{7-8a}$$

或

$$\sigma_{\min}^{\max}=\frac{\sigma_y}{2}\pm\sqrt{\left(\frac{-\sigma_y}{2}\right)^2+\tau_x^2} \tag{7-8b}$$

**2. 图解法**

利用应力圆很容易确定主应力与主平面方位。应力圆与 $\sigma$ 轴的交点 $A_1$、$A_2$（图 7-9b）的纵坐标 $\tau$ 等于零，所以 $A_1$、$A_2$点对应于单元体上两个主平面，其横坐标即为主应力的值。又因 $OA_1>OA_2$，故 $A_1$、$A_2$分别对应 $\sigma_{\max}$、$\sigma_{\min}$。因为 $D_1$ 代表单元体上的参考平面，所以从 $D_1\to A_1$的圆弧所对的圆心角$\angle D_1CA_1$ 的一半就是 $\sigma_{\max}$所在平面的方位角（从几何上来说也就是圆周角$\angle D_1A_2A_1$）。若从 $D_1\to A_1$为逆时针，该角为正，反之为负。

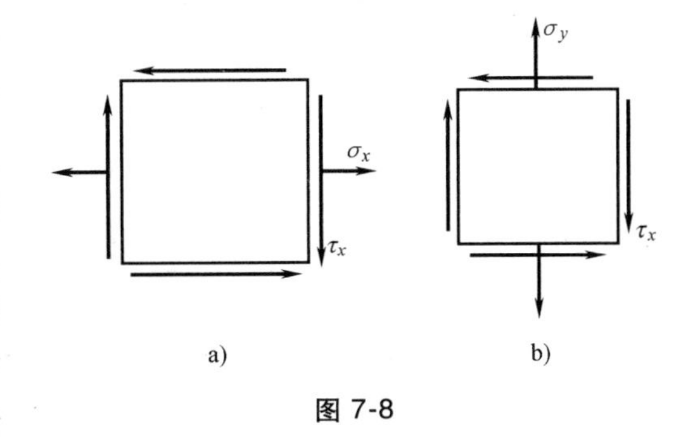


图 7-8

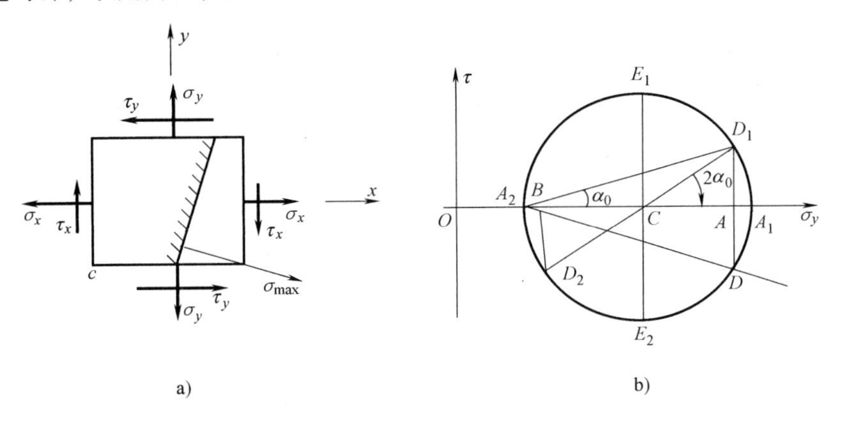


图 7-9

**例 7-3** 试用解析法求图 7-10a 所示应力状态的主应力及其方向，并在单元体上表示出来（各应力单位：MPa）。

**解：**

$$\sigma_{\min}^{\max}=\frac{\sigma_x+\sigma_y}{2}\pm\sqrt{\left(\frac{\sigma_x-\sigma_y}{2}\right)^2+\tau_x^2}$$

$$=\left[\frac{-30+50}{2}\pm\sqrt{\left(\frac{-30-50}{2}\right)^2+20^2}\right]\text{MPa}$$

$$=(10\pm44.72)\text{MPa}=\begin{matrix}54.72\text{MPa}\\-34.72\text{MPa}\end{matrix}$$

$$\tan2\alpha_0=-\frac{2\tau_x}{\sigma_x-\sigma_y}=-\frac{2\times20}{-30-50}=0.5$$

$$\alpha_0=13°17'$$

因 $\sigma_x<\sigma_y$，所以从 $\sigma_x$（$x$ 轴）逆时针方向量取13°17′即为 $\sigma_{min}$ 的方向，$\sigma_{max}$ 和 $\sigma_{min}$ 作用面垂直，画到单元体上，如图 7-10b 所示。

**例 7-4**　试用图解法计算上例。

**解：**根据已知条件画出应力圆，如图 7-11 所示。从图上量得 $OA_1=\sigma_{max}=55MPa$，$OA_2=\sigma_{min}=-35MPa$。

因 $D_1$ 点对应于 $x$ 截面，所以 $D_1A_2$ 弧所对的圆周角 $\angle D_1A_1A_2$ 即为 $\sigma_{min}$ 的方位角，量得 $\alpha_0\approx13°$。在应力圆上的真实方向为 $A_1D$。

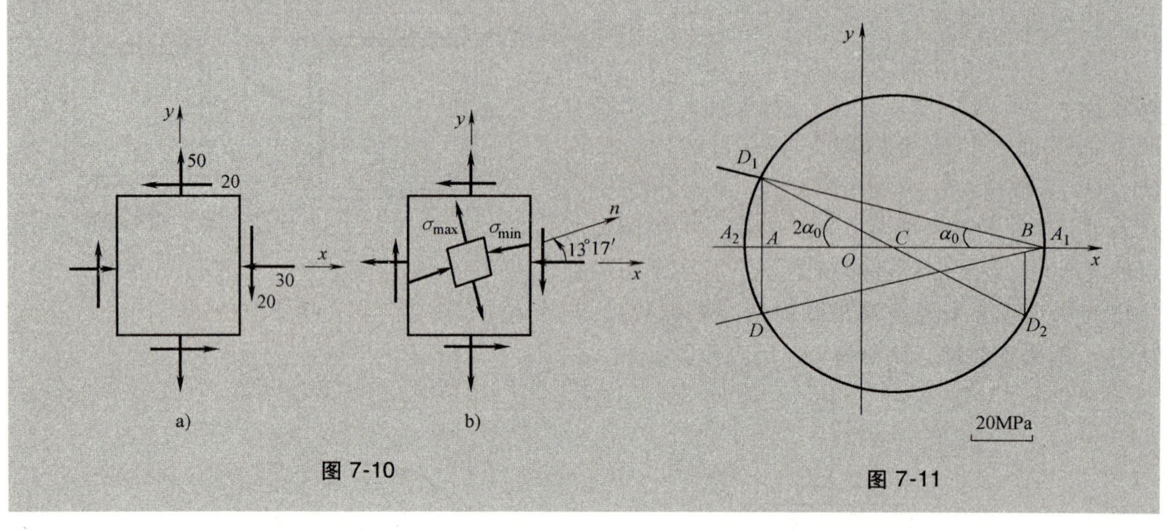


图 7-10

图 7-11

## 四、最大切应力的确定

由式（7-2）可确定最大剪应力的大小及所在的位置。

**1. 解析法**

令 $\dfrac{d\tau_\alpha}{d\alpha}=0$，则可求得剪应力极值所在的平面方位角位置 $\alpha_1$ 的计算公式为

$$\tan2\alpha_1=\frac{\sigma_x-\sigma_y}{2\tau_x} \tag{7-9}$$

由式（7-9）可以确定相差 90°的两个面，分别作用着最大剪应力和最小剪应力，其值可用下式计算

$$\tau_{\min}^{\max}=\pm\sqrt{\left(\frac{\sigma_x-\sigma_y}{2}\right)^2+\tau_x^2} \tag{7-10}$$

如果已知主应力，则剪应力极值的另一形式计算公式为

$$\tau_{\min}^{\max}=\pm\frac{\sigma_{max}-\sigma_{min}}{2} \tag{7-11}$$

$$=\pm\sqrt{\left(\frac{\sigma_x-\sigma_y}{2}\right)^2+\tau_x}$$

比较式（7-6）和式（7-9）得

$$\tan2\alpha_1=-\cot2\alpha_0 \tag{7-12}$$

即 $\alpha_1=\alpha_0+45°$，说明剪应力的极值平面和主平面呈 45°角。

**2. 图解法**

应力圆上最高点 $E_1$ 及最低点 $E_2$ 显然是 $\tau_{max}$ 和 $\tau_{min}$ 对应的位置（图 7-9b），因此两点的纵坐标分别为 $\tau_{max}$、$\tau_{min}$ 的值；其方位角由 $D_1E_1$ 弧和 $D_1E_2$ 弧所对的圆周角之半（或该弧所对的圆周角）量得。

由应力圆还可以看出，剪应力的极值平面和主平面呈 45°角。

## 五、最大主应力与最大切应力的关系

由上面的讨论可以注意到最大主应力与最大切应力从数值到作用面的方位都存在一定关系。

数值上：由式（7-7）和式（7-10）可以得出

$$\sigma_{max}=\frac{\sigma_x+\sigma_y}{2}\pm\tau_{max}$$

作用面的方位：由式（7-6）和式（7-9）可以得出

$$\tan 2\alpha_0\cdot\tan 2\alpha_1=-1$$

由此可知，

$$\alpha_1=\alpha_0+\frac{\pi}{4}$$

即最大切应力面与最大主应力作用面相差 45°。上述这些结论，从应力圆上可以直接看出来。

**例 7-5**　如图 7-12a 所示一矩形截面简支梁，矩形尺寸：$b=80\text{mm}$，$h=160\text{mm}$，跨中作用集中荷载 $F=20\text{kN}$。试计算距离左端支座 $x=0.3\text{m}$ 的 $D$ 处截面中性层以上 $y=20\text{mm}$ 某点 $K$ 的主应力、最大剪应力及其方位，并用单元体表示出主应力。

**解：**（1）计算 $D$ 处的剪力及弯矩

$$F_{SD}=F_A=10\text{kN}\qquad M_D=F_Ax=3\text{kN}\cdot\text{m}$$

（2）计算 $D$ 处截面中性层以上 20mm 处 $K$ 点的正应力及剪应力

$$\sigma_K=-\frac{M_Dy}{I_z}=-\frac{3\times10^6\times20}{\frac{1}{12}\times80\times160^3}\text{MPa}=-2.2\text{MPa}$$

$$\tau_K=\frac{F_{SD}S}{I_zb}=\frac{F_{SD}b\left(\frac{h}{2}-y\right)\times\frac{1}{2}\left(\frac{h}{2}+y\right)}{I_zb}=1.1\text{MPa}$$

（3）计算主应力及其方位　取 $K$ 点单元体如图 7-12b 所示，$\sigma_x=\sigma_K=-2.2\text{MPa}$，因梁的纵向纤维之间互不挤压，故 $\sigma_y=0$，$\tau_x=\tau_K=1.1\text{MPa}$，由式（7-8a）可得

$$\sigma_{\substack{1\\3}}=\left[\frac{-2.2}{2}\pm\sqrt{\left(\frac{-2.2}{2}\right)^2+1.1^2}\right]\text{MPa}=\begin{matrix}0.46\text{ MPa}\\-2.66\text{MPa}\end{matrix}$$

主平面

$$\tan 2\alpha_0=\frac{-2\times1.1}{-2.2}=1$$

$\sigma_1$ 与 $x$ 轴夹角为　$\alpha_0=-67°30'(\alpha'=22°30')$

因 $\sigma_x<\sigma_y$ 所以 $\alpha'$ 是 $\sigma_3$ 所在截面与 $\sigma_x$ 作用面的夹角，表示到单元体上如图 7-12b 所示。

（4）计算最大剪应力及其方位

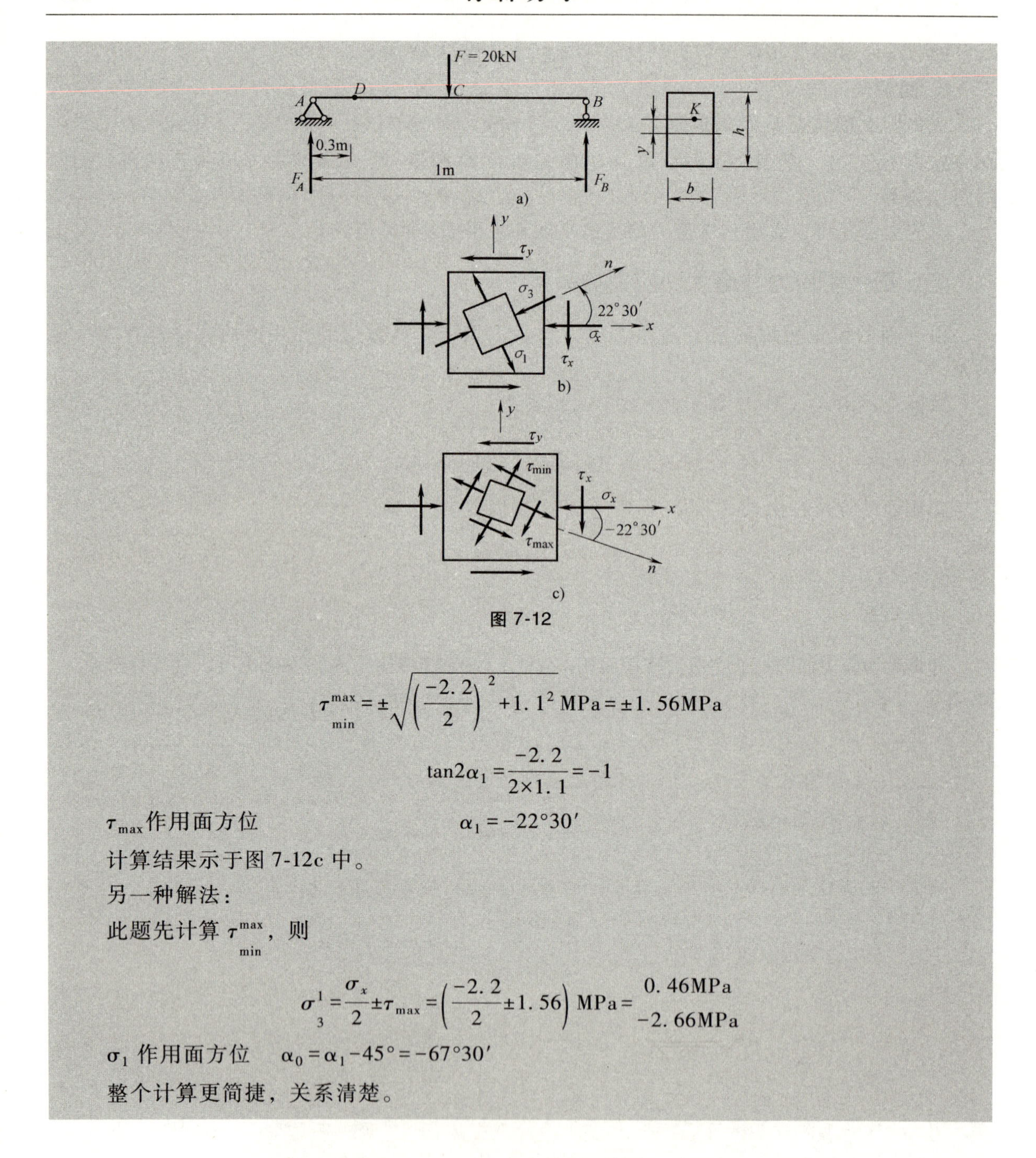


图 7-12

$$\tau_{\substack{max\\min}} = \pm\sqrt{\left(\frac{-2.2}{2}\right)^2 + 1.1^2}\ \text{MPa} = \pm 1.56\text{MPa}$$

$$\tan 2\alpha_1 = \frac{-2.2}{2\times 1.1} = -1$$

$\tau_{max}$作用面方位 $\alpha_1 = -22°30'$

计算结果示于图 7-12c 中。

另一种解法：

此题先计算 $\tau_{\substack{max\\min}}$，则

$$\sigma_{\substack{1\\3}} = \frac{\sigma_x}{2} \pm \tau_{max} = \left(\frac{-2.2}{2} \pm 1.56\right)\text{MPa} = \begin{matrix} 0.46\text{MPa} \\ -2.66\text{MPa} \end{matrix}$$

$\sigma_1$ 作用面方位 $\alpha_0 = \alpha_1 - 45° = -67°30'$

整个计算更简捷，关系清楚。

# 第三节 主应力迹线的概念及应用

## 一、主应力迹线的概念

应力状态分析在结构设计中有重要应用。例如在钢筋混凝土梁设计中，如果知道了梁中主拉应力方向的变化情况，就可以判断梁上可能发生的裂缝的方向，从而恰当地配置钢筋，更有效地发挥钢筋的抗拉作用。在工程设计中应力状态分析的方法，是根据构件上各点计算主应力的方向，绘制出两组彼此正交的曲线，在这些曲线上任意一点处的切线的方向就是在该点处的

主应力的方向，这种曲线叫作**主应力轨迹线**，简称主应力迹线。其中的一组是主拉应力 $\sigma_1$ 的迹线，另一组是主压应力 $\sigma_3$ 的迹线。下面来讨论主应力迹线的绘制方法。

## 二、主应力迹线的绘制

在横力弯曲梁中，一般的点均处于二向应力状态，在梁的横截面上既有正应力 $\sigma_x$ 又有切应力 $\tau_x$。由于纵截面上无挤压，正应力 $\sigma_y=0$。所以这些点的主应力可根据（7-8a）计算，即

$$\begin{matrix}\sigma_1\\\sigma_3\end{matrix}=\frac{\sigma_x}{2}\pm\sqrt{\left(\frac{\sigma_x}{2}\right)^2+\tau_x^2}$$

即一个主应力必定是拉应力，另一个必定是压应力。由于梁的横截面上各点的正应力、切应力大小不相等，所以主应力大小和方向沿截面高度是连续变化的。图 7-13 所示的梁上任取一横截面 $m$—$m$ 上从上到下选取的五个点 1、2、3、4、5，用应力圆可以很方便地确定出各点主应力的方向。可以看出，沿截面高度自上而下，主拉应力 $\sigma_1$ 的方向由竖直按逆时针旋转至水平，主压应力 $\sigma_3$ 的方向则由水平按逆时针旋转至竖直。在中性轴处与 $x$ 轴相交呈 45°角。这就是同一截面上各点处主应力的变化规律。

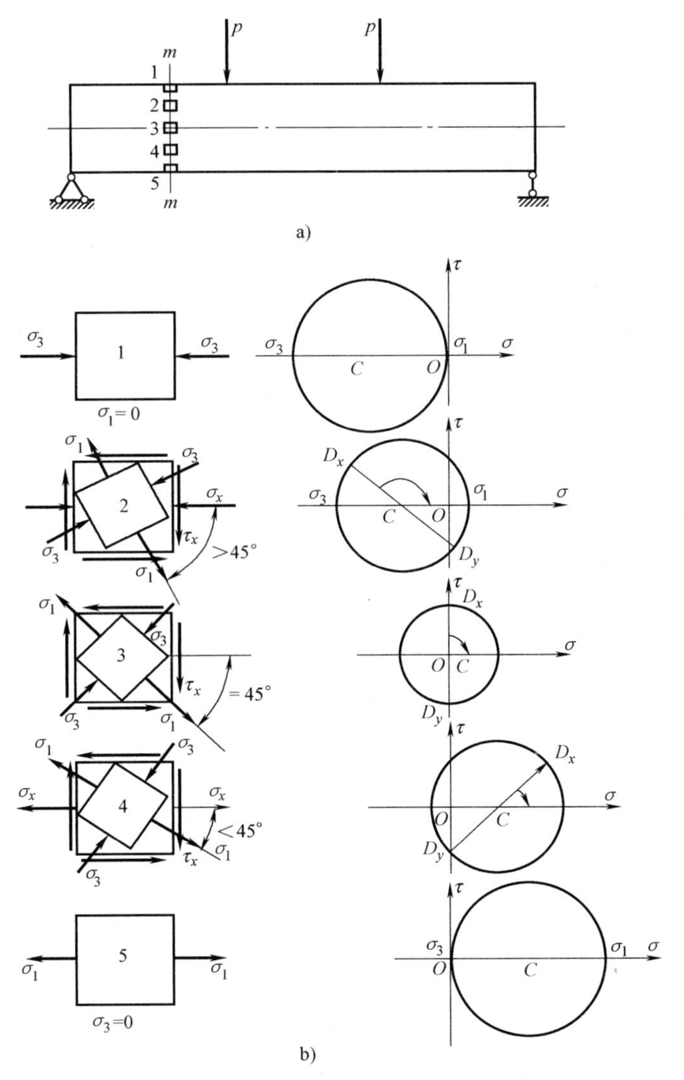


图 7-13

如果沿梁的纵向用与梁的轴线垂直的直线将梁均匀的划分为若干等份，然后从某一切面上的一点开始，按上述方法求出该点处两个主应力的方向后，把其中一个主应力的方向延长与相邻横线相交。求出交点的主应力方向，再将其延长与下一个相邻横截面相交。依次类推，将得到一条折线，它的极限将是一条曲线。在这样的曲线上，任一点的切线即代表该点主应力的方向。这就是上面所说的主应力迹线。经过每一点有两条相互垂直的主应力迹线。图 7-14 中绘出了简支梁在均布荷载作用下的两组主应力迹线，虚线为主压应力迹线，实线为主拉应力迹线。通过对梁的主应力迹线的分析，可以看出，对于承受均布载荷的简支梁，在梁的上、下边缘附近的主应力迹线是水平线；在梁的中性层处，主应力轨迹线的倾角为 45°。如果是钢筋混凝土梁，水平方向的主拉应力 $\sigma_1$ 可能使梁发生竖向的裂缝，倾斜方向的主拉应力 $\sigma_1$ 可能使梁发生斜向的裂缝。因此在钢筋混凝土中，不但要配置纵向抗拉钢筋（尽可能使钢筋沿主拉应力迹线），还要配置斜向弯起钢筋。

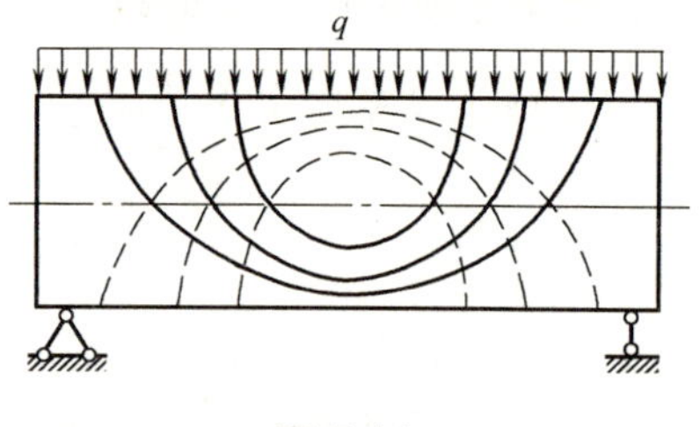


图 7-14

## 第四节　空间应力状态

受力物体内一点的应力状态，最一般的情况是所取单元体六个面上都作用着正应力 $\sigma$ 和切应力 $\tau$。为计算方便将各面上的切应力沿坐标轴方向分解为两个分量，如图 7-15 所示，$x$ 平面上的正应力为 $\sigma_x$，切应力为 $\tau_{xy}$ 和 $\tau_{xz}$。切应力的两个下标，第一个表示切应力所在的平面，第二个表示切应力的方向。同理，在 $y$ 平面上有正应力 $\sigma_y$、切应力 $\tau_{yx}$ 和 $\tau_{yz}$；在 $z$ 平面上有正应力 $\sigma_z$、切应力 $\tau_{zx}$ 和 $\tau_{zy}$。这种单元体所代表的应力状态，称为**空间应力状态**。

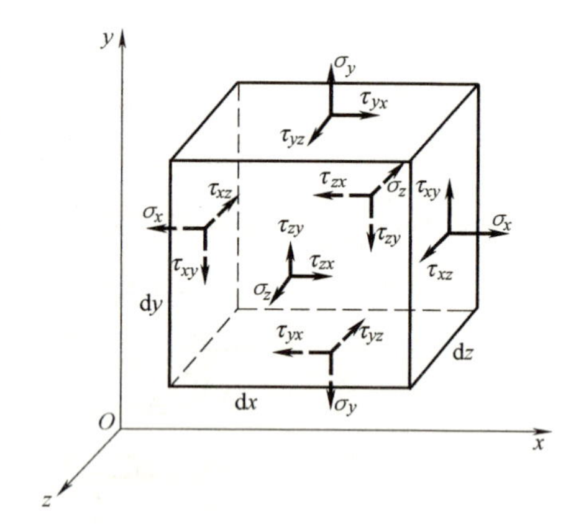


图 7-15

在一般空间应力状态的 9 个应力分量中，根据切应力互等定理，在数值上有 $\tau_{xy}=\tau_{yx}$，$\tau_{yz}=\tau_{zy}$，$\tau_{zx}=\tau_{xz}$，因而，独立的应力分量是 6 个，即 $\sigma_x$、$\sigma_y$、$\sigma_z$、$\tau_{xy}$、$\tau_{yz}$、$\tau_{zx}$。

对于危险点处于空间应力状态下的构件进行强度计算，通常需要确定其最大正应力和最大切应力。在这里只讨论三个主应力 $\sigma_1$、$\sigma_2$ 和 $\sigma_3$ 均为已知的情况。在此情况下，利用应力圆，可确定该点处的最大正应力和最大切应力。设空间应力状态如图 7-16a 所示，先研究与主应力 $\sigma_3$ 的作用面垂直的斜截面上的应力。为此，沿该斜截面将单元体截分为二，并研究其左边部分平衡。由图 7-16b 可以看出，主应力 $\sigma_3$ 在前后两个面上的合力是一对平衡的力，对斜截面上的应力无影响。因此，这族斜截面上的应力只与 $\sigma_1$、$\sigma_2$ 有关。按平面应力分析的方法，由 $\sigma_1$ 与 $\sigma_2$ 作出应力圆，则该应力圆上点的坐标即代表这一族平面上的正应力和切应力。该应力圆最高点的纵坐标即代表这一族平面上的最大切应力，由图 7-16c 可以确定，其大小为 $\tau_{12}=\dfrac{\sigma_1-\sigma_2}{2}$。同理，在与 $\sigma_2$（或 $\sigma_1$）作用面垂直的斜截面上的正应力和切应力，可用由 $\sigma_1$、$\sigma_3$（或 $\sigma_2$、$\sigma_3$）作出的应力圆来确定。这两个应力圆的最高点的纵坐标即代表这两族平面上的最大切应力 $\tau_{13}$ 和 $\tau_{23}$，其值

分别为 $\tau_{13}=\dfrac{\sigma_1-\sigma_3}{2}$，$\tau_{23}=\dfrac{\sigma_2-\sigma_3}{2}$。进一步的研究证明，与三个主平面斜交的任意斜截面，如图 7-16a 中的 $abc$ 截面，其在 $\sigma$-$\tau$ 坐标系中的对应点 $D$，必位于上述三个应力圆所围成的阴影范围内，如图 7-16c 所示。因此在三向应力状态中，任一斜截面上的正应力 $\sigma$ 的数值不会高于 $\sigma_1$，也不会低于 $\sigma_3$，即 $\sigma_3\leqslant\sigma\leqslant\sigma_1$。

三向应力状态单元体的最大正应力和最大切应力，系由最大应力圆上点的横、纵坐标确定，即

$$\sigma_{max}=\sigma_1 \tag{7-13}$$

$$\tau_{max}=\frac{\sigma_1-\sigma_3}{2} \tag{7-14}$$

最大切应力的作用面，与主应力 $\sigma_1$ 和 $\sigma_3$ 均构成 45°夹角。

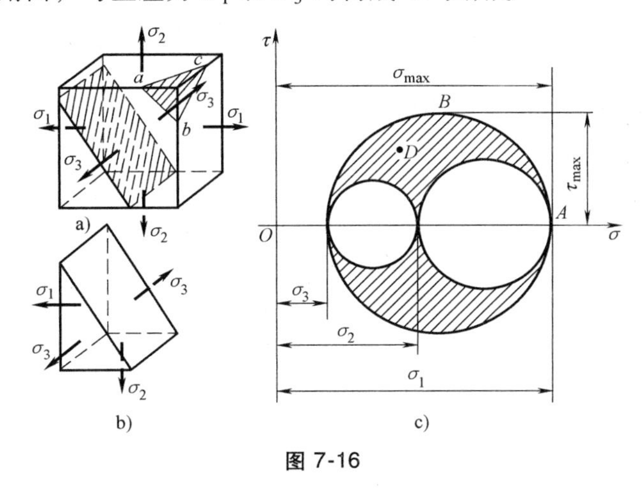


图 7-16

式（7-13）和式（7-14）同样适用于平面应力状态，运用时只需将具体问题中的主应力求出，并按代数值 $\sigma_1\geqslant\sigma_2\geqslant\sigma_3$ 的顺序排列。

**例 7-6**　已知图 7-17a 所示应力状态中的应力 $\tau_x=40\text{MPa}$，$\sigma_y=-60\text{MPa}$，$\sigma_z=60\text{MPa}$，试作三向应力圆，并求主应力和最大切应力。

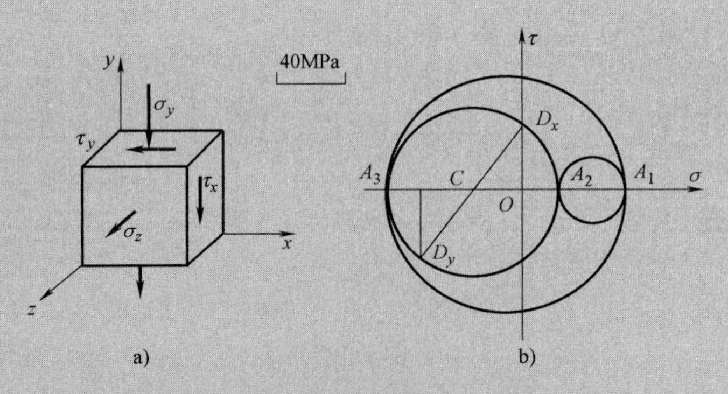


图 7-17

**解：**（1）作三向应力圆　单元体上的 $\sigma_z$ 是主应力，由（$\sigma_z$，0）在力 $\sigma-\tau$ 坐标系中确定一点 $A_1$。与 $\sigma_z$ 平行的斜截面上的应力和 $\sigma_z$ 无关，故可由 $x$ 截面的应力和 $y$ 截面上的应力按平面应力状态的方法作应力圆，即可得图 7-17b 中过点 $D_x$、$D_y$ 的圆。该圆与 $\sigma$ 轴的交点为 $A_2$、$A_3$。

过点 $A_1$、$A_2$作应力圆；再过 $A_1$、$A_3$作应力圆。即得三向应力圆。

(2) 确定主应力、最大正应力 $\sigma_1$、$\sigma_2$、$\sigma_3$分别为点 $A_1$、$A_2$、$A_3$的横坐标，量得

$$\sigma_{max}=\sigma_1=\sigma_z=60\text{MPa} \qquad \sigma_2=20\text{MPa} \qquad \sigma_3=-80\text{MPa}$$

(3) 确定最大切应力

$$\tau_{max}=\frac{\sigma_1-\sigma_3}{2}=\frac{60\text{MPa}-(-80\text{MPa})}{2}=70\text{MPa}$$

也可通过量取最大应力圆的半径得到。

## 第五节 复杂应力状态下的应力和应变之间的关系

前面已经学习了单向和纯剪切应力状态下的胡克定律，本节介绍复杂应力状态下的应力-应变关系，即**广义胡克定律**。

在建立复杂应力状态下的应力-应变关系时，再次明确讨论问题的范围，仅限于各向同性材料、弹性小变形。在这样的条件下，有如下的简化结果：

1）单元体各棱边的线应变只与该单元体各面上的正应力有关，与切应力无关；同样，各正交的坐标面间的切应变也只与切应力有关，而与正应力无关。

2）每个应力分量对相应的应变分量的影响是独立的。因此当 $n$ 个应力分量同时存在时，对同一应变的影响可以使用叠加原理，先分别单独考虑每一个应力分量的影响，再叠加得出最后结果。

### 一、广义胡克定律

#### 1. 平面应力状态下的应力-应变关系

考虑图 7-18a 所示的一般平面应力状态。按上述分析方法，将图 7-18a 中所示单元体（即单元体 a）的应力状态看成是图 7-18b、c、d 所示三种情况（即单元体 b、c、d）的叠加，单元体的某应变等于单元体 b、c、d 同一应变的代数和。单元体 b、c 的各棱边只有线应变，线应变的大小可利用单向拉（压）胡克定律求得，单元体 d 只有各面之间的切应变，其值可利用剪切胡克定律求取。最后可得单元体 a 的应变为

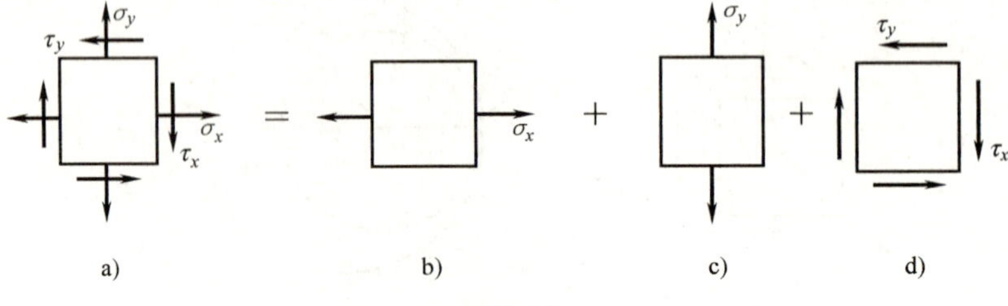


图 7-18

$$\left.\begin{aligned}\varepsilon_x&=\frac{1}{E}(\sigma_x-\nu\sigma_y)\\ \varepsilon_y&=\frac{1}{E}(\sigma_y-\nu\sigma_x)\\ \varepsilon_z&=-\frac{\nu}{E}(\sigma_x+\sigma_y)\end{aligned}\right\} \qquad \left.\begin{aligned}\gamma_x&=\frac{\tau_x}{G}\\ \gamma_y&=\frac{\tau_y}{G}\end{aligned}\right\} \tag{7-15}$$

该式为一般平面应力状态下的应力-应变关系。

**2. 空间应力状态下的应力-应变关系**

对于图 7-19a 所示的一般空间应力状态，可以像平面应力状态一样，利用叠加法导出其应力-应变关系，即

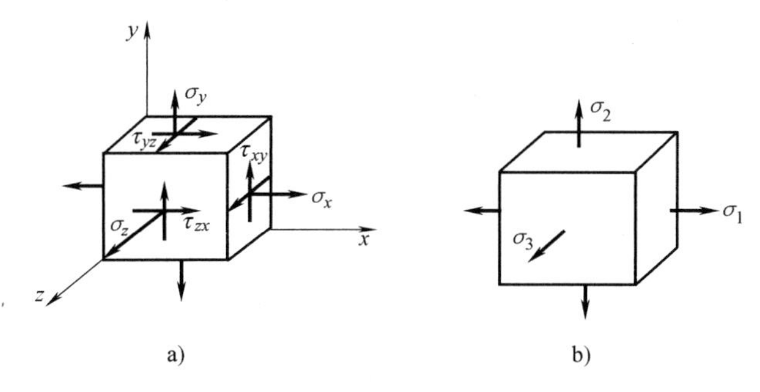


图 7-19

$$\left.\begin{aligned}\varepsilon_x&=\frac{1}{E}[\sigma_x-\nu(\sigma_y+\sigma_z)]\\ \varepsilon_y&=\frac{1}{E}[\sigma_y-\nu(\sigma_x+\sigma_z)]\\ \varepsilon_z&=\frac{1}{E}[\sigma_z-\nu(\sigma_x+\sigma_y)]\end{aligned}\right\}\qquad\left.\begin{aligned}\gamma_{xy}&=\frac{1}{G}\tau_{xy}\\ \gamma_{yz}&=\frac{1}{G}\tau_{yz}\\ \gamma_{zx}&=\frac{1}{G}\tau_{zx}\end{aligned}\right\}\tag{7-16}$$

如果是主单元体，如图 7-19b 所示，应力-应变关系为

$$\left.\begin{aligned}\varepsilon_1&=\frac{1}{E}[\sigma_1-\nu(\sigma_2+\sigma_3)]\\ \varepsilon_2&=\frac{1}{E}[\sigma_2-\nu(\sigma_1+\sigma_3)]\\ \varepsilon_3&=\frac{1}{E}[\sigma_3-\nu(\sigma_1+\sigma_2)]\end{aligned}\right\}\tag{7-17}$$

对于各向同性材料，由上式定出的正应变称为**主应变**。可以证明，$\varepsilon_1$、$\varepsilon_2$、$\varepsilon_3$ 方向分别与 $\sigma_1$、$\sigma_2$、$\sigma_3$ 平行，且 $\varepsilon_1\geqslant\varepsilon_2\geqslant\varepsilon_3$，$\varepsilon_1$ 和 $\varepsilon_3$ 为一点处各方向正应变中的最大值和最小值。

## 二、体积应变

当作用在三向应力状态主单元体上的三个主应力不完全相等时，单元体的体积会发生变化。

物体内一点处单位体积的改变量，称为该点处的**体积应变**，用 $\theta$ 表示。

设某点的主单元体如图 7-19b 所示，单元体各边原始长度分别为 dx、dy、dz，变形后分别为 $(1+\varepsilon_1)\mathrm{d}x$，$(1+\varepsilon_2)\mathrm{d}y$，$(1+\varepsilon_3)\mathrm{d}z$。则变形前后的体积分别为

$$\mathrm{d}V=\mathrm{d}x\mathrm{d}y\mathrm{d}z\quad \mathrm{d}V'=(1+\varepsilon_1)\mathrm{d}x(1+\varepsilon_2)\mathrm{d}y(1+\varepsilon_3)\mathrm{d}z$$

按定义，单元体的体积为应变

$$\theta=\frac{\mathrm{d}V'-\mathrm{d}V}{\mathrm{d}V}=(1+\varepsilon_1)(1+\varepsilon_2)(1+\varepsilon_3)-1\approx\varepsilon_1+\varepsilon_2+\varepsilon_3\tag{7-18}$$

式（7-18）表明，单元体的体积应变在数值上是三个主应变之和。

若将广义胡克定律代入上式，整理后可得

$$\theta=\frac{1-2\nu}{E}(\sigma_1+\sigma_2+\sigma_3) \tag{7-19}$$

式（7-19）说明，单位体积的体积改变 $\theta$ 只与三个主应力之和有关，至于三个主应力之间的比例，对 $\theta$ 并无影响。

引入符号

$$\frac{1}{K}=\frac{3(1-2\nu)}{E} \tag{7-20}$$

$$\sigma_m=\frac{\sigma_1+\sigma_2+\sigma_3}{3} \tag{7-21}$$

则上式可写为

$$\theta=\frac{\sigma_m}{K} \tag{7-22}$$

式中，$K$ 称为体积弹性模数；$\sigma_m$ 是三个主应力的平均值，称为平均主应力。

将式（7-19）表达为（7-20）的形式，更能反映体积应变的实质，只要 $\sigma_m$ 相同，则 $\theta$ 相同。

特例：

1）若设想一个单元体，三个主应力大小都相等，于是有 $\sigma_1=\sigma_2=\sigma_3=\sigma_m$，则此单元体的体积应变为

$$\theta=\frac{1-2\nu}{E}(\sigma_1+\sigma_2+\sigma_3)=\frac{3(1-2\nu)}{E}\sigma_m=\frac{\sigma_m}{K}$$

这个结果与三个主应力不相等的情况下单元体的体积应变相同，但应该注意到，在这种情况下，单元体各棱边的线应变相同，即

$$\varepsilon_1=\frac{1}{E}[\sigma_m-\nu(\sigma_m+\sigma_m)]=\frac{1-2\nu}{E}\sigma_m=\varepsilon_2=\varepsilon_3$$

表明在这种情况下，单元体没有形状的改变，只有体积的改变。

2）若某个单元体的三个主应力之和为零，即 $\sigma_1+\sigma_2+\sigma_3=0$，于是单元体的体积应变为零，这种情况下单元体没有体积的改变，只有形状的改变。

式（7-22）还表明，体应变 $\theta$ 与平均应力 $\sigma_m$ 成正比，此即**体积胡克定律**。

**例 7-7** 试求纯剪切应力状态的体积应变。

**解：** 首先求出纯剪切应力状态的主应力为：$\sigma_1=\tau$，$\sigma_2=0$，$\sigma_3=-\tau$。于是

$$\theta=\frac{1-2\nu}{E}(\sigma_1+\sigma_2+\sigma_3)=\frac{1-2\nu}{E}(\tau+0-\tau)=0$$

由例 7-7 可知，切应力并不影响体积应变。因此，用一般单元体（图 7-19a）可导出体积应变的一般式为

$$\theta=\frac{1-2\nu}{E}(\sigma_x+\sigma_y+\sigma_z) \tag{7-23}$$

体积应变的计算式与广义胡克定律的适用条件是相同的。

**例 7-8**　边长 $a=0.1\text{m}$ 的铜立方块，无间隙的放入刚性凹槽中，如图 7-20a 所示。已知铜的弹性模量 $E=100\text{GPa}$，泊松比 $\nu=0.34$。当受到 $F=300\text{kN}$ 的均布压力作用时，试求铜块的主应力、体应变以及最大切应力。

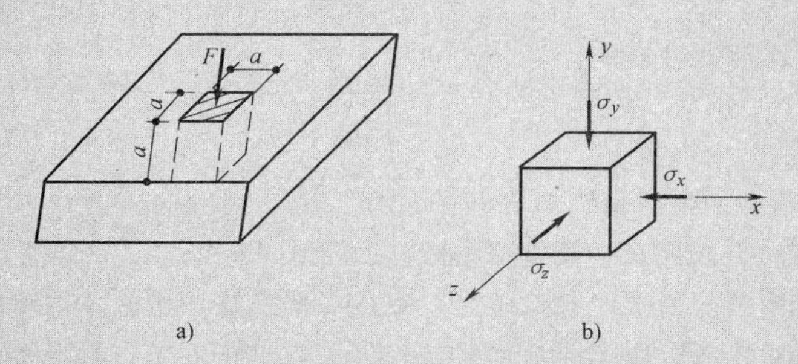


图 7-20

**解**：铜块横截面上的压应力为

$$\sigma_y=-\frac{F}{A}=-\frac{-30\times10^3\text{N}}{(0.1\text{m})^2}=-30\times10^6\text{Pa}=-30\text{MPa}$$

铜块受到轴向压缩将产生膨胀，但受到刚性凹槽壁的阻碍，使铜块在 $x$ 和 $z$ 方向的线应变等于零。于是，铜块与槽壁接触面间将产生均匀的压应力 $\sigma_x$ 和 $\sigma_y$，如图 7-20b 所示。按照广义胡克定律公式可得

$$\varepsilon_x=\frac{1}{E}[\sigma_x-\nu(\sigma_y+\sigma_z)]=0 \tag{1}$$

$$\varepsilon_z=\frac{1}{E}[\sigma_z-\nu(\sigma_y+\sigma_x)]=0 \tag{2}$$

联解式（1）、式（2），可得

$$\sigma_x=\sigma_z=\frac{\nu(1+\nu)}{1-\nu^2}\sigma_y$$

$$=\frac{0.34(1+0.34)}{1-0.34^2}(-30\times10^6\text{Pa})=-15.5\text{MPa}$$

按主应力的代数值顺序排列，得铜块的主应力为

$$\sigma_1=\sigma_2=-15.5\text{MPa}\qquad\sigma_3=-30\text{MPa}$$

将以上数据带入计算体应变公式，可得铜块的体应变为

$$\theta=\frac{1-2\nu}{E}(\sigma_1+\sigma_2+\sigma_3)$$

$$=\frac{1-2\times0.34}{100\times10^9\text{Pa}}(-15.5\times10^6\text{Pa}-15.5\times10^6\text{Pa}-30\times10^6\text{Pa})$$

$$=1.95\times10^{-4}$$

将有关的主应力值代入式(7-14)，可得

$$\tau_{\max}=\frac{1}{2}(\sigma_1-\sigma_3)=\frac{1}{2}[-15.5\times10^6\text{Pa}-(-30\times10^6\text{Pa})]$$

$$=7.25\times10^6\text{Pa}=7.25\text{MPa}$$

## 第六节　复杂应力状态下的应变能密度

单向拉伸或压缩时，如应力 $\sigma$ 和应变 $\varepsilon$ 的关系是线性的，利用应变能和外力做功在数值上相等的关系，得到应变能密度的计算公式为

$$v_{\varepsilon}=\frac{1}{2}\sigma\varepsilon \tag{7-24}$$

式中的 $\sigma$、$\varepsilon$ 相应于荷载的最后值，与加载的过程无关。在三向应力状态下，这个概念仍然是正确的。如果不同的加力次序可以得到不同的应变能，那么，按一个储存能量较多的次序加力，而按一个储存能量较少的次序解除外力，完成一个循环，弹性体内将增加能量。显然，这与能量守恒原理相矛盾，所以应变能与加载过程无关。这样就可选择一个便于计算应变能的加力次序，所得应变能与按其他加力次序是相同的。为此，假定应力按比例同时从零增加到最终值，在线弹性的情况下，每一主应力与相应的主应变之间仍保持线性关系，因而与每一主应力相应的应变能密度仍可按式（7-24）计算。于是三向应力状态下的应变能密度是

$$v_{\varepsilon}=\frac{1}{2}(\sigma_1\varepsilon_1+\sigma_2\varepsilon_2+\sigma_3\varepsilon_3) \tag{7-25}$$

若单元体的周围六个面皆为主平面，如图 7-21a 所示，应用广义胡克定律，则式（7-25）变为

$$v_{\varepsilon}=\frac{1}{2E}[\sigma_1^2+\sigma_2^2+\sigma_3^2-2\nu(\sigma_1\sigma_2+\sigma_2\sigma_3+\sigma_3\sigma_1)] \tag{7-26}$$

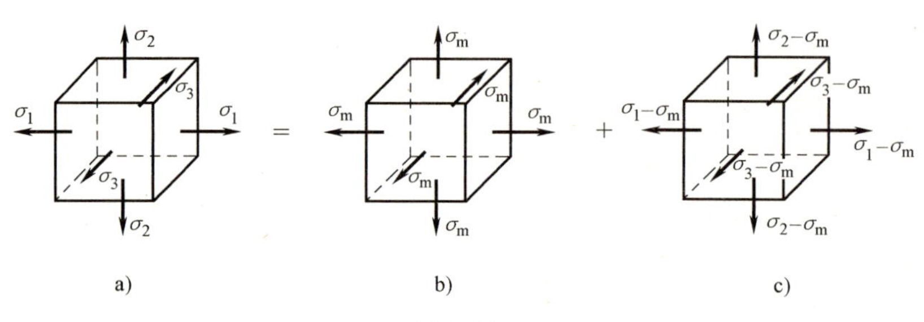


图 7-21

一般来说，单元体的变形既有体积的改变，又有形状的改变。因此，应变能密度 $v_{\varepsilon}$ 也可分为两部分：一部分是因为体积变化而储存的应变能，称为**体积改变应变能**，体积改变应变能密度用 $v_V$ 表示；一部分是因为形状变化而储存的应变能，称为**形状改变应变能**，形状改变应变能密度用 $v_d$ 表示。$v_d$ 亦称为畸变能密度。而总的应变能为

$$v_{\varepsilon}=v_V+v_d \tag{a}$$

为了计算 $v_V$ 和 $v_d$，将图 7-21a 中的单元体分解为图 7-21b、c 所示的两种情况的叠加，图中

$$\sigma_m=\frac{1}{3}(\sigma_1+\sigma_2+\sigma_3) \tag{b}$$

由前面的讨论可知，图 7-21b 中的单元体只有体积变化而形状不变。因而其应变能密度也就是体积改变能密度 $v_V$；图 7-21c 中的单元体只有形状变化而无体积改变。因而其应变能密度也只有形状改变能密度。

按照前述计算复杂应力状态应变能的方法，用式（7-26）可得图 7-21b 所示单元体的体积改变能密度

$$v_V=\frac{1}{2}(\sigma_m\varepsilon_m+\sigma_m\varepsilon_m+\sigma_m\varepsilon_m)$$

$$=\frac{3(1-2\nu)}{2E}\sigma_m^2=\frac{1-2\nu}{6E}(\sigma_1+\sigma_2+\sigma_3)^2 \tag{c}$$

将式（c）和式（7-26）一并代入式（a），经过整理得出

$$v_d=\frac{1+\nu}{3E}(\sigma_1^2+\sigma_2^2+\sigma_3^2-\sigma_1\sigma_2-\sigma_2\sigma_3)$$

$$=\frac{1+\nu}{6E}[(\sigma_1-\sigma_2)^2+(\sigma_2-\sigma_3)^2+(\sigma_3-\sigma_1)^2] \tag{7-27}$$

# 第七节　强度理论

## 一、关于强度理论的理念

在研究杆件的基本变形时，已经讨论过强度问题，并且建立了强度条件，这些强度条件有两种，即

$$\sigma_{max}\leqslant[\sigma]$$

$$\tau_{max}\leqslant[\tau]$$

在建立上述两个强度条件时，$[\sigma]$、$[\tau]$ 都是直接通过实验确定的，并没有考虑材料的破坏机制。这样的强度条件称为**实验强度条件**。实验强度条件直观、简便，但是只能用于应力状态比较简单、最大正应力与最大切应力有简单的比例关系（如单向应力状态和纯剪状态），正应力和切应力都可以通过实验测定的情况。

对一般情况下的二向和三向应力状态，材料的破坏与各主应力都有关系。材料是多种多样的，使材料破坏的主应力的组合变化也是无穷的，要把各种应力状态下材料的极限应力（失效应力）都依靠实验一一确定下来，既不可能也没有科学意义。所以，一般复杂应力状态下的强度计算，不可能再单纯地依靠实验。必须采用判断和推理的方法，从理论上研究材料的破坏机制。

生产和科学实验中，人们一直在观察、探索材料破坏的机制。作为长期观察和研究的结果，人们已经发现了材料破坏的某些规律，概括起来说，即尽管各种材料的力学性质千差万别，受力构件的应力状态也是多种多样，但是材料破坏的形式只有两种：一种是**脆性断裂**，例如，铸铁材料杆件拉伸时的破坏，铸铁圆轴扭转时的破坏；另一种是**屈服流动**，例如，低碳钢等塑性材料杆件在拉伸或扭转时的破坏。

材料是多种多样的，应力状态也是多种多样的，然而材料的破坏形式却只有两种，说明材料的各种破坏形式必定存在共同的**破坏基因**。既然是这样，只要找出这两种破坏形式的破坏基因，所有的强度问题就都可以解决。至于每一种破坏形式的破坏基因，则可以通过使材料在这种形式下破坏的任意一个实验来确定。这就是强度理论的理念。按照这样的理念人们对强度失效提出过各种**假说**，这些假说就称为**强度理论**。但是，作为一种假说，它是否正确，或在什么条件、什么范围正确，必须由生产实践来检验。经过长期的实践检验和完善，比较符合实际的就保留下来，而不能较好地符合实际的也就被淘汰掉。

这里只介绍四种常用强度理论和莫尔强度理论。这些都是在常温、静荷载作用下，适用于均匀、连续、各向同性材料的强度理论。当然，强度理论远不止这几种。而且，现有的各种强

度理论还不能圆满地解决所有强度问题。这方面仍然有待发展。

## 二、常用的四个强度理论

前面已经提到，强度失效的主要形式由两种，即屈服与断裂。相应地强度理论也分成两类：一类是解释断裂失效的，其中有最大拉应力理论和最大伸长线应变理论；另一类是解释屈服失效的，其中有最大切应力理论和畸变能密度理论。现依次介绍如下。

### 1. 第一强度理论：最大拉应力理论

17 世纪，伽利略根据直观提出了这一理论。该理论认为：最大拉应力是引起材料脆性断裂的基因。也就是说，不论什么材料、也不管材料处于什么应力状态，只要最大拉应力达到与材料性质有关的某一极限值 $\sigma_u$，材料就直接发生断裂破坏。脆性断裂是指材料直接发生断裂。

按第一强度理论，材料脆性断裂的条件为

$$\sigma_1=\sigma_u$$

$\sigma_u$ 的数值可由实验确定。因为强度理论是寻找破坏形式的基因，并未限定材料和应力状态，所以，确定拉应力极限值的试验可以任意选择。因此，可用轴向拉伸试验。在轴向拉伸试验中，若材料为塑性材料，材料的失效是先屈服后断裂，与理论观点中的“直接脆性断裂”不符；对脆性材料，当 $\sigma_1$ 达到强度极限 $\sigma_b$ 时，材料直接脆断，所以 $\sigma_u=\sigma_b$。由此可以得出材料脆性断裂的条件

$$\sigma_1=\sigma_b \tag{7-28}$$

式（7-28）是一个破坏条件，要保证构件正常工作，须将极限应力 $\sigma_b$ 除以安全因数 $n$，得到许用应力 $[\sigma]$，于是得出按第一强度理论建立的强度条件

$$\sigma_1\leqslant[\sigma] \tag{7-29}$$

使用这个强度理论时应注意：必须有拉应力存在；材料的破坏是脆性断裂（直接断裂）。铸铁等脆性材料在单向拉伸时，试件沿横截面直接断裂。脆性材料扭转时试件沿拉应力最大的斜面也是脆性断裂。这些都与最大拉应力理论相符。但是，当脆性材料在三个方向均受压力时，由于没有拉应力存在，这个强度理论不再适用；低碳钢等塑性材料，单向拉伸时先屈服后断裂，与理论观点不符。但是，塑性材料三向受拉，且数值接近相等时，表现出脆性，适合采用这一强度理论。不过在这种情况下，式（7-29）中的许用应力 $[\sigma]$ 不是由塑性材料单轴拉伸时的失效应力除以安全因数得出的，而是用脆性断裂时的最大拉应力 $\sigma_1$ 除以安全因数得出的。

第一强度理论没有考虑 $\sigma_2$、$\sigma_3$ 的影响，是其不完善的一面。

### 2. 第二强度理论：最大伸长线应变理论

最大伸长线应变理论是 1682 年由马里奥特（E. Mariotte）提出的。该理论认为：最大伸长线应变是引起材料脆性断裂的主要原因。即不论什么材料、也不管材料处于什么应力状态，只要最大伸长线应变 $\varepsilon_1$ 达到与材料性质有关的某一极限值 $\varepsilon_u$，材料即发生断裂。由此得材料脆性断裂的条件为

$$\varepsilon_1=\varepsilon_u \tag{a}$$

在三向应力状态下，根据广义胡克定律，最大伸长线应变的计算式为

$$\varepsilon_1=\frac{1}{E}[\sigma_1-\nu(\sigma_2+\sigma_3)] \tag{b}$$

式（a）右边的极限应变 $\varepsilon_u$ 可用单向拉伸试验来确定。但是应该注意，当 $\varepsilon_1$ 按式（b）计算时，这是一个弹性应变，则等式（a）右边的 $\varepsilon_u$ 也应是弹性应变。既是弹性应变，又是

断裂时的应变，这就要求材料一直到拉断都服从胡克定律。由第二章的讨论可知，只有脆性材料近似有这种性质。于是，拉断时伸长线应变的极限值

$$\varepsilon_u=\frac{\sigma_b}{E} \tag{c}$$

将式（b）和式（c）代入到式（a）中，整理后脆性断裂条件可写为

$$\sigma_1-\nu(\sigma_2+\sigma_3)=\sigma_b \tag{7-30}$$

将极限应力 $\sigma_b$ 除以安全因数得许用应力 $[\sigma]$，于是按第二强度理论建立的强度条件是

$$\sigma_1-\nu(\sigma_2+\sigma_3)\leqslant[\sigma] \tag{7-31}$$

石料或混凝土等脆性材料受轴向压缩时，如果在加力器与试件的接触面上加添润滑剂，减小摩擦力的影响，则试块将沿垂直于压力的方向裂开。裂开的方向也就是 $\varepsilon_1$ 的方向。铸铁在拉-压二向应力状态，且压应力较大的情况下，试验结果也与这一理论相近。

按照这一理论，若使试件二向受压，其强度应与单向受压不同。但混凝土、花岗石和砂岩的试验资料表明，两种情况的强度并无明显差别。对金属材料，$\nu=0.25\sim0.35$，若按这一强度理论，金属材料在二向或三向拉伸时应比单向拉伸安全，这与实际情况不符，对这种情况，还是第一强度理论接近试验结果。

**3. 第三强度理论：最大切应力理论**

最大切应力理论是由库仑（C. A. Coulomb）在 1773 年提出的。该理论认为：最大切应力是引起屈服的主要因素。即认为不论什么材料、也不管材料处于什么应力状态，只要最大切应力 $\tau_{max}$达到与材料性质有关的某一极限值，则材料就发生屈服。按此强度理论建立起来的材料的破坏条件为

$$\tau_{max}=\tau_u \tag{d}$$

式（d）中的极限切应力 $\tau_u$，由单向拉伸试验确定。低碳钢等塑性材料单向拉伸，当试件横截面上的最大应力 $\sigma_{max}=\sigma_s$ 时，材料发生屈服。此时，45°的斜截面上 $\tau_{max}=\frac{\sigma_s}{2}$。由此可知 $\tau_u$ 等于塑性材料屈服极限的一半，即

$$\tau_u=\frac{\sigma_s}{2} \tag{e}$$

由式（7-14）可知，任意应力状态下

$$\tau_{max}=\frac{\sigma_1-\sigma_3}{2} \tag{f}$$

将式（e）、式（f）代入式（d），整理后写成

$$\sigma_1-\sigma_3=\sigma_s \tag{7-32}$$

式（7-32）是按第三强度理论建立起来的材料屈服流动破坏的条件。将 $\sigma_s$ 除以安全因数，得出许用应力 $[\sigma]$，即可得到按第三强度理论建立的强度条件

$$\sigma_1-\sigma_3\leqslant[\sigma] \tag{7-33}$$

最大切应力理论较为满意地解释了塑性材料的屈服现象。例如，低碳钢拉伸至屈服时，沿与轴线呈 45°的方向出现滑移线，就是材料内部沿这一方向滑移的痕迹。试验证明，除三轴接近等值受拉状态外，最大切应力理论适用于各种塑性材料及三轴接近等值受压的脆性材料。

第三强度理论没有考虑第二主应力的影响，结果偏于安全。但是其形式简单，便于计算，在工程上应用较多，尤其是在初步设计阶段。

在三向接近等值受拉状态下，材料表现脆性，该理论不适用。

### 4. 第四强度理论：畸变能密度理论

畸变能密度理论最早是由贝尔特拉密（E. Beltrami）于1885年提出的，但未被试验所证实，后于1904年由波兰力学家胡勃（M. T. Huber）修改。该理论认为：畸变能密度是引起屈服流动破坏的主要因素。即认为不论什么材料、也不管材料处于什么应力状态，只要畸变能密度 $v_d$ 达到与材料性质有关的某一极限值，则材料就发生屈服。按照第四强度理论的观点，材料塑性流动破坏的条件为

$$v_d = v_{d,u} \tag{g}$$

在任意应力状态下，畸变能密度由式（7-27）计算：

$$v_d = \frac{1+\nu}{6E}[(\sigma_1-\sigma_2)^2+(\sigma_2-\sigma_3)^2+(\sigma_3-\sigma_1)^2] \tag{h}$$

畸变能密度的极限值 $v_{d,u}$ 由试验确定。在单向拉伸时，塑性材料的屈服应力为 $\sigma_s$，相应的畸变能密度

$$v_{d,u} = \frac{1+\nu}{6E}(2\sigma_s^2) \tag{i}$$

将式（h）、式（i）代入式（g），整理后即得由第四强度理论建立的屈服流动破坏条件

$$\sqrt{\frac{1}{2}[(\sigma_1-\sigma_2)^2+(\sigma_2-\sigma_3)^2+(\sigma_3-\sigma_1)^2]} = \sigma_s \tag{7-34}$$

将 $\sigma_s$ 除以安全因数，得出许用应力 $[\sigma]$，即得到按第四强度理论建立的强度条件

$$\sqrt{\frac{1}{2}[(\sigma_1-\sigma_2)^2+(\sigma_2-\sigma_3)^2+(\sigma_3-\sigma_1)^2]} \leqslant [\sigma] \tag{7-35}$$

第四强度理论的适用范围与第三强度理论相同。试验资料表明，畸变能密度屈服条件与试验资料相当吻合，通常称其为精确理论。

综合式（7-29）、式（7-31）、式（7-33）、式（7-35），四个强度条件写成统一形式：

$$\sigma_r \leqslant [\sigma] \tag{7-36}$$

式中的 $\sigma_r$ 称为**相当应力**，它是由三个主应力按一定形式组合而成。按照从第一强度理论到第四强度理论的顺序，相当应力依次为

$$\left.\begin{aligned} \sigma_{r1} &= \sigma_1 \\ \sigma_{r2} &= \sigma_1 - \nu(\sigma_2+\sigma_3) \\ \sigma_{r3} &= \sigma_1 - \sigma_3 \\ \sigma_{r4} &= \sqrt{\frac{1}{2}[(\sigma_1-\sigma_2)^2+(\sigma_2-\sigma_3)^2+(\sigma_3-\sigma_1)^2]} \end{aligned}\right\} \tag{7-37}$$

以上介绍了四个常用强度理论。这四个强度理论可以分为两组：一组为脆断型，包括第一、二强度理论；一组为塑性流动型，包括第三、四强度理论。铸铁、石料、混凝土、玻璃等脆性材料，通常以断裂的形式失效，宜采用第一或第二强度理论。碳钢、铜、铝等塑性材料，通常以屈服的形式失效，宜采用第三或第四强度理论。

应该指出，不同材料固然可以发生不同形式的失效，但即使是同一材料，在不同应力状态下也可能有不同的失效形式。例如，碳钢在单向拉伸下以屈服的形式失效，但碳钢制成的螺钉受拉时，因螺纹根部处于三向受拉状态，将会发生断裂。又如，铸铁单向受拉时以断裂的形式失效。但如以淬火钢球在铸铁板上加压，接触点附近的材料处于三向受压状态，随着压力的增大，铸铁板会出现明显的凹坑，这表明已出现屈服现象。以上例子说明材料的失效形式与材料

有关，也与应力状态有关。无论是塑性材料还是脆性材料，在三向拉应力相近的情况下，都将以断裂的形式失效，宜采用最大拉应力理论；在三向压应力相近的情况下，都将引起塑性变形，宜采用第三或第四强度理论。

**例 7-9** 一铸铁零件，在危险点处的应力状态主应力 $\sigma_1=24\text{MPa}$，$\sigma_2=0$，$\sigma_3=-36\text{MPa}$。已知材料的 $[\sigma_t]=35\text{MPa}$，$\nu=0.25$，试校核其强度。

**解**：因为铸铁是脆性材料，且二向应力状态中主压应力 $\sigma_3$ 的绝对值大于主压应力，适于选用第二强度理论。其相当应力为

$$\sigma_{r2}=\sigma_1-\nu(\sigma_2+\sigma_3)=24\text{MPa}-0.25\times(0-36\text{MPa})=33\text{MPa}<[\sigma_t]=35\text{MPa}$$

所以零件是安全的。

如果选用第三强度理论，其相当应力为

$$\sigma_{r3}=\sigma_1-\sigma_3=24\text{MPa}-(-36\text{MPa})=60\text{MPa}>[\sigma_t]=35\text{MPa}$$

即按第三强度理论计算，零件不安全。但实际是安全的，这是因为铸铁属脆性材料，不适合于应用第三强度理论。

# 第八节 莫尔强度理论

除以上四个强度理论外，在工程地质与土力学中还经常用到莫尔强度理论。该理论是由综合试验结果建立的，是以各种状态下材料的破坏试验结果为依据，而不是简单地假设材料破坏是由某一个因素达到了极限值而引起的，从而建立起来的是带有一定经验性的强度理论。

单向拉伸试验时，失效应力为屈服极限 $\sigma_s$ 或强度极限 $\sigma_b$。在 $\sigma-\tau$ 平面内，以失效应力为直径作应力圆 $OA'$，称为极限应力圆（图 7-22）。同样，由单向压缩试验确定的极限应力圆 $OB'$。由纯剪切试验确定的极限应力圆是以 $OC'$ 为半径的圆。对任意的应力状态，设想三个主应力按比例增加，直至以屈服或断裂的形式失效。这时，由三个主应力可确定三个应力圆。现在只作出三个应力圆中最大的一个，亦即由 $\sigma_1$ 和 $\sigma_3$ 确定的应力圆。如图 7-22 中的圆周 $D'E'$。按上述方式，在 $\sigma-\tau$ 平面内得到一系列的极限应力圆。于是可以作出它们的包络线 $F'G'$。包络线当然与材料的性质有关，不同的材料包络线也不一样，但对同一材料则认为它是唯一的。

对一个已知的应力状态 $\sigma_1$、$\sigma_2$、$\sigma_3$，如由 $\sigma_1$ 和 $\sigma_3$ 作出的应力圆在上述包络线之内，则这一应力状态不会引起失效。如恰与包络线相切，就表明这一应力状态已达到失效状态。

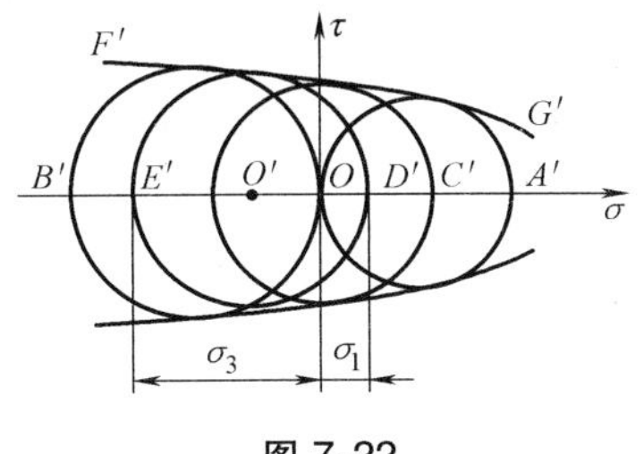

图 7-22

在实用中，为了利用有限的试验数据得到近似确定的包络线，常以单向拉伸和压缩的两个极限应力圆的公切线代替包络线。如再除以安全系数，便得到图 7-23 所示情况。图中 $[\sigma_t]$ 和 $[\sigma_c]$ 分别为材料的抗拉和抗压许用应力。若由 $\sigma_1$ 和 $\sigma_3$ 确定的应力圆在公切线 $ML$ 和 $M'L'$ 之内，则这样的应力状态是安全的。当应力圆与公切线相切时，便是许可状态的最高界限，这时从图 7-23 看出

$$\frac{\overline{O_1N}}{\overline{O_2F}}=\frac{\overline{O_3O_1}}{\overline{O_3O_2}} \tag{a}$$

容易求出

$$\overline{O_1N}=\overline{O_1L}-\overline{O_3T}=\frac{[\sigma_t]}{2}-\frac{\sigma_1-\sigma_3}{2}$$

$$\overline{O_2F}=\overline{O_2M}-\overline{O_3T}=\frac{[\sigma_c]}{2}-\frac{\sigma_1-\sigma_3}{2}$$

$$\overline{O_3O_1}=\overline{O_3O}-\overline{O_1O}=\frac{\sigma_1+\sigma_3}{2}-\frac{[\sigma_t]}{2}$$

$$\overline{O_3O_2}=\overline{O_3O}+\overline{O_2O}=\frac{\sigma_1+\sigma_3}{2}+\frac{[\sigma_c]}{2}$$

将以上诸式代入式（a），经简化后得出

$$\sigma_1-\frac{[\sigma_t]}{[\sigma_c]}\sigma_3=[\sigma_t] \tag{b}$$

对实际的应力状态来说，由 $\sigma_1$ 和 $\sigma_3$ 确定的应力圆应该在公切线之内。设想 $\sigma_1$ 和 $\sigma_3$ 要加大 $k$ 倍后（$k\geqslant1$），应力圆才与公切线相切，亦即才满足条件式（b），于是有

$$k\sigma_1-\frac{[\sigma_t]}{[\sigma_c]}k\sigma_3=[\sigma_t]$$

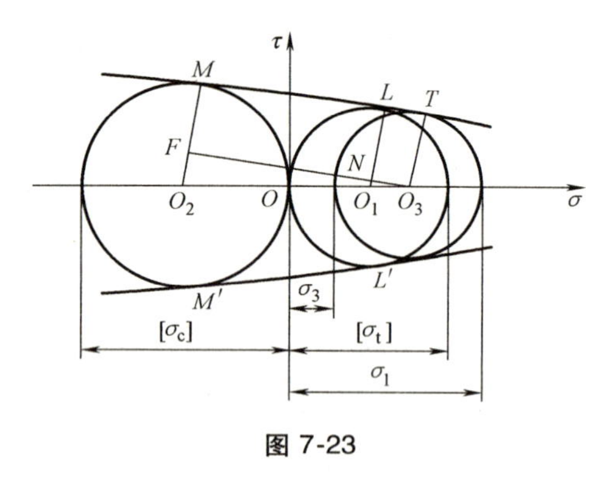

图 7-23

由于 $k\geqslant1$，故得莫尔强度理论的强度条件为

$$\sigma_1-\frac{[\sigma_t]}{[\sigma_c]}\sigma_3\leqslant[\sigma_t] \tag{7-38}$$

仿照公式（7-37），莫尔强度理论的相当应力可写成

$$\sigma_{r,M}=\sigma_1-\frac{[\sigma_t]}{[\sigma_c]}\sigma_3 \tag{7-39}$$

对抗拉和抗压强度相等的材料，$[\sigma_c]=[\sigma_t]$，式（7-38）化为

$$\sigma_1-\sigma_3\leqslant[\sigma]$$

这也就是最大切应力理论的强度条件。可以看出，与最大切应力理论相比，莫尔强度理论考虑了材料抗拉和抗压强度不相等的情况。

因为由莫尔强度理论可以得出第三强度理论的强度条件，所以往往把它看作是第三强度理论的推广。其实，莫尔强度理论是以实验资料为基础，经合乎逻辑的综合得出的，并不像前面的强度理论那样以对时效提出的假说为基础。无疑，莫尔强度理论的方法是比较正确的。今后如能得到更多更准确的实验资料，就可进一步修正图 7-23 中的包络线，提出更符合实际的强度条件。

## 第九节　各种强度理论的应用

前面介绍了几种工程中常用的强度理论，所有强度理论的提出是以生产实践和科学实验为基础的，而每一个强度理论的建立都需要经受实验与实践的检验。强度理论着眼于材料的破坏规律，实验表明，不同材料的破坏因素可能不同，而同一材料在不同的应力状态下也可能具有不同的破坏因素。例如，带尖锐环形深切槽的低碳钢试样，在单轴拉伸时直至拉断均无明显的

塑性变形，而是沿切槽根部截面发生脆性断裂（图 7-24）。又如，圆柱形大理石试样在轴向压缩时，在圆柱体侧表面施加均匀的径向压力，则大理石试样也会发生明显的塑性变形，而被压成腰鼓形。

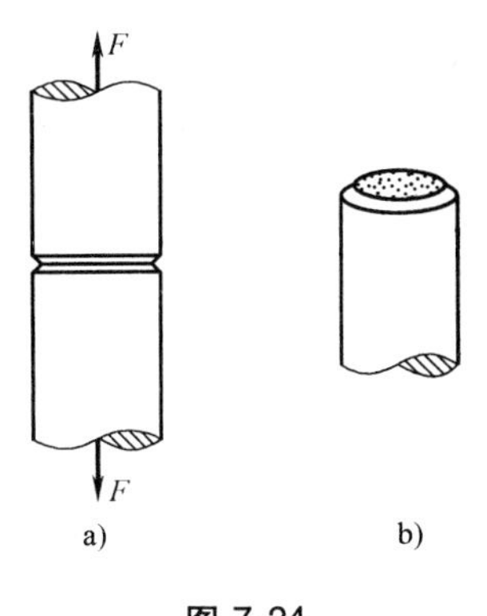

图 7-24

根据试验资料，可把各种强度理论的适用范围归纳如下：

1）本章所述强度理论均仅适用于常温、静载条件下的匀质、连续、各向同性材料。

2）脆性材料：应力状态为单向、二向、三向拉应力状态或 $\sigma_2$ 偏大的三向拉、压应力状态，采用第一强度理论；应力状态为单向、二向受压，主压应力绝对值大于主拉应力的二向拉、压及 $\sigma_2$ 偏小的三向拉、压应力状态，可采用第二强度理论；当为三向接近等值的压应力状态时，应采用第三或第四强度理论。

在复杂应力状态的最大和最小主应力分别为拉应力和压应力的情况下，由于材料的许用拉应力和许用压应力不等，采用莫尔强度理论更为适宜。

3）塑性材料：除三个主应力接近的三向拉应力状态应采用第一强度理论外，其他各种应力情况都采用第三或第四强度理论。

上述的一些观点，目前在一般的工程设计规范中都有所反映。例如，对钢梁的强度进行计算时，一般均采用第四强度理论；又如对承受内压作用的钢管进行计算时，多采用第三强度理论。应该指出，强度理论的选用并不单纯是个力学问题，而与有关工程技术部门长期积累的经验，以及根据这些经验制定的一整套计算方法和规定的许用应力数值有关。所以在不同的工程技术部门中，对于强度理论的选用，看法并不完全一致。

根据强度理论，可以建立材料在单轴拉伸时的许用拉应力［$\sigma$］与在纯剪切应力状态下的许用切应力［$\tau$］的关系。在纯剪切应力状态下，一点处的三个主应力分别为 $\sigma_1=\tau$，$\sigma_2=0$，$\sigma_3=-\tau$。对于低碳钢一类的塑性材料，由试验结果可知，在纯剪切和单轴拉伸两种应力状态下，材料均发生屈服破坏。所以，若按畸变能密度理论来建立强度条件，则从式（7-31）可得

$$\sqrt{\frac{1}{2}[(\tau-0)^2+(0+\tau)^2+(-\tau-\tau)^2]}=\sqrt{3}\tau\leqslant[\sigma]$$

或

$$\tau\leqslant\frac{[\sigma]}{\sqrt{3}} \tag{a}$$

式中，［$\sigma$］为材料在单轴拉伸时的许用拉应力。将式（a）与在纯剪切应力状态下的强度条件 $\tau\leqslant$［$\tau$］相比较，即得这类材料在纯剪切应力状态下的许用切应力［$\tau$］与在单轴拉伸时的许用拉应力［$\sigma$］间的关系为

$$[\tau]\leqslant\frac{[\sigma]}{\sqrt{3}}=0.577[\sigma] \tag{7-40}$$

**例 7-10**　两端简支的组合工字钢梁承受荷载如图 7-25a 所示。已知材料为 Q235 号钢，许用应力 $[\sigma]=170\text{MPa}$，$[\tau]=100\text{MPa}$，试按强度条件选择工字钢的型号。

**解：**(1) 确定危险截面　求梁的支座反力，画出梁的剪力图和弯矩图如图 7-25b、c 所示。由图可知，$C$、$D$ 截面为危险截面。因其危险程度相当，故选择其中 $C$ 截面进行计算。

(2) 先按正应力强度条件选择截面　由型钢表查得 20a 工字钢有关数据。

由正应力强度条件 $\sigma_{\max}\leqslant[\sigma]$，求出所需的截面系数为

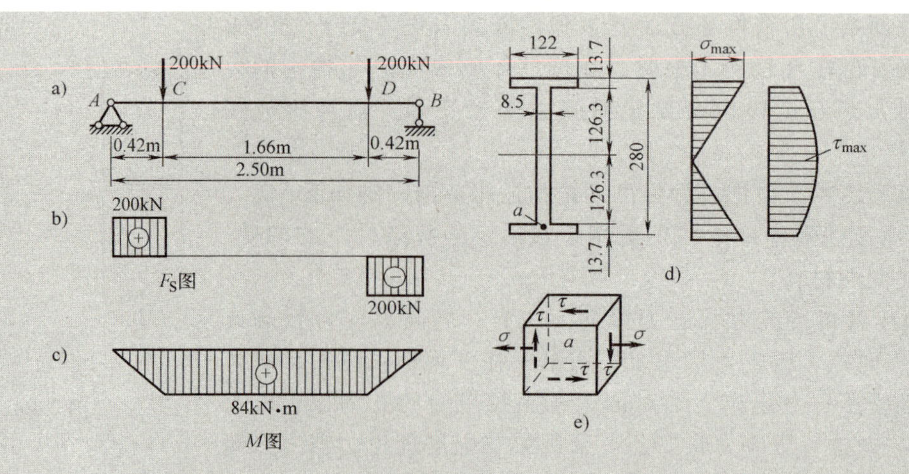


图 7-25

$$W_z = \frac{M_{max}}{[\sigma]} = \frac{84\times10^3\text{N}\cdot\text{m}}{170\times10^6\text{Pa}} = 494\times10^{-6}\text{m}^3$$

如选用 28a 号工字钢，则其截面的 $W_z = 508\text{cm}^3$。显然，这一截面满足正应力强度条件的要求。

(3) 再按切应力强度条件进行校核　对于 28a 号工字钢的截面，查表得

$$I_z = 7114\text{cm}^4,\ \frac{I_z}{S_z} = 24.62\text{cm},\ d = 8.5\text{mm}。$$

$$\tau_{max} = \frac{F_{S,max}S_z^*}{I_z d} = \frac{200\times10^3\text{N}}{(24.62\times10^{-2}\text{m})\times(8.5\times10^{-3}\text{m})} = 95.5\text{MPa} < [\tau]$$

由此可见，选用 28a 号工字钢满足切应力强度条件。

(4) 应用强度理论校核　以上考虑了危险截面上的最大正应力和最大切应力。但是，对于工字形截面，危险截面上腹板与翼缘交界处的正应力和剪应力同时有较大的数值，且为平面应力状态，因此该处的主应力可能很大，是危险点，应进行强度校核，为此在该处取 $a$ 点，围绕该点取单元体（图 7-25e），计算单元体上的应力为

$$\sigma = \frac{M_{max}y}{I_z} = \frac{(84\times10^3\text{N}\cdot\text{m})\times(0.1263\text{m})}{7114\times10^{-8}\text{m}^4} = 149.1\times10^6\text{Pa}$$

$$= 149.1\text{MPa}$$

$$\tau = \frac{F_{S,max}S_z^*}{I_z d} = \frac{(200\times10^3\text{N})\times(223\times10^{-6}\text{m}^3)}{(7114\times10^{-8}\text{m}^4)\times(8.5\times10^{-3}\text{m})} = 73.8\times10^6\text{Pa}$$

$$= 73.8\text{MPa}$$

上式中的 $S_z^*$ 为横截面的下翼缘面积对中性轴的静矩，其值为

$$S_z^* = (122\text{mm}\times13.7\text{mm})\times\left(126.3\text{mm}+\frac{13.7\text{mm}}{2}\right) = 223000\ \text{mm}^3$$

$$= 223\times10^{-6}\text{m}^3$$

在图 7-25e 所示的应力状态下，该点的三个主应力为

$$\sigma_1 = \frac{\sigma}{2} + \sqrt{\left(\frac{\sigma}{2}\right)^2 + \tau^2}$$

$$\sigma_2=0$$

$$\sigma_3=\frac{\sigma}{2}-\sqrt{\left(\frac{\sigma}{2}\right)^2+\tau^2}$$

由于材料是 Q235 钢，按第四强度理论进行强度校核，把上述主应力代入式（7-35）后，得强度条件为

$$\sqrt{\sigma^2+3\tau^2}\leqslant[\sigma]$$

将上述 $a$ 点处的 $\sigma$，$\tau$ 值代入上式，得

$$\sigma_{r4}=\sqrt{(149.1\text{Pa})^2+3(73.8\text{Pa})^2}=196.4\times10^6\text{Pa}=196.4\text{MPa}$$

因 $\sigma_{r4}$ 较 $[\sigma]$ 大了 15.5%，所以应另选较大的工字钢。若选用 28b 工字钢，再按上述方法，算得 $a$ 点处的 $\sigma_{r4}=173.2\text{MPa}$，较 $[\sigma]$ 大了 1.88%，故选用 28b 工字钢。

若按第三强度理论对 $a$ 点进行强度校核，把上述主应力代入式（7-33）后，得强度条件为

$$\sqrt{\sigma^2+4\tau^2}\leqslant[\sigma]$$

然后将上述 $a$ 点处的 $\sigma$，$\tau$ 值代入上式进行计算。

应该指出，例 7-10 中对于点 $a$ 的强度校核，只对组合工字钢截面是必要的。组合工字钢截面是由三块钢板焊接而成的，对于符合国家标准的型钢（工字钢、槽钢）来说，并不需要对腹板和翼缘交界处的点进行校核。型钢截面在腹板与翼缘交界处有圆弧，且工字钢翼缘的内边又有 1∶6 的坡度，从而增加了交界处的截面宽度，这就保证了在截面上、下边缘处的正应力和中性轴上的切应力都不超过许用应力的情况下，腹板和翼缘交界处的各点一般不会发生强度不够的问题。

**例 7-11**　水库岸边为花岗岩体。已知花岗岩的许用拉应力 $[\sigma_t]=2\text{MPa}$，许用压应力 $[\sigma_c]=16\text{MPa}$，库岸岩体内危险点的主应力 $\sigma_1=-4\text{MPa}$，$\sigma_3=-26\text{MPa}$。试用莫尔强度理论对岸边岩体进行强度校核。

**解**：由莫尔强度条件（7-39），得

$$\sigma_{r,M}=\sigma_1-\frac{[\sigma_t]}{[\sigma_c]}\sigma_3=-4\text{MPa}-\frac{2(-26)}{16}\text{MPa}=-0.75\text{MPa}<[\sigma_t]$$

可知水库岸边岩体强度足够。

# 小　结

1. 一点处应力状态的概念是指过一点各个方位截面上的应力情况。

2. 用单元体来表示一点处的应力状态。

3. 应力状态的分类：平面应力状态与空间应力状态。

4. 主平面与主应力：如果单元体的某一个面上只有正应力分量而无剪应力分量，则这个面称为主平面，主平面上的正应力称为主应力。通常用 $\sigma_1$、$\sigma_2$、$\sigma_3$ 表示三个主应力，而且按

代数值大小排列，即 $\sigma_1>\sigma_2>\sigma_3$。根据主应力的情况，应力状态可分为三种：单向应力状态、二向应力状态和三向应力状态。

5. 用解析法求斜截面上的应力

$$\sigma_\alpha=\frac{\sigma_x+\sigma_y}{2}+\frac{\sigma_x-\sigma_y}{2}\cos2\alpha-\tau_x\sin2\alpha$$

$$\tau_\alpha=\frac{\sigma_x-\sigma_y}{2}\sin2\alpha+\tau_x\cos2\alpha$$

6. 用图解法求斜截面上的应力——应力圆。

7. 主应力的大小和方位

$$\sigma_{\min}^{\max}=\frac{\sigma_x+\sigma_y}{2}\pm\sqrt{\left(\frac{\sigma_x-\sigma_y}{2}\right)+\tau_x^2}$$

$$\tan2\alpha_0=-\frac{2\tau_x}{\sigma_x-\sigma_y}$$

8. 空间应力圆

$$\tau_{\max}=-\frac{\sigma_1-\sigma_3}{2}$$

9. 广义胡克定律

$$\left.\begin{aligned}\varepsilon_x&=\frac{1}{E}[\sigma_x-\nu(\sigma_y+\sigma_z)]\\ \varepsilon_y&=\frac{1}{E}[\sigma_y-\nu(\sigma_x+\sigma_z)]\\ \varepsilon_z&=\frac{1}{E}[\sigma_z-\nu(\sigma_x+\sigma_y)]\\ \gamma_{xy}&=\frac{1}{G}\tau_{xy}\\ \gamma_{yz}&=\frac{1}{G}\tau_{yz}\\ \gamma_{zx}&=\frac{1}{G}\tau_{zx}\end{aligned}\right\}$$

10. 四个强度理论与相当应力

$$\left.\begin{aligned}\sigma_{r1}&=\sigma_1\\ \sigma_{r2}&=\sigma_1-\nu(\sigma_2+\sigma_3)\\ \sigma_{r3}&=\sigma_1-\sigma_3\\ \sigma_{r4}&=\sqrt{\frac{1}{2}[(\sigma_1-\sigma_2)^2+(\sigma_2-\sigma_3)^2+(\sigma_3-\sigma_1)^2]}\end{aligned}\right\}$$

11. 莫尔强度理论

$$\sigma_1-\frac{[\sigma_t]}{[\sigma_c]}\sigma_3\leqslant[\sigma_t]$$

# 思　考　题

7-1　如图 7-26 所示围绕构件内一点，如何取出单元体？为什么说单元体的应力状态可以代表一点的应力状态？

7-2　有人认为，如图 7-27 所示的单元体因 $z$ 轴方向上既没有剪应力，也没有正应力，因此它一定属于二向应力状态，对吗？

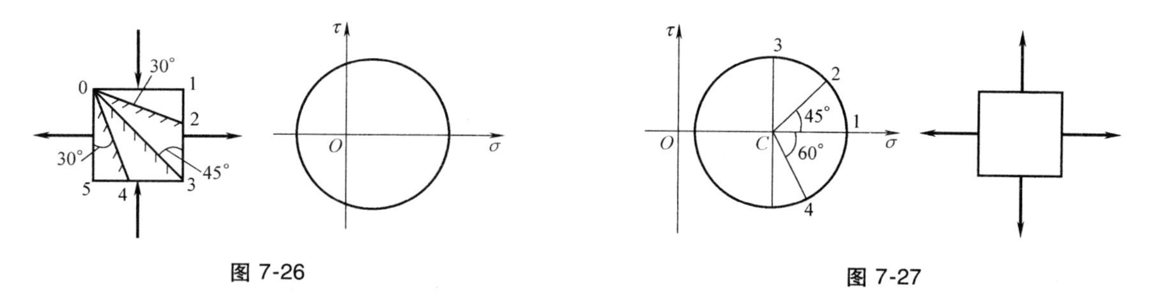


图 7-26　　图 7-27

7-3　什么是主平面？什么是主应力？

7-4　最大剪应力平面上的正应力是否一定相等？

7-5　为什么应用“规则”判断主平面方位时还要限制“$2\alpha_0$ 取锐角”这个条件？

7-6　试用应力圆证明，过一点两个互相垂直截面上正应力之和为常量。这个常量等于多少？

7-7　怎样根据单元体各面上的已知应力作出应力圆？

7-8　什么是梁的主应力迹线？它有什么特点？研究梁的主应力迹线有什么意义？

7-9　广义胡克定律的应用条件是什么？对于各向同性材料，一点处的最大、最小正应变与最大、最小正应力有什么关系？

7-10　怎样计算一点处的应变能密度和畸变能密度？

7-11　什么是强度理论？金属材料的典型破坏形式有几种？常用的强度理论有哪些？

7-12　通常情况下，塑性材料适用什么强度理论？脆性材料适用什么强度理论？

# 习　　题

7-1　已知应力状态如图 7-28a、b、c 所示，求指定斜截面 $ab$ 上的应力，并画在单元体上。

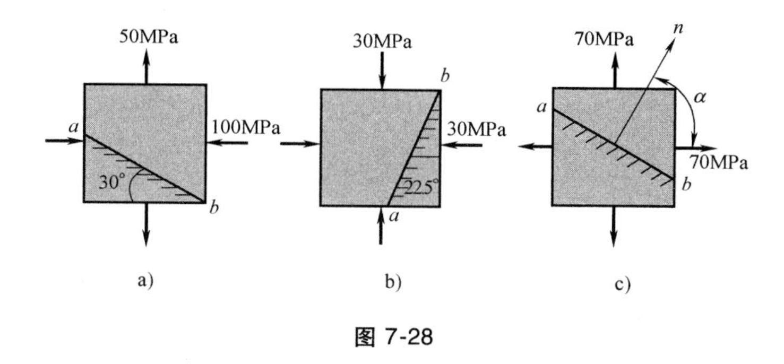


图 7-28

7-2　木制构件中的微元受力如图 7-29 所示，其中所示的角度为木纹方向与铅垂方向的夹角。试求：(1) 平行于木纹方向的切应力；(2) 垂直于木纹方向的正应力。

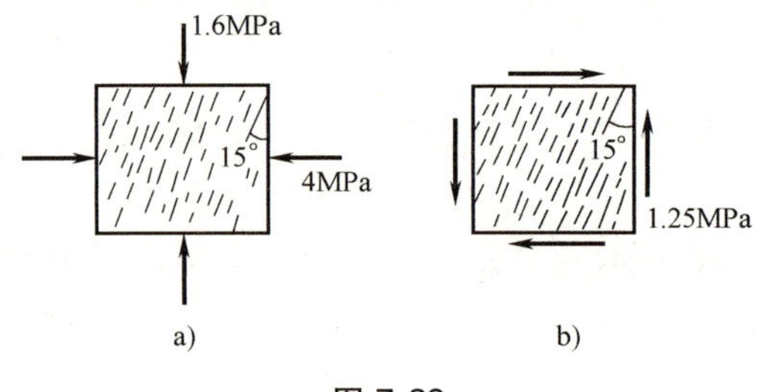


图 7-29

7-3 已知应力状态如图 7-30 所示，图中应力单位皆为 MPa。试用解析法及图解法求：(1) 主应力大小，主平面位置；(2) 在单元体上绘出主平面位置及主应力方向；(3) 剪应力极值。

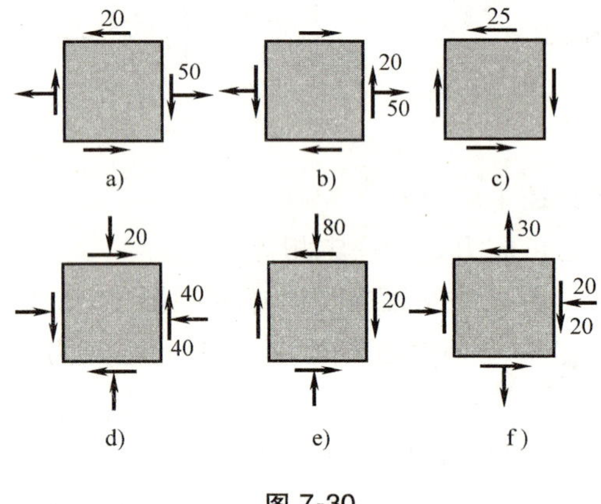


图 7-30

7-4 如图 7-31 所示，锅炉直径 $D = 1\text{m}$，壁厚 $t = 10\text{mm}$，内受蒸汽压力 $p = 3\text{MPa}$。试求：(1) 壁内主应力及剪应力极值；(2) 斜截面 $ab$ 上的正应力及剪应力。

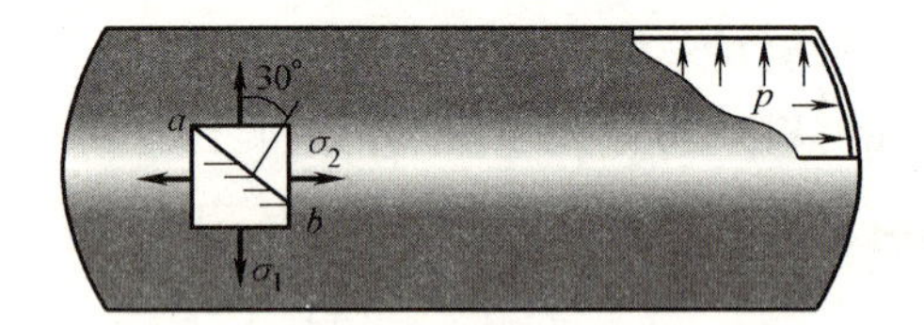


图 7-31

7-5 从构件中取出的微元受力如图 7-32 所示，其中 $AC$ 为自由表面（无外力作用）。试求 $\sigma_x$ 和 $\tau_{xy}$。

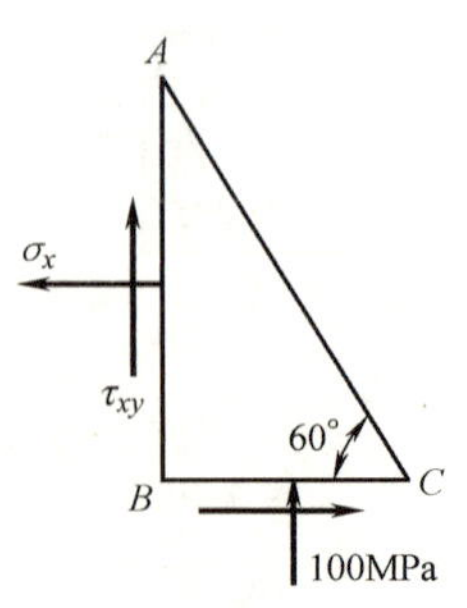


图 7-32

7-6　某点处的应力如图 7-33 所示，设 $\sigma_\alpha$、$\tau_\alpha$ 及 $\sigma_y$ 值为已知，试根据已知数值直接作出应力圆。

7-7　一圆轴受力如图 7-34 所示，已知固定端横截面上的最大弯曲正应力为 40MPa，最大扭转剪应力为 30MPa，因剪力而引起的最大剪应力为 6kPa。试：（1）用单元体画出 $A$、$B$、$C$、$D$ 各点处的应力状态；（2）求 $A$ 点的主应力和剪应力极值及其作用面的方位。

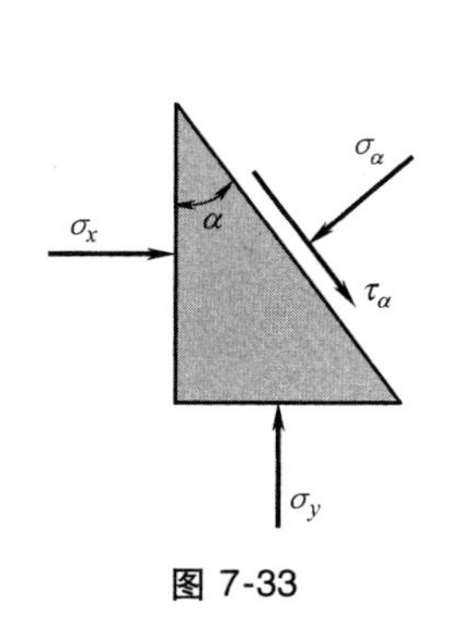


图 7-33

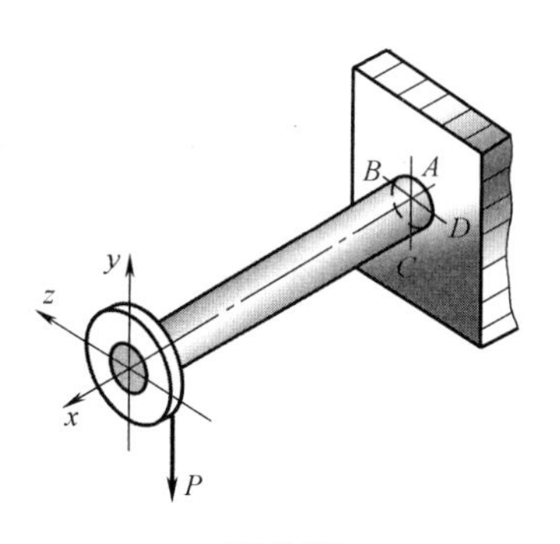


图 7-34

7-8　有一拉杆，由两段杆沿 $m—n$ 面胶合而成，如图 7-35 所示。已知杆件横截面面积 $A=2000\text{mm}^2$，如要求胶合面上作用的拉应力为 $\sigma_\alpha=10\text{MPa}$，剪应力为 $\tau_\alpha=6\text{MPa}$。试求此时胶合面倾角和轴向拉伸荷载 $P$。

7-9　二向应力状态如图 7-36 所示，应力单位为 MPa。试求主应力并作应力圆。

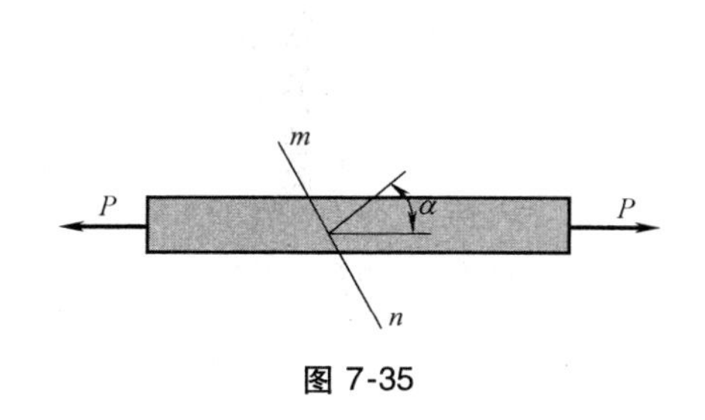


图 7-35

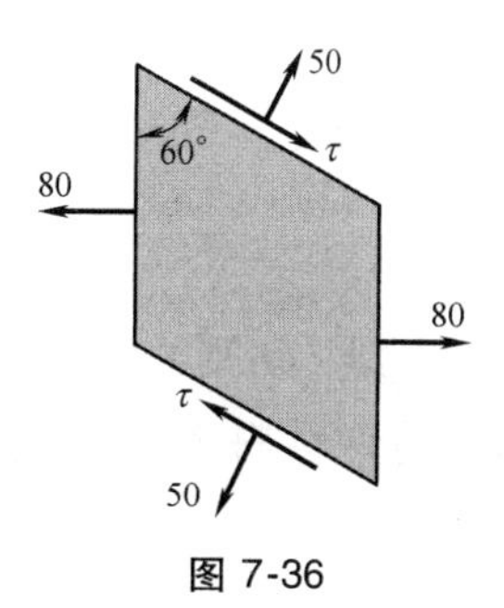


图 7-36

7-10　试确定图 7-37 所示应力状态中的最大正应力和最大切应力。图中应力的单位为 MPa。

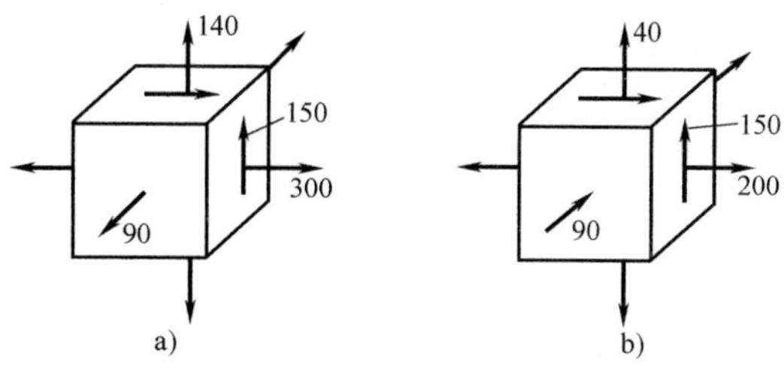


图 7-37

7-11　结构中某一点处的应力状态如图 7-38 所示。

（1）当 $\tau_{xy}=0$，$\sigma_x=200\text{MPa}$，$\sigma_y=100\text{MPa}$ 时，测得由 $\sigma_x$、$\sigma_y$ 引起的 $x$、$y$ 方向的正应变分别为 $\varepsilon_x=2.42\times10^{-3}$，$\varepsilon_y=0.49\times10^{-3}$。求结构材料的弹性模量 $E$ 和泊松比 $\nu$ 的数值。

（2）在上述所示的 $E$、$\nu$ 值条件下，当切应力 $\tau_{xy}=80\text{MPa}$，$\sigma_x=200\text{MPa}$，$\sigma_y=100\text{MPa}$ 时，求 $\gamma_{xy}$。

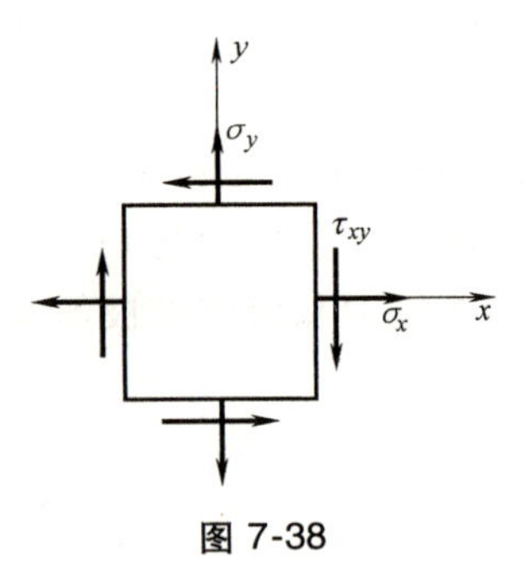


图 7-38

7-12 对于一般平面应力状态，已知材料的弹性常数 $E$、$\nu$，且由实验测得 $\varepsilon_x$ 和 $\varepsilon_y$。试证明：

$$\sigma_x = E\frac{\varepsilon_x+\nu\varepsilon_y}{1-\nu^2}$$

$$\sigma_y = E\frac{\varepsilon_y+\nu\varepsilon_x}{1-\nu^2}$$

$$\sigma_z = E\frac{\nu(\varepsilon_x+\varepsilon_y)}{1-\nu^2}$$

7-13 试求图 7-39a 中所示的纯切应力状态旋转 45°后各面上的应力分量，并将其标于图 7-39b 中。然后，应用一般应力状态应变能密度的表达式：

$$v_\varepsilon = \frac{1}{2E}[\sigma_x^2+\sigma_y^2+\sigma_z^2-2\nu(\sigma_x\sigma_y+\sigma_y\sigma_z+\sigma_z\sigma_x)]+\frac{1}{2G}(\tau_{xy}^2+\tau_{yz}^2+\tau_{zx}^2)$$

分别计算图 7-39a 和图 7-39b 两种情形下的应变比能，并令二者相等，从而证明：

$$G=\frac{E}{2(1+\nu)}$$

7-14 从某铸铁构件内取出的危险点处的单元体，其各面上的应力分量如图 7-40 所示。已知铸铁材料的横向变形系数 $\nu=0.25$，许用拉应力 $[\sigma_t]=30\text{MPa}$，许用压应力 $[\sigma_c]=90\text{MPa}$。试按第一和第二强度理论校核其强度。

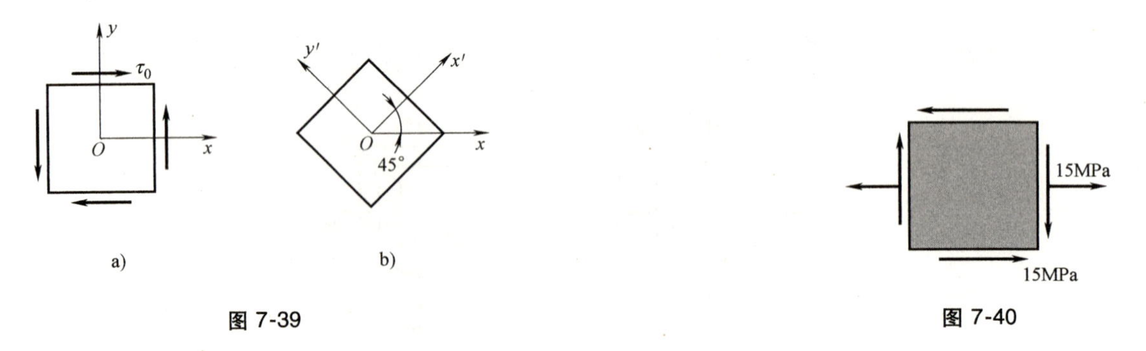


图 7-39

图 7-40

7-15 车轮与钢轨接触点处的主应力为 −800MPa、−900MPa、−1100MPa。若 $[\sigma]=300\text{MPa}$，试对接触点作强度校核。

7-16 炮筒横截面如图 7-41 所示。在危险点处，$\sigma_t=550\text{MPa}$，$\sigma_r=-350\text{MPa}$，第三个主应力垂直于图面，是拉应力，且其大小为 420MPa。试按第三和第四强度理论，计算其相当应力。

7-17 对图 7-42 所示各应力状态，写出四个常用强度理论的相当应力。设 $\nu=0.3$。如材料为中碳钢，指出该用哪一理论。

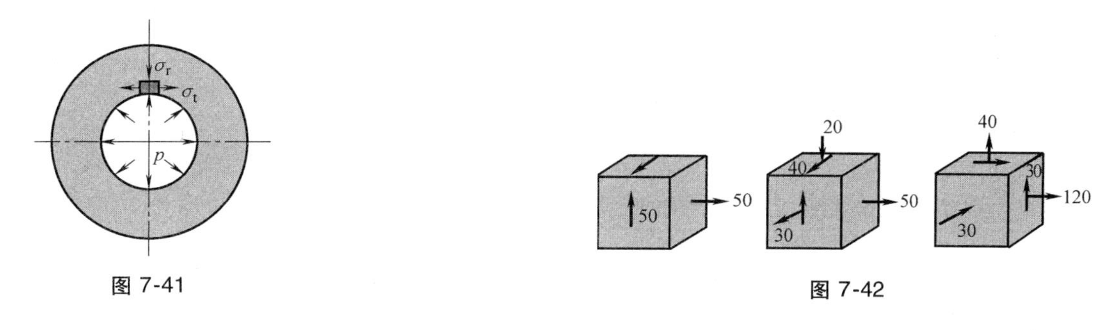


图 7-41　　　　图 7-42

7-18　对图 7-43 所示各应力状态（应力单位为 MPa），写出四个常用强度理论及莫尔强度理论的相当应力。设 $\nu=0.25$，$\frac{[\sigma_t]}{[\sigma_c]}=\frac{1}{4}$。

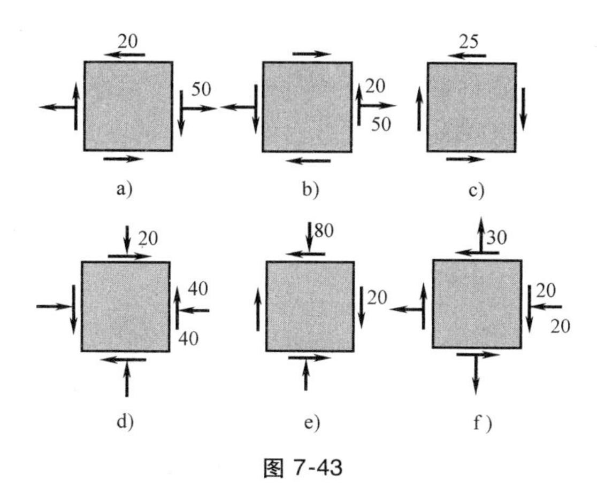


图 7-43

7-19　薄壁锅炉的平均直径为 1250mm，最大内压力为 23 个大气压（1 大气压≈0.1MPa），在高温下工作，屈服点 $\sigma_s=182.5$MPa。若安全系数为 1.8，试按第三和第四强度理论设计锅炉的壁厚。

7-20　一简支钢板梁受荷载如图 7-44a 所示，它的截面尺寸如图 7-44b 所示。已知钢材的许用应力为 $[\sigma]=170$MPa，$[\tau]=100$MPa。试校核梁内的最大正应力和最大剪应力，并按第四强度理论对危险截面上的 $a$ 点作强度校核（若 $a$ 位置为翼缘与腹板的交界处）。

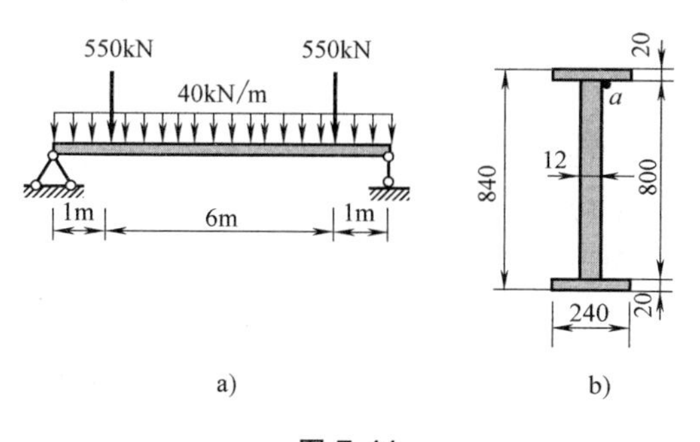


图 7-44

7-21　铸铁薄管如图 7-45 所示。管的外径为 200mm，壁厚 $t=15$mm，内压 $p=4$MPa，$P=200$kN。铸铁的抗拉及抗压许用应力分别为 $[\sigma_t]=30$MPa，$[\sigma_c]=120$MPa，$\nu=0.25$。试用第二强度理论及莫尔强度理论校核薄管的强度。

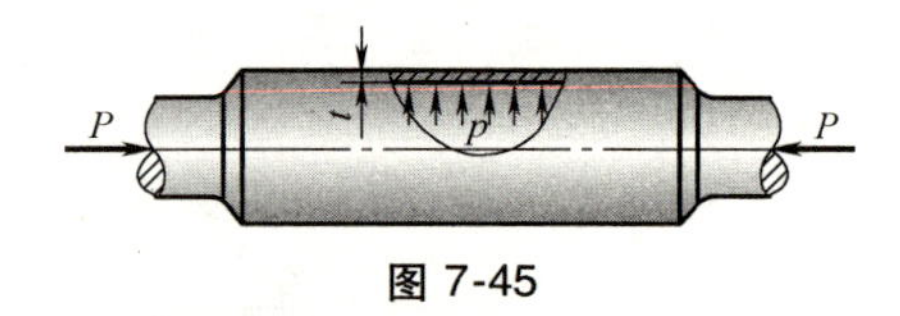


图 7-45

7-22 设有单元体如图 7-46 所示，已知材料的许用拉应力为 $[\sigma_t]=60\text{MPa}$，许用压应力为 $[\sigma_c]=180\text{MPa}$。试按莫尔强度理论作强度校核。

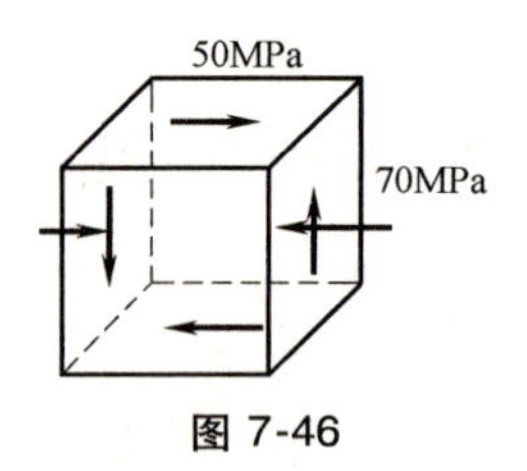


图 7-46

7-23 如图 7-47 所示，用 Q235 钢制成的实心圆截面杆，受轴向拉力 $P$ 及扭转力偶矩 $m$ 共同作用，且 $m=Pd/10$。今测得圆杆表面 $k$ 点处沿图示方向的线应变 $\varepsilon_{30°}=57.33\times10^{-5}$。已知该杆直径 $d=10\text{mm}$，材料的弹性模量为 $E=200\text{GPa}$，$\nu=0.3$。试求荷载 $P$ 和 $m$。若其许用应力 $[\sigma]=160\text{MPa}$，试按第四强度理论校核该杆的强度。

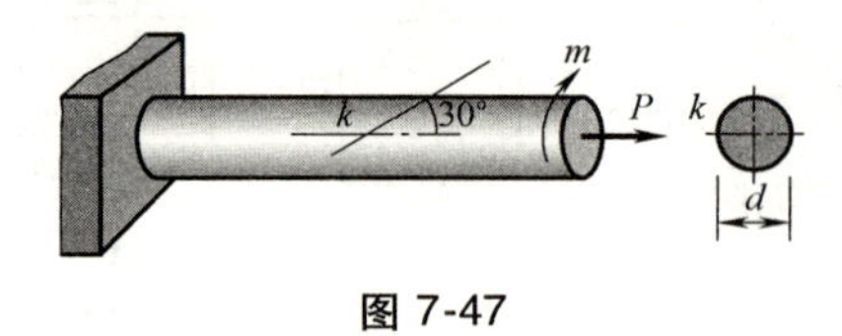


图 7-47

7-24 钢制圆柱形薄壁容器承受内压作用，已知平均直径 $D=1.8\text{m}$，壁厚 $\delta=14\text{mm}$，材料屈服极限 $\sigma_s=400\text{MPa}$，若要求安全系数 $n_s=6.0$，试确定此容器所能承受的最大内压力：(1) 用最大剪应力理论；(2) 用形状改变应变能理论。

## 习题参考答案

7-1 a) $\sigma_{60°}=12.5\text{MPa}$，$\tau_{60°}=-65\text{MPa}$

b) $\sigma_{157.5°}=-30\text{MPa}$，$\tau_{157.5°}=0\text{MPa}$

c) $\sigma_\alpha=70\text{MPa}$，$\tau_\alpha=0$

7-2 a) 平行于木纹方向切应力 $\tau=0.6\text{MPa}$

垂直于木纹方向正应力 $\sigma=-3.84\text{MPa}$

b) 切应力 $\tau=-1.08\text{MPa}$

正应力 $\sigma=-0.625\text{MPa}$

7-3 a) $\sigma_1=57\text{MPa}$，$\sigma_3=-7\text{MPa}$，$\alpha_0=-19°20'$，$\tau_{极}=32\text{MPa}$

b) $\sigma_1=57\text{MPa}$，$\sigma_3=-7\text{MPa}$，$\alpha_0=-19°20'$，$\tau_{极}=32\text{MPa}$

c) $\sigma_1=25\text{MPa}$，$\sigma_3=-25\text{MPa}$，$\alpha_0=-45°$，$\tau_{极}=25\text{MPa}$

d) $\sigma_1=11.2\text{MPa}$，$\sigma_3=-71.2\text{MPa}$，$\alpha_0=-38°$，$\tau_{极}=41.2\text{MPa}$

e) $\sigma_1=4.7\text{MPa}$，$\sigma_3=-84.7\text{MPa}$，$\alpha_0=-13°17'$，$\tau_{极}=44.7\text{MPa}$

f) $\sigma_1=37\text{MPa}$，$\sigma_3=-27\text{MPa}$，$\alpha_0=-19°20'$，$\tau_{极}=32\text{MPa}$

7-4　（1）$\sigma_1=150\text{MPa}$，$\sigma_2=75\text{MPa}$，$\tau_{极}=37.5\text{MPa}$

（2）　$\sigma_\alpha=131\text{MPa}$，$\tau_\alpha=-32.5\text{MPa}$

7-5　$\sigma_x=-33.3\text{MPa}$，$\tau_{xy}=-\tau_{yx}=-57.7\ \text{MPa}$

7-6　略

7-7　$\sigma_1=56.1\ \text{MPa}$，$\sigma_2=0$，$\sigma_3=-16.1\text{MPa}$，$\tau_{极}=36.1\text{MPa}$

7-8　$\alpha=31^\circ$，$P=27.2\text{kN}$

7-9　$\sigma_1=80\text{MPa}$，　$\sigma_2=40\text{MPa}$，$\sigma_3=0$

7-10　a）$\begin{matrix}\sigma_1\\ \sigma_2\end{matrix}=\left[\dfrac{300+140}{2}\pm\dfrac{1}{2}\sqrt{(300-140)^2+4\times(-150)^2}\right]\text{MPa}=\begin{matrix}390\text{MPa}\\ 50\text{MPa}\end{matrix}$

$\sigma_3=90\text{MPa}$

$\tau_{\max}=\dfrac{390-50}{2}=170\text{MPa}$

b）$\begin{matrix}\sigma_1\\ \sigma_2\end{matrix}=\left[\dfrac{200+40}{2}\pm\dfrac{1}{2}\sqrt{(200-40)^2+4\times(-150)^2}\right]\text{MPa}=\begin{matrix}290\text{MPa}\\ -50\text{MPa}\end{matrix}$

$\sigma_3=-90\text{MPa}$

$\tau_{\max}=\dfrac{\sigma_1-\sigma_3}{2}=\dfrac{290-(-90)}{2}=190\text{MPa}$

7-11　（1）$\nu=\dfrac{1}{3}$　　$E=68.7\text{GPa}$　　$G=25.77\text{GPa}$

（2）$\gamma_{xy}=3.1\times10^{-3}$

7-13　a）$v_\varepsilon=\dfrac{1}{2G}(|\tau_0|)^2$

b）$v_\varepsilon=\dfrac{1+\nu}{E}(|\tau_0|)^2$

7-14　$\sigma_{r1}=24.3\text{MPa}$，　$\sigma_{r2}=26.6\text{MPa}$

7-15　$\sigma_{r3}=300\text{MPa}=[\sigma]$，$\sigma_{r4}=264\text{MPa}<[\sigma]$　安全

7-16　$\sigma_{r3}=900\text{MPa}$，$\sigma_{r4}=842\text{MPa}$

7-17　单位为 MPa

a）$\sigma_{r1}=\sigma_1=50$，$\sigma_{r2}=50$，$\sigma_{r3}=100$，$\sigma_{r4}=100$

b）$\sigma_{r1}=52.17$，$\sigma_{r2}=49.8$，$\sigma_{r3}=94.3$，$\sigma_{r4}=93.3$

c）$\sigma_{r1}=130$，$\sigma_{r2}=130$，$\sigma_{r3}=160$，$\sigma_{r4}=140$

材料为中碳钢，选用第三或第四强度理论。

7-18　单位为 MPa，此题 $\nu=\dfrac{[\sigma_t]}{[\sigma_c]}$，所以 $\sigma_{rm}=\sigma_{r2}$

a），b）$\sigma_{r1}=57$，$\sigma_{r2}=58.8$，$\sigma_{r3}=64$，$\sigma_{r4}=64$

c）$\sigma_{r1}=25$，$\sigma_{r2}=31.3$，$\sigma_{r3}=50$，$\sigma_{r4}=43.3$，

d）$\sigma_{r1}=11.2$，$\sigma_{r2}=29$，$\sigma_{r3}=82.4$，$\sigma_{r4}=77.4$

e）$\sigma_{r1}=4.7$，$\sigma_{r2}=25.9$，$\sigma_{r3}=89.4$，$\sigma_{r4}=87.1$

f）$\sigma_{r1}=37$，$\sigma_{r2}=43.8$，$\sigma_{r3}=64$，$\sigma_{r4}=55.7$

7-19　$\delta=14.2\text{mm}$（第三强度理论）

$\delta=12.3\text{mm}$（第四强度理论）

7-20 $\sigma_{max}=172\text{MPa}>[\sigma]$，但仅超过1.2%，安全

$\tau_{max}=81.5\text{MPa}<[\tau]$，集中荷载作用截面上点a处$\sigma_{r4}=157.7\text{MPa}<[\sigma]$

7-21 $\sigma_{r2}=28.6\text{MPa}$，$\sigma_{r,M}=28.6\text{MPa}$安全

7-22 $\sigma_{r,M}=58\text{MPa}$

7-23 $P=8\text{kN}$，$m=8\text{kN}\cdot\text{m}$，$\sigma_{r4}=123.6\text{MPa}$

7-24 （1）$p=1.04\text{MPa}$，（2）$p=1.20\text{MPa}$

# 第八章　组合变形

## 第一节　组合变形概念和工程实例

杆件的四种基本变形形式（轴向拉伸和压缩、剪切、扭转、弯曲等）都是在特定的荷载条件下发生的。工程实际中杆件所受的一般荷载，常常不满足产生基本变形形式的荷载条件。这些一般荷载所引起的变形可视为两种或两种以上基本变形的组合，称之为**组合变形**。

例如，图 8-1a 所示设有起重机的厂房的柱子，除受轴向压力 $F_1$外，还受到偏心压力 $F_2$的作用，立柱将同时发生轴向压缩和弯曲变形。又如，图 8-1b 所示的烟囱，除自重引起压缩变形外，水平风力使其产生弯曲变形，即同时产生两种基本变形。再如，图 8-1c 所示的曲拐轴，在荷载 $F$ 作用下，$AB$ 段既受弯又受扭，即同时产生弯曲变形和扭转变形。

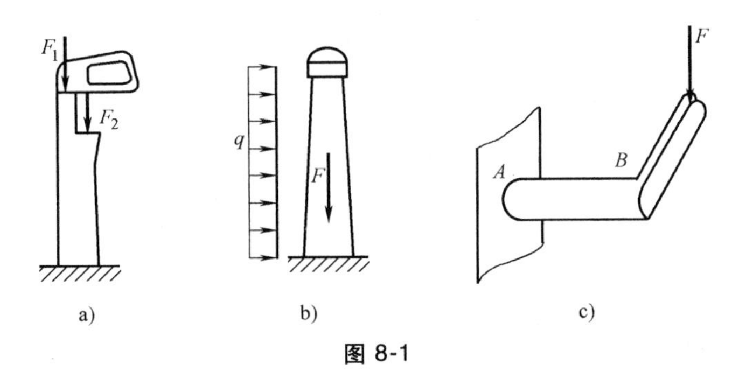

图 8-1

对于组合变形下的构件，在线弹性范围内、小变形条件下，可按构件的原始形状和尺寸进行计算。因而，可先将荷载简化为符合基本变形外力作用条件的外力系，分别计算构件在每一种基本变形下的内力、应力或变形。然后，利用叠加原理，综合考虑各基本变形的组合情况，以确定构件的危险截面、危险点的位置及危险点的应力状态，并据此进行强度计算。

本章将研究两个平面弯曲的组合变形和拉伸（压缩）与弯曲的组合变形。在弹性范围内，小变形条件下，求这两种组合变形的应力，并进行强度计算。

## 第二节　斜弯曲变形的应力及强度计算

第四章中讨论了梁的平面弯曲，例如，图 8-2a 所示的矩形截面悬臂梁，外力 $F$ 作用在梁的对称平面内时，梁弯曲后，其挠曲线位于梁的纵向对称平面内，此类弯曲为平面弯曲。本节讨论的斜弯曲与平面弯曲不同。例如，图 8-2b 所示的同样的矩形截面梁，外力的作用线通过截面的形心但不与截面的对称轴重合，此梁弯曲后的挠曲线不再位于梁的纵向对称平面内，这类弯曲称为**斜弯曲**。斜弯曲是两个平面弯曲的组合变形，这里将讨论斜弯曲时的正应力和正应力强度计算。

## 一、正应力计算

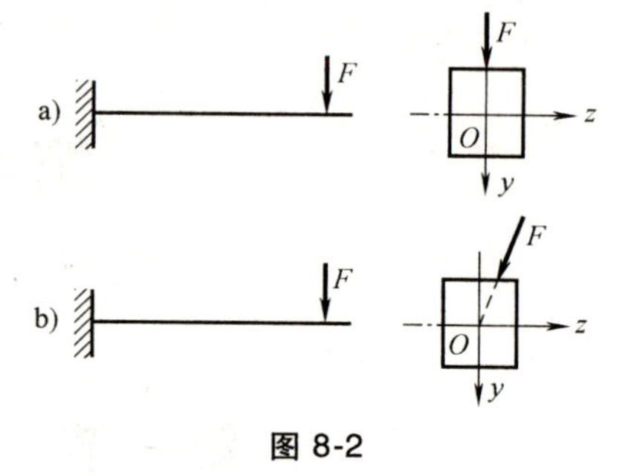

图 8-2

斜弯曲时，梁横截面上一般存在正应力和切应力，因切应力值一般很小，这里不予考虑。下面结合图 8-3a 所示的矩形截面悬臂梁说明正应力的计算方法。

计算距右端面为 $a$ 的截面上某点 $K(y,\ z)$ 处的正应力时，是将外力 $F$ 沿截面的两个对称轴方向分解为 $F_y$ 和 $F_z$，分别计算 $F_y$ 和 $F_z$ 单独作用下该点的正应力，再代数相加。$F_y$ 和 $F_z$ 单独作用下梁的变形分别为在 $xy$ 面内和在 $xz$ 面内的平面弯曲，也就是说，计算斜弯曲时的正应力，是将斜弯曲分解为两个平面弯曲，分别计算每个平面弯曲下的正应力，再进行叠加。

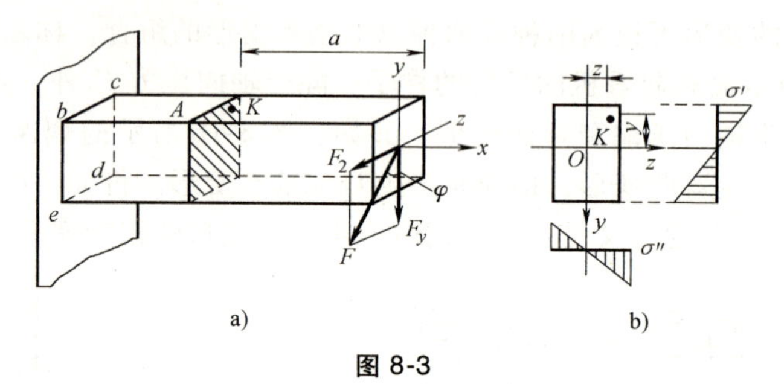

图 8-3

由图 8-3a 可知，$F_y$、$F_z$ 的值分别为

$$F_y = F\cos\varphi \qquad F_z = F\sin\varphi$$

距右端为 $a$ 的任一横截面上由 $F_y$ 和 $F_z$ 引起的弯矩分别为

$$M_z = F_y a = Fa \cdot \cos\varphi = M\cos\varphi$$

$$M_y = F_z a = Fa \cdot \sin\varphi = M\sin\varphi$$

式中 $M=Fa$ 是外力 $F$ 引起的该截面上的总弯矩。由 $M_y$ 和 $M_z$（$F_y$ 和 $F_z$）引起的该截面上一点 $K$ 处的正应力为

$$\sigma' = \frac{M_z}{I_z} y \qquad \sigma'' = \frac{M_y}{I_y} z$$

$F_y$ 和 $F_z$ 共同作用下 $K$ 点的正应力为

$$\sigma = \sigma' + \sigma'' = \frac{M_z}{I_z} y + \frac{M_y}{I_y} z \tag{8-1a}$$

或

$$\sigma = \sigma' + \sigma'' = M\left(\frac{\cos\varphi}{I_z} y + \frac{\sin\varphi}{I_y} z\right) \tag{8-1b}$$

式（8-1a）或式（8-1b）就是上述梁斜弯曲时横截面任一点的正应力计算公式。式中 $I_z$ 和 $I_y$ 分别为截面对 $z$ 轴和 $y$ 轴的惯性矩；$y$ 和 $z$ 分别为所求应力点到 $z$ 轴和 $y$ 轴的距离（图 8-3b）。

用式（8-1）计算正应力时，应将式中的 $M_y$、$M_z$、$y$、$z$ 等均以绝对值代入，求得的 $\sigma'$ 和 $\sigma''$ 的正、负，可根据梁的变形和求应力点的位置来判定（拉为正，压为负）。如图 8-3a 中 $A$ 点的应力，在 $F_y$ 单独作用下梁凹向下弯曲，此时 $A$ 点位于受拉区，$F_y$ 引起的该点的正应力 $\sigma'$ 为正值。同理，在 $F_z$ 单独作用下 $A$ 点位于受压区，$F_z$ 引起的该点的正应力 $\sigma''$ 为负值。

## 二、正应力强度条件

梁的正应力强度条件是荷载作用下梁横截面内的最大正应力不能超过材料的许用应力，即

$$\sigma_{max} \leqslant [\sigma]$$

计算 $\sigma_{max}$时，应首先知道其所在位置。工程中常用的矩形、工字形等对称截面梁，斜弯曲时梁中的最大正应力都发生在危险截面边缘的角点处。当将斜弯曲分解为两个平面弯曲后，很容易找到最大正应力的所在位置。如图 8-3a 所示的矩形截面梁，其左侧固端截面的弯矩最大，该截面为危险截面，危险截面上应力最大的点称为**危险点**。$M_z$引起的最大拉应力（$\sigma'_{max}$）位于该截面上边缘 $bc$ 线各点，$M_y$引起的最大拉应力（$\sigma''_{max}$）位于 $cd$ 线上各点。叠加后，$bc$ 与 $cd$ 交点 $c$ 处的拉应力最大。同理，最大压应力发生在 $e$ 点。此时，依式（8-1a）或式（8-1b），最大正应力为

$$\sigma_{max} = \sigma'_{max} + \sigma''_{max} = \frac{M_{zmax}}{I_z} y_{max} + \frac{M_{ymax}}{I_y} z_{max}$$

$$= \frac{M_{zmax}}{W_z} + \frac{M_{ymax}}{W_y}$$

或

$$\sigma_{max} = \sigma'_{max} + \sigma''_{max} = M_{max}\left(\frac{\cos\varphi}{I_z} y_{max} + \frac{\sin\varphi}{I_y} z_{max}\right)$$

$$= M_{max}\left(\frac{\cos\varphi}{W_z} + \frac{\sin\varphi}{W_y}\right)$$

$$= \frac{M_{max}}{W_z}\left(\cos\varphi + \frac{W_z}{W_y} \cdot \sin\varphi\right)$$

式中，$M_{max}$是由 $F$ 引起的最大弯矩。所以，上述梁斜弯曲时的强度条件为

$$\sigma_{max} = \frac{M_{zmax}}{W_z} + \frac{M_{ymax}}{W_y} \leqslant [\sigma] \tag{8-2a}$$

或

$$\sigma_{max} = \frac{M_{max}}{W_z}\left(\cos\varphi + \frac{W_z}{W_y}\sin\varphi\right) \leqslant [\sigma] \tag{8-2b}$$

与平面弯曲类似，利用式（8-2a）或式（8-2b）所示的强度条件，可解决工程中常见的三类典型问题，即校核强度、选择截面和确定许可荷载。在选择截面（即设计截面）时应注意：因式中存在两个未知的弯曲截面系数 $W_y$和 $W_z$，所以，在选择截面时，需先确定一个$\frac{W_z}{W_y}$的比值（对矩形截面，$W_z/W_y = \frac{\frac{1}{6}bh^2}{\frac{1}{6}hb^2} = h/b$），然后由式（8-2b）算出 $W_z$值，再确定截面的具体尺寸。

**例 8-1**　矩形截面简支梁受均布荷载如图 8-4a 所示，已知 $q = 2\text{kN/m}$，$l = 4\text{m}$，$b = 100\text{mm}$，$h = 200\text{mm}$，$\varphi = 15°$，试求梁中点截面上 $K$ 点的正应力。

**解**：将 $q$ 沿截面的两个对称轴 $y$、$z$ 分解为 $q_y$和 $q_z$（图 8-4b），中点截面上的弯矩 $M_z$和 $M_y$分别为

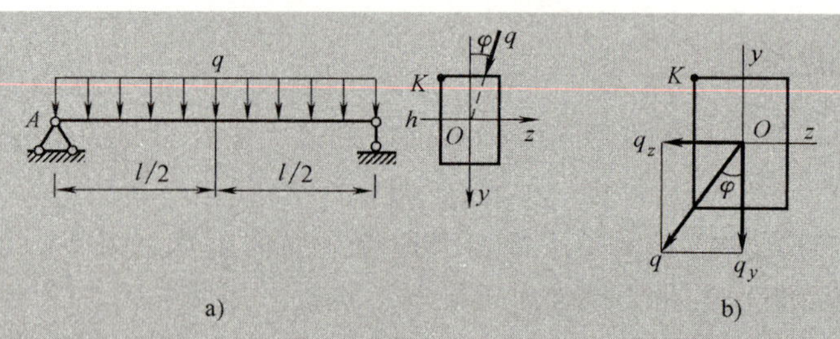


图 8-4

$$M_z=\frac{1}{8}q_y l^2=\frac{1}{8}q\cdot\cos\varphi\cdot l^2=\left(\frac{1}{8}\times2\times10^3\times\cos15°\times4^2\right)\text{N}\cdot\text{m}=3863\text{N}\cdot\text{m}$$

$$M_y=\frac{1}{8}q_z l^2=\frac{1}{8}q\cdot\sin\varphi\cdot l^2=\left(\frac{1}{8}\times2\times10^3\times\sin15°\times4^2\right)\text{N}\cdot\text{m}=1035\text{N}\cdot\text{m}$$

依式（8-1a），中点截面上 $K$ 点的正应力为

$$\sigma=-\frac{M_z}{I_z}y+\frac{M_y}{I_y}z=-\frac{M_z}{\frac{1}{12}bh^3}\cdot\frac{h}{2}+\frac{M_y}{\frac{1}{12}hb^3}\cdot\frac{b}{2}$$

$$=-\frac{6M_z}{bh^2}+\frac{6M_y}{hb^2}z=\left(-\frac{6\times3863}{0.1\times0.2^2}+\frac{6\times1035}{0.2\times0.1^2}\right)\text{MPa}=-2.68\text{MPa}$$

以上计算中，$M_y$、$M_z$、$y$、$z$ 均取绝对值。因为在荷载分量 $q_y$ 所引起的 $xy$ 面内的平面弯曲中 $K$ 点受压，式中第一项为压应力，取负号。在荷载分量 $q_z$ 所引起的 $xz$ 面内的平面弯曲中 $K$ 点受拉，式中第二项为拉应力，取正号。

**例 8-2** 矩形截面悬臂梁受力如图 8-5 中所示，$F_1$ 作用在梁的竖向对称面内，$F_2$ 作用在梁的水平对称面内，$F_1$、$F_2$ 作用线均与梁的轴线垂直。已知 $F_1=2\text{kN}$，$F_2=1\text{kN}$，$l_1=1\text{m}$，$l_2=2\text{m}$，$b=120\text{mm}$，$h=180\text{mm}$，材料的许用正应力 $[\sigma]=10\text{MPa}$。试校核该梁的强度。

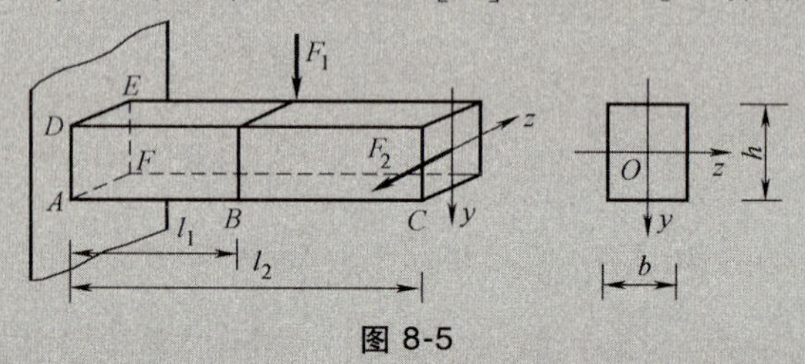


图 8-5

**解**：分析梁的变形：该梁 $AB$、$BC$ 段的变形不同，$BC$ 段在 $F_2$ 作用下只在水平对称平面内发生平面弯曲；$AB$ 段除在水平面内发生平面弯曲外，在梁的竖向对称平面内也发生平面弯曲，所以 $AB$ 段为两个平面弯曲的组合变形，即为斜弯曲。

$F_1$ 作用下最大拉应力发生在固端截面 $DE$ 线上各点，$F_2$ 作用下最大拉应力发生在固端截面 $EF$ 线上各点，显然，$F_1$、$F_2$ 共同作用下 $E$ 点的拉应力最大（同理，最大压应力发生 $A$ 点，其绝对值与最大拉应力相同），其值为

$$\sigma_{\max}=\frac{M_{z\max}}{W_z}+\frac{M_{y\max}}{W_y}=\frac{F_1l_1}{\frac{1}{6}bh^2}+\frac{F_2l_2}{\frac{1}{6}hb^2}=\left(\frac{2\times10^3\times1}{\frac{1}{6}\times0.12\times0.18^2}+\frac{1\times10^3\times2}{\frac{1}{6}0.18\times0.12^2}\right)\text{MPa}$$

$$=7.72\text{MPa}<[\sigma]$$

满足强度条件。

# 第三节　拉伸（压缩）与弯曲的组合变形

当杆件上同时作用有轴向外力和横向外力时（图 8-6a），轴向力使杆件伸长（或缩短），横向力使杆件弯曲，因而杆件的变形为轴向拉伸（或压缩）与弯曲的组合变形。下面结合图 8-6a 所示的受力构件说明拉（压）与弯曲组合时的正应力及其强度计算。

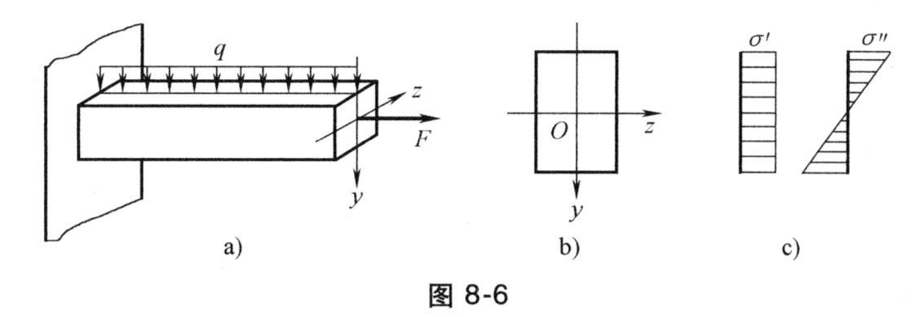


图 8-6

计算杆件在拉（压）与弯曲组合变形下的正应力时，仍采用叠加的方法，即分别计算杆件在轴向拉伸（压缩）和弯曲变形下的应力，再代数相加。

轴向外力 $F$ 单独作用时，横截面上的正应力均匀分布（图 8-6b），其值为

$$\sigma'=\frac{F_{\mathrm{N}}}{A}$$

横向力 $q$ 作用下梁发生平面弯曲，正应力沿截面高度呈直线规律分布（图 8-6c），横截面上任一点的正应力为

$$\sigma''=\frac{M}{I_z}y$$

$F$、$q$ 共同作用下，横截面上任一点的正应力为

$$\sigma=\sigma'+\sigma''=\frac{F_{\mathrm{N}}}{A}+\frac{M}{I_z}y \tag{8-3}$$

式（8-3）就是杆件在拉（压）、弯曲组合变形时横截面上任一点的正应力公式。

用式（8-3）计算正应力时，应注意正、负号：轴向拉伸时 $\sigma'$为正，压缩时 $\sigma'$为负；$\sigma''$的正负随点的位置而不同，仍根据梁的变形来判定（拉为正，压为负）。

有了正应力计算公式，很容易建立正应力强度条件。对图 8-6a 所示的拉、弯曲组合变形杆，最大正应力发生在弯矩最大截面的边缘处，其值为

$$\sigma_{\max}=\frac{F_{\mathrm{N}}}{A}+\frac{M_{\max}}{W_z}$$

正应力强度条件则为

$$\sigma_{\max}=\frac{F_{\mathrm{N}}}{A}+\frac{M_{\max}}{W_z}\leqslant[\sigma] \tag{8-4}$$

**例 8-3**　图 8-7 所示矩形截面杆，作用于自由端的集中力 $F$ 位于杆的纵向对称面 $Oxy$ 内，并与杆的轴线 $x$ 成一夹角 $\varphi$。试求：（1）杆截面上 $K$ 点的正应力；（2）杆中的最大拉应力和最大压应力。

**解**：令 $F=F_x+F_y$，则有

$$F_x=F\cos\varphi \qquad F_y=F\sin\varphi$$

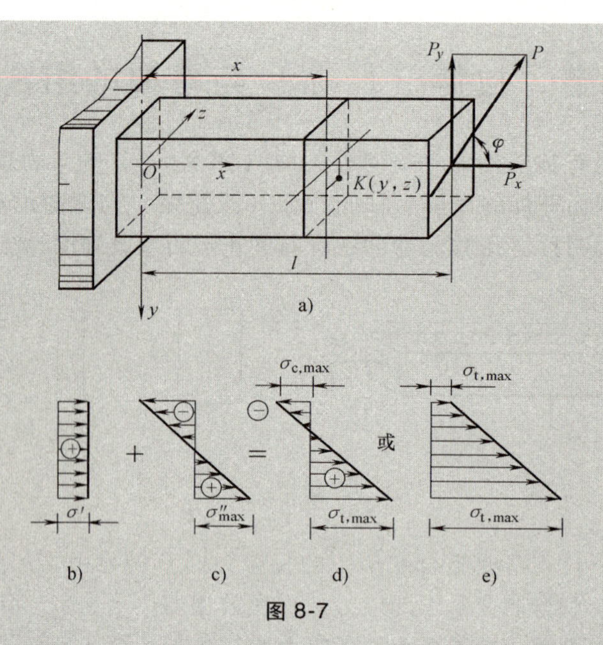


图 8-7

在轴向分力 $F_x$ 单独作用下，杆将产生轴向拉伸，杆横截面上 $K$ 点的拉应力为

$$\sigma'_K=\frac{F_N}{A}=\frac{F_x}{A}$$

在横向分力 $F_y$ 单独作用下，杆将在 $Oxy$ 平面内发生平面弯曲，其弯矩方程为

$$M=F_y(l-x)=F(l-x)\sin\varphi \qquad (0<x\leqslant l)$$

横截面上 $K$ 点的应力为

$$\sigma''_K=\frac{My}{I_z}$$

由叠加原理可得横截面上 $K$ 点的总应力为

$$\sigma_K=\sigma'_K+\sigma''_K=\frac{F_N}{A}+\frac{My}{I_z}$$

固定端右侧相邻横截面为危险截面，危险点位于其上边缘或下边缘处。上边缘或下边缘各点分别产生最大拉应力和最大压应力，其值分别为

$$\begin{matrix}\sigma_{t,max}\\ \sigma_{c,max}\end{matrix}=\frac{F_N}{A}\pm\frac{M_{max}}{W_z}$$

**例 8-4** 如图 8-8a 所示悬臂梁起重机的横梁用 25a 工字钢制成，已知：$l=4$m，$\alpha=30°$，$[\sigma]=100$MPa，电动葫芦重 $Q_1=4$kN，起重量 $Q_2=20$kN。试校核横梁的强度。

**解**：如图 8-8b 所示，当荷载 $F=Q_1+Q_2=24$kN 移动至梁的中点时，可近似地认为梁处于危险状态，此时梁 $AB$ 发生弯曲与压缩组合变形。

由 $$\Sigma m_A=0\ ,\ Y_B\times l-Fl/2=0$$

解得 $$Y_B=F/2=12\text{kN}$$

而 $$X_B=Y_B\cot 30°=20.8\text{kN}$$

由 $$\Sigma F_y=0,\ Y_A-F+Y_B=0$$

解得　$$Y_A = 12\text{kN}$$

由　$$\Sigma F_x = 0,\ X_A - X_B = 0$$

解得　$$X_A = 20.8\text{kN}$$

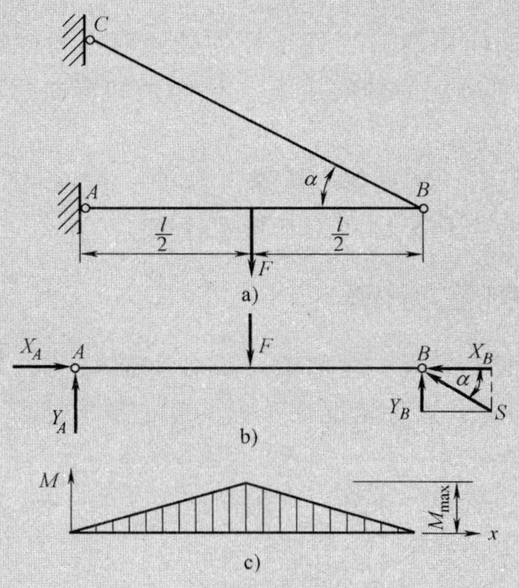


图 8-8

梁的弯矩图如图 8-8c 所示。梁中点截面上的弯矩最大，其值为

$$M_{\max} = Fl/4 = 24\text{kN} \cdot \text{m}$$

由型钢表查得 25a 工字钢的截面面积和抗弯截面模量分别为

$$A = 48.5\text{cm}^2,\ W_z = 402\text{cm}^3$$

最大弯曲应力为

$$\sigma_{\max} = \frac{M_{\max}}{W_z} = \frac{24\times10^3}{402\times10^{-6}}\text{Pa} \approx 59.7\times10^6\text{Pa} = 59.7\text{MPa}$$

梁 $AB$ 所受的轴向压力为

$$F_{\text{N}} = -X_B = -20.8\text{kN}$$

其轴向压应力为

$$\sigma_{\text{c}} = -\frac{F_{\text{N}}}{A} = -4.29\text{MPa}$$

梁中点横截面上、下边缘处的总正应力分别为

$$\sigma_{\text{c,max}} = -\frac{F_{\text{N}}}{A} - \frac{M_{\max}}{W_z} = -64\text{MPa}$$

$$\sigma_{\text{t,max}} = -\frac{F_{\text{N}}}{A} + \frac{M_{\max}}{W_z} = 55.4\text{MPa}$$

因为工字钢的抗拉、抗压能力相同，则 $|\sigma_{\text{c,max}}| = 64\text{MPa} < 100\text{MPa} = [\sigma]$ 此悬臂起重机的横梁安全。

# 第四节 偏心压缩（拉伸）

偏心压缩（拉伸）是相对于轴向压缩（拉伸）而言的。轴向压缩（拉伸）时外力 $F$ 的作用线与杆件重合，当外力 $F$ 的作用线只平行于杆件轴线而不与轴线重合时，则称为**偏心压缩（拉伸）**。偏心压缩（拉伸）可分解为轴向压缩（拉伸）和弯曲两种基本变形，也是一种组合变形。

根据偏心力作用点位置不同，常见偏心压缩（拉伸）分为单向偏心压缩（拉伸）和双向偏心压缩（拉伸）两种情况，下面分别讨论其强度计算。

## 一、单向偏心压缩时的应力计算

当偏心压力 $F$ 作用在截面上的某一对称轴（例如 $y$ 轴）上的 $K$ 点时，杆件产生的偏心压缩称为单向偏心压缩（图 8-9a），这种情况在工程实际中最常见。

### 1. 外力分析

将偏心压力 $F$ 向截面形心简化，得到一个轴向压力 $F$ 和一个力偶矩 $m=Fe$ 的力偶（图 8-9b）。

### 2. 内力分析

用截面法可求得任一横截面 $m—m$ 上的内力为

$$F_{\mathrm{N}}=-F \qquad M_z=m=Fe$$

由外力简化和内力计算结果可知，偏心压缩为轴向压缩和纯弯曲的变形组合。

### 3. 应力分析

根据叠加原理，将轴力 $F_{\mathrm{N}}$ 对应的正应力 $\sigma_{\mathrm{N}}$ 与弯矩 $M$ 对应的正应力 $\sigma_{\mathrm{M}}$ 迭加起来，即得单向偏心压缩时任意横截面上任一处正应力的计算式为

$$\sigma=\sigma_{\mathrm{N}}+\sigma_{\mathrm{M}}=\frac{F_{\mathrm{N}}}{A}\pm\frac{My}{I_z}=-\frac{F}{A}\pm\frac{Fe}{I_z}y \tag{8-5}$$

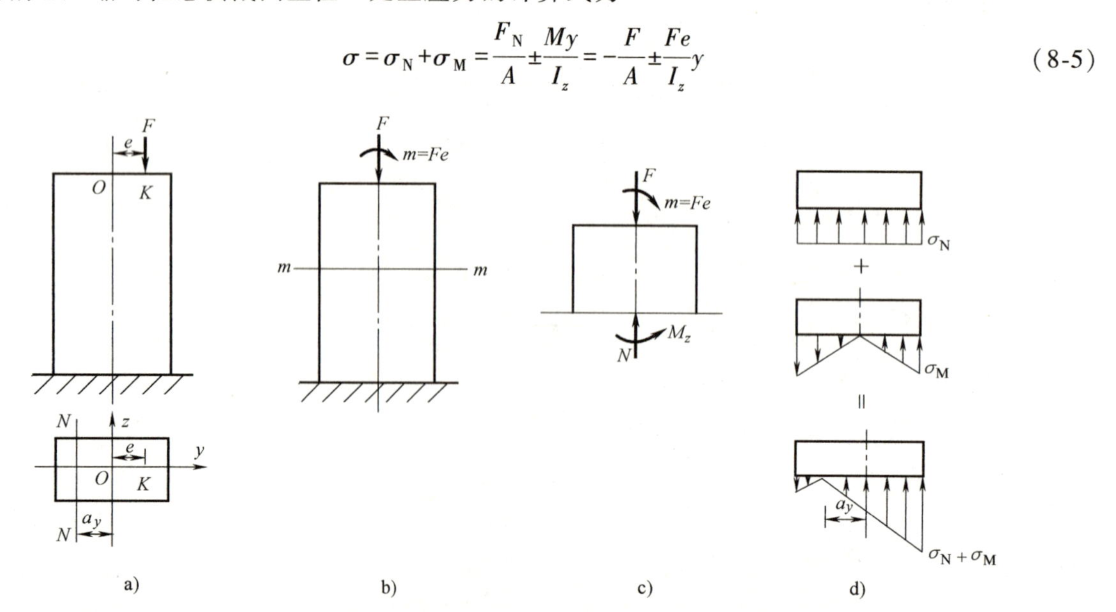


图 8-9

应用式（8-5）计算应力时，式中各量均以绝对值代入，公式中第二项前的正负号通过观察弯曲变形确定，该点在受拉区为正，在受压区为负。

4. 最大应力

若不计柱自重，则各截面内力相同。由应力分布图（图 8-9d）可知偏心压缩时的中性轴不再通过截面形心，最大正应力和最小正应力分别发生在横截面上距中性轴 $N—N$ 最远的左、右两边缘上，其计算公式为

$$\sigma_{\min}^{\max}=-\frac{F}{A}\pm\frac{Fe}{W_z} \tag{8-6}$$

## 二、双向偏心压缩时的应力计算

当外力 $F$ 不作用在对称轴上，而是作用在横截面上任一位置 $K$ 点处时（图 8-10a），产生的偏心压缩称为双向偏心压缩。这是偏心压缩的一般情况，其计算方法和步骤与单向偏心压缩相同。

若用 $e_y$ 和 $e_z$ 分别表示偏心压力 $F$ 作用点到 $z$、$y$ 轴的距离，可将外力向截面形心 $O$ 简化成一轴向压力 $F$ 和 $F$ 对 $y$ 轴的力偶矩 $m_y=Fe_z$、$F$ 对 $z$ 轴的力偶矩 $m_z=Fe_y$（图 8-10b）。

由截面法可求得杆件任一截面上的内力，即轴力 $F_N=-F$、弯矩 $M_y=m_y=Fe_z$ 和 $M_z=m_z=Fe_y$。由此可见，双向偏心压缩实质上是压缩与两个方向纯弯曲的组合变形，或压缩与斜弯曲的组合变形。

根据叠加原理，可得杆件横截面上任意一点 $C$（$y$，$z$）处正应力计算式为

$$\sigma=\sigma_N+\sigma_{My}+\sigma_{Mz}=\frac{F_N}{A}\pm\frac{M_z y}{I_z}\pm\frac{M_y z}{I_y}=-\frac{F}{A}\pm\frac{Fe_y}{I_z}y\pm\frac{Fe_z}{I_y}z \tag{8-7}$$

最大和最小正应力发生在截面距中性轴 $N—N$ 最远的角点 $E$、$F$ 处（图 8-10c）。

$$\begin{matrix}\sigma_{\max}^{F}\\ \sigma_{\min}^{E}\end{matrix}=-\frac{F}{A}\pm\frac{M_z}{W_z}\pm\frac{M_y}{W_y} \tag{8-8}$$

上述各公式同样适用于偏心拉伸，但须将公式中第一项前改为正号。

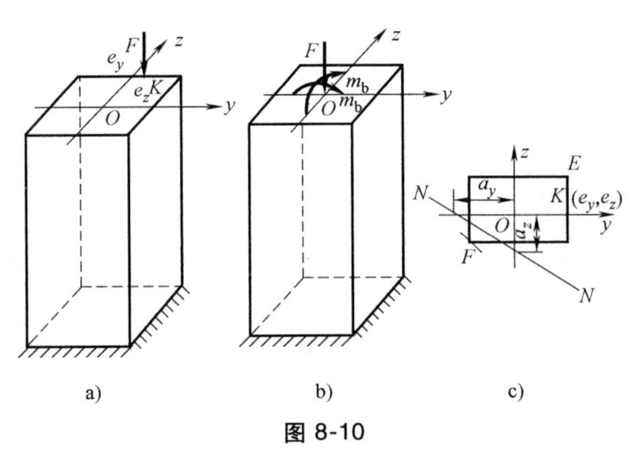


图 8-10

## 三、截面核心

土木建筑工程中常用的砖、石、混凝土等脆性材料，它们的抗拉强度远远小于抗压强度，所以在设计由这类材料制成的偏心受压构件时，要求横截面上不出现拉应力。由式（8-6）、式（8-8）可知，当偏心压力 $F$ 和截面形状、尺寸确定后，应力的分布只与偏心距有关。偏心距越小，横截面上拉应力的数值也就越小。因此，总可以找到包含截面形心在内的一个特定区域，当偏心压力作用在该区域内时，截面上就不会出现拉应力，这个区域称为截面核心。如图

8-11 所示的矩形截面杆，在单向偏心压缩时，要使横截面上不出现拉应力，就应使

$$\sigma^{+}_{\max}=-\frac{F}{A}\pm\frac{Fe}{W_z}\leqslant 0$$

将 $A=bh$、$W_z=\frac{bh^2}{6}$代入上式可得

$$1-\frac{6e}{h}\geqslant 0$$

从而得 $e\leqslant\frac{h}{6}$。这说明当偏心压力作用在 $y$ 轴上$\pm\frac{h}{6}$范围以内时，截面上不会出现拉应力。同理，当偏心压力作用在 $z$ 轴上$\pm\frac{b}{6}$范围以内时，截面上不会出现拉应力。当偏心压力不作用在对称轴上时，如图 8-11 所示，将图中 1、2、3、4 点顺次用直线连接所得的菱形，即为矩形截面核心。常见截面的截面核心如图 8-12 所示。

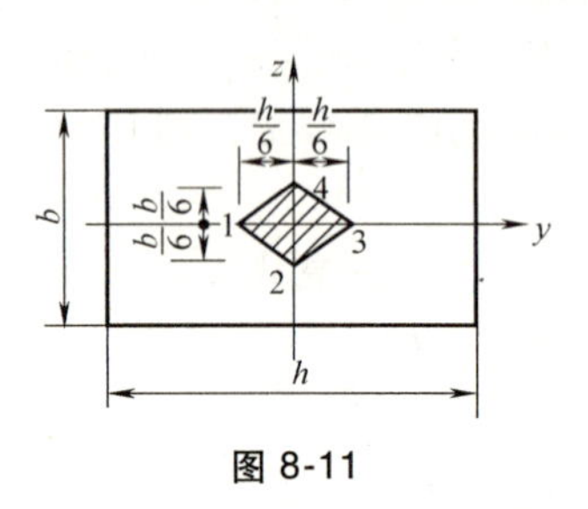

图 8-11

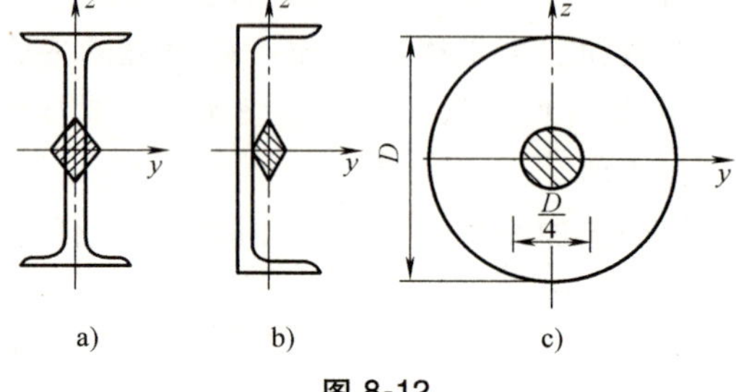

图 8-12

**例 8-5** 如图 8-13 所示的钻床铸铁立柱，已知钻孔力 $P=15\text{kN}$，力 $P$ 跟立柱中心线的距离 $e=300\text{mm}$。许用拉应力 $[\sigma_t]=32\text{MPa}$，试设计立柱直径 $d$。

**解：** 如图 8-13b 所示，钻床立柱发生拉伸和弯曲的组合变形。最大拉应力强度条件为

$$\sigma_{t,\max}=\frac{4P}{\pi d^2}+\frac{32Pe}{\pi d^3}\leqslant[\sigma_t] \tag{1}$$

得

$$\frac{4\times15\times10^3\text{N}}{\pi d^2}+\frac{32\times15\times10^3\text{N}\times300\times10^{-3}\text{m}}{\pi d^3}\leqslant 32\text{MPa}$$

解此三次方程便可求得立柱的直径 $d$ 值，但求解麻烦费时。若 $e$（偏心距）值较大，首先按弯曲正应力强度条件求出直径 $d$ 的近似值，然后取略大于此值的数值为直径 $d$，再代入偏心拉伸的强度条件公式中进行校核，逐步增大直径 $d$ 值至满足此强度条件。

由

$$\frac{M}{W_z}\leqslant[\sigma]$$

有

$$\frac{32\times15\times10^3\text{N}\times300\times10^{-3}\text{m}}{\pi d^3}\leqslant 32\text{MPa}$$

解得 $d\geqslant112.7\text{mm}$。取 $d=116\text{mm}$，再代入式（1）得

$$\left(\frac{4\times15\times10^3}{\pi\ 116^2}+\frac{32\times15\times10^3\times300}{\pi\ 116^3}\right)\text{MPa}=30.78\text{MPa}\leqslant32\text{MPa}=[\sigma_t]$$

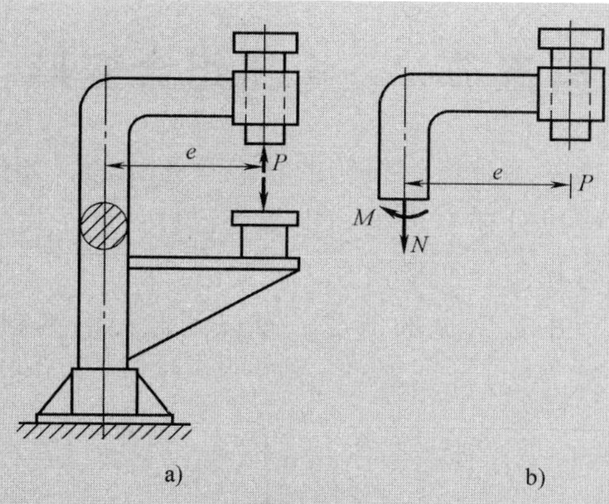


图 8-13

满足强度条件，最后选用立柱直径 $d=116\text{mm}$。

**例 8-6**　图 8-14 所示为厂房的牛腿柱。设由屋架传来的压力 $F_1=100\text{kN}$，由吊车梁传来的压力 $F_2=30\text{kN}$，$F_2$与柱子的轴线有一偏心距 $e=0.2\text{m}$。如果柱横截面宽度 $b=180\text{mm}$，试求当 $h$ 为多少时，截面才不会出现拉应力。并求柱这时的最大压应力。

**解**：(1) 外力计算

$$F=F_1+F_2=130\text{kN}$$

$$M_z=F_2e=30\text{kN}\times0.2\text{m}=6\text{kN}\cdot\text{m}$$

(2) 内力计算　用截面法可求得横截面上的内力为

$$N=-F=-130\text{kN}$$

$$M_z=m_z=F_2e=6\text{kN}\cdot\text{m}$$

(3) 应力计算

$$\sigma_{\max}^{+}=-\frac{F}{A}+\frac{M_z}{W_z}=-\frac{130\times10^3\text{N}}{0.18\text{m}h}+\frac{6\times10^3\text{N}\cdot\text{m}}{0.18\text{m}h^2/6}=0$$

解得

$$h=0.28\text{m}$$

此时柱的最大压应力发生在截面的右边缘各点处，其值为

$$\sigma_{\max}^{-}=\frac{F}{A}+\frac{M_z}{W_z}=\left(\frac{130\times10^3}{0.18\times0.28}+\frac{6\times10^3}{0.18\times0.28^2/6}\right)\text{Pa}=5.13\text{MPa}$$

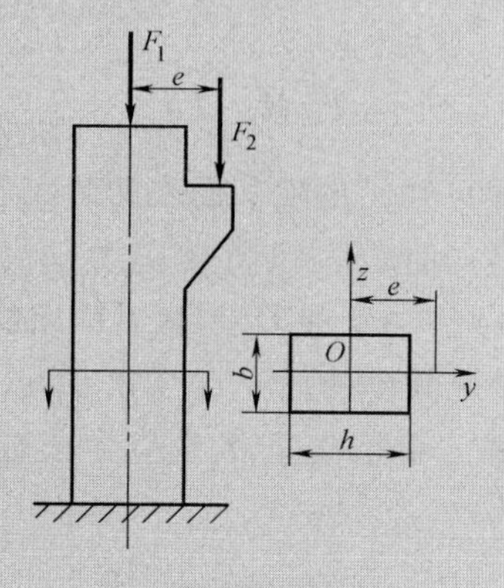


图 8-14

## 第五节* 弯扭组合变形

一般情况下受扭的杆件通常不是在纯扭转的状态下工作的，如传动轴、曲柄轴等，它们在扭转时横截面上除了具有扭矩以外还有弯矩，也就是说杆件除了发生扭转变形外还有弯曲变形存在。这样的组合变形称为弯扭组合变形。

弯扭组合变形是机械工程中最常见的情况。现以圆截面的钢制摇臂轴（图 8-15）为例说明弯扭组合变形时的强度计算方法。

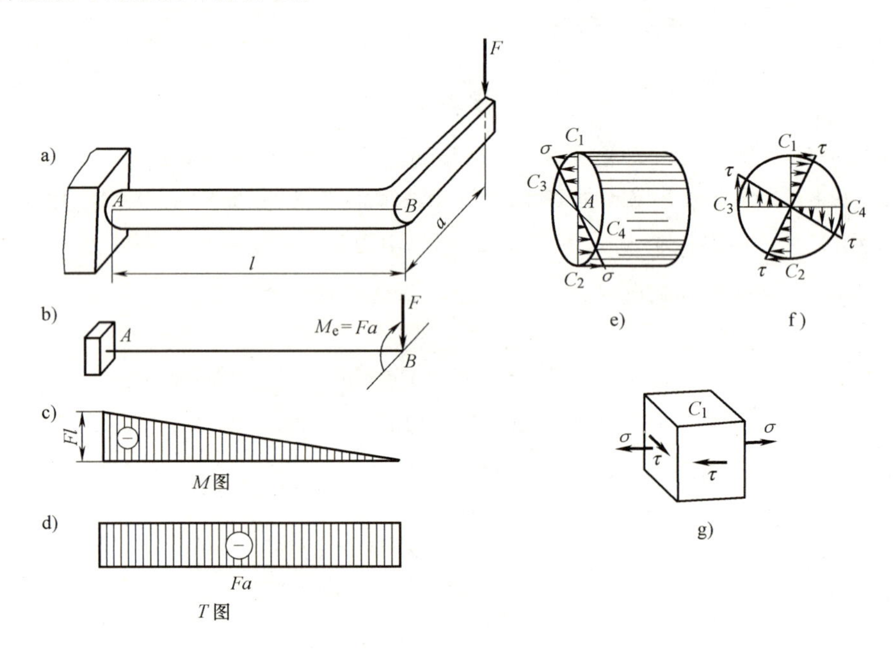


图 8-15

设一直径为 $d$ 的等值圆杆 $AB$，$A$ 端为固定端，$B$ 端具有与 $AB$ 成直角的刚臂并承受铅垂力 $F$ 作用。将外力 $F$ 向截面 $B$ 形心简化，得 $AB$ 轴的计算简图，如图 8-15b 所示。横向力 $F$ 使杆发生平面弯曲变形，而力偶矩 $M_e=Fa$ 使杆发生扭转变形。作 $AB$ 轴的弯矩图和扭矩图，如图 8-15c、d 所示，可见，固定端截面为危险截面，其上的内力（弯矩 $M$ 和扭转 $T$）分别为

$$M=Fl$$

$$T=M_e=Fa \tag{a}$$

由弯曲和扭转的应力变化规律可知，危险截面上的最大弯曲正应力 $\sigma$ 发生在铅垂直的上、下两端点 $C_1$ 和 $C_2$ 处（图 8-15e），而最大扭转切应力 $\tau$ 发生在截面周边上的各点处（图 8-15f）。因此，危险截面上的危险点为 $C_1$ 和 $C_2$。对于许用拉、压应力相等的塑性材料而言，该两点的危险程度相同。为此，研究其中的任一点（如 $C_1$ 点）。围绕 $C_1$ 点分别用横截面、径向纵截面和切向纵截面截取单元体，可得 $C_1$ 点处的应力状态如图 8-15g 所示。可见，$C_1$ 点处于平面应力状态，其三个主应力为

$$\left.\begin{matrix}\sigma_1\\ \sigma_3\end{matrix}\right\}=\frac{\sigma}{2}\pm\sqrt{\left(\frac{\sigma}{2}\right)^2+\tau^2}\qquad \sigma_2=0$$

对于塑性材料制成的杆件，选用第三或第四强度理论来建立强度条件。若用第三强度理论，则将上述各主应力代入相应的相当应力表达式，即

$$\sigma_{r3}=\sigma_1-\sigma_3$$

经简化后，即得

$$\sigma_{r3}=\sqrt{\sigma^2+4\tau^2} \tag{8-9a}$$

若用第四强度理论，则可得相应的相当应力为

$$\sigma_{r4}=\sqrt{\sigma^2+3\tau^2} \tag{8-9b}$$

求得相当应力后，即可根据材料的许用应力［$\sigma$］来建立强度条件，并对杆进行强度计算。

注意到弯曲正应力 $\sigma=\frac{M}{W}$，扭转切应力 $\tau=\frac{T}{W_P}$，且对于圆截面 $W_P=2W_z$，代入式（8-9），相应的相当应力表达式可改写为

$$\sigma_{r3}=\sqrt{\left(\frac{M}{W}\right)^2+4\left(\frac{T}{W_P}\right)^2}=\frac{\sqrt{M^2+T^2}}{W} \tag{8-10a}$$

和

$$\sigma_{r4}=\sqrt{\left(\frac{M}{W}\right)^2+3\left(\frac{T}{W_P}\right)^2}=\frac{\sqrt{M^2+0.75T^2}}{W} \tag{8-10b}$$

求得危险截面的弯矩 $M$ 和扭矩 $T$ 后，就可以直接利用式（8-10）建立强度条件，进行强度计算。式（8-10）同样适用于空心圆杆，运用时仅需将式中的 $W$ 改为空心圆截面的弯曲截面系数。

# 小　结

1. 计算斜弯曲、拉（压）弯组合和偏心压缩（拉伸）下的正应力，都是采用叠加的方法，即将组合变形分解为基本变形，然后分别计算个基本变形下的应力，再代数相加。

2. 解决组合变形的关键，在于将组合变形分解为有关的基本变形，应明确：

1）弯曲：分解为两个平面弯曲。

2）拉（压）、弯曲组合：分解为轴向拉伸（压缩）与平面弯曲。

3）偏心压缩（拉伸）：单向偏心压缩（拉伸）时，分解为轴向拉伸（压缩）与一个平面弯曲；双单向偏心压缩（拉伸）时，分解为轴向拉伸（压缩）与两个平面弯曲。

3. 组合变形分解为基本变形的关键，在于正确地对外力进行简化与分解。其要点为：

1）对平行于杆件轴线的外力，当其作用线不通过截面形心时，一律向形心简化（即将外力平移至形心处）。

2）对垂直于杆件轴线的横向力，当其作用线通过截面形心但不与截面的对称轴重合时，应将横向力沿截面的两个对称轴方向分解。

4. 对本章中所讨论的组合变形杆件进行强度计算时，其强度条件为

$$\sigma_{max}\leqslant[\sigma]$$

式中，$\sigma_{max}$是危险截面上危险点的应力，其值等于危险点在各基本变形（拉伸、压缩、平面弯曲等）中的应力之和。

## 思 考 题

8-1 何谓组合变形？如何计算组合变形杆件横截面上任一点的应力？

8-2 对两种组合变形构件，综述计算其危险点应力的一般步骤。

8-3 何谓平面弯曲？何谓斜弯曲？二者有何区别？

8-4 构件发生弯曲与压缩组合变形时，在什么条件下可按叠加原理计算其横截面上的最大正应力？

8-5 将斜弯曲、拉（压）弯组合及偏心压缩（拉伸）分解为基本变形时，如何确定各基本变形下正应力的正负？

8-6 什么叫截面核心？为什么工程中将偏心压力控制在受压杆件的截面核心范围内？

## 习 题

8-1 悬臂吊如图 8-16 所示，起重量（包括电动葫芦）$G=30\text{kN}$，横梁 $BC$ 为工字钢，许用应力 $[\sigma]=140\text{MPa}$，试选择工字钢的型号（可近似按 $G$ 行至梁中点位置计算）。

8-2 如图 8-17 所示，斜杆 $AB$ 的横截面尺寸为 100mm×100mm 的正方形，若 $P=3\text{kN}$，试求其最大拉应力和最大压应力。

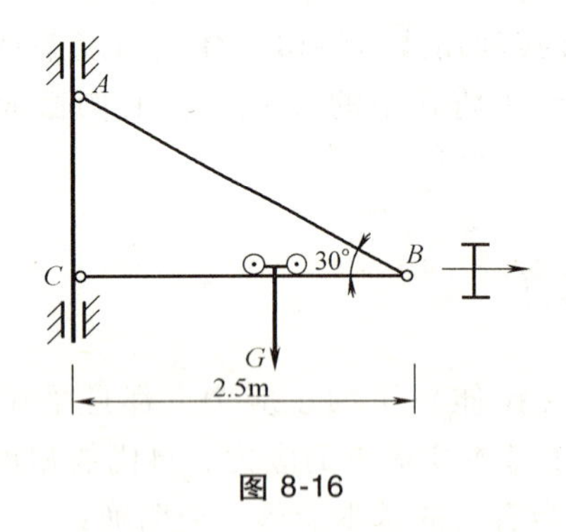


图 8-16

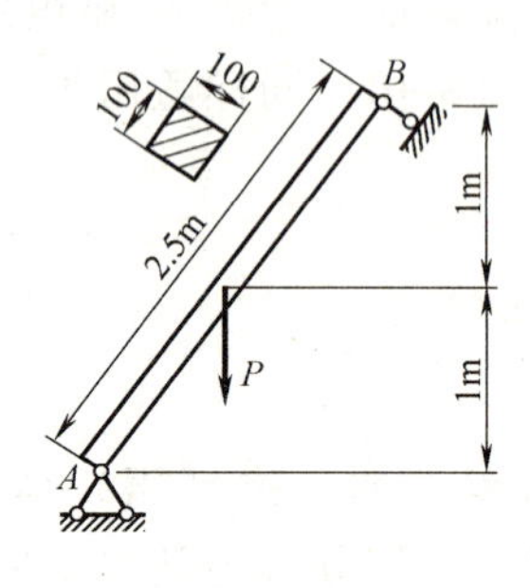


图 8-17

8-3 如图 8-18 所示，砖砌烟囱高 $H=30\text{m}$，底截面 Ⅰ—Ⅰ 的外径 $d_1=3\text{m}$，内径 $d_2=2\text{m}$，自重 $G_1=2000\text{kN}$，受 $q=1\text{kN/m}$ 的风力作用。试求：

（1）烟囱底截面上的最大压应力。

（2）若烟囱的基础埋深 $h=4\text{m}$，基础及填土自重按 $G_2=1000\text{kN}$ 计算，土壤的许用压应力 $[\sigma]=0.3\text{MPa}$，圆形基础的直径 $D$ 应为多大？

注：计算风力时，可省去烟囱直径的变化，把它看作是等截面的。

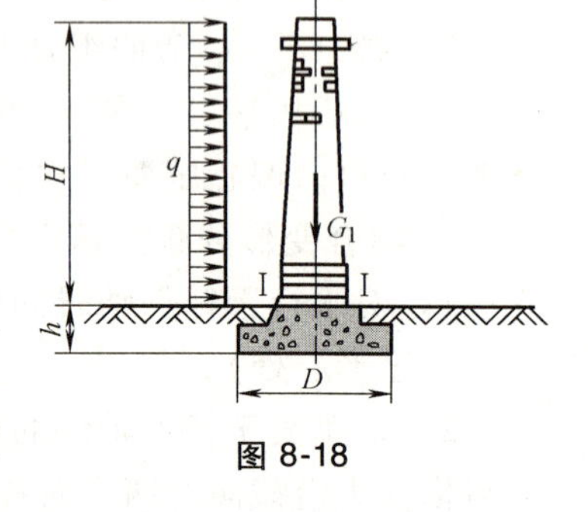


图 8-18

8-4 图 8-19 所示一矩形截面杆，用应变片测得杆件上、下表面的轴向应变分别为 $\varepsilon_a=1\times10^{-5}$，$\varepsilon_b=0.4\times10^{-5}$，材料的弹性模量 $E=210\text{GPa}$。试绘制横截面的正应力分布图；并求拉力 $P$ 及其偏心距 $e$ 的数值。

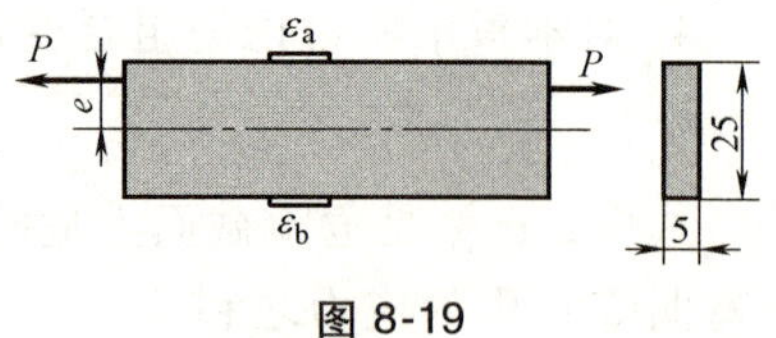


图 8-19

8-5 一矩形截面短柱，受图 8-20 所示偏心压力 $P$ 作用，已知许用拉应力 $[\sigma_t]=30\text{MPa}$，许用压应力 $[\sigma_c]=90\text{MPa}$，求许可压力 $[P]$。

8-6 材料为灰铸铁的压力机框架如图 8-21 所示。许用拉应力为 $[\sigma_t]=30\text{MPa}$，许用压应力为 $[\sigma_c]=80\text{MPa}$。试校核框架立柱的强度。

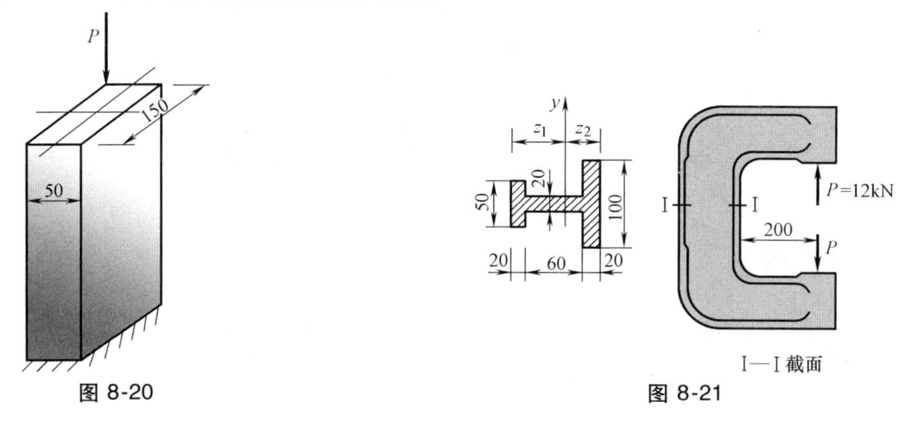


图 8-20　　图 8-21

8-7 图 8-22 所示短柱受荷载 $P$ 和 $H$ 的作用，试求固定端截面上角点 $A$、$B$、$C$ 及 $D$ 的正应力，并确定其中性轴的位置

8-8 短柱的截面形状如图 8-23 所示，试确定截面核心。

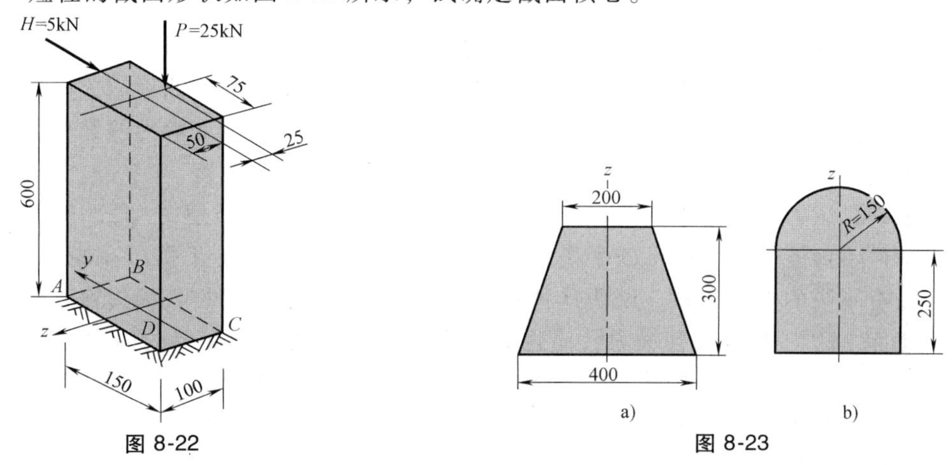


图 8-22　　图 8-23

## 习题参考答案

8-1 16 号工字钢

8-2 $\sigma_{t,\max}=6.75\text{MPa}$，$\sigma_{c,\max}=-6.99\text{MPa}$

8-3 （1）最大压应力 0.72MPa；（2）$D=4.16\text{m}$

8-4 $P=18.4\text{kN}$，$e=1.79\text{mm}$

8-5 $[P]=45\text{kN}$

8-6 $\sigma_{t,\max}=26.9\text{MPa}<[\sigma_t]$，$\sigma_{c,\max}=32.3\text{MPa}<[\sigma_c]$，安全

8-7 $\sigma_A=8.83\text{MPa}$，$\sigma_B=3.83\text{MPa}$，$\sigma_C=-12.2\text{MPa}$，$\sigma_D=-7.17\text{MPa}$ 中性轴的截距 $a_y=15.6\text{mm}$，$a_z=33.4\text{mm}$

8-8 形心坐标

a）$y_C=0\text{mm}$，$z_C=166.7\text{mm}$（距上边缘）

b）$y_C=0\text{mm}$，$z_C=185.4\text{mm}$（距下边缘）

# 第九章　压杆稳定

## 第一节　压杆稳定性的概念

### 一、稳定性的概念

关于压杆，在第二章的讨论中认为，只要其满足强度和刚度条件，工作就是可靠的。其实，这是对**短压杆**来说的。对于**长压杆**，这只是必要条件，而不是充分条件。为了说明这个问题，先举一个简单实例。取两根截面宽300mm、厚5mm，抗压强度极限 $\sigma_c=40MPa$ 的松木杆，长度分别为30mm和1000mm，进行轴向压缩实验。实验结果表明，对长为30mm的短压杆，承受的轴向压力可高达6kN，而对长为1000mm的长压杆，在承受不足30N的轴向压力时起就突然发生弯曲，继而断裂破坏。

分析其原因可以注意到，短压杆在轴向压力作用下始终保持着直线形式下的平衡形式，杆中的内力只有轴力，轴力的大小完全取决于荷载，与变形的大小无关。如果给这样的压杆一个临时的、细微的横向干扰，杆件的直线平衡形式不会改变，也不会改变内力的性质。这样的平衡称为**稳定平衡**。在稳定平衡中，构件的工作可靠性取决于强度和刚度。

对细长压杆，压力较小时平衡是稳定的，当压力增加到一定的数值 $F_{cr}$ 时，再受到偶然的横向干扰，杆件不再能保持直线下的平衡，而是在一种微弯的形式下平衡。在同一荷载 $F_{cr}$ 的作用下，可以有不同的平衡形式，说明这种平衡是不稳定的，工程上称其为**失稳**。因为杆件发生了弯曲，截面上的内力不仅有轴力，而且还有弯矩，可见这种情况下的内力不仅取决于荷载，而且还与变形形式有关。这时，尽管材料仍处在弹性范围，但是应力与荷载已不再是线性关系。此后，若荷载再稍有增加，变形就会有较大的增加，变形的增加又会使内力增加，如此循环，导致杆件在较小的荷载下就失去了承载能力，这种失效是由于失稳造成的，而不是由于强度或刚度的不足。这也就是长压杆与短压杆的区别。因此，对于长压杆，除考虑强度、刚度以外，还必须考虑稳定性问题。

### 二、临界状态和临界荷载

细长压杆在轴向压力作用下，从稳定平衡到失稳破坏，这个过程是连续变化的，中间必有一个从稳定到失稳的分界状态，这个状态称为**临界状态**。因为临界状态是个分界状态，对压杆稳定性的研究有特殊的意义。若称临界状态作用在压杆上的力为**临界力**（也称临界荷载），以 $F_{cr}$ 表示，显然，当加在压杆上的力 $F<F_{cr}$ 时，压杆的平衡是稳定的；当 $F>F_{cr}$ 时压杆将失稳。所以，临界力 $F_{cr}$ 就是压杆是否稳定的判据，对压杆稳定性的研究，也就变成了对压杆临界力的确定。

临界力 $F_{cr}$ 的数值通过实验测定，也可以用理论计算。为了建立稳定性的直观概念，先介绍一个测定临界力 $F_{cr}$ 的实验。

取一细长直杆，将其下端固定，上端处于自由状态，如图9-1a所示。然后，在其自由端加一大小可以连续变化的轴向压力，并随时观察实验现象，可以注意到：

1）当压力 $F$ 值较小时（$F$ 远小于 $F_{cr}$），杆件将在直线下保持平衡。若给杆件一个瞬间横向干扰，压杆将在直线平衡位置左右摆动，但经过几次摆动后很快就会恢复到原来的直线平衡位置，如图 9-1b 所示。这表明，这时压杆的平衡是稳定的。

2）当压力 $F$ 逐渐增加，但只要 $F$ 的数值未超过临界值 $F_{cr}$，受到瞬间横向干扰后，压杆仍能恢复到原来的直线平衡状态，但是随着 $F$ 的增大，压杆在直线平衡位置左右的摆动将越来越缓慢。

3）当压力 $F$ 增加到某一数值时，再受到横向干扰后，压杆不再能够回到直线下的平衡，而是在被干扰成的微弯状态下处于平衡，如图 9-1c 所示。由前述概念可知，这就是临界状态。这时的荷载即临界荷载或临界力 $F_{cr}$。

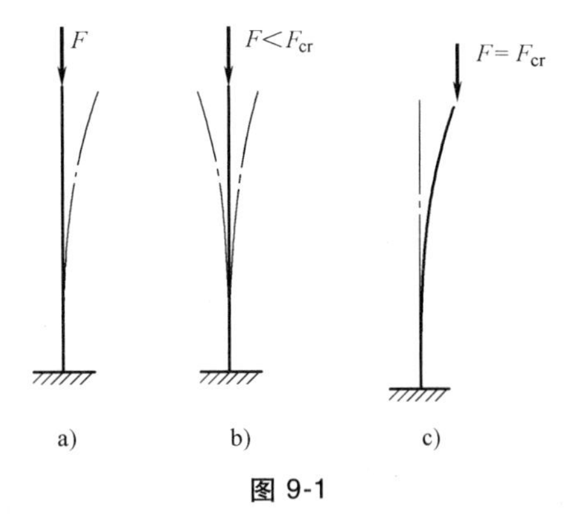

图 9-1

在工程实际中，考虑细长压杆的稳定性问题非常重要。首先这类构件的失稳发生在其强度破坏之前，即小荷载破坏；其次是失稳的发生非常突然，失稳发生前无任何迹象，一旦发生，瞬间瓦解，以至于人们猝不及防，所以更具危险性。例如，1907 年，加拿大圣劳伦斯河上的魁北克大桥——一座跨度为 548m 的钢桥，在施工过程中，由于两根受压杆件失稳，而导致全桥突然坍塌；1912 年，德国汉堡一座煤气库由于其一根受压槽钢压杆失稳，而致使其破坏。

## 第二节　细长中心受压直杆临界力的欧拉公式

理论上对细长压杆临界力的确定是由瑞典数学家欧拉（Euler）完成的。欧拉研究的压杆是压杆的一个理想模型，即由理想材料做成的几何直杆，荷载沿杆的轴线作用，这样的压杆在轴向压力作用下，如果不受到横向干扰，即使压力超过 $F_{cr}$，其平衡形式也不会改变。但当压力超过 $F_{cr}$后，横向干扰一旦出现，就会立即失稳。工程实际中的压杆不可能具备理想模型的条件，横向干扰（如材料的缺陷、荷载的偏心等）几乎是事先就存在的，所以当 $F=F_{cr}$时，压杆明显弯曲，但尚能保持平衡，所以实际中的压杆是以微弯状态下的平衡作为临界状态的标志的。

理论和实验确定结果表明，压杆的临界压力 $F_{cr}$与压杆材料的力学性质有关，与杆件截面的几何性质有关，还与杆的长度、两端约束等有关。在确定 $F_{cr}$时，要综合考虑这些因素。作为压杆稳定问题的基本内容，在研究方法上，先讨论比较普遍的、有代表性的两端铰支细长压杆，得出其临界力 $F_{cr}$的计算公式，对其他形式的压杆可以通过比较法，简便地得出临界压力 $F_{cr}$的计算结果。

### 一、两端铰支细长压杆的临界力

设有细长弹性直杆，两端为球形铰座（对任何方向的转动都不受限制）。设此杆在轴向压力作用下，在微弯的状态下保持平衡，如图 9-2a 所示。根据临界力的概念，这时作用在杆上的压力即临界力。因为杆件在微弯的状态下保持平衡，杆件截面上的基本内力分量有轴力也有弯矩，因为导致压杆失稳的是弯曲变形，所以临界力 $F_{cr}$应利用压杆的挠曲线近似微分方程来确定。

在图 9-2 所示坐标系中，设压杆在距原点（即图中的 $B$ 点）为 $x$ 处的挠度为 $w(x)$，则由

平衡可得该截面的弯矩

$$M(x)=F_{cr}w(x) \quad (a)$$

式中，$F_{cr}$为临界荷载的大小，且规定压力为正。位移 $w(x)$ 与 $y$ 轴同向者为正，反之为负。因为压杆在临界状态时，挠度很小，挠曲线满足近似微分方程，即

$$\frac{d^2w(x)}{dx^2}=-\frac{M(x)}{EI}=-F_{cr}\cdot w(x) \quad (b)$$

引用记号

$$k^2=\frac{F_{cr}}{EI} \quad (c)$$

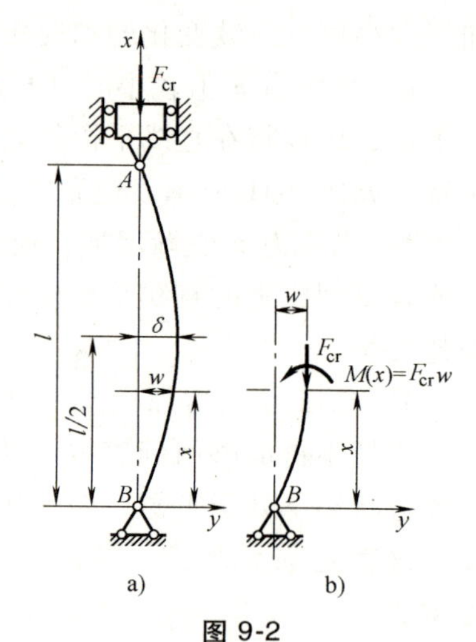

图 9-2

于是式（c）可写成

$$\frac{d^2w(x)}{dx^2}+k^2w(x)=0 \quad (d)$$

式（d）为二阶常微分方程，其通解为

$$w=A\sin kx+B\cos kx \quad (e)$$

式中，积分常数 $A$、$B$ 及 $k$ 由下述压杆的位移边界条件确定

$$w(0)=0 \qquad w(l)=0 \quad (f)$$

将式（f）代入式（e），得

$$\left.\begin{aligned}0\cdot A+B=0\\ \sin kl\cdot A+\cos kl\cdot B=0\end{aligned}\right\} \quad (g)$$

式（g）是关于 $A$、$B$ 的齐次线性方程组，其有非零解的条件是

$$\begin{vmatrix}0 & 1\\ \sin kl & \cos kl\end{vmatrix}=0$$

由此得 $\sin kl=0$，则有 $k=\frac{n\pi}{l}(n=0,1,2,\cdots\cdots)$

式中，$n$ 的取值由挠曲线的形状确定，讨论中已经设定压杆是在微弯状态下保持平衡，所以 $n=1$。

从而

$$k=\frac{\pi}{l} \quad (h)$$

综合上述讨论可得

$$w=A\sin\frac{\pi}{l}x \quad (i)$$

即两端铰支的细长压杆，临界状态下的挠曲线是半波正弦曲线。式中 $A$ 为杆件中点（即 $x=\frac{l}{2}$处）的挠度，它的数值很小，但却是未定的。原因是在求临界力时，采用的是挠曲线的近似微分方程，如果采用挠曲线的精确方程，可以得出 $A$ 的数值。工程中常见的压杆一般都是小变形，所以，在小挠度的情况下，由欧拉公式确定的临界力是有实际意义的。

将式（h）代入式（c），得

$$P_{cr}=\frac{\pi^2EI}{l^2} \quad (9\text{-}1)$$

式（9-1）即两端铰支细长压杆的临界力计算公式，也称为欧拉公式。

应该注意，欧拉公式中的 $EI$ 是压杆在失稳纵面内的抗弯刚度。所以，在使用欧拉公式时要判断压杆可能在那个纵面内首先发生弯曲。

式（9-1）的使用条件：

1）细长压杆的弹性稳定问题。

2）挠曲线为半波正弦曲线。

## 二、杆端为其他约束的细长压杆的临界力

当压杆两端约束为其他形式时，临界力的确定可仿照上面的方法同样进行，但过程比较繁琐。为了简化，可采用**比较法**。比较的要点是压杆挠曲线的形状。从上面对两端铰支细长压杆临界力公式的讨论可知，细长压杆的临界力是根据挠曲线的形状确定的。当挠曲线的形状为半波正弦曲线时，其临界力可由式（9-1）确定，式中分母 $l$ 为半波正弦曲线的长度。由此可以推理：只要挠曲线的形状是半波正弦曲线，其临界力就可以用式（9-1）计算。有了这样一个结论，就可以比较容易地得到其他约束情况下细长压杆临界力的公式。下面介绍几种典型的约束形式下压杆的临界力。

### 1. 长度为 $l$ 的两端固定中心受压细长直杆

两端固定的细长压杆丧失稳定后，挠曲线的形状如图 9-3a 所示。距两端各为$\dfrac{l}{4}$的 $C$、$D$ 两点为曲线的两个拐点。在这两点之间的部分是半波正弦曲线，长为$\dfrac{l}{2}$。所以，它的临界压力仍可用式（9-1）计算，只是把该式中的 $l$ 改成现在的$\dfrac{l}{2}$。这样，得到

$$P_{cr}=\frac{\pi^2 EI}{\left(\dfrac{l}{2}\right)^2} \tag{9-2}$$

事实上，当 $C$、$D$ 两点间的压杆因失稳而破坏时，整个压杆也就破坏了。所以式（9-2）也就是两端固定的细长压杆临界力公式。

### 2. 长度为 $l$，一端固定，一端铰支的中心受压细长直杆

一端固定，另一端铰支的细长压杆丧失稳定后，挠曲线的形状如图 9-3b 所示。在距固定端为 $0.3l$ 处，挠曲线有一拐点 $C$。这种情况可近似地把大约长为 $0.7l$ 的 $BC$ 部分看作是两端铰支压杆，这一部分的挠曲线的形状相当于半波正弦曲线，于是计算临界力的公式可写成

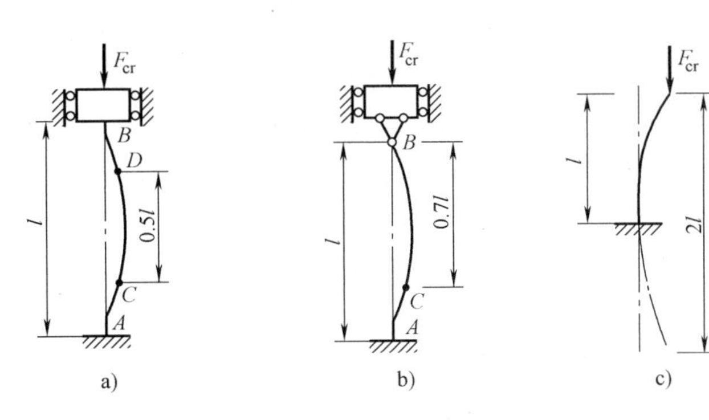


图 9-3

$$F_{cr}=\frac{\pi^2 EI}{(0.7l)^2} \tag{9-3}$$

**3. 长度为 $l$，一端固定，一端自由的中心受压直杆**

长度为 $l$，一端固定，另一端自由的细长压杆丧失稳定后，挠曲线的形状如图 9-3c 中实线所示。若设想将该曲线向下对称延伸，可得一长为 $2l$ 的半波正弦曲线。所以其临界力等于长为 $2l$、两端铰支的细长压杆的临界力，即

$$P_{cr}=\frac{\pi^2 EI}{(2l)^2} \tag{9-4}$$

综合上述结果，各种支承条件下等截面细长压杆同临界力的公式汇总列于表 9-1 中。

**表 9-1 各种支承条件下等截面细长压杆临界力欧拉公式**

| 支承情况 | 两端铰支 | 一端固定<br>另端铰支 | 两端固定 | 一端固定<br>另端自由 |
|---|---|---|---|---|
| 失稳时挠曲线形状 | 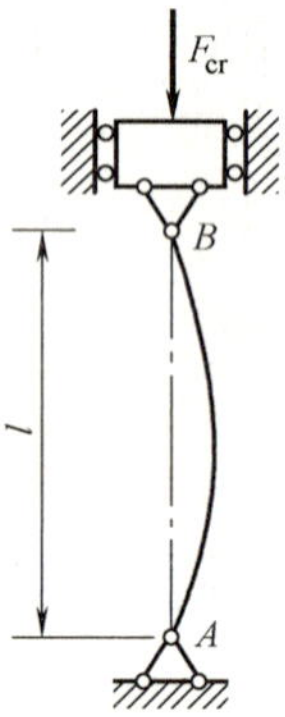 $F_{cr}$, $B$, $A$, $l$ | 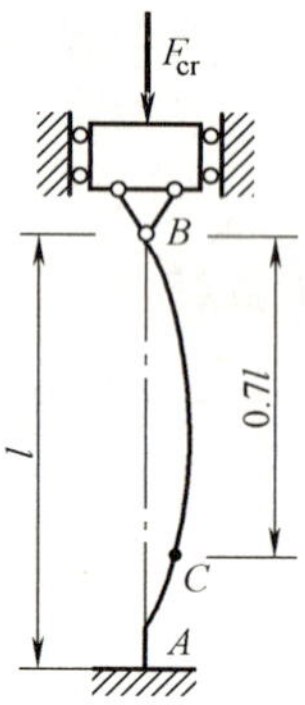 $F_{cr}$, $B$, $C$, $A$, $0.7l$, $l$<br>$C$-挠曲线拐点 | 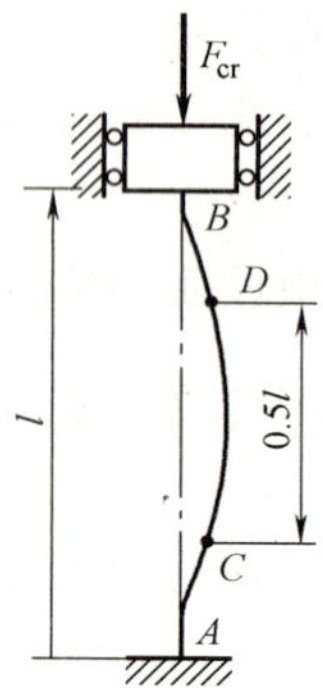 $F_{cr}$, $B$, $D$, $C$, $A$, $0.5l$, $l$<br>$C,D$-挠曲线拐点 | 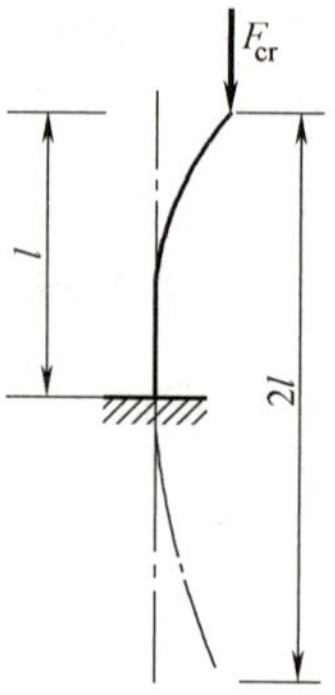 $F_{cr}$, $l$, $2l$ |
| 临界力 $P_{cr}$<br>欧拉公式 | $P_{cr}=\frac{\pi^2 EI}{l^2}$ | $P_{cr}=\frac{\pi^2 EI}{(0.7l)^2}$ | $P_{cr}=\frac{\pi^2 EI}{(0.5l)^2}$ | $P_{cr}=\frac{\pi^2 EI}{(2l)^2}$ |
| 长度系数 $\mu$ | $\mu=1$ | $\mu=0.7$ | $\mu=0.5$ | $\mu=2$ |

## 三、欧拉公式的一般表达式

由表 9-1 所述几种细长压杆的临界荷载的欧拉公式基本相似，只是分母中 $l$ 前的系数不同。为应用方便，将表 9-1 中各式写成欧拉公式的一般表达形式为

$$F_{cr}=\frac{\pi^2 EI}{(\mu l)^2} \tag{9-5}$$

式中，$\mu$ 称为**长度系数**；$\mu l$ 称为压杆的**相当长度**，也就是说，欧拉公式是将约束对细长压杆临界力的影响当量地换算为压杆长度对临界力的影响，$\mu$ 就是这样换算的当量系数。

需要指出的是，欧拉公式的推导中应用了弹性小挠度微分方程，因此公式只适用于弹性稳定问题。另外，上述各种 $\mu$ 值都是对理想约束而言的，实际工程中的约束往往是比较复杂的，例如压杆两端若与其他构件连接在一起，则杆端的约束是弹性的，$\mu$ 值一般在 0.5 与 1 之间，通常将 $\mu$ 值取接近于 1。对于工程中常用的支座情况，长度系数 $\mu$ 可从有关设计手册或规范中查到。

**例 9-1** 如图 9-4 所示，矩形截面压杆，上端自由，下端固定。已知 $b=2\text{cm}$，$h=4\text{cm}$，$l=1\text{m}$，材料的弹性模量 $E=200\text{GPa}$，试计算压杆的临界荷载。

**解**：由表 9-1 得 $\mu=2$。

因为 $h>b$，则 $I_y=\frac{hb^3}{12}<\frac{bh^3}{12}=I_z$，最小刚度面为 $xz$ 平面（中性轴为 $y$ 轴）。

由式（9-5），得

$$F_{cr}=\frac{\pi^2 EI_y}{(\mu l)^2}=\frac{\pi^2\times200\times10^3\text{MPa}\times40\text{mm}\times(20\text{mm})^3}{12\times(2\times1000\text{mm})^2}\approx13.2\text{kN}$$

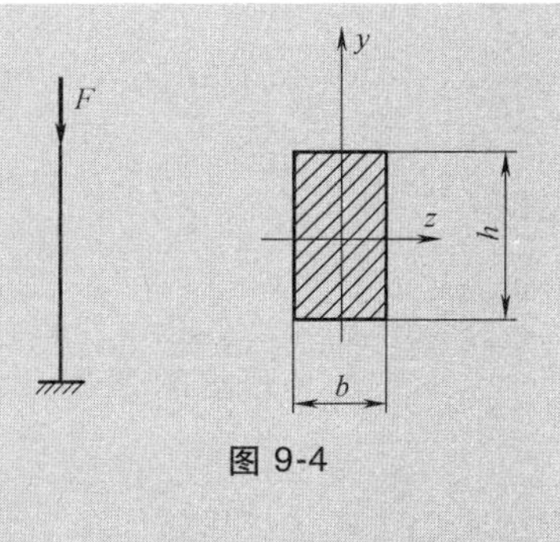


图 9-4

**例 9-2**　试由一端固定，一端铰支的细长压杆的挠曲线的微分方程，导出临界力。

**解**：一端固定、一端铰支的细长压杆失稳后计算简图如图 9-5a 所示。为使杆件平衡，上端铰支座应有横向反力 $F_R$。于是挠曲线的微分方程应为

$$\frac{d^2w}{dx^2}=\frac{M(x)}{EI}=-\frac{F}{EI}w+\frac{F_R(l-x)}{EI} \tag{1}$$

引用记号 $k^2=\frac{F}{EI}$，上式可以写成

$$\frac{d^2w}{dx^2}+k^2w=\frac{F_R(l-x)}{EI} \tag{2}$$

以上微分方程的通解为

$$w=A\sin kx+B\cos kx+\frac{F_R}{F}(l-x) \tag{3}$$

由此求出 $w$ 的一阶导数为

$$\frac{dw}{dx}=Ak\cos kx-Bk\sin kx-\frac{F_R}{F} \tag{4}$$

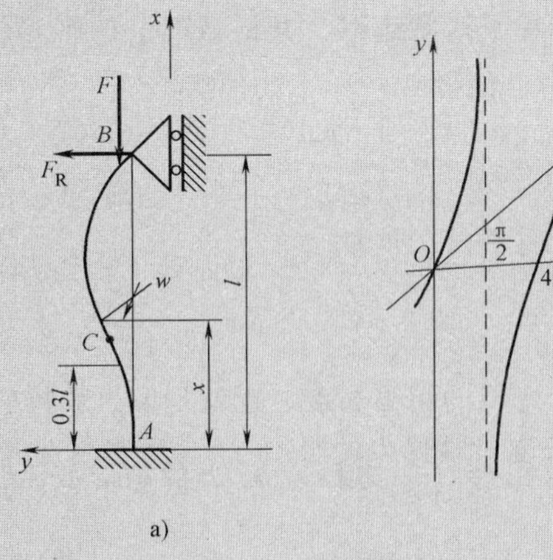


图 9-5

由挠曲线在固定端处的边界条件 $x=0$，$\frac{dw}{dx}=0$，可得

$$A=\frac{F_R}{kF} \tag{5}$$

又由边界条件 $x=0$，$w=0$，可得

$$B=-\frac{F_R l}{F} \tag{6}$$

将式（5）、式（6）中的$A$、$B$带入式（3），即得

$$w=\frac{F_R}{F}\left[\frac{1}{k}\sin kx-l\cos kx+(l-x)\right] \tag{7}$$

由铰支端的边界条件$x=l$时，$w=0$，得

$$\frac{F_R}{F}\left(\frac{1}{k}\sin kl-l\cos kl\right)=0 \tag{8}$$

杆在微弯状态下平衡时，$F_R$不可能为零，于是必须有

$$\frac{1}{k}\sin kl-l\cos kl=0 \tag{9}$$

即

$$\tan kl=kl \tag{10}$$

上列方程可用图解法求解。以$kl$为横坐标，作出正切曲线$y=\tan kl$和斜直线$y=kl$（图9-5b），其第一个交点的横坐标$kl=4.49$显然是满足方程式（10）的最小根。由此得出压杆临界力的欧拉公式为

$$F_{cr}=k^2EI=\frac{20.16EI}{l^2}\approx\frac{\pi^2EI}{(0.7l)^2}$$

# 第三节 临界应力·欧拉公式的适用范围·临界应力总图

## 一、细长压杆的临界应力

压杆的临界应力是指压杆处于临界平衡状态时，其横截面上的平均应力，用$\sigma_{cr}$表示。将式（9-5）两端同除压杆横截面面积$A$，便得

$$\sigma_{cr}=\frac{F_{cr}}{A}=\frac{\pi^2EI}{(\mu l)^2}\times\frac{1}{A} \tag{a}$$

注意到式中$I/A$即截面惯性半径的平方，亦即

$$i=\sqrt{\frac{I}{A}} \tag{9-6}$$

常用横截面的惯性半径分别为：

直径为$d$的圆形截面，其惯性半径$i=\dfrac{d}{4}$。边长为$h$、$b$的矩形截面，若中性轴与$h$垂直，则其惯性半径为$i=\dfrac{h}{2\sqrt{3}}$；若中性轴与$b$垂直，则其惯性半径为$i=\dfrac{b}{2\sqrt{3}}$；常用型钢截面的惯性半径查附表Ⅲ。

将式（9-6）代入式（a），并令$\lambda=\mu l/i$，则得细长压杆的临界应力欧拉公式为

$$\sigma_{cr}=\frac{\pi^2E}{\lambda^2} \tag{9-7}$$

式中，$\lambda$综合反映了压杆的长度、约束形式及截面几何性质对临界应力的影响，称为**柔度系数**

或长细比。

## 二、欧拉公式的适用范围

挠曲线近似微分方程仅适用于线弹性范围，即 $\sigma \leqslant \sigma_p$。细长压杆临界力欧拉公式是根据挠曲线近似微分方程建立的，因此，欧拉公式适用范围应为

$$\sigma_{cr}=\frac{\pi^2 E}{\lambda^2}\leqslant \sigma_p$$

由上式可得，$\lambda \geqslant \pi\sqrt{\frac{E}{\sigma_p}}$，若令

$$\lambda_p=\pi\sqrt{\frac{E}{\sigma_p}} \tag{9-8}$$

则欧拉公式的适用范围可表示为 $\lambda \geqslant \lambda_p$。因为欧拉公式是由细长压杆得来的，所以将 $\lambda \geqslant \lambda_p$ 的压杆，称为**大柔度杆**（细长杆）。在工程实际中许多压杆的柔度 $\lambda<\lambda_p$，试验表明这样的压杆也存在稳定性问题，但是其临界应力 $\sigma_{cr}>\sigma_p$，属于弹塑性稳定问题。为了讨论方便，对应于屈服极限 $\sigma_s$ 的柔度为 $\lambda_s$，则将 $\lambda_s \leqslant \lambda \leqslant \lambda_p$ 的压杆称为**中柔度杆**（中长压杆）；$\lambda \leqslant \lambda_s$ 的压杆称为**小柔度杆**（短杆）。

## 三、临界应力的经验公式和临界应力总图

在试验与分析的基础上建立的常用经验公式有直线公式和抛物线公式。

### 1. 直线公式

对于由合金钢、铝合金、铸铁与松木等制成的中柔度杆，可采用下述直线公式计算临界应力

$$\sigma_{cr}=a-b\lambda \tag{9-9}$$

式中，$a$ 和 $b$ 为与材料性能有关的常数，单位为 MPa。几种常用材料的 $a$ 和 $b$ 值见表 9-2。如果设 $\sigma_{cr}=\sigma_s$ 时压杆的柔度为 $\lambda_s$，根据式（9-9），可得 $\lambda_s=\frac{a-\sigma_s}{b}$。图 9-6 所示为各类压杆的临界应力和 $\lambda$ 的关系，称为**临界应力总图**。由图 9-6 可明显地看出，短杆的临界应力与 $\lambda$ 无关，而中、长杆的临界应力则随 $\lambda$ 的增加而减小。

表 9-2　常用材料的 $a$、$b$ 和 $\lambda_p$ 值

| 材料 | $a$/MPa | $b$/MPa | $\lambda_p$ |
|---|---|---|---|
| Q235 钢 $\sigma_s$=235MPa | 304 | 1.12 | 102 |
| 优质碳钢 $\sigma_s$=306MPa | 461 | 2.568 | 95 |
| 铸铁 | 332.2 | 1.454 | 70 |
| 木 材 | 28.7 | 0.190 | 80 |
| 松木 | 39 | 0.2 | 59 |
| 硬铝 | 372 | 2.14 | 50 |

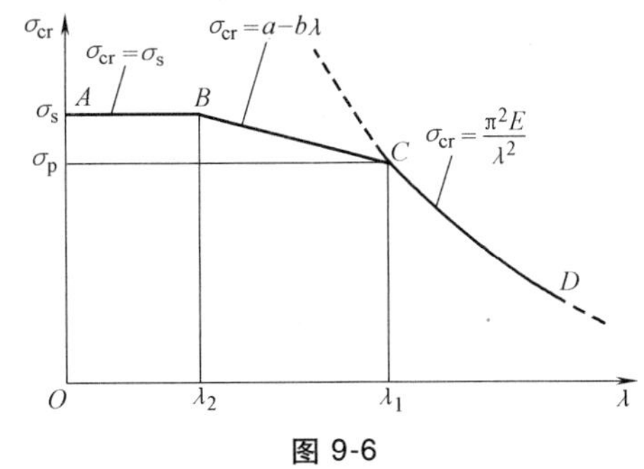


图 9-6

### 2. 抛物线公式

对于由结构钢与低合金结构钢等材料制成的中柔度压杆，可采用下述抛物线公式计算临界应力。

$$\sigma_{cr}=a_1-b_1\lambda^2 \tag{9-10}$$

式中，$a_1$ 和 $b_1$ 为与材料性能有关的常数，查有关附表。

**例 9-3** 一截面为 12cm×20cm 的矩形木柱，长为 $l=4\text{m}$，其支承情况是：在最大刚度平面内弯曲时为两端铰支（图 9-7a）；在最小刚度平面内弯曲时为两端固定（图 9-7b），木柱为松木，其弹性模量 $E=10\text{GPa}$，试求木柱的临界力和临界应力。

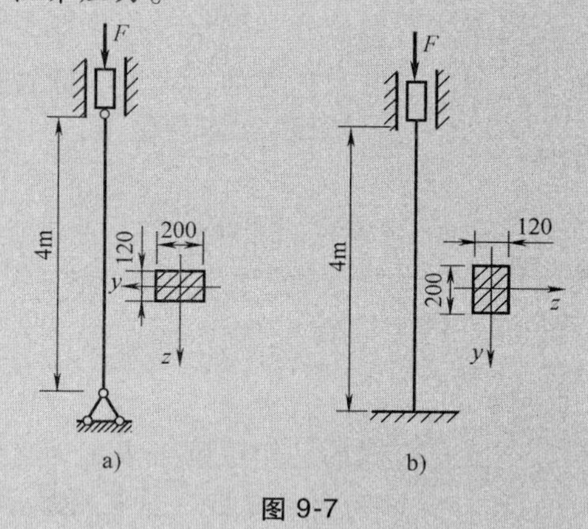


图 9-7

**解：**（1）计算最大刚度平面内的临界力和临界应力

$$I_z=12\times20^3\text{cm}^4/12=8000\text{cm}^4$$

由式（9-6），得

由 $i_z=\sqrt{\dfrac{I_z}{A}}=\sqrt{\dfrac{8000\text{cm}^4}{12\times20\text{cm}^2}}=5.77\text{cm}$

由表 9-1 查得 $\mu=1$，查表 9-2 得 $\lambda_p=59$

$$\lambda=\frac{\mu l}{i_z}=\frac{1\times400\text{cm}}{5.77\text{cm}}=69.3>59=\lambda_p$$

由式（9-5），得

$$F_{cr}=\frac{\pi^2EI}{(\mu l^2)}=\frac{\pi^2\times10\times10^9\text{Pa}\times8\times10^{-5}\text{m}^4}{(1\times4)^2\text{m}^2}=493.5\times10^3\text{N}$$

（2）计算最小刚度平面内的临界力和临界应力

$$I_y=12\times12^3\text{cm}^4/12=2880\text{cm}^4$$

由式（9-6），得

$$i_y=\sqrt{\frac{I_y}{A}}=\sqrt{\frac{2880\text{cm}^4}{12\times20\text{cm}^2}}=3.46\text{cm}$$

由表 9-1 查得 $\mu=0.5$ 则

$$\lambda=\frac{\mu l}{i_z}=\frac{0.5\times400\text{cm}}{3.46\text{cm}}=57.8<59=\lambda_p$$

由表 9-2 查得，$a=39\text{MPa}$，$b=0.2\text{MPa}$，由式（9-9），得

$\sigma_{cr}=a-b\lambda=39\text{MPa}-0.2\times57.8\text{MPa}=27.44\text{MPa}$

$F_{cr}=\sigma_{cr}A=27.44\times10^6\text{Pa}\times0.12\text{m}\times0.2\text{m}=658.56\text{kN}$

由上述计算结果可知，第一种情况的临界力小，所以压杆失稳时将在最大刚度平面内产生弯曲。

**例 9-4** 三根圆截面压杆直径均为 $d=160\text{mm}$，材料为 Q235 钢，（$a=304\text{MPa}$，$b=1.12\text{MPa}$），$\sigma_p=200\text{MPa}$，$E=2\times10^5\text{MPa}$，$\sigma_s=235\text{MPa}$，两端均为铰支，长度分别为 $l_1$、$l_2$、$l_3$ 且 $l_1=2l_2=4l_3=5\text{m}$，试计算各杆的临界力。

**解：**（1）有关数据

$$A=\frac{\pi}{4}d^2=\frac{\pi}{4}\times(0.16\text{m})^2=0.02\text{m}^2=2\times10^{-2}\text{m}^2$$

$$I=\frac{\pi}{64}d^4=\frac{\pi}{64}\times(0.16\text{m})^4=3.22\times10^{-5}\text{m}^4$$

$$i=\frac{d}{4}=\frac{0.16\text{m}}{4}=0.04\text{m}$$

$\mu=1$

$$\lambda_p=\pi\sqrt{\frac{E}{\sigma_p}}=\pi\sqrt{\frac{2\times10^{11}\text{Pa}}{200\times10^6\text{Pa}}}=100$$

$$\lambda_s=\frac{a-\sigma_s}{b}=\frac{(304-235)\text{Pa}}{1.12\text{Pa}}=61.6$$

（2）计算各杆的临界力

1 杆：

$$\lambda_1=\frac{\mu l_1}{i}=\frac{1\times5\text{m}}{0.04\text{m}}=125>\lambda_p=100$$

1 杆属大柔度杆

$$F_{cr}=\frac{\pi^2EI}{(\mu l^2)}=\frac{\pi^2\times2\times10^{11}\text{Pa}\times3.55\times10^{-5}\text{m}^4}{(1\times5)^2\text{m}^2}=2540\times10^3\text{N}$$

2 杆：

$$\lambda_2=\frac{\mu l_2}{i}=\frac{1\times2.5\text{m}}{0.04\text{m}}=62.5$$

2 杆属中柔度杆

$$\sigma_{cr}=a-b\lambda_2=234\text{MPa}$$

$$F_{cr}=\sigma_{cr}A=234\times10^6\text{Pa}\times2\times10^{-2}\text{m}^2=4680\times10^3\text{N}$$

3 杆：

$$\lambda_3=\frac{\mu l_3}{i}=\frac{1\times1.25\text{m}}{0.04\text{m}}=31.2$$

3 杆属小柔度杆

$$F_{cr}=\sigma_sA=235\times10^6\text{Pa}\times2\times10^{-2}\text{m}^2=4700\times10^3\text{N}$$

# 第四节　压杆稳定性条件及实用计算

## 一、稳定条件

对于工程实际中的压杆，为使其不丧失稳定，就必须使压杆所承受的轴向压力 $F\leqslant F_{cr}$。另外为安全起见，还要有一定的安全系数，使压杆具有足够的稳定性。因此，压杆的稳定条件为

$$n=\frac{F_{cr}}{F}\geqslant n_{st}\tag{9-11}$$

式中，$n$ 为压杆的工作安全系数；$n_{st}$为规定的稳定安全系数。

在选择规定的稳定安全系数时，除考虑强度安全系数的因素外，还要考虑压杆存在的初曲率和不可避免的荷载偏心等不利因素。因此，规定的稳定安全系数一般要大于强度安全系数。其值可从有关设计规范和手册中查得。现将几种常见压杆规定的稳定安全系数列于表 9-3 中，以备查用。

表 9-3　几种常见压杆规定的稳定安全系数

| 实际压杆 | 金属结构中的压杆 | 矿山、冶金设备中的压杆 | 机床丝杠 | 精密丝杠 | 水平长丝杆 | 磨床液压缸活塞杆 | 低速发动机挺杆 | 高速发动机挺杆 |
|---|---|---|---|---|---|---|---|---|
| $n_{st}$ | 1.8~3.0 | 4~8 | 2.5~4 | >4 | >4 | 2~5 | 4~6 | 2~5 |

还应指出，由于压杆临界力的公式是根据挠曲线的形状确定的，因此，在计算压杆的临界

荷载或临界应力时，可不必考虑杆件局部削弱（例如铆钉孔或油孔等）的影响，而应按未削弱截面计算横截面的惯性矩与面积。但是，对于被削弱的横截面，还应进行强度校核。

**例 9-5** 两端铰支的空心圆截面连杆，承受轴向压力 $F=20\text{kN}$。已知连杆用硬铝制成，其外径 $D=38\text{mm}$，内径 $d=34\text{mm}$，杆长 $l=600\text{mm}$，规定稳定安全系数 $[n_{\text{st}}]=2.5$，试校核该杆的稳定性。

**解：**

$$i=\sqrt{\frac{\pi(D^4-d^4)}{64}\,\frac{4}{\pi(D^2-d^2)}}=\frac{\sqrt{(D^2+d^2)}}{4}$$

$$=\frac{\sqrt{((0.038)^2+(0.034)^2)\,\text{m}^2}}{4}=0.01275\text{m}$$

$$\lambda=\frac{\mu l}{i}=\frac{1\times0.6\text{m}}{0.01275\text{m}}=47.1$$

由表 9-2 查得 $\lambda_{\text{p}}=50$，则 $\lambda=47.1<50=\lambda_{\text{p}}$，又查得 $a=372\text{MPa}$，$b=2.14\text{MPa}$，由式（9-9），得

$$\sigma_{\text{cr}}=a-b\lambda=372\times10^6\text{Pa}-2.14\times10^6\text{Pa}\times47.1=2.71\times10^8\text{Pa}$$

$$F_{\text{cr}}=\sigma_{\text{cr}}A=2.71\times10^8\text{Pa}\times\frac{\pi(0.038^2-0.034^2)}{4}\text{m}^2=61.25\times10^3\text{kN}$$

$$n_{\text{st}}=\frac{F_{\text{cr}}}{F}=\frac{61.25\text{kN}}{20\text{kN}}=3.06>2.5=[n_{\text{st}}]$$

此连杆稳定性符合要求。

**例 9-6** 平面磨床液压传动装置示意图如图 9-8 所示。活塞直径 $D=65\text{mm}$，油压 $p=1.2\text{MPa}$。活塞杆长度 $l=1250\text{mm}$，材料为 35 钢，$\sigma_{\text{p}}=220\text{MPa}$，$E=210\text{GPa}$，$n_{\text{st}}=6$。试确定活塞杆的直径。

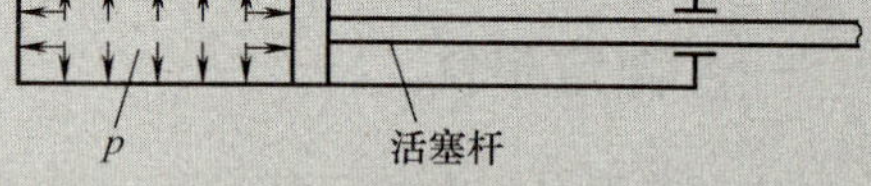

p 活塞杆

图 9-8

**解：**（1）计算轴向压力

$$F=\frac{\pi}{4}D^2p=\frac{\pi}{4}(65\times10^{-3})^2\text{m}^2\times1.2\times10^6\text{Pa}=3980\text{N}$$

（2）计算临界压力

$$F_{\text{cr}}=n_{\text{st}}F=6\times3980\text{N}=23900\text{N}$$

（3）确定活塞杆直径

由
$$F_{\text{cr}}=\frac{\pi^2EI}{(\mu l)^2}=\frac{\pi^2\times210\times10^9\text{Pa}\times\pi\times d^4\text{m}^4}{64\times(1\times1.25)^2\text{m}^2}=23900\text{N}$$

得出
$$d\approx0.025\text{m}$$

（4）计算活塞杆柔度

$$\lambda=\frac{\mu l}{i}=\frac{1\times1.25\text{m}}{\frac{0.025\text{m}}{4}}=200$$

对 35 号钢，
$$\lambda_1=\sqrt{\frac{\pi^2E}{\sigma_{\text{p}}}}=\sqrt{\frac{\pi^2\times210\times10^9\text{Pa}}{220\times10^6\text{Pa}}}=97$$

因为 $\lambda>\lambda_1$，满足欧拉公式的条件。

## 二、稳定系数法

在工程实际，还常采用所谓折减系数法进行稳定计算。将式（9-5）两端同除压杆横截面面积 $A$，并整理得 $\sigma \leqslant \frac{\sigma_{cr}}{n_{st}}=[\sigma_{st}]$，将稳定许用应力改写为

$$[\sigma_{st}]=[\sigma_c] \tag{9-12}$$

则杆件的稳定条件为

$$\sigma \leqslant \varphi[\sigma_c] \tag{9-13}$$

式中，$[\sigma_c]$ 为许用应力，$\varphi$ 是一个小于 1 的系数，称为**稳定系数**，其值与压杆的柔度及所用材料有关。表 9-4 所列为几种常用工程材料的 $\varphi$-$\lambda$ 对应数值。对于柔度为表中两相邻 $\lambda$ 值之间的 $\varphi$，可由直线内插法求得。由于考虑了杆件的初曲率和荷载偏心的影响，即使对于粗短杆，仍应在许用应力中考虑稳定系数 $\varphi$。在土建工程中，一般按稳定系数法进行稳定计算。

与强度计算类似，可以用折减系数法式（9-3）对压杆进行三类问题的计算：

### 1. 稳定校核

若已知压杆的长度、支承情况、材料截面及荷载，则可校核压杆的稳定性。即

$$\sigma=\frac{F_N}{A} \leqslant \varphi[\sigma]$$

表 9-4 压杆的稳定系数

| $\lambda=\frac{\mu l}{i}$ | $\varphi$ | | | |
|---|---|---|---|---|
| | Q235 钢 | 16Mn 钢 | 铸铁 | 木材 |
| 0 | 1.000 | 1.000 | 1.00 | 1.00 |
| 10 | 0.995 | 0.993 | 0.97 | 0.99 |
| 20 | 0.981 | 0.973 | 0.91 | 0.97 |
| 30 | 0.958 | 0.940 | 0.81 | 0.93 |
| 40 | 0.927 | 0.895 | 0.69 | 0.87 |
| 50 | 0.888 | 0.840 | 0.57 | 0.80 |
| 60 | 0.842 | 0.776 | 0.44 | 0.71 |
| 70 | 0.789 | 0.705 | 0.34 | 0.60 |
| 80 | 0.731 | 0.627 | 0.26 | 0.48 |
| 90 | 0.669 | 0.546 | 0.20 | 0.38 |
| 100 | 0.604 | 0.462 | 0.16 | 0.31 |
| 110 | 0.536 | 0.384 | | 0.26 |
| 120 | 0.466 | 0.325 | | 0.22 |
| 130 | 0.401 | 0.279 | | 0.18 |
| 140 | 0.349 | 0.242 | | 0.16 |
| 150 | 0.306 | 0.213 | | 0.14 |
| 160 | 0.272 | 0.188 | | 0.12 |
| 170 | 0.243 | 0.168 | | 0.11 |
| 180 | 0.218 | 0.151 | | 0.10 |
| 190 | 0.197 | 0.136 | | 0.09 |
| 200 | 0.180 | 0.124 | | 0.08 |

### 2. 设计截面

将折减系数法式（9-13）改写为

$$A \geqslant \frac{F_N}{\varphi[\sigma]}$$

在设计截面时，由于 $\varphi$ 和 $A$ 都是未知量，并且它们又是两个相依的未知量，所以常采用

试算法进行计算。步骤如下：

1）假设一个 $\varphi_1$ 值（一般取 $\varphi_1=0.5\sim0.6$），由此可初步定出截面尺寸 $A_1$。

2）按所选的截面 $A_1$，计算柔度 $\lambda_1$，查出相应的 $\varphi_1'$，比较 $\varphi_1$ 与 $\varphi_1'$，若两者接近，可对所选截面进行校核。

3）若 $\varphi_1$ 与 $\varphi_1'$ 相差较大，可再设 $\varphi_2=\dfrac{\varphi_1+\varphi_1'}{2}$，重复 1）、2）步骤试算，直至求得 $\varphi_1$ 与所设的 $\varphi$ 接近为止。

**3. 确定许用荷载**

若已知压杆的长度、支承情况、材料截面及荷载，则可按折减系数法公式来确定压杆能承受的最大荷载值，即

$$[F]\leqslant A\varphi[\sigma]$$

**例 9-7** 木柱高 6m，截面为圆形，直径 $d=20\text{cm}$，两端铰接。承受轴向压力 $F=50\text{kN}$。试校核其稳定性。木材的许用应力 $[\sigma]=10\text{MPa}$。

**解：** 截面的惯性半径：

$$i=\frac{d}{4}=\frac{20\text{cm}}{4}=5\text{cm}$$

两端铰接时的长度系数 $\mu=1$，所以 $\lambda=\dfrac{\mu l}{i}=\dfrac{1\times600\text{cm}}{5\text{cm}}=120$

由表 9-4，查得 $\varphi=0.22$

$$\sigma=\frac{F}{A}=\frac{50\times10^3\text{N}}{\dfrac{\pi(20\times10^{-2})^2\text{m}^2}{4}}=1.59\times10^6\text{Pa}=1.59\text{MPa}$$

$$\varphi[\sigma]=0.22\times10\text{MPa}=2.2\text{MPa}$$

由于 $\sigma<\varphi[\sigma]$，所以木柱安全。

# 第五节 提高压杆稳定性的措施

由以上各节的讨论可知，压杆的稳定性取决于临界荷载的大小。由临界应力总图可知，当柔度 $\lambda$ 减小时，临界应力提高，而 $\lambda=\dfrac{\mu l}{i}$，所以提高压杆承载能力的措施主要是尽量减小压杆的长度，选用合理的截面形状，增加支承的刚性，以及合理选用材料等。因而，也从这几个方面入手，讨论如何提高压杆的稳定性。

## 一、选择合理的截面形状

从欧拉公式看出，截面的惯性矩 $I$ 越大，临界压力 $F_{cr}$ 越大。从经验公式又看到，柔度 $\lambda$ 越小，临界应力越高。由于 $\lambda=\dfrac{\mu l}{i}$，所以提高惯性半径 $i$ 的数值就能减小 $\lambda$ 的数值。可见，如不增加截面面积，尽可能地把材料放在离截面形心较远处，取得较大的 $I$ 和 $i$，就等于提高了临界压力。例如，空心环形截面就比实心圆截面合理，因为若两者截面面积相同，环形截面的 $I$ 和 $i$ 都比实心圆截面的大得多。当然也不能为了取得较大的 $I$ 和 $i$，就无限制地增加环形截面

的直径并减小其壁厚，这将使其因变成薄壁圆管而有引起局部失稳，发生局部折断的危险。若构件在 $xy$、$xz$ 平面的支承条件相同，则应尽量使截面的 $I_z$ 与 $I_y$ 相等。

如压杆在各纵向平面内的相当长度 $\mu l$ 相同，应使截面对任一形心轴的 $i$ 相等，或接近相等，这样，压杆在各个纵向平面内的柔度 $\lambda$ 都相等或接近相等，于是在各个纵向平面内有相等或接近相等的稳定性。如圆形或圆环形都能满足这一要求。相反，某些压杆在不同的纵向平面内，$\mu l$ 并不相同。例如，发动机的连杆，在摆动平面内，两端可简化为铰支座，$\mu_1=1$；而在垂直于摆动平面的平面内，两端可简化为固定端，$\mu_2=\frac{1}{2}$。这就要求连杆截面对两个形心主惯性轴 $x$ 和 $y$ 有不同的 $i_x$ 和 $i_y$，使得在两个主惯性平面内的柔度 $\lambda_1=\frac{\mu_1 l_1}{i_x}$和 $\lambda_2=\frac{\mu_2 l_2}{i_y}$接近相等。这样，连杆在两个主惯性平面内仍然可以有接近相等的稳定性。

### 二、改善压杆的约束条件

改善压杆的支座条件直接影响临界力的大小。例如两端铰支的压杆在其中间增加一支座，或者把两端改为固定端，就减小了压杆的相当长度，使压杆的临界应力变为原来的 4 倍。一般来说增加压杆的约束，使其更不容易发生弯曲变形，可以提高压杆的稳定性。

### 三、合理选择材料

由式（9-7）可知，细长杆的临界应力，与材料的弹性模量 $E$ 有关。因此，选择弹性模量较高的材料，显然可以提高细长杆的稳定性。然而，就钢而言，由于各种钢的弹性模量值相差不大，若仅从稳定性考虑，选用高强度钢制作细长杆是不经济的。

中柔度杆的临界应力与材料的比例极限、压缩极限应力等有关，因而强度高的材料，临界应力相应也高。所以，选用高强度材料制作中柔度杆显然有利于稳定性的提高。

最后尚需指出，对于压杆，除了可以采取上述几方面的措施以提高其承载能力外，在可能的条件下，还可以从结构方面采取相应的措施。例如，将结构中的压杆转换成拉杆，这样，就可以从根本上避免失稳问题，从而避免了压杆的失稳问题

## 小　　结

1. 准确地理解压杆稳定的概念。压杆“稳定”和“失稳”是指压杆直线形式的平衡状态是稳定的还是不稳定的。

2. 欧拉公式是计算细长压杆临界力的基本公式，应用此公式时，要注意它的适用范围。即 $\lambda \geqslant \lambda_p$ 时，临界力和临界应力分别为

$$F_{cr}=\frac{\pi^2 EI}{(\mu l)^2} \qquad \sigma_{cr}=\frac{\pi^2 E}{\lambda^2}$$

3. 长度因数 $\mu$ 反映了杆端支承对压杆临界力的影响，在计算压杆的临界力时，应根据支承情况选用相应的长度系数 $\mu$。

1）两端铰支压杆　　$\mu=1$

2）一端固定，另一端自由压杆　　$\mu=2$

3）两端固定压杆　　$\mu=0.5$

4）一端固定，另一端铰支压杆　　$\mu=0.7$

4. 要理解柔度 $\lambda$ 的物理意义及其在稳定计算中的作用，$\lambda$ 值越大，压杆越易失稳。

5. 临界应力总图：

1）柔度 $\lambda \geqslant \lambda_p$ 的压杆，称为大柔度杆，应用欧拉公式 $\sigma_{cr}=\dfrac{\pi^2 E}{\lambda^2}$。

2）柔度 $\lambda_s \leqslant \lambda < \lambda_p$ 的压杆，称为中柔度杆，应用经验公式 $\sigma_{cr}=a-b\lambda$。

3）柔度 $\lambda<\lambda_s$ 的压杆，称为小柔度杆，其属于强度问题。

6. 压杆的稳定校核有两种方法

1）稳定性条件

$$n=\frac{F_{cr}}{F}\geqslant n_{st}$$

2）折减系数法

$$\sigma \leqslant \varphi[\sigma_c]$$

7. 提高压杆稳定性的措施：1）选择合理的截面形状；2）改善压杆的约束条件；3）增加支承的刚性；4）合理选择材料

## 思　考　题

9-1　何谓失稳？何谓稳定平衡与不稳定平衡？何谓临界荷载？

9-2　试判断以下两种说法对否？

1）临界力是使压杆丧失稳定的最小荷载。

2）临界力是压杆维持直线稳定平衡状态的最大荷载。

9-3　应用欧拉公式的条件是什么？

9-4　柔度 $\lambda$ 的物理意义是什么？它与哪些量有关系？各个量如何确定？

9-5　利用压杆的稳定条件可以解决哪些类型的问题？试说明步骤。

9-6　何谓稳定系数？它随哪些因素变化？为什么？

9-7　提高压杆的稳定性可以采取哪些措施？采用优质钢材对提高压杆稳定性的效果如何？

9-8　压杆失稳与压杆的强度破坏相比有什么不同点？

9-9　采用 Q235 钢制成的三根压杆，分别为大、中、小柔度杆。若材料必用优质碳素钢，是否可提高各杆的承载能力？为什么？

9-10　若杆件横截面 $I_y>I_z$，那么杆件失稳一定在平面 $xz$ 内吗？

## 习　题

9-1　图 9-9 所示的细长压杆均为圆杆，其直径 $d$ 均相同，材料 Q235A 钢，$E=210\text{GPa}$。其中：图 9-9a 所示为两端铰支；图 9-9b 所示为一端固定，一端铰支；图 9-9c 所示为两端固定。试判别哪一种情形的临界力最大，那种其次，那种最小？若圆杆直径 $d=16\text{cm}$，试求最大的临界力 $F_{cr}$。

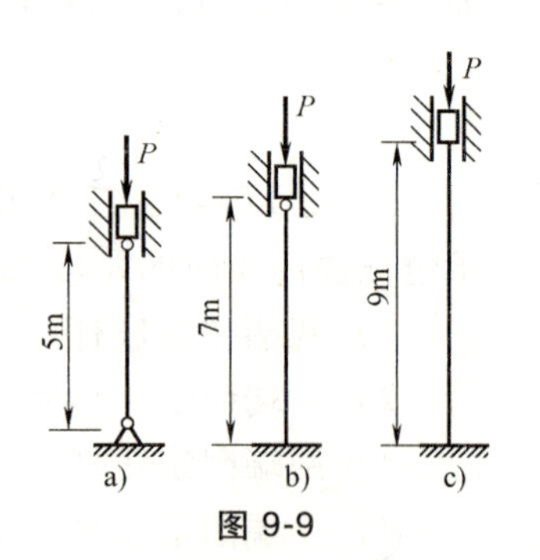

图 9-9

9-2　三根圆截面压杆，直径均为 $d=160\text{mm}$，材料为 Q235 钢，$E=200\text{GPa}$，$\sigma_s=240\text{MPa}$。两端均为铰支，长度分别为 $l_1$、$l_2$ 和 $l_3$，且 $l_1=2l_2=4l_3=5\text{m}$。试求各杆的临界压力 $F_{cr}$。

9-3 两端固定的矩形截面细长压杆，其横截面尺寸为 $h=60\text{mm}$，$b=30\text{mm}$，材料的比例极限 $\sigma_p=200\text{MPa}$，弹性模量 $E=210\text{GPa}$。试求此压杆的临界力适用于欧拉公式时的最小长度。

9-4 图 9-10 所示立柱由两根 10 号槽钢组成，立柱上端为球铰，下端固定，柱长 $l=6\text{m}$，试求两槽钢距离 $a$ 值取多少立柱的临界力最大？并求最大临界力是多少？已知材料的弹性模量 $E=200\text{GPa}$，比例极限 $\sigma_p=200\text{MPa}$。

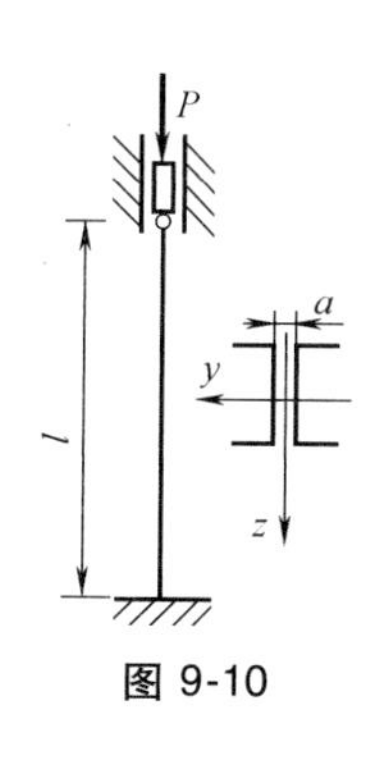

图 9-10

9-5 一木柱两端铰支，其截面尺寸为 120mm×200mm 的矩形，长度为 4m。木材的弹性模量 $E=10\text{GPa}$，比例极限 $\sigma_p=20\text{MPa}$。试求木柱的临界应力。计算临界应力的公式有：（1）欧拉公式；（2）直线公式 $\sigma_{cr}=28.7-0.19\lambda$。

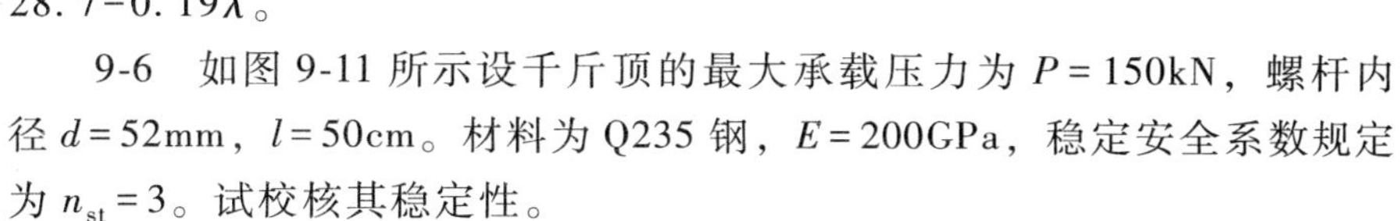

9-6 如图 9-11 所示设千斤顶的最大承载压力为 $P=150\text{kN}$，螺杆内径 $d=52\text{mm}$，$l=50\text{cm}$。材料为 Q235 钢，$E=200\text{GPa}$，稳定安全系数规定为 $n_{st}=3$。试校核其稳定性。

9-7 在图 9-12 所示铰接杆系 $ABC$ 中，$AB$ 和 $BC$ 皆为细长压杆，且截面相同，材料一样。若因在 $ABC$ 平面内失稳而破坏，并规定 $0<\theta<\pi$，试确定 $P$ 为最大值时的 $\theta$ 角。

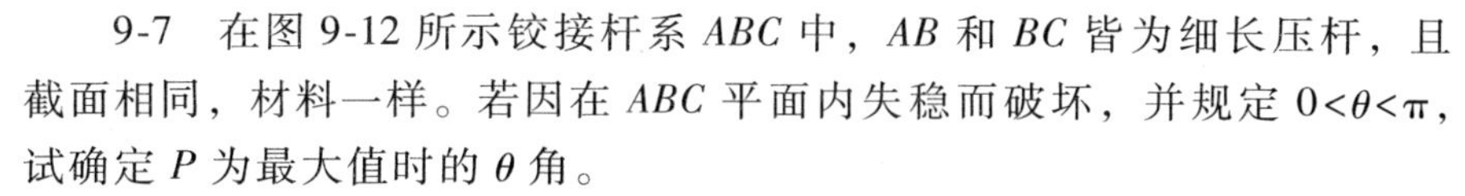

9-8 图 9-13 所示托架中杆 $AB$ 的直径 $d=4\text{cm}$，长度 $l=0.8\text{m}$，两端可视为铰支，材料是 Q235 钢。

图 9-11

（1）试按杆 $AB$ 的稳定条件求托架的临界力 $F_{cr}$。

（2）若已知实际荷载 $Q=70\text{kN}$，稳定安全系数 $n_{st}=2$，此托架是否安全？

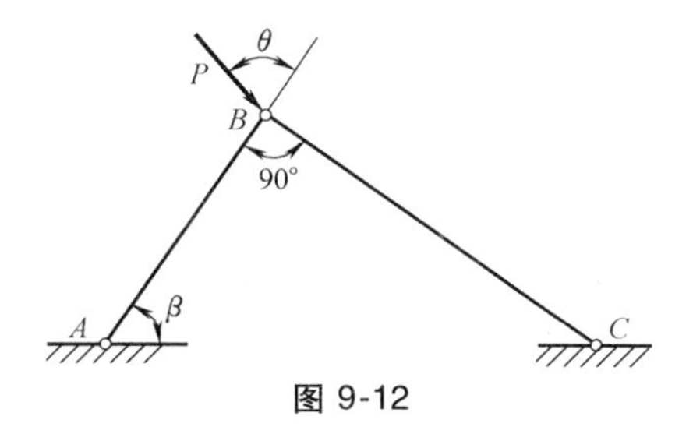

图 9-12

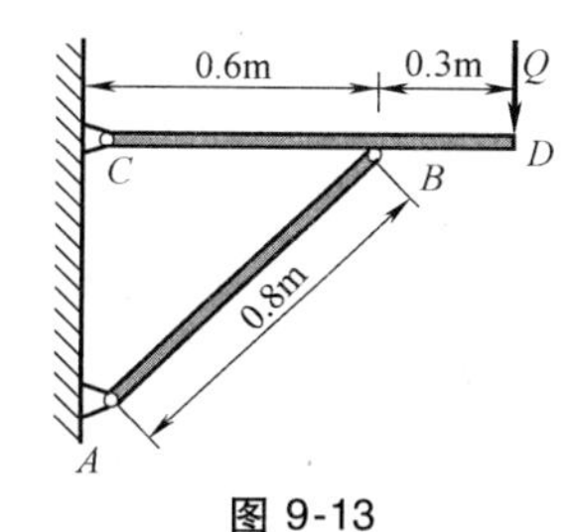

图 9-13

9-9 螺旋千斤顶（图 9-11）的最大起重量 $P=150\text{kN}$，丝杠长 $l=0.5\text{m}$，材料为 Q235A 钢，$E=210\text{GPa}$，规定稳定安全系数 $n_{st}=4.2$，求丝杠所允许的最小内直径 $d$。（提示：可采用试算法，在稳定性条件中的临界力按大柔度公式计算，若由求出的直径算得柔度大于 $\lambda_p$，则即为所求直径。否则，需改用中柔度杆临界力公式计算。）

9-10 某快锻水压机工作台液压缸柱塞如图 9-14 所示。已知油压 $p=32\text{MPa}$，柱塞直径 $d=120\text{mm}$，伸入液压缸的最大行程 $l=1600\text{mm}$，材料为 Q235A 钢，$E=210\text{GPa}$。试求柱塞的工作安全系数。

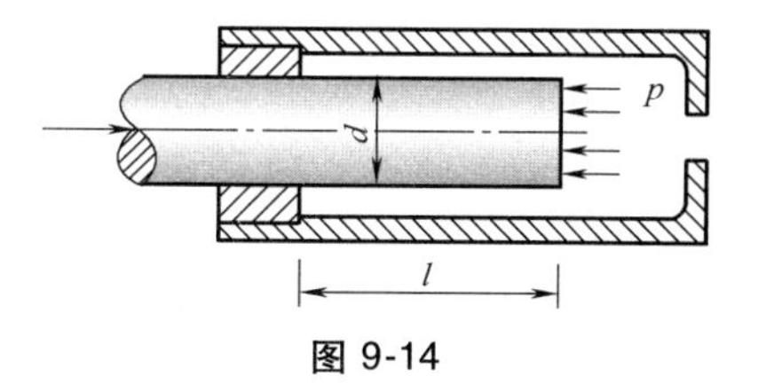

图 9-14

9-11 蒸汽机车的连杆如图 9-15 所示，截面为工字形，材料为 Q235A 钢。连杆所受最大轴向压力为 465kN。连杆在摆动平面（$xy$ 平面）内发生弯曲时，两端可认为铰支；而在与摆动平面垂直的 $xz$ 平面内发生弯曲时，两端可认为是固定支座。试确定其工作安全系数。

9-12 图 9-16 所示蒸汽机的活塞杆 $AB$，所受力的 $p=120\text{kN}$，$l=180\text{cm}$，横截面为圆形，直径 $d=7.5\text{cm}$。材料为 Q275 钢，$E=210\text{GPa}$，$\sigma_p=240\text{MPa}$，规定 $n_{st}=8$，试校核活塞杆的稳定性。

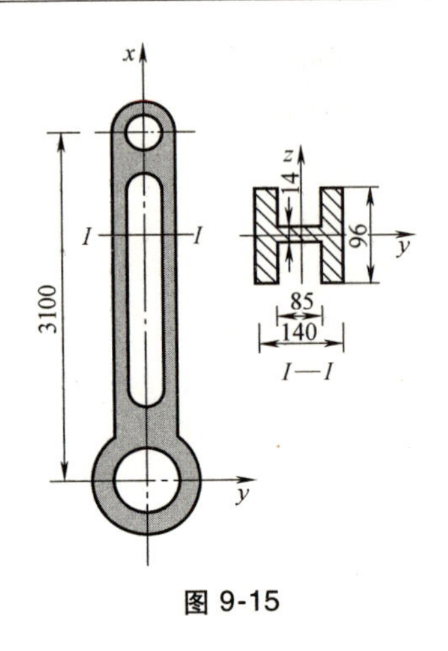

图 9-15

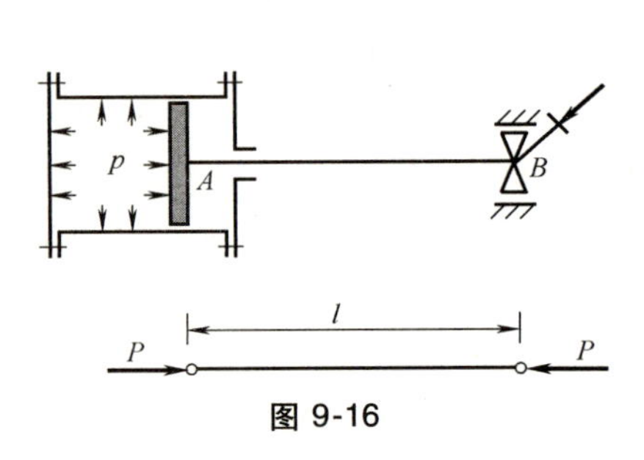

图 9-16

9-13 如图 9-17 所示，已知 $AB$ 为 Q235 钢，杆 $l_{AB}=80\text{cm}$，$n_{st}=2$，$\lambda_1=100$，$\lambda_2=57$，试校核 $AB$ 杆。

9-14 图 9-17 中的杆 $AB$、$AC$：$d=80\text{cm}$，Q235A 钢，$\lambda_1=100$，$\lambda_2=57$，$n_{st}=5$，$E=210\text{GPa}$，求 $[P]$。

9-15 如图 9-18 所示，已知压杆为球铰，Q235 钢，$l=2.4\text{m}$，压杆由两根等边角钢铆接而成，$A=2\text{cm}\times28.9\text{cm}$，铆钉孔直径为 23mm，$P=800\text{kN}$，$n_{st}=1.48$，$[\sigma]=160\text{MPa}$，试校核压杆是否安全。

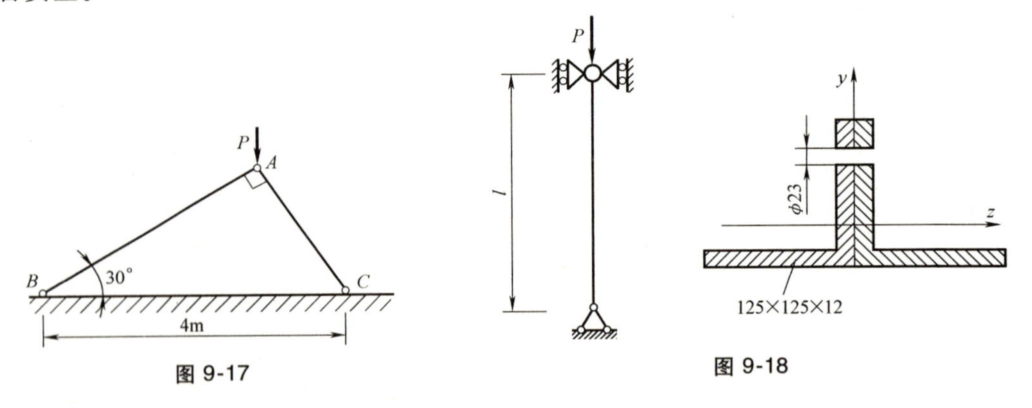

图 9-17 图 9-18

9-16 某厂自制的简易起重机如图 9-19 所示，其压杆 $BD$ 为 20a 号的槽钢，材料为 Q235 钢。起重机的最大起重量为 $P=40\text{kN}$。若规定的稳定安全系数为 $n_{st}=5$，试校核 $BD$ 杆的稳定性。

9-17 下端固定、上端铰支、长 $l=4\text{m}$ 的压杆，由两根 10 号槽钢焊接而成，如图 9-20 所示。已知杆的材料为 Q235 钢，强度许用应力 $[\sigma]=160\text{MPa}$，试求压杆的许可荷载。

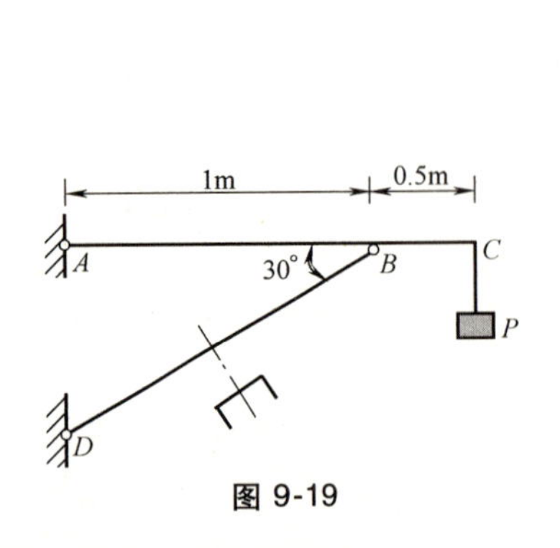

图 9-19

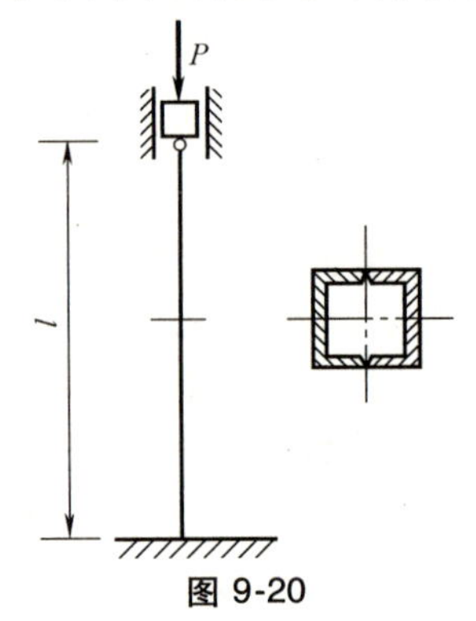

图 9-20

9-18　某桁架的受压杆长 4m，由缀板焊成一体，截面形式如图9-21 所示，材料为 Q235 钢，$[\sigma]=160\text{MPa}$。若按两端铰支考虑，试求此杆所能承受的最大安全压力。

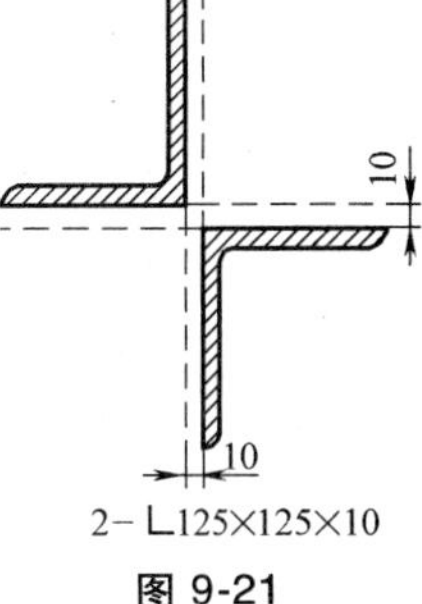

图 9-21

9-19　由 Q235 钢制成的中心受压圆截面钢杆，长度 $l=800\text{mm}$，其下端固定，上端自由，承受轴向压力 100kN。已知材料的许用应力 $[\sigma]=160\text{MPa}$，试求杆的直径 $d$。

9-20　图 9-22 所示结构中 $AC$ 与 $CD$ 杆均用 Q235 钢制成，$C$、$D$ 两处均为球铰。已知 $d=20\text{mm}$，$b=100\text{mm}$，$h=180\text{mm}$；$E=200\text{GPa}$，$\sigma_s=235\text{MPa}$，$\sigma_b=400\text{MPa}$；强度安全系数 $n=2.0$，稳定安全系数 $n_{st}=3$。试确定该结构的最大许可荷载。

9-21　某钢材的比例极限 $\sigma_p=230\text{MPa}$，屈服应力 $\sigma_s=274\text{MPa}$，弹性模量 $E=200\text{GPa}$，$\sigma_{cr}=331-1.09\lambda$。试求 $\lambda_p$ 和 $\lambda_0$，并绘出临界应力总图（$0\leqslant\lambda\leqslant150$）

9-22　如图 9-23 所示，10 号工字钢梁 $CA$ 的 $C$ 端固定，$A$ 端铰支于空心钢管 $AB$ 上，钢管的内径和外径分别为 30mm 和 40mm，$B$ 端亦为铰支。梁及钢管同为 Q235 钢。当重为 300N 的重物落于梁的 $A$ 端时，试校核 $AB$ 杆的稳定性。规定稳定安全系数 $n_{st}=2.5$。

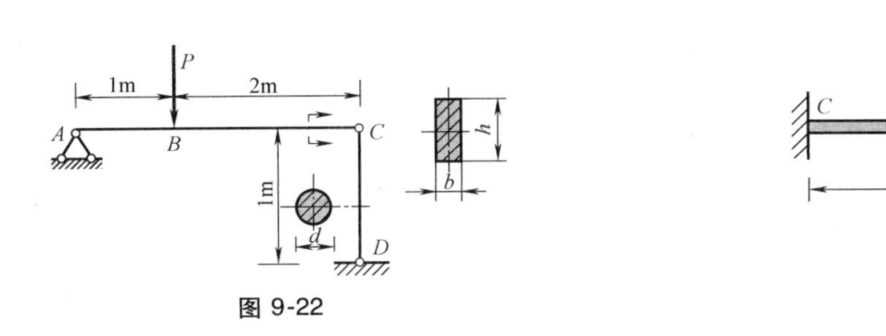

图 9-22　　图 9-23

## 习题参考答案

9-1　3293kN

9-2　$(P_{cr})_1=2540\text{kN}$，$(P_{cr})_2=4710\text{kN}$，$(P_{cr})_3=4830\text{kN}$

9-3　最小长度为 1.76m

9-4　$a=4.31\text{cm}$，$F_{cr}=443\text{kN}$

9-5　$\sigma_{cr}=7.4\text{MPa}$

9-6　$n=3.08>n_{st}$，安全

9-7　$\theta=\arctan(\cot^2\beta)$

9-8　$F_{cr}=\dfrac{\sqrt{7}}{6}F_{N,cr}=118.8\text{kN}$，$n=\dfrac{F_{N,cr}}{F_N}=\dfrac{269.4}{158.7}=1.7<n_{st}=2$，拖架不安全

9-9　$d=59.3\text{mm}$

9-10　$n=5.7$

9-11　$n=3.3$

9-12　$n=8.25>n_{st}$，安全

9-13　$n=\dfrac{P_{cr}}{P}=\dfrac{270}{159}=1.69\leqslant n_{st}=2$，所以 $AB$ 杆不安全

9-14 $[P]=139.2\text{kN}$

9-15 $n=\dfrac{\sigma_{cr}A}{P}=1.69>n_{st}$，$\sigma=\dfrac{P}{A_0}=153\text{MPa}<[\sigma]$ 压杆安全

9-16 $n=6.5>n_{st}$，安全

9-17 $[P]=302\text{kN}$

9-18 $[P]=558\text{kN}$

9-19 $d=47\text{mm}$

9-20 $[P]=15.5\text{kN}$

9-21 $\lambda_p=\sqrt{\dfrac{\pi^2E}{\sigma_p}}=\pi\sqrt{\dfrac{200\times10^9}{230\times10^6}}=92.6$，$\lambda_0=\dfrac{338-\sigma_s}{1.22}=\dfrac{338-274}{1.22}=52.5$

临界应力总图如图 9-24 所示。

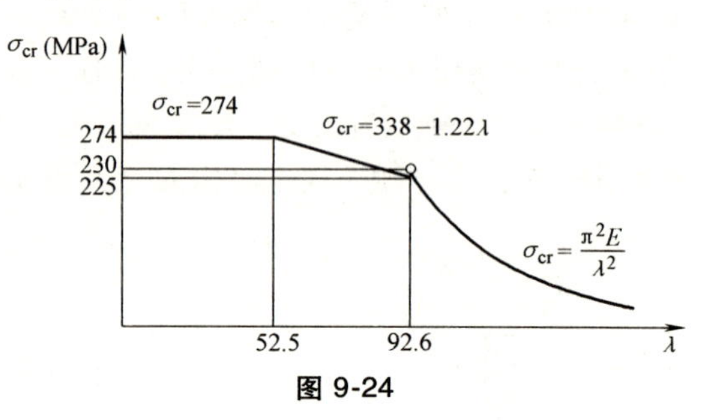


图 9-24

9-22 $n=2.4<n_{st}$，不安全

# 附录 I　截面图形的几何性质

计算构件的强度、刚度和稳定性问题时，我们经常要用到与构件截面形状和尺寸有关的几何量。例如，在拉（压）杆计算中用到截面面积 $A$，在受扭圆轴计算中用到极惯性矩 $I_P$，以及在梁的弯曲问题中用到静矩、惯性矩和惯性积等。下面介绍这些几何量的定义、性质及计算方法，统称为截面的几何性质。

## 第一节　静矩和形心

### 1. 静矩

任意平面几何图形如图 I-1 所示，其面积为 $A$。在图形平面内选取一对直角坐标轴，如图 I-1 所示。在图形内取微面积称为微面积 $\mathrm{d}A$，该微面积在坐标系中的坐标为（$z$，$y$）。$z\mathrm{d}A$、$y\mathrm{d}A$ 分别为微面积对 $y$ 轴、$z$ 轴的面积矩，简称静矩。遍及整个图形面积 $A$ 的积分，

$$\left.\begin{aligned} S_y &= \int_A z\mathrm{d}A \\ S_z &= \int_A y\mathrm{d}A \end{aligned}\right\} \tag{I-1}$$

$S_y$、$S_z$ 分别称为图形对 $y$ 轴和 $z$ 轴的静矩。

由式（I-1）可知，随着坐标轴 $y$、$z$ 的选取不同，静矩数值可能为正，可能为负，也可能为零。静矩的常用单位为 $\mathrm{m}^3$、$\mathrm{cm}^3$ 或 $\mathrm{mm}^3$。

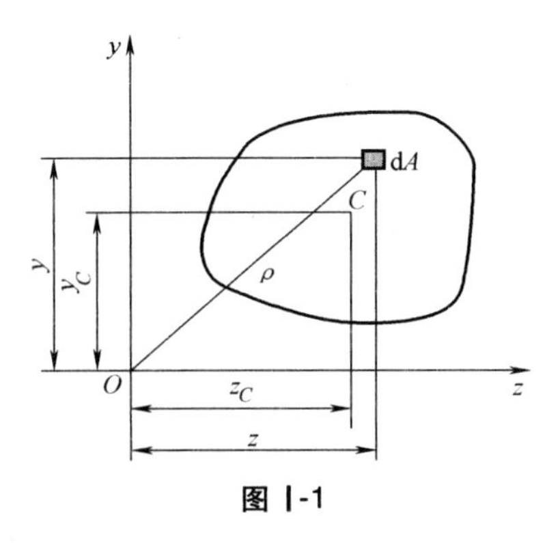


图 I-1

### 2. 形心

设想有一个厚度很小的均质薄板，薄板中间面的形状与图 I-1 的平面图形相同。显然，在 $ozy$ 坐标系中，上述均质薄板的重心与平面图形的形心有相同的坐标 $y_C$ 和 $z_C$。由静力学的合力矩定理可知，均质薄板重心的坐标分别为

$$y_C = \frac{\sum y\mathrm{d}A}{A} = \frac{\int_A y\mathrm{d}A}{A} \qquad z_C = \frac{\sum z\mathrm{d}A}{A} = \frac{\int_A z\mathrm{d}A}{A} \tag{I-2}$$

这也是确定平面图形的形心坐标的公式。

利用式（I-1）可以把式（I-2）改写为

$$S_y = Az_C \qquad S_z = Ay_C \tag{I-3}$$

所以，如果截面面积和静矩已知时，可以由静矩除以图形面积 $A$ 来确定图形形心的坐标。这就是图形形心坐标与静矩之间的关系。

由式（I-3）可知，若图形对某一轴的静矩等于零，则该轴必然通过图形的形心；反之，若某一轴通过形心，则图形对该轴的静矩必等于零。

**例 I-1** 求半径为 $r$ 的半圆形对过其直径的轴 $z$ 的静矩及其形心坐标 $y_C$（图 I-2）

**解：** 过圆心 $O$ 作与 $z$ 轴垂直的 $y$ 轴，并在任意 $y$ 坐标取宽为 $\mathrm{d}y$ 的微面积 $\mathrm{d}A$，其面积为

$$\mathrm{d}A = 2\sqrt{r^2-y^2}\cdot \mathrm{d}y$$

由式（I-1）有 $S_z = \int_A y\mathrm{d}A = \int_0^r 2y\sqrt{r^2-y^2}\,\mathrm{d}y = \frac{2}{3}r^3$

将 $S_z = \frac{2}{3}r^3$ 代入式（I-3），得

$$y_C = \frac{S_z}{A} = \frac{4r}{3\pi}$$

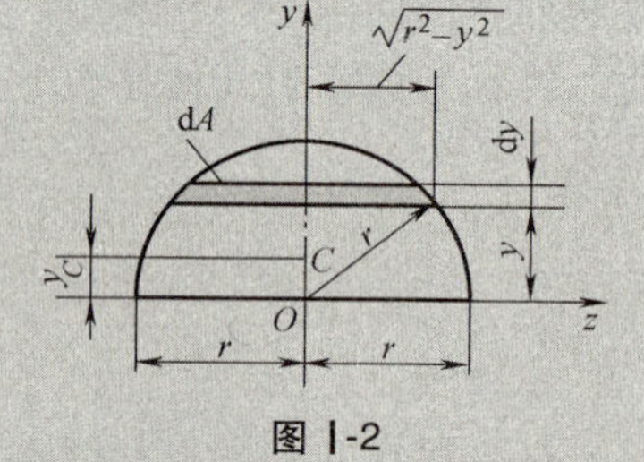


图 I-2

**3. 组合图形的静矩与形心坐标的关系**

实际计算中，对于简单的、规则的图形，其形心位置可以直接判断。例如矩形、圆形、三角形等的形心位置是显而易见的。对于组合图形，则先将其分解为若干个简单图形；然后分别计算它们对于给定坐标轴的静矩，并求其代数和，即当一个图形 $A$ 是由 $A_1$、$A_2$、…、$A_n$ 等 $n$ 个图形组合而成的组合图形时，由静矩的定义得出，组合图形对某轴的静矩等于组成它的各简单图形对某轴静矩的代数和，即

$$s_y = \sum_{i=1}^{n} A_i Z_{Ci} \qquad S_z = \sum_{i=1}^{n} A_i y_{Ci} \tag{I-4}$$

形心位置即

$$y_C = \frac{S_z}{A} = \frac{\sum_{i=1}^{n} A_i y_{Ci}}{\sum_{i=1}^{n} A_i} \qquad z_C = \frac{\sum_{i=1}^{n} A_i z_{Ci}}{\sum_{i=1}^{n} A_i} \tag{I-5}$$

**例 I-2** 试确定图 I-3 所示平面图形的形心 $C$ 的位置。

**解：** 将图形分割为三部分，选取 $Oxy$ 直角坐标系如图 I-3 所示。每个矩形的形心坐标及面积分别为：

$x_1 = -1.5\text{cm}$，$y_1 = 4.5\text{cm}$，$A_1 = 3.0\text{cm}^2$

$x_2 = 0.5\text{cm}$，$y_2 = 3.0\text{cm}$，$A_2 = 4.0\text{cm}^2$

$x_3 = 1.5\text{cm}$，$y_3 = 0.5\text{cm}$，$A_3 = 3.0\text{cm}^2$

得形心 $C$ 的坐标为

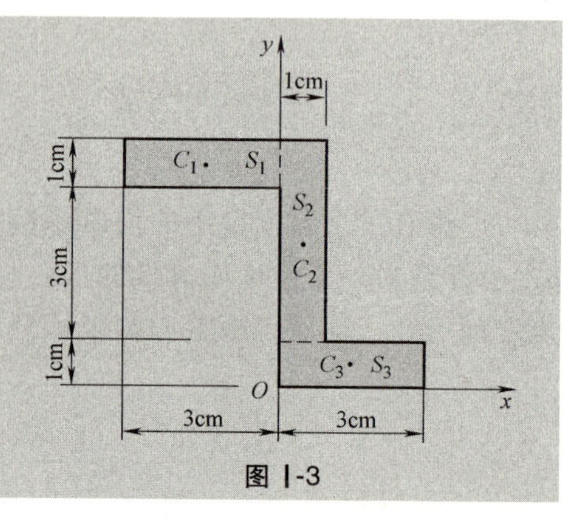


图 I-3

$$x_C = \frac{\sum \Delta A_i x_i}{A} = \frac{3\times(-1.5)+4\times0.5+3\times1.5}{3+4+3}\text{cm} = 0.2\text{cm}$$

$$y_C = \frac{\sum \Delta A_i y_i}{A} = \frac{3\times(4.5)+4\times3+3\times0.5}{3+4+3}\text{cm} = 2.7\text{cm}$$

## 第二节　惯性矩、极惯性矩和惯性积

### 1. 惯性矩

任意平面几何图形如图 I-4 所示，其面积为 $A$。在图形平面内选取一对直角坐标轴如图所示。在图形内取微面积 d$A$，该微面积在坐标系中的坐标为 $(z, y)$。$z^2\text{d}A$、$y^2\text{d}A$ 分别为微面积对 $y$ 轴、$z$ 轴的惯性矩，而遍及整个图形面积 $A$ 的积分，

$$\left.\begin{aligned} I_y &= \int_A z^2 \text{d}A \\ I_z &= \int_A y^2 \text{d}A \end{aligned}\right\} \tag{I-6}$$

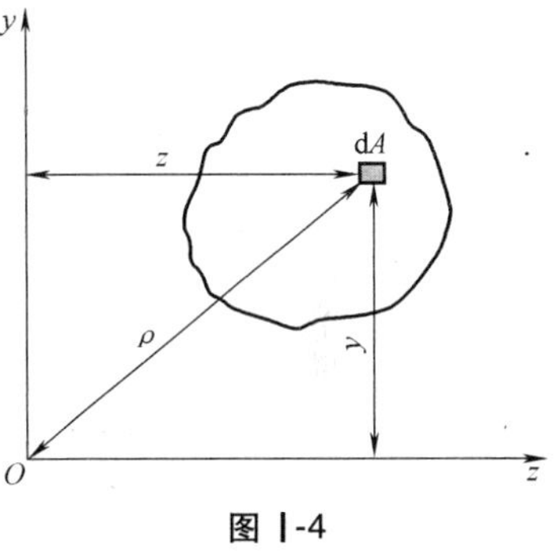

图 I-4

$I_y$、$I_z$ 分别定义为平面图形对 $y$ 轴和 $z$ 轴的惯性矩。

在式（I-6）中，由于 $y^2$、$z^2$ 总是正值，所以 $I_z$、$I_y$ 也恒为正值。惯性矩的常用单位为 $\text{m}^4$、$\text{cm}^4$ 或 $\text{mm}^4$。

**例 I-3**　试计算图 I-5 所示的矩形对其对称轴 $y$、$z$ 的惯性矩。

**解：** 先求对轴 $y$ 的惯性矩。取平行于轴 $y$ 的狭长矩形作为微面积 d$A$，则

$$\text{d}A = b\text{d}z$$

$$I_y = \int_A z^2 \text{d}A = \int_{-\frac{h}{2}}^{\frac{h}{2}} bz^2 \text{d}z = \frac{bh^3}{12}$$

用同样的方法可求得

$$I_z = \frac{hb^3}{12}$$

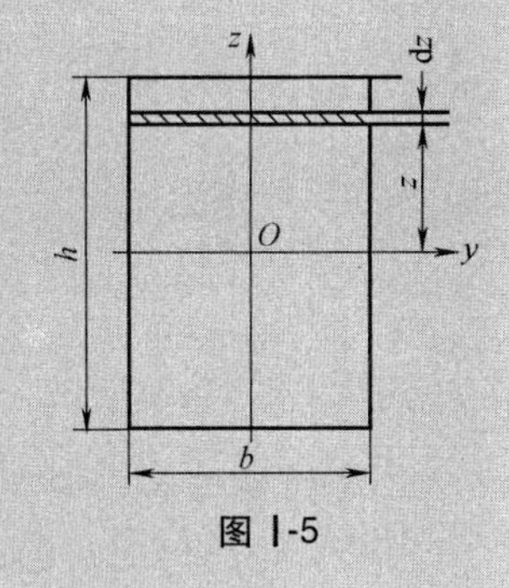

图 I-5

### 2. 极惯性矩

如图 I-4 所示，$\rho^2\text{d}A$ 称为微面积 d$A$ 对坐标原点 $O$ 的极惯性矩，则将 $\rho^2\text{d}A$ 遍及整个图形面积 $A$ 的积分，称为图形对坐标原点 $O$ 的极惯性矩，用 $I_\text{P}$ 表示，即

$$I_\text{P} = \int_A \rho^2 \text{d}A \tag{I-7}$$

将 $\rho^2 = z^2 + y^2$ 代入式（I-7），得

$$I_\text{P} = \int_A \rho^2 \text{d}A = \int_A (z^2 + y^2)\text{d}A = \int_A z^2 \text{d}A + \int_A y^2 \text{d}A$$

$$I_\text{P} = I_y + I_z \tag{I-8}$$

由式（I-8）可知，图形对其所在平面内任一点的极惯性矩 $I_\text{P}$，等于其对过此点的任一对正交轴 $y$、$z$ 的惯性矩 $I_y$、$I_z$ 之和。

3. 惯性半径

在有些工程计算中，将惯性矩表达为其面积与一个长度平方的乘积，即

$$I_z=i_z^2\cdot A, I_y=i_y^2\cdot A \text{ 或 } i_z=\sqrt{\frac{I_z}{A}}, i_y=\sqrt{\frac{I_y}{A}}$$

将式中 $i_z$，$i_y$ 分别称为截面对 $y$、$z$ 轴的惯性半径。

**例 I-4** 试计算图 I-6 所示的圆形对过形心轴的惯性矩及对形心的极惯性矩。

**解：** 取图中狭长矩形作为微面积 d$A$，则

$$\mathrm{d}A=2y\mathrm{d}z=2\sqrt{R^2-Z^2}\,\mathrm{d}z$$

$$I_y=\int_A z^2\mathrm{d}A=2\int_{-R}^{R}z^2\sqrt{R^2-Z^2}\,\mathrm{d}z=\frac{\pi rR^4}{4}=\frac{\pi D^4}{64}$$

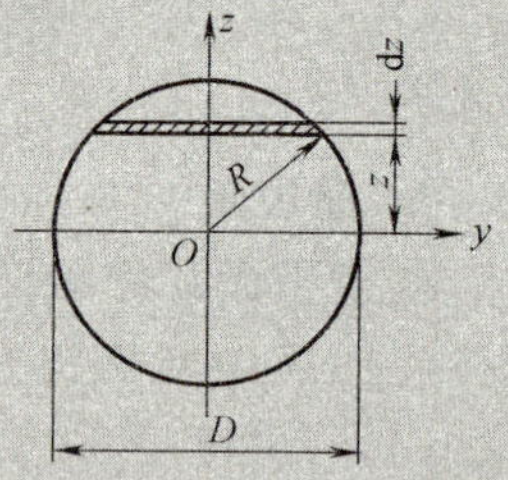

由对称性有

$$I_z=I_y=\frac{\pi D^4}{64}$$

图 I-6

由式（I-8）有

$$I_{\mathrm{P}}=I_y+I_z=\frac{\pi D^3}{32}$$

**例 I-5** 试计算图 I-7 所示的空心圆形对过圆心的轴 $y$、$z$ 的惯性矩及对圆心 $O$ 的极惯性矩。

**解：** 首先求对圆心 $O$ 的极惯性矩 $I_{\mathrm{P}}$。取图中所示的环形微面积 d$A$，则

$$\mathrm{d}A=2\pi\rho\mathrm{d}\rho$$

$$I_{\mathrm{P}}=\int_A\rho^2\mathrm{d}A=2\pi\int_{\frac{d}{2}}^{\frac{D}{2}}\rho^3\mathrm{d}\rho=\frac{\pi r}{32}(D^4-d^4)$$

因 $I_{\mathrm{P}}=I_y+I_z$，且 $I_y=I_z$，则有

$$I_y=I_z=\frac{1}{2}I_{\mathrm{P}}=\frac{\pi r}{64}(D^4-d^4)$$

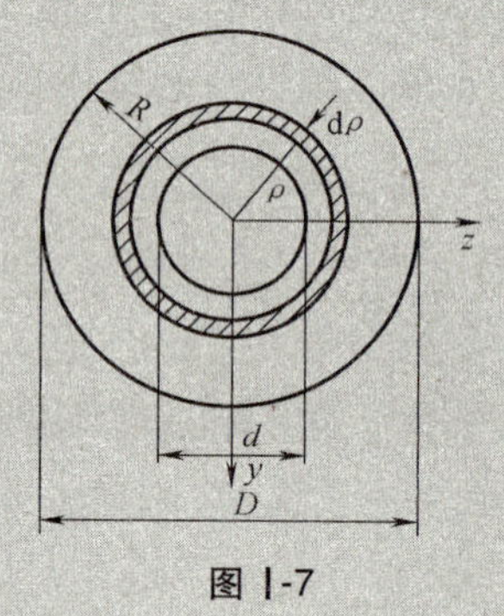


图 I-7

4. 惯性积与形心主惯性矩

任意平面几何图形如图 I-4 所示，定义 $zy$d$A$ 称为微面积 d$A$ 对 $y$ 轴和 $z$ 轴的惯性积。则将 $zy$d$A$ 遍及整个图形面积 $A$ 的积分，称为图形对 $y$ 轴和 $z$ 轴的惯性积。用 $I_{zy}$ 表示，即

$$I_{yz}=\int_A zy\mathrm{d}A \tag{I-9}$$

由式（I-9）可知，惯性积可以是正值、负值或零，量纲是长度的四次方。且惯性积中的两个轴只要有一个为图形的对称轴，则图形对轴 $y$、$z$ 的惯性积必等于零。

## 第三节 惯性矩和惯性积的平行移轴公式

### 一、平行移轴公式

图 I-8 所示截面面积为 $A$，它对其形心轴 $x_C$、$y_C$ 的惯性矩和惯性积分别为 $I_{x_C}$、$I_{y_C}$、$I_{x_Cy_C}$。

设有任意轴 $x$、$y$ 分别与 $x_C$、$y_C$ 轴平行，截面对 $x$、$y$ 轴的惯性矩和惯性积分别为 $I_x$、$I_y$、$I_{xy}$。现在来推导截面对于这两对坐标轴的惯性矩和惯性积之间的关系。

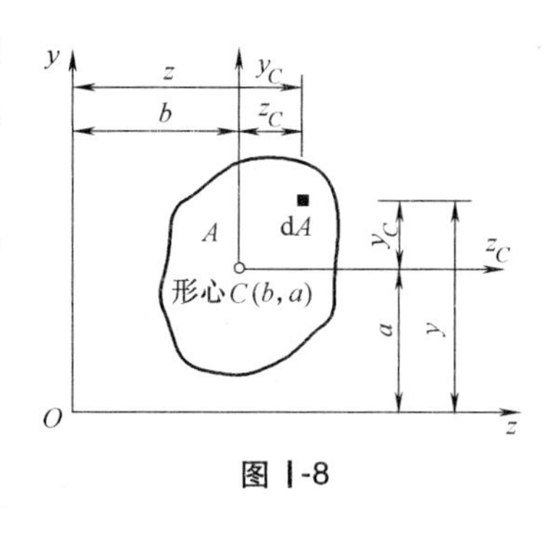


图Ⅰ-8

设截面上的微面积 dA 在两个坐标系中的坐标分别为 $x_C$、$y_C$ 和 $x$、$y$，可见，

$$x=x_C+b,\quad y=y_C+a$$

将 $y$ 代入式（Ⅰ-6）中的第一式，展开后得

$$I_z=\int_A y^2\mathrm{d}A=\int_A (a+y_C)^2\mathrm{d}A=a^2\int_A\mathrm{d}A+2a\int_A y_C\mathrm{d}A+\int_A {y_C}^2\mathrm{d}A$$

$$=I_{z_C}+a^2A$$

同理可得

$$I_y=I_{y_C}+b^2A \tag{Ⅰ-10}$$

$$I_{yz}=I_{y_Cz_C}+abA$$

式（Ⅰ-10）称为惯性矩与惯性积的平行移轴公式。式中，$a$、$b$ 为截面形心在 $xoy$ 坐标系中的坐标。

式（Ⅰ-10）表明，截面对任一轴的惯性矩，等于截面对与该轴平行的形心轴的惯性矩，再加上截面的面积与形心到该轴间距离平方的乘积；截面对任意两相互垂直轴的惯性积，等于它对于与该两轴平行的两形心轴的惯性积，再加上截面的面积与形心到该两轴间距离的乘积。

平面图形对所有互相平行轴的众多惯性矩中，对形心轴的惯性矩为最小。

### 二、组合截面的惯性矩和惯性积

工程上经常遇到组合截面。根据惯性矩和惯性积的定义可知，组合截面对于某坐标轴的惯性矩（或惯性积）就等于其各个组成部分对于同一坐标轴的惯性矩（或惯性积）之和。若组合截面由 $n$ 个简单截面组成，每个简单截面对 $x$，$y$ 轴的惯性矩和惯性积为 $I_{xi}$、$I_{yi}$、$I_{xyi}$，则组合截面对 $x$，$y$ 轴的惯性矩和惯性积分别为

$$I_y=\sum_{i=1}^{n}I_{yi}\qquad I_x=\sum_{i=1}^{n}I_{xi}\qquad I_{xy}=\sum_{i=1}^{n}I_{xyi} \tag{Ⅰ-11}$$

不规则截面对坐标轴的惯性矩和惯性积，可将截面分割成若干等高度的窄长条，然后应用式（Ⅰ-11），计算其近似值。

## 第四节　惯性矩和惯性积的转轴公式，截面的主惯性轴和主惯性矩

### 一、惯性矩和惯性积的转轴公式

任意平面图形（图Ⅰ-9）对 $y$ 轴和 $z$ 轴的惯性矩和惯性积为

$$I_y=\int_A z^2\mathrm{d}A\qquad I_z=\int_A y^2\mathrm{d}A\qquad I_{yz}=\int_A yz\mathrm{d}A$$

若将坐标轴 $y$、$z$ 绕坐标原点 $O$ 点旋转 $\alpha$ 角，且以逆时针转角为正，旋转后得新的坐标轴 $y_1$，$z_1$，而图形对 $y_1$，$z_1$ 轴的惯性矩和惯性积分别为

$$I_{y_1}=\int_A z_1^2\mathrm{d}A \qquad I_{z_1}=\int_A y_1^2\mathrm{d}A \qquad I_{y_1z_1}=\int_A y_1z_1\mathrm{d}A$$

现在研究图形对 $y_1$、$z_1$ 轴和对 $y$、$z$ 轴的惯性矩和惯性积之间的关系。

由图Ⅰ-9，微面积 d$A$ 在其新旧坐标轴之间应有如下关系

$$y_1=y\cos\alpha+z\sin\alpha$$

$$y_1=y\cos\alpha+z\sin\alpha$$

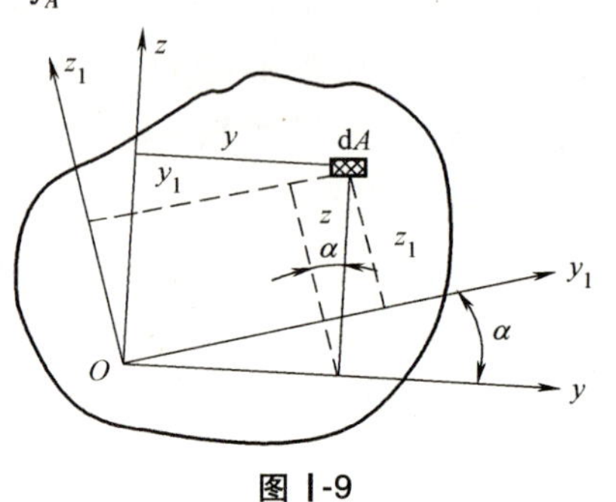

图Ⅰ-9

将此关系代入惯性矩及惯性积的定义式，则可得相应量的新、旧转换关系，即转轴公式

$$I_{y_1}=\int_A z_1^2\mathrm{d}A=\frac{I_y+I_z}{2}-\frac{I_y-I_z}{2}\cos2\alpha-I_{yz}\sin2\alpha \tag{Ⅰ-12a}$$

$$I_{z_1}=\frac{I_y+I_z}{2}-\frac{I_y-I_z}{2}\cos2\alpha+I_{yz}\sin2\alpha \tag{Ⅰ-12b}$$

$$I_{y_1z_1}=\frac{I_y-I_z}{2}\cos2\alpha+I_{yz}\sin2\alpha \tag{Ⅰ-12c}$$

以上三式就是惯性矩和惯性积的转轴公式，可以用于计算截面的主惯性轴和主惯性矩。

## 二、截面的主惯性轴和主惯性矩

### 1. 主惯性轴和主惯性矩

对于任何形状的截面，总可以找到一对特殊的直角坐标轴，使截面对于这一对坐标轴的惯性积等于零。惯性积等于零的一对坐标轴就称为该截面的主惯性轴，而截面对于主惯性轴的惯性矩称为主惯性矩。

### 2. 形心主惯性轴和形心主惯性矩

当一对主惯性轴的交点与截面的形心重合时，它们就被称为该截面的形心主惯性轴，简称形心主轴。而截面对于形心主惯性轴的惯性矩就称为形心主惯性矩。

### 3. 形心主惯性轴的确定

由于任何平面图形对于包括其形心对称轴在内的一对正交坐标轴的惯性积恒等于零，所以，可根据截面有对称轴的情况，用观察法帮助我们确定平面图形的形心主惯性轴的位置。

1）如果平面图形有一根对称轴，则此轴必定是形心主惯性轴，而另一根形心主惯性轴通过形心，并与此轴垂直。

2）如果平面图形有两根对称轴，则此两轴都为形心主惯性轴。

3）如果平面图形有三根或更多根的对称轴，那么，过该图形形心的任何轴都是形心主惯性轴，而且该平面图形对于其任一形心主惯性轴的惯性矩都相等。

需要说明的是，对于没有对称轴的截面，其形心主惯性轴的位置，可以通过计算来确定，因为截面对它的惯性矩是最大或最小。

# 习 题

Ⅰ-1 试确定图Ⅰ-10所示平面图形的形心 $C$ 的位置，其尺寸如图Ⅰ-10所示。

Ⅰ-2 工字钢截面尺寸如图Ⅰ-11所示，求此截面形心。

I-3　如图 I-12 所示，抛物线的方程 $z=h\left(1-\frac{y^2}{b^2}\right)$。计算由抛物线、$y$ 轴和 $z$ 轴所围成的平面图形对 $y$ 轴和 $z$ 轴的静矩 $S_z$和 $S_y$，并确定图形的形心 $C$ 的坐标。

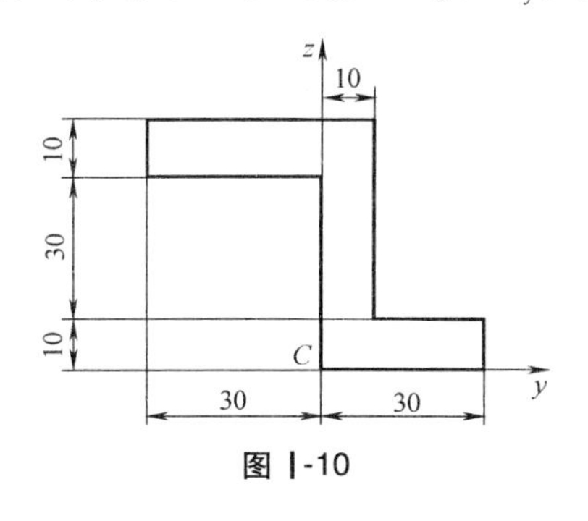


图 I-10

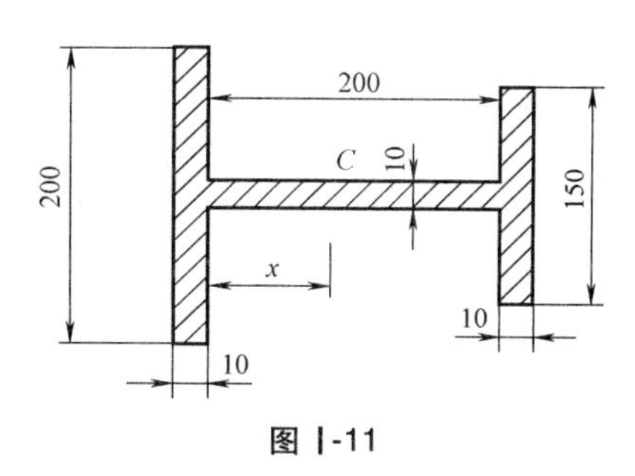


图 I-11

I-4　如图 I-13 所示的矩形、$y$ 轴和 $z$ 轴通过其形心 $C$，试求图形阴影部分的面积对 $z$ 轴的静矩。

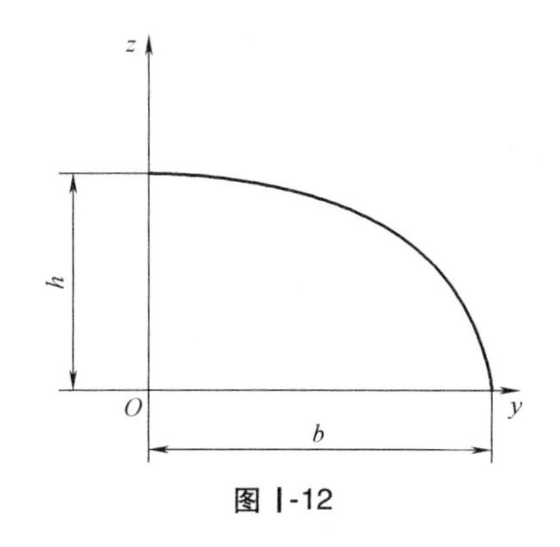


图 I-12

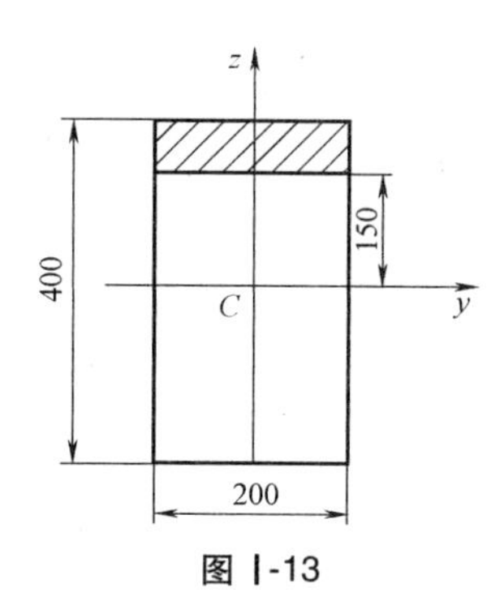


图 I-13

I-5　一直径为 $d$ 的圆形截面。按图 I-14 中阴影部分取微面积 d$A$，重新计算例 I-4 中圆形对圆心 $O$ 的极惯性矩和对 $z$ 轴的惯性矩。

I-6　试求图 I-15 所示图形对 $y$、$z$ 轴的惯性积 $I_{yz}$。

I-7　试求图 I-16 所示图形对 $y$、$z$ 轴的惯性矩 $I_y$、$I_z$以及惯性积 $I_{yz}$。

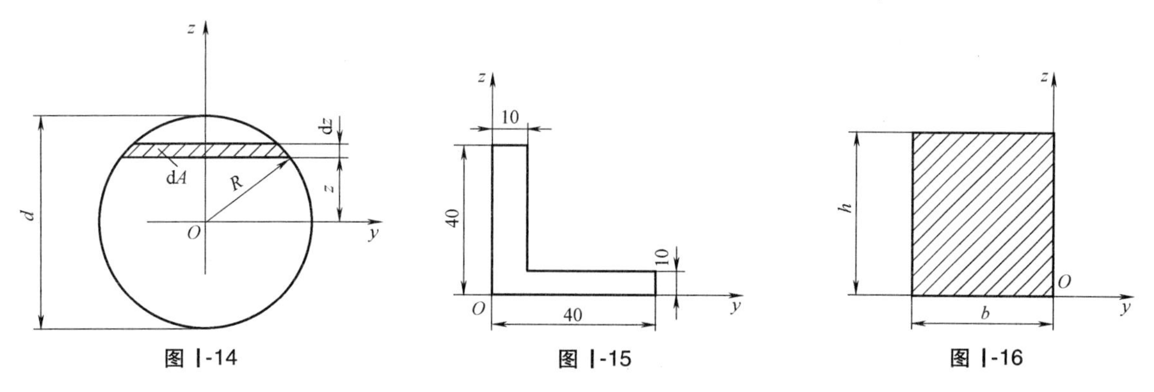


图 I-14　　图 I-15　　图 I-16

## 习题参考答案

I-1　$y_C=2\text{mm}$，$z_C=27\text{mm}$

Ⅰ-2　$x=90\text{mm}$

Ⅰ-3　$S_z=\frac{bh^2}{4}$，$y_C=\frac{S_z}{A}=\frac{3}{8}b$，$S_y=\frac{4bh^2}{15}$，$z_C=\frac{2}{5}h$

Ⅰ-4　$S_y=1.75\times10^6\text{mm}^3$

Ⅰ-5　$I_\text{P}=\frac{\pi d^4}{32}$，$I_z=\frac{\pi d^4}{64}$

Ⅰ-6　$I_{yz}=7.75\times10^4\text{mm}^4$

Ⅰ-7　$I_y=\frac{bh^3}{3}$，$I_z=\frac{hb^3}{3}$，$I_{yz}=-\frac{b^2h^2}{4}$

# 附录Ⅱ 常用截面的几何性质计算公式

| 截面形状和形心轴的位置 | 面积 $A$ | 惯性矩 | | 惯性半径 | |
|---|---|---|---|---|---|
| | | $I_x$ | $I_y$ | $i_x$ | $i_y$ |
| 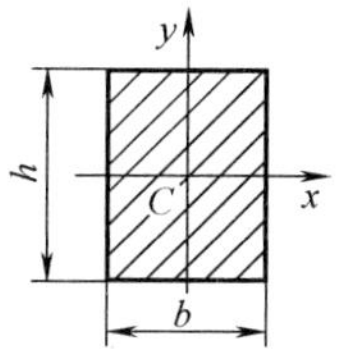 | $bh$ | $\frac{bh^3}{12}$ | $\frac{b^3h}{12}$ | $\frac{h}{2\sqrt{3}}$ | $\frac{b}{2\sqrt{3}}$ |
| 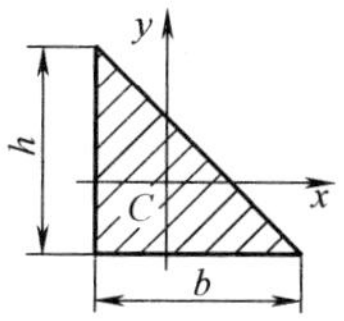 | $\frac{bh}{2}$ | $\frac{bh^3}{36}$ | $\frac{b^3h}{36}$ | $\frac{h}{2\sqrt{3}}$ | $\frac{b}{2\sqrt{3}}$ |
| 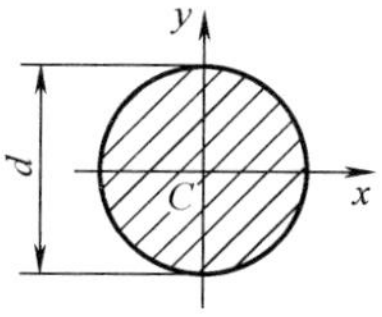 | $\frac{\pi d}{4}$ | $\frac{\pi d^4}{64}$ | $\frac{\pi d^4}{64}$ | $\frac{d}{4}$ | $\frac{d}{4}$ |
| 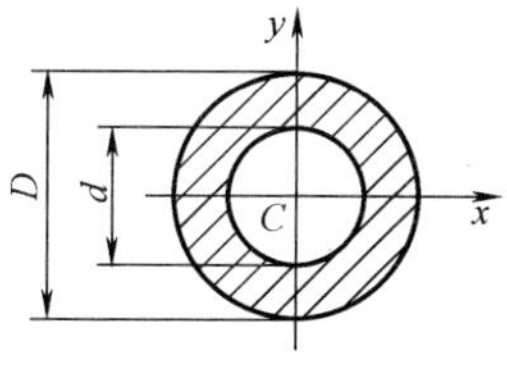 $\alpha=\frac{d}{D}$ | $\frac{\pi D^2}{4}(1-\alpha^2)$ | $\frac{\pi D^4}{64}(1-\alpha^4)$ | $\frac{\pi D^4}{64}(1-\alpha^4)$ | $\frac{D}{4}\sqrt{1+\alpha^2}$ | $\frac{D}{4}\sqrt{1+\alpha^2}$ |
| 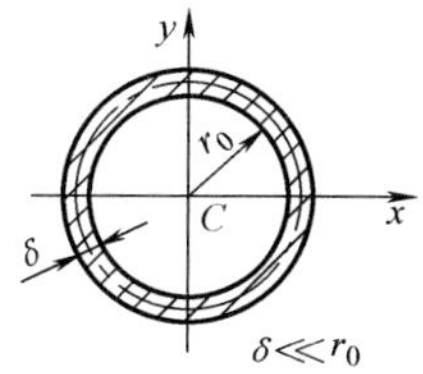 $\delta \ll r_0$ | $2\pi r_0\delta$ | $\pi r_0^3\delta$ | $\pi r_0^3\delta$ | $\frac{r_0}{\sqrt{2}}$ | $\frac{r_0}{\sqrt{2}}$ |
| 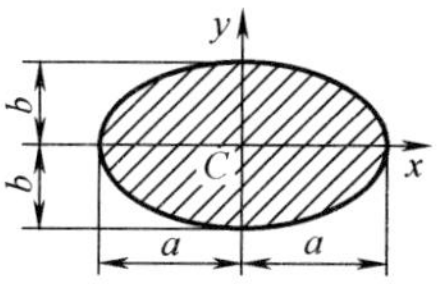 | $\pi ab$ | $\frac{\pi}{4}ab^3$ | $\frac{\pi}{4}a^3b$ | $\frac{b}{2}$ | $\frac{a}{2}$ |

（续）

| 截面形状和形心轴的位置 | 面积 $A$ | 惯性矩 | | 惯性半径 | |
|---|---|---|---|---|---|
| | | $I_x$ | $I_y$ | $i_x$ | $i_y$ |
| $y$　$x$　$C$　$\theta$　$\theta$　$\dfrac{d}{2}$　$\dfrac{d\sin\theta}{3\theta}$ | $\dfrac{\theta d^2}{4}$ | $\dfrac{d^4}{64}\left(\theta+\sin\theta\cos\theta-\dfrac{16\sin^2\theta}{9\theta}\right)$ | $\dfrac{d^4}{64}(\theta-\sin\theta\cos\theta)$ | | |
| $y$　$x$　$C$　$\theta$　$\theta$　$\delta$　$y_1$　$\dfrac{d}{2}$<br>$y_1=\dfrac{d-\delta}{2}\left(\dfrac{\sin\theta}{\theta}-\cos\theta\right)+\dfrac{\delta\cos\theta}{2}$ | $\theta\left[\left(\dfrac{d}{2}\right)^2-\left(\dfrac{d}{2}-\delta\right)^2\right]\approx\theta\delta d$ | $\dfrac{\delta(d-\delta)^3}{8}\left(\theta+\sin\theta\times\cos\theta-\dfrac{2\sin^2\theta}{\theta}\right)$ | $\dfrac{\delta(d-\delta)^3}{8}(\theta-\sin\theta\cos\theta)$ | | |

# 附录Ⅲ　型钢规格表

表Ⅲ-1　热轧等边角钢

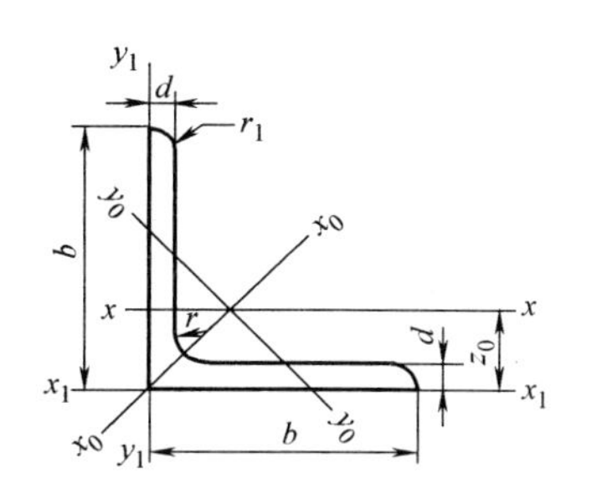


符号意义：

$b$—边宽度　　$I$—惯性矩

$d$—边厚度　　$i$—惯性半径

$r$—内圆弧半径　　$W$—弯曲截面系数

$r_1$—边端内圆弧半径　　$z_0$—重心距离

| 角钢型号 | 尺寸/mm | | | 截面面积/$cm^2$ | 理论质量/(kg/m) | 外表面积/($m^2$/m) | 参考数值 | | | | | | | | | | $z_0$/cm |
|---|---|---|---|---|---|---|---|---|---|---|---|---|---|---|---|---|---|
| | | | | | | | $x-x$ | | | $x_0-x_0$ | | | $y_0-y_0$ | | | $x_1-x_1$ | |
| | $b$ | $d$ | $r$ | | | | $I_x$/$cm^4$ | $i_x$/cm | $W_x$/$cm^3$ | $I_{x_0}$/$cm^4$ | $i_{x_0}$/cm | $W_{x_0}$/$cm^3$ | $I_{y_0}$/$cm^4$ | $i_{y_0}$/cm | $W_{y_0}$/$cm^3$ | $I_{x_1}$/$cm^4$ | |
| 2 | 20 | 3 | 3.5 | 1.132 | 0.889 | 0.078 | 0.40 | 0.59 | 0.29 | 0.63 | 0.75 | 0.45 | 0.17 | 0.39 | 0.20 | 0.81 | 0.60 |
| | | 4 | | 1.459 | 1.145 | 0.077 | 0.50 | 0.58 | 0.36 | 0.78 | 0.73 | 0.55 | 0.22 | 0.38 | 0.24 | 1.09 | 0.64 |
| 2.5 | 25 | 3 | | 1.432 | 1.124 | 0.098 | 0.82 | 0.76 | 0.46 | 1.29 | 0.95 | 0.73 | 0.34 | 0.49 | 0.33 | 1.57 | 0.73 |
| | | 4 | | 1.859 | 1.159 | 0.097 | 1.03 | 0.74 | 0.59 | 1.62 | 0.93 | 0.92 | 0.43 | 0.48 | 0.40 | 2.11 | 0.76 |
| 3.0 | 30 | 3 | 4.5 | 1.749 | 1.373 | 0.117 | 1.46 | 0.91 | 0.68 | 2.31 | 1.15 | 1.09 | 0.61 | 0.59 | 0.51 | 2.71 | 0.85 |
| | | 4 | | 2.276 | 1.789 | 0.117 | 1.84 | 0.90 | 0.87 | 2.92 | 1.13 | 1.37 | 0.77 | 0.58 | 0.62 | 3.63 | 0.89 |
| 3.6 | 36 | 3 | | 2.109 | 1.656 | 0.141 | 2.58 | 1.11 | 0.99 | 4.09 | 1.39 | 1.61 | 1.07 | 0.71 | 0.76 | 4.68 | 1.00 |
| | | 4 | | 2.756 | 2.163 | 0.141 | 3.29 | 1.09 | 1.28 | 5.22 | 1.38 | 2.05 | 1.37 | 0.70 | 0.93 | 6.25 | 1.04 |
| | | 5 | | 3.382 | 2.654 | 0.141 | 3.95 | 1.08 | 1.56 | 6.24 | 1.36 | 2.45 | 1.65 | 0.70 | 1.09 | 7.84 | 1.07 |
| 4.0 | 40 | 3 | 5 | 2.359 | 1.852 | 0.157 | 3.59 | 1.23 | 1.23 | 5.69 | 1.55 | 2.01 | 1.49 | 0.79 | 0.96 | 6.41 | 1.09 |
| | | 4 | | 3.086 | 2.422 | 0.157 | 4.60 | 1.22 | 1.60 | 7.29 | 1.54 | 2.58 | 1.91 | 0.79 | 1.19 | 8.56 | 1.13 |
| | | 5 | | 3.791 | 2.976 | 0.156 | 5.53 | 1.21 | 1.96 | 8.76 | 1.52 | 3.01 | 2.30 | 0.78 | 1.39 | 10.74 | 1.17 |
| 4.5 | 45 | 3 | | 2.659 | 2.088 | 0.177 | 5.17 | 1.40 | 1.58 | 8.20 | 1.76 | 2.58 | 2.14 | 0.90 | 1.24 | 9.12 | 1.22 |
| | | 4 | | 3.486 | 2.736 | 0.177 | 6.65 | 1.38 | 2.05 | 10.56 | 1.74 | 3.32 | 2.75 | 0.89 | 1.54 | 12.18 | 1.26 |
| | | 5 | | 4.292 | 3.369 | 0.176 | 8.04 | 1.37 | 2.51 | 12.74 | 1.72 | 4.00 | 3.33 | 0.88 | 1.81 | 15.25 | 1.30 |
| | | 6 | | 5.076 | 3.985 | 0.176 | 9.33 | 1.36 | 2.95 | 14.76 | 1.70 | 4.64 | 3.89 | 0.88 | 2.06 | 18.36 | 1.33 |

（续）

| 角钢型号 | 尺寸/mm | | | 截面面积/cm² | 理论质量/(kg/m) | 外表面积/(m²/m) | 参考数值 | | | | | | | | | | $z_0$/cm |
|---|---|---|---|---|---|---|---|---|---|---|---|---|---|---|---|---|---|
| | | | | | | | $x-x$ | | | $x_0-x_0$ | | | $y_0-y_0$ | | | $x_1-x_1$ | |
| | $b$ | $d$ | $r$ | | | | $I_x$/cm⁴ | $i_x$/cm | $W_x$/cm³ | $I_{x_0}$/cm⁴ | $i_{x_0}$/cm | $W_{x_0}$/cm³ | $I_{y_0}$/cm⁴ | $i_{y_0}$/cm | $W_{y_0}$/cm³ | $I_{x_1}$/cm⁴ | |
| 5 | 50 | 3 | 5.5 | 2.971 | 2.332 | 0.197 | 7.18 | 1.55 | 1.96 | 11.37 | 1.96 | 3.22 | 2.98 | 1.00 | 1.57 | 12.50 | 1.34 |
| | | 4 | | 3.897 | 3.059 | 0.197 | 9.26 | 1.54 | 2.56 | 14.70 | 1.94 | 4.16 | 3.82 | 0.99 | 1.96 | 16.60 | 1.38 |
| | | 5 | | 4.803 | 3.770 | 0.196 | 11.21 | 1.53 | 3.13 | 17.79 | 1.92 | 5.03 | 4.64 | 0.98 | 2.31 | 20.90 | 1.42 |
| | | 6 | | 5.688 | 4.465 | 0.196 | 13.05 | 1.52 | 3.68 | 20.68 | 1.91 | 5.85 | 5.42 | 0.98 | 2.63 | 25.14 | 1.46 |
| 5.6 | 56 | 3 | | 3.343 | 2.624 | 0.221 | 10.19 | 1.75 | 2.48 | 16.14 | 2.20 | 4.08 | 4.24 | 1.13 | 2.02 | 17.56 | 1.48 |
| | | 4 | 6 | 4.390 | 3.446 | 0.220 | 13.18 | 1.73 | 3.24 | 20.92 | 2.18 | 5.28 | 5.46 | 1.11 | 2.52 | 23.43 | 1.53 |
| | | 5 | 6 | 5.415 | 4.251 | 0.220 | 16.02 | 1.72 | 3.97 | 25.42 | 2.17 | 6.42 | 6.61 | 1.10 | 2.98 | 29.33 | 1.57 |
| | | 8 | 7 | 8.367 | 6.568 | 0.219 | 23.63 | 1.68 | 6.03 | 37.37 | 2.11 | 9.44 | 9.89 | 1.09 | 4.16 | 47.24 | 1.68 |
| 6.3 | 63 | 4 | 7 | 4.978 | 3.907 | 0.248 | 19.03 | 1.96 | 4.13 | 30.17 | 2.46 | 6.78 | 7.89 | 1.26 | 3.29 | 33.35 | 1.70 |
| | | 5 | | 6.143 | 4.822 | 0.248 | 23.17 | 1.94 | 5.08 | 36.77 | 2.45 | 8.25 | 9.57 | 1.25 | 3.90 | 41.73 | 1.74 |
| | | 6 | | 7.288 | 5.721 | 0.247 | 27.12 | 1.93 | 6.00 | 43.03 | 2.43 | 9.66 | 11.20 | 1.24 | 4.46 | 50.14 | 1.78 |
| | | 8 | | 9.515 | 7.469 | 0.247 | 34.46 | 1.90 | 7.75 | 54.56 | 2.40 | 12.25 | 14.33 | 1.23 | 5.47 | 67.11 | 1.85 |
| | | 10 | | 11.657 | 9.151 | 0.246 | 41.09 | 1.88 | 9.39 | 64.85 | 2.36 | 14.56 | 17.33 | 1.22 | 6.36 | 84.31 | 1.93 |
| 7 | 70 | 4 | 8 | 5.570 | 4.372 | 0.275 | 26.39 | 2.18 | 5.14 | 41.80 | 2.74 | 8.44 | 10.99 | 1.40 | 4.17 | 45.74 | 1.86 |
| | | 5 | | 6.875 | 5.397 | 0.275 | 32.21 | 2.16 | 6.32 | 51.08 | 2.73 | 10.32 | 13.34 | 1.39 | 4.95 | 57.21 | 1.91 |
| | | 6 | | 8.160 | 6.406 | 0.275 | 37.77 | 2.15 | 7.48 | 59.93 | 2.71 | 12.11 | 15.61 | 1.38 | 5.67 | 68.73 | 1.95 |
| | | 7 | | 9.424 | 7.398 | 0.275 | 43.09 | 2.14 | 8.59 | 68.35 | 2.69 | 13.81 | 17.82 | 1.38 | 6.34 | 80.29 | 1.99 |
| | | 8 | | 10.667 | 8.373 | 0.274 | 48.17 | 2.12 | 9.68 | 76.37 | 2.68 | 15.43 | 19.98 | 1.37 | 6.98 | 91.92 | 2.03 |
| 7.5 | 75 | 5 | 9 | 7.367 | 5.818 | 0.295 | 39.97 | 2.33 | 7.32 | 63.30 | 2.92 | 11.94 | 16.63 | 1.50 | 5.77 | 70.56 | 2.04 |
| | | 6 | | 8.797 | 6.905 | 0.294 | 46.95 | 2.31 | 8.64 | 74.38 | 2.90 | 14.02 | 19.51 | 1.49 | 6.67 | 84.55 | 2.07 |
| | | 7 | | 10.160 | 7.976 | 0.294 | 53.57 | 2.30 | 9.93 | 84.96 | 2.89 | 16.02 | 22.18 | 1.48 | 7.44 | 98.71 | 2.11 |
| | | 8 | | 11.503 | 9.030 | 0.294 | 59.96 | 2.28 | 11.20 | 95.07 | 2.88 | 17.93 | 24.86 | 1.47 | 8.19 | 112.97 | 2.15 |
| | | 10 | | 14.126 | 11.089 | 0.293 | 71.98 | 2.26 | 13.64 | 113.92 | 2.84 | 21.48 | 30.05 | 1.46 | 9.56 | 141.71 | 2.22 |
| 8 | 80 | 5 | | 7.912 | 6.211 | 0.315 | 48.79 | 2.48 | 8.34 | 77.33 | 3.13 | 13.67 | 20.25 | 1.60 | 6.66 | 85.36 | 2.15 |
| | | 6 | | 9.397 | 7.376 | 0.314 | 57.35 | 2.47 | 9.87 | 90.98 | 3.11 | 16.08 | 23.72 | 1.59 | 7.65 | 102.50 | 2.19 |
| | | 7 | | 10.860 | 8.525 | 0.314 | 65.58 | 2.46 | 11.37 | 104.07 | 3.10 | 18.40 | 27.09 | 1.58 | 8.58 | 119.70 | 2.23 |
| | | 8 | | 12.303 | 9.658 | 0.314 | 73.49 | 2.44 | 12.83 | 116.60 | 3.08 | 20.61 | 30.39 | 1.57 | 9.46 | 136.97 | 2.27 |
| | | 10 | | 15.126 | 11.874 | 0.313 | 88.43 | 2.42 | 15.64 | 140.09 | 3.04 | 24.76 | 36.77 | 1.56 | 11.08 | 171.74 | 2.35 |
| 9 | 90 | 6 | 10 | 10.637 | 8.350 | 0.354 | 82.77 | 2.79 | 12.61 | 131.26 | 3.51 | 20.63 | 34.28 | 1.80 | 9.95 | 145.87 | 2.44 |
| | | 7 | | 12.301 | 9.656 | 0.354 | 94.83 | 2.78 | 14.54 | 150.47 | 3.50 | 23.64 | 39.18 | 1.78 | 11.19 | 170.30 | 2.48 |
| | | 8 | | 13.944 | 10.946 | 0.353 | 106.47 | 2.76 | 16.42 | 168.97 | 3.48 | 26.55 | 43.97 | 1.78 | 12.35 | 194.80 | 2.52 |
| | | 10 | | 17.167 | 13.476 | 0.353 | 128.58 | 2.74 | 20.07 | 203.90 | 3.45 | 32.04 | 53.26 | 1.76 | 14.52 | 244.07 | 2.59 |
| | | 12 | | 20.306 | 15.940 | 0.352 | 149.22 | 2.71 | 23.57 | 236.21 | 3.41 | 37.12 | 62.22 | 1.75 | 16.49 | 293.76 | 2.67 |

（续）

| 角钢型号 | 尺寸/mm | | | 截面面积/cm² | 理论质量/(kg/m) | 外表面积/(m²/m) | 参考数值 | | | | | | | | | | z₀/cm |
|---|---|---|---|---|---|---|---|---|---|---|---|---|---|---|---|---|---|
| | | | | | | | $x-x$ | | | $x_0-x_0$ | | | $y_0-y_0$ | | | $x_1-x_1$ | |
| | $b$ | $d$ | $r$ | | | | $I_x$/cm⁴ | $i_x$/cm | $W_x$/cm³ | $I_{x_0}$/cm⁴ | $i_{x_0}$/cm | $W_{x_0}$/cm³ | $I_{y_0}$/cm⁴ | $i_{y_0}$/cm | $W_{y_0}$/cm³ | $I_{x_1}$/cm⁴ | |
| 10 | 100 | 6 | | 11.932 | 9.366 | 0.393 | 114.95 | 3.01 | 15.68 | 181.98 | 3.90 | 25.74 | 47.92 | 2.00 | 12.69 | 200.07 | 2.67 |
| | | 7 | | 13.796 | 10.830 | 0.393 | 131.86 | 3.09 | 18.10 | 208.97 | 3.89 | 29.55 | 54.74 | 1.99 | 14.26 | 233.54 | 2.71 |
| | | 8 | | 15.638 | 12.276 | 0.393 | 148.24 | 3.08 | 20.47 | 235.07 | 3.88 | 33.24 | 61.41 | 1.98 | 15.75 | 267.09 | 2.76 |
| | | 10 | | 19.261 | 15.120 | 0.392 | 179.51 | 3.05 | 25.06 | 284.68 | 3.84 | 40.26 | 74.35 | 1.96 | 18.54 | 334.48 | 2.84 |
| | | 12 | | 22.800 | 17.898 | 0.391 | 208.90 | 3.03 | 29.48 | 330.95 | 3.81 | 46.80 | 86.84 | 1.95 | 21.08 | 40.34 | 2.91 |
| | | 14 | | 26.256 | 20.611 | 0.391 | 236.53 | 3.00 | 33.73 | 374.06 | 3.77 | 52.90 | 99.00 | 1.94 | 23.44 | 470.75 | 2.99 |
| | | 16 | 12 | 29.627 | 23.257 | 0.390 | 262.53 | 2.98 | 37.82 | 414.16 | 3.74 | 58.57 | 110.89 | 1.94 | 25.63 | 539.80 | 3.06 |
| 11 | 110 | 7 | | 15.196 | 11.928 | 0.433 | 177.16 | 3.41 | 22.05 | 280.94 | 4.30 | 36.12 | 73.38 | 2.20 | 17.51 | 310.64 | 2.96 |
| | | 8 | | 17.238 | 13.532 | 0.433 | 199.46 | 3.40 | 24.95 | 316.49 | 4.28 | 40.69 | 82.42 | 2.19 | 19.39 | 355.20 | 3.01 |
| | | 10 | | 21.261 | 16.690 | 0.432 | 242.19 | 3.38 | 30.60 | 384.39 | 4.25 | 49.42 | 99.98 | 2.17 | 22.91 | 444.65 | 3.09 |
| | | 12 | | 25.200 | 19.782 | 0.431 | 282.55 | 3.35 | 36.05 | 448.17 | 4.22 | 57.62 | 116.93 | 2.15 | 26.15 | 534.60 | 3.16 |
| | | 14 | | 29.056 | 22.809 | 0.431 | 320.71 | 3.32 | 41.31 | 508.01 | 4.18 | 65.31 | 133.40 | 2.14 | 29.14 | 625.16 | 3.24 |
| 12.5 | 125 | 8 | | 19.750 | 15.504 | 0.492 | 297.03 | 3.88 | 32.52 | 470.89 | 4.88 | 53.28 | 123.16 | 2.50 | 25.86 | 521.01 | 3.37 |
| | | 10 | | 24.373 | 19.133 | 0.491 | 361.67 | 3.85 | 39.97 | 573.89 | 4.85 | 64.93 | 149.46 | 2.48 | 30.62 | 651.93 | 3.45 |
| | | 12 | | 28.912 | 22.696 | 0.491 | 423.16 | 3.83 | 41.17 | 671.44 | 4.82 | 75.96 | 174.88 | 2.46 | 35.03 | 783.42 | 3.53 |
| | | 14 | 14 | 33.367 | 26.193 | 0.490 | 481.65 | 3.80 | 54.16 | 763.73 | 4.78 | 86.41 | 199.57 | 2.45 | 39.13 | 915.61 | 3.61 |
| 14 | 140 | 10 | | 27.373 | 21.488 | 0.551 | 514.65 | 4.34 | 50.58 | 817.27 | 5.46 | 82.56 | 212.04 | 2.78 | 39.20 | 915.11 | 3.82 |
| | | 12 | | 32.512 | 25.522 | 0.551 | 603.68 | 4.31 | 59.80 | 958.79 | 5.43 | 96.85 | 248.57 | 2.76 | 45.02 | 1099.28 | 3.90 |
| | | 14 | | 37.567 | 29.490 | 0.550 | 688.81 | 4.28 | 68.75 | 1093.56 | 5.40 | 110.47 | 284.06 | 2.75 | 50.45 | 1284.22 | 3.98 |
| | | 16 | | 42.539 | 33.393 | 0.549 | 770.24 | 4.26 | 77.46 | 1221.81 | 5.36 | 123.42 | 318.67 | 2.74 | 55.55 | 1470.07 | 4.06 |
| 16 | 160 | 10 | | 31.502 | 24.729 | 0.630 | 779.53 | 4.98 | 66.70 | 1237.30 | 6.27 | 109.36 | 321.76 | 3.20 | 52.76 | 1365.33 | 4.31 |
| | | 12 | | 37.441 | 29.391 | 0.630 | 916.58 | 4.95 | 78.98 | 1455.68 | 6.24 | 128.67 | 377.49 | 3.18 | 60.74 | 1639.57 | 4.39 |
| | | 14 | | 43.296 | 33.987 | 0.629 | 1048.36 | 4.92 | 90.95 | 1665.02 | 6.20 | 147.17 | 431.70 | 3.16 | 68.244 | 1914.68 | 4.47 |
| | | 16 | 16 | 49.067 | 38.518 | 0.629 | 1175.08 | 4.89 | 102.63 | 1865.57 | 6.17 | 164.89 | 484.59 | 3.14 | 75.31 | 2190.82 | 4.55 |
| 18 | 180 | 12 | | 42.241 | 33.159 | 0.710 | 1321.35 | 5.59 | 100.82 | 2100.10 | 7.05 | 165.00 | 542.61 | 3.58 | 78.41 | 2332.80 | 4.89 |
| | | 14 | | 48.896 | 38.388 | 0.709 | 1514.48 | 5.56 | 116.25 | 2407.42 | 7.02 | 189.14 | 625.53 | 3.56 | 88.38 | 2723.48 | 4.97 |
| | | 16 | | 55.467 | 43.542 | 0.709 | 1700.99 | 5.54 | 131.13 | 2703.37 | 6.98 | 212.40 | 698.60 | 3.55 | 97.83 | 3115.29 | 5.05 |
| | | 18 | | 61.955 | 48.634 | 0.708 | 1875.12 | 5.50 | 145.64 | 2988.24 | 6.94 | 234.78 | 762.01 | 3.51 | 105.14 | 3502.43 | 5.13 |
| 20 | 200 | 14 | | 54.642 | 42.894 | 0.788 | 2103.55 | 6.20 | 144.70 | 3343.26 | 7.82 | 236.40 | 863.83 | 3.98 | 111.82 | 3734.10 | 5.46 |
| | | 16 | | 62.013 | 48.680 | 0.788 | 2366.15 | 6.18 | 163.65 | 3760.89 | 7.79 | 265.93 | 971.41 | 3.96 | 123.96 | 4270.39 | 5.54 |
| | | 18 | 18 | 69.301 | 54.401 | 0.787 | 2620.64 | 6.15 | 182.22 | 4164.54 | 7.75 | 294.48 | 1076.74 | 3.94 | 135.52 | 4808.13 | 5.62 |
| | | 20 | | 76.505 | 60.056 | 0.787 | 2867.30 | 6.12 | 200.42 | 4554.55 | 7.72 | 322.06 | 1180.04 | 3.93 | 146.55 | 5347.51 | 5.69 |
| | | 24 | | 90.661 | 71.168 | 0.785 | 2338.25 | 6.07 | 236.17 | 5294.97 | 7.64 | 374.41 | 1381.53 | 3.90 | 166.55 | 6457.16 | 5.87 |

注：截面图中的 $r_1=d/3$ 及表中 $r$ 值的数据用于孔型设计，不作为交货条件。

## 表Ⅲ-2 热轧不等边角钢

符号意义：
$B$—长边宽度
$d$—边厚度
$r_1$—边端内圆弧半径
$i$—惯性半径
$x_0$—形心坐标
$b$—短边宽度
$r$—内圆弧半径
$l$—惯性矩
$W$—弯曲截面系数
$y_0$—形心坐标

| 型号 | 尺寸/mm | | | | 截面面积/cm² | 理论质量/(kg/m) | 外表面积/(m²/m) | 参考数值 | | | | | | | | | | | | | | |
|---|---|---|---|---|---|---|---|---|---|---|---|---|---|---|---|---|---|---|---|---|---|---|
| | | | | | | | | x-x | | | y-y | | | $x_1-x_1$ | | $y_1-y_1$ | | u-u | | | | |
| | B | b | d | r | | | | $I_x$/cm⁴ | $i_x$/cm | $W_x$/cm³ | $I_y$/cm⁴ | $i_y$/cm | $W_y$/cm³ | $I_{x_1}$/cm⁴ | $y_0$/cm | $I_{x_1}$/cm⁴ | $x_o$/cm | $I_u$/cm⁴ | $i_u$/cm | $W_u$/cm³ | tanα |
| 2.5/1.6 | 25 | 16 | 3 | 3.5 | 1.162 | 0.912 | 0.080 | 0.70 | 0.78 | 0.43 | 0.22 | 0.44 | 0.19 | 1.56 | 0.86 | 0.43 | 0.42 | 0.14 | 0.34 | 0.16 | 0.392 |
| | | | 4 | | 1.499 | 1.176 | 0.079 | 0.88 | 0.77 | 0.55 | 0.27 | 0.43 | 0.24 | 2.09 | 0.90 | 0.59 | 0.46 | 0.17 | 0.34 | 0.20 | 0.381 |
| 3.2/2 | 32 | 20 | 3 | | 1.492 | 1.171 | 0.102 | 1.53 | 1.01 | 0.72 | 0.46 | 0.55 | 0.30 | 3.27 | 1.08 | 0.82 | 0.49 | 0.28 | 0.43 | 0.25 | 0.382 |
| | | | 4 | | 1.939 | 1.522 | 0.101 | 1.93 | 1.00 | 0.93 | 0.57 | 0.54 | 0.39 | 4.37 | 1.12 | 1.12 | 0.53 | 0.35 | 0.42 | 0.32 | 0.374 |
| 4/2.5 | 40 | 25 | 3 | 4 | 1.890 | 1.484 | 0.127 | 3.08 | 1.28 | 1.15 | 0.93 | 0.70 | 0.49 | 6.39 | 1.32 | 1.59 | 0.59 | 0.56 | 0.54 | 0.40 | 0.386 |
| | | | 4 | | 2.467 | 1.936 | 0.127 | 3.93 | 1.26 | 1.49 | 1.18 | 0.69 | 0.63 | 8.53 | 1.37 | 2.14 | 0.63 | 0.71 | 0.54 | 0.52 | 0.381 |

（续）

| 型号 | 尺寸/mm | | | | 截面面积 /cm² | 理论质量 /(kg/m) | 外表面积 /(m²/m) | 参考数值 | | | | | | | | | | | | | | | |
|---|---|---|---|---|---|---|---|---|---|---|---|---|---|---|---|---|---|---|---|---|---|---|---|
| | | | | | | | | $x-x$ | | | $y-y$ | | | $x_1-x_1$ | | $y_1-y_1$ | | $u-u$ | | | |
| | $B$ | $b$ | $d$ | $r$ | | | | $I_x$ /cm⁴ | $i_x$ /cm | $W_x$ /cm³ | $I_y$ /cm⁴ | $i_y$ /cm | $W_y$ /cm³ | $I_{x_1}$ /cm⁴ | $y_0$ /cm | $I_{x_1}$ /cm⁴ | $x_0$ /cm | $I_u$ /cm⁴ | $i_u$ /cm | $W_u$ /cm³ | tanα |
| 4.5/2.8 | 45 | 28 | 3 | 5 | 2.149 | 1.687 | 0.143 | 4.45 | 1.44 | 1.47 | 1.34 | 0.79 | 0.62 | 9.10 | 1.47 | 2.23 | 0.64 | 0.80 | 0.61 | 0.51 | 0.383 |
| | | | 4 | | 2.806 | 2.203 | 0.143 | 5.69 | 1.42 | 1.91 | 1.70 | 0.78 | 0.80 | 12.13 | 1.51 | 3.00 | 0.68 | 1.02 | 0.60 | 0.66 | 0.380 |
| 5/3.2 | 50 | 32 | 3 | 5.5 | 2.431 | 1.908 | 0.161 | 6.24 | 1.60 | 1.84 | 2.02 | 0.91 | 0.82 | 12.49 | 1.60 | 3.31 | 0.73 | 1.20 | 0.70 | 0.68 | 0.404 |
| | | | 4 | | 3.177 | 2.494 | 0.160 | 8.02 | 1.59 | 2.39 | 2.58 | 0.90 | 1.06 | 16.65 | 1.65 | 4.45 | 0.77 | 1.53 | 0.69 | 0.87 | 0.402 |
| 5.6/3.6 | 56 | 36 | 3 | 6 | 2.743 | 2.153 | 0.181 | 8.88 | 1.80 | 2.32 | 2.92 | 1.03 | 1.05 | 17.54 | 1.78 | 4.70 | 0.80 | 1.73 | 0.79 | 0.87 | 0.408 |
| | | | 4 | | 3.590 | 2.818 | 0.180 | 11.45 | 1.79 | 3.03 | 3.76 | 1.02 | 1.37 | 23.39 | 1.82 | 6.33 | 0.85 | 2.23 | 0.79 | 1.13 | 0.408 |
| | | | 5 | | 4.415 | 3.466 | 0.180 | 13.86 | 1.77 | 3.71 | 4.49 | 1.01 | 1.65 | 29.25 | 1.87 | 7.94 | 0.88 | 2.67 | 0.78 | 1.36 | 0.404 |
| 6.3/4 | 63 | 40 | 4 | 7 | 4.058 | 3.185 | 0.202 | 16.49 | 2.02 | 3.87 | 5.23 | 1.14 | 1.70 | 33.30 | 2.04 | 8.63 | 0.92 | 3.12 | 0.88 | 1.40 | 0.398 |
| | | | 5 | | 4.993 | 3.920 | 0.202 | 20.02 | 2.00 | 4.74 | 6.31 | 1.12 | 2.71 | 41.63 | 2.08 | 10.86 | 0.95 | 3.76 | 0.87 | 1.71 | 0.396 |
| | | | 6 | | 5.908 | 4.638 | 0.201 | 23.36 | 1.98 | 5.59 | 7.29 | 1.11 | 2.73 | 49.98 | 2.12 | 13.12 | 0.99 | 4.34 | 0.86 | 1.99 | 0.393 |
| | | | 7 | | 6.802 | 5.339 | 0.201 | 26.53 | 1.96 | 6.40 | 8.24 | 1.10 | 2.78 | 58.07 | 2.15 | 15.47 | 1.03 | 4.97 | 0.86 | 2.29 | 0.389 |
| 7/4.5 | 70 | 45 | 4 | 7.5 | 4.547 | 3.570 | 0.226 | 23.17 | 2.26 | 4.86 | 7.55 | 1.29 | 2.17 | 45.92 | 2.24 | 12.26 | 1.02 | 4.40 | 0.98 | 1.77 | 0.410 |
| | | | 5 | | 5.609 | 4.403 | 0.225 | 27.95 | 2.23 | 5.92 | 9.13 | 1.28 | 2.65 | 57.10 | 2.28 | 15.39 | 1.06 | 5.40 | 0.98 | 2.19 | 0.407 |
| | | | 6 | | 6.647 | 5.218 | 0.225 | 32.54 | 2.21 | 6.95 | 10.62 | 1.26 | 3.12 | 68.35 | 2.32 | 18.58 | 1.09 | 6.35 | 0.98 | 2.59 | 0.404 |
| | | | 7 | | 7.657 | 6.011 | 0.225 | 37.22 | 2.20 | 8.03 | 12.01 | 1.25 | 3.57 | 79.99 | 2.36 | 21.84 | 1.13 | 7.16 | 0.97 | 2.94 | 0.402 |
| （7.5/5） | 75 | 50 | 5 | 8 | 6.125 | 4.808 | 0.245 | 34.86 | 2.39 | 6.83 | 12.61 | 1.44 | 3.30 | 70.00 | 2.40 | 21.04 | 1.17 | 7.41 | 1.10 | 2.74 | 0.435 |
| | | | 6 | | 7.260 | 5.699 | 0.245 | 41.12 | 2.38 | 8.12 | 14.70 | 1.42 | 3.88 | 84.30 | 2.44 | 25.37 | 1.21 | 8.54 | 1.08 | 3.19 | 0.435 |
| | | | 8 | | 9.467 | 7.431 | 0.244 | 52.39 | 2.35 | 10.52 | 18.53 | 1.40 | 4.99 | 112.50 | 2.52 | 34.23 | 1.29 | 10.87 | 1.07 | 4.10 | 0.429 |
| | | | 10 | | 11.590 | 9.098 | 0.244 | 62.71 | 2.33 | 12.79 | 21.96 | 1.38 | 6.04 | 140.80 | 2.60 | 43.43 | 1.36 | 13.10 | 1.06 | 4.99 | 0.423 |

（续）

| 型号 | 尺寸/mm | | | | 截面面积/cm² | 理论质量/(kg/m) | 外表面积/(m²/m) | 参考数值 | | | | | | | | | | | | | | |
|---|---|---|---|---|---|---|---|---|---|---|---|---|---|---|---|---|---|---|---|---|---|---|
| | | | | | | | | $x-x$ | | | $y-y$ | | | $x_1-x_1$ | | $y_1-y_1$ | | $u-u$ | | | | |
| | $B$ | $b$ | $d$ | $r$ | | | | $I_x$ /cm⁴ | $i_x$ /cm | $W_x$ /cm³ | $I_y$ /cm⁴ | $i_y$ /cm | $W_y$ /cm³ | $I_{x_1}$ /cm⁴ | $y_0$ /cm | $I_{x_1}$ /cm⁴ | $x_0$ /cm | $I_u$ /cm⁴ | $i_u$ /cm | $W_u$ /cm³ | $\tan\alpha$ |
| 8/5 | 80 | 50 | 5 | 8 | 6.375 | 5.005 | 0.255 | 41.96 | 2.56 | 7.78 | 12.82 | 1.42 | 3.32 | 85.21 | 2.60 | 21.06 | 1.14 | 7.66 | 1.10 | 2.74 | 0.388 |
| | | | 6 | | 7.560 | 5.935 | 0.255 | 49.49 | 2.56 | 9.25 | 14.95 | 1.41 | 3.91 | 102.53 | 2.65 | 25.41 | 1.18 | 8.85 | 1.08 | 3.20 | 0.387 |
| | | | 7 | | 8.724 | 6.848 | 0.255 | 56.16 | 2.54 | 10.58 | 16.96 | 1.39 | 4.48 | 119.33 | 2.69 | 29.82 | 1.21 | 10.18 | 1.08 | 3.70 | 0.384 |
| | | | 8 | | 9.867 | 7.745 | 0.254 | 62.83 | 2.52 | 11.92 | 18.85 | 1.38 | 5.03 | 136.41 | 2.73 | 34.32 | 1.25 | 11.38 | 1.07 | 4.16 | 0.381 |
| 9/5.6 | 90 | 56 | 5 | 9 | 7.212 | 5.661 | 0.287 | 60.45 | 2.90 | 9.92 | 18.32 | 1.59 | 4.21 | 121.32 | 2.91 | 29.53 | 1.25 | 10.98 | 1.23 | 3.49 | 0.385 |
| | | | 6 | | 8.557 | 6.717 | 0.286 | 71.03 | 2.88 | 11.74 | 21.42 | 1.58 | 4.96 | 145.59 | 2.95 | 35.58 | 1.29 | 12.90 | 1.23 | 4.18 | 0.384 |
| | | | 7 | | 9.880 | 7.756 | 0.286 | 81.01 | 2.86 | 13.49 | 24.36 | 1.57 | 5.70 | 169.66 | 3.00 | 41.71 | 1.33 | 14.67 | 1.22 | 4.72 | 0.382 |
| | | | 8 | | 11.183 | 8.779 | 0.286 | 91.03 | 2.85 | 15.27 | 27.15 | 1.56 | 6.41 | 194.17 | 3.04 | 47.93 | 1.36 | 16.34 | 1.21 | 5.29 | 0.380 |
| 10/6.3 | 100 | 63 | 6 | 10 | 9.617 | 7.550 | 0.320 | 99.06 | 3.21 | 14.64 | 30.94 | 1.79 | 6.35 | 199.71 | 3.24 | 50.50 | 1.43 | 18.42 | 1.38 | 5.25 | 0.394 |
| | | | 7 | | 11.111 | 8.722 | 0.320 | 113.45 | 3.20 | 16.88 | 35.26 | 1.78 | 7.29 | 233.00 | 3.28 | 59.14 | 1.47 | 21.00 | 1.38 | 6.02 | 0.393 |
| | | | 8 | | 12.584 | 9.878 | 0.319 | 127.37 | 3.18 | 19.08 | 39.39 | 1.77 | 8.21 | 266.32 | 3.32 | 67.88 | 1.50 | 23.50 | 1.37 | 6.78 | 0.391 |
| | | | 10 | | 15.467 | 12.142 | 0.319 | 153.81 | 3.15 | 23.32 | 47.12 | 1.74 | 9.98 | 333.06 | 3.40 | 85.73 | 1.58 | 28.33 | 1.35 | 8.24 | 0.387 |
| 10/8 | 100 | 80 | 6 | | 10.637 | 8.350 | 0.354 | 107.04 | 3.17 | 15.19 | 61.24 | 2.40 | 10.16 | 199.83 | 2.95 | 102.68 | 1.97 | 31.65 | 1.72 | 8.37 | 0.627 |
| | | | 7 | | 12.301 | 9.656 | 0.354 | 122.73 | 3.16 | 17.52 | 70.08 | 2.39 | 11.71 | 233.20 | 3.00 | 119.98 | 2.01 | 36.17 | 1.72 | 9.60 | 0.626 |
| | | | 8 | | 13.944 | 10.946 | 0.353 | 137.92 | 3.14 | 19.81 | 78.58 | 2.37 | 13.21 | 266.61 | 3.04 | 137.37 | 2.05 | 40.58 | 1.71 | 10.80 | 0.625 |
| | | | 10 | | 17.167 | 13.476 | 0.353 | 166.87 | 3.12 | 24.24 | 94.65 | 2.35 | 16.12 | 333.63 | 3.12 | 172.48 | 2.13 | 49.10 | 1.69 | 13.12 | 0.622 |
| 11/7 | 110 | 70 | 6 | | 10.637 | 8.350 | 0.354 | 133.37 | 3.54 | 17.85 | 42.92 | 2.01 | 7.90 | 265.78 | 3.53 | 69.08 | 1.57 | 25.36 | 1.54 | 6.53 | 0.403 |
| | | | 7 | | 12.301 | 9.656 | 0.354 | 153.00 | 3.53 | 20.60 | 49.01 | 2.00 | 9.09 | 310.07 | 3.57 | 80.82 | 1.61 | 28.95 | 1.53 | 7.50 | 0.402 |
| | | | 8 | | 13.944 | 10.946 | 0.353 | 172.04 | 3.51 | 23.30 | 54.87 | 1.98 | 10.25 | 354.39 | 3.62 | 92.70 | 1.65 | 32.46 | 1.53 | 8.45 | 0.401 |
| | | | 10 | | 17.167 | 13.476 | 0.353 | 208.39 | 3.48 | 28.54 | 65.88 | 1.96 | 12.48 | 443.13 | 3.70 | 116.83 | 1.72 | 39.20 | 1.51 | 10.29 | 0.397 |

（续）

| 型号 | 尺寸/mm | | | | 截面面积 $/cm^2$ | 理论质量 /(kg/m) | 外表面积 $/(m^2/m)$ | 参考数值 | | | | | | | | | | | | | |
|---|---|---|---|---|---|---|---|---|---|---|---|---|---|---|---|---|---|---|---|---|---|
| | | | | | | | | $x-x$ | | | $y-y$ | | | $x_1-x_1$ | | $y_1-y_1$ | | $u-u$ | | | |
| | $B$ | $b$ | $d$ | $r$ | | | | $I_x$ $/cm^4$ | $i_x$ /cm | $W_x$ $/cm^3$ | $I_y$ $/cm^4$ | $i_y$ /cm | $W_y$ $/cm^3$ | $I_{x_1}$ $/cm^4$ | $y_0$ /cm | $I_{x_1}$ $/cm^4$ | $x_0$ /cm | $I_u$ $/cm^4$ | $i_u$ /cm | $W_u$ $/cm^3$ | $\tan\alpha$ |
| 12.5/8 | 125 | 80 | 7 | 11 | 14.096 | 11.066 | 0.403 | 227.98 | 4.02 | 26.86 | 74.42 | 2.30 | 12.01 | 454.99 | 4.01 | 120.32 | 1.80 | 43.81 | 1.76 | 9.92 | 0.408 |
| | | | 8 | | 15.989 | 12.551 | 0.403 | 256.77 | 4.01 | 30.41 | 83.49 | 2.28 | 13.56 | 519.99 | 4.06 | 137.85 | 1.84 | 49.15 | 1.75 | 11.18 | 0.407 |
| | | | 10 | | 19.712 | 15.474 | 0.402 | 312.04 | 3.98 | 37. 33 | 100.67 | 2.26 | 16.56 | 650.09 | 4.14 | 173.40 | 1.92 | 59.45 | 1.74 | 13.64 | 0.404 |
| | | | 12 | | 23.351 | 18.330 | 0.402 | 364.41 | 3.95 | 44.01 | 116.67 | 2.24 | 19.43 | 780.39 | 4.22 | 209.67 | 2.00 | 69.35 | 1.72 | 16.01 | 0.400 |
| 14/9 | 140 | 90 | 8 | 12 | 18.038 | 14.160 | 0.453 | 365.64 | 4.50 | 38. 48 | 120.69 | 2.59 | 17.34 | 730.53 | 4.50 | 195.79 | 2.04 | 70.83 | 1.98 | 14.31 | 0.411 |
| | | | 10 | | 22.261 | 17.475 | 0.452 | 445.50 | 4.47 | 47.31 | 146.03 | 2.56 | 21.22 | 913.20 | 4.58 | 245.92 | 2.12 | 85.82 | 1.96 | 17.48 | 0.409 |
| | | | 12 | | 26.400 | 20.724 | 0.451 | 521.59 | 4.44 | 55. 87 | 169.79 | 2.54 | 24.95 | 1096.09 | 4.66 | 296.89 | 2.19 | 100.21 | 1.95 | 20.54 | 0.406 |
| | | | 14 | | 30.456 | 23.908 | 0.451 | 594.10 | 4.42 | 64. 18 | 192.10 | 2.51 | 28.54 | 1279.26 | 4.74 | 348.82 | 2.27 | 114.13 | 1.94 | 23.52 | 0.403 |
| 16/10 | 160 | 100 | 10 | 13 | 25.315 | 19.872 | 0.512 | 668.69 | 5.14 | 62.13 | 205.03 | 2.85 | 26. 56 | 1362.89 | 5.24 | 336.59 | 2.28 | 121.74 | 2.19 | 21.92 | 0.390 |
| | | | 12 | | 30.054 | 23.592 | 0.511 | 784.91 | 5.11 | 73.49 | 239.06 | 2.82 | 31.28 | 1635.56 | 5.32 | 405.94 | 2.36 | 142.33 | 2.17 | 25.79 | 0.388 |
| | | | 14 | | 34.709 | 27.247 | 0.510 | 896.30 | 5.08 | 84.56 | 271.20 | 0.80 | 35. 83 | 1908.50 | 5.40 | 476.42 | 2.43 | 162.23 | 2.16 | 29.56 | 0.385 |
| | | | 16 | | 39.281 | 30.835 | 0.510 | 1003.04 | 5.05 | 95.33 | 301.60 | 2.77 | 40. 24 | 2181.79 | 5.48 | 548.22 | 2.51 | 182.57 | 2.16 | 33.44 | 0.382 |
| 18/11 | 180 | 110 | 10 | 14 | 28.373 | 22.273 | 0.571 | 956.25 | 5.80 | 78.96 | 278.11 | 3.13 | 32.49 | 1940.40 | 5.89 | 447.22 | 2.44 | 166.50 | 2.42 | 26.88 | 0.376 |
| | | | 12 | | 33.712 | 26.464 | 0.571 | 1124.72 | 5.78 | 93.53 | 325.03 | 3.10 | 38.32 | 2328.38 | 5.98 | 538.94 | 2.52 | 194.87 | 2.40 | 31.66 | 0.374 |
| | | | 14 | | 38.967 | 30.589 | 0.570 | 1286.91 | 5.75 | 107.76 | 369.55 | 3.08 | 43.97 | 2716.60 | 6.06 | 631.95 | 2.59 | 222.30 | 2.39 | 36.32 | 0.372 |
| | | | 16 | | 44.139 | 34.649 | 0.569 | 1443.06 | 5.72 | 121.64 | 411.85 | 3.06 | 49.44 | 3105.15 | 6.14 | 726.46 | 2.67 | 248.94 | 2.38 | 40.87 | 0.369 |
| 20/12.5 | 200 | 125 | 12 | | 37.912 | 29.761 | 0.641 | 1570.90 | 6.44 | 116.73 | 483.16 | 3.57 | 49.99 | 3193.85 | 6.54 | 787.74 | 2. 83 | 285.79 | 2.74 | 41.23 | 0.392 |
| | | | 14 | | 43.867 | 34.436 | 0.640 | 1800.97 | 6.41 | 134.65 | 550.83 | 3.54 | 57.44 | 3726.17 | 6.62 | 922.47 | 2.91 | 326.58 | 2.73 | 47.34 | 0.390 |
| | | | 16 | | 49.739 | 39.045 | 0.639 | 2023.35 | 6.38 | 152.18 | 615.44 | 3.52 | 64.69 | 4258.86 | 6.70 | 1058.86 | 2.99 | 366.21 | 2.71 | 53.32 | 0.388 |
| | | | 18 | | 55.526 | 43.588 | 0.639 | 2238.30 | 6.35 | 169.33 | 677.19 | 3.49 | 71.74 | 4792.00 | 6.78 | 1197.13 | 3.06 | 404.83 | 2.70 | 59.10 | 0.385 |

注：1. 括号内型号不推荐使用。

2. 截面图中的 $r_1=d/3$ 及表中 $r$ 的数据用于孔型设计，不作为交货条件。

## 表Ⅲ-3 热轧工字钢

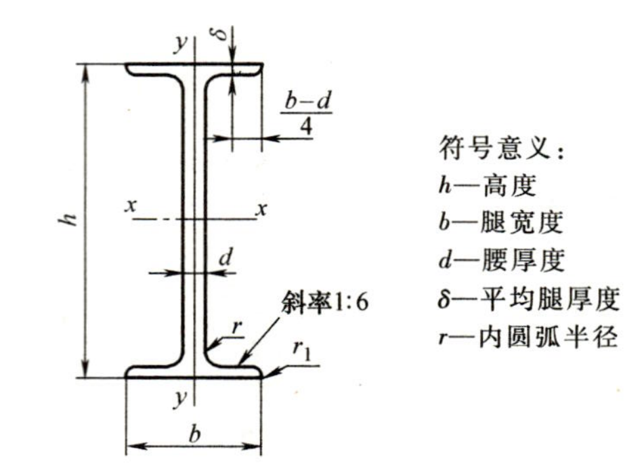


符号意义：
$h$—高度
$b$—腿宽度
$d$—腰厚度
$\delta$—平均腿厚度
$r$—内圆弧半径
$r_1$—腿端圆弧半径
$I$—惯性矩
$W$—弯曲截面系数
$i$—惯性半径
$S$—半截面的静矩

| 型号 | 尺寸/mm | | | | | | 截面面积 /cm² | 理论质量 /(kg/m) | 参考数值 | | | | | | |
|---|---|---|---|---|---|---|---|---|---|---|---|---|---|---|---|
| | | | | | | | | | x−x | | | | y−y | | |
| | $h$ | $b$ | $d$ | $\delta$ | $r$ | $r_1$ | | | $I_x/\mathrm{cm}^4$ | $W_x/\mathrm{cm}^3$ | $i_x/\mathrm{cm}$ | $I_x:S_x/\mathrm{cm}$ | $I_y/\mathrm{cm}^4$ | $W_y/\mathrm{cm}^3$ | $i_y/\mathrm{cm}$ |
| 10 | 100 | 68 | 4.5 | 7.6 | 6.5 | 3.3 | 14.3 | 11.2 | 245 | 49 | 4.14 | 8.59 | 33 | 9.72 | 1.52 |
| 12.6 | 126 | 74 | 5 | 8.4 | 7 | 3.5 | 18.1 | 14.2 | 488.43 | 77.529 | 5.195 | 10.85 | 46.906 | 12.677 | 1.609 |
| 14 | 140 | 80 | 5.5 | 9.1 | 7.5 | 3.8 | 21.5 | 16.9 | 712 | 102 | 5.76 | 12 | 64.4 | 16.1 | 1.78 |
| 16 | 160 | 88 | 6 | 9.9 | 8 | 4 | 26.1 | 20.5 | 1130 | 141 | 6.58 | 13.8 | 93.1 | 21.2 | 1.89 |
| 18 | 180 | 94 | 6.5 | 10.7 | 8.5 | 4.3 | 30.6 | 24.1 | 1660 | 185 | 7.36 | 15.4 | 122 | 26 | 2 |
| 20a | 200 | 100 | 7 | 11.4 | 9 | 4.5 | 35.5 | 27.9 | 2370 | 237 | 8.15 | 17.2 | 158 | 31.5 | 2.12 |
| 20b | 200 | 102 | 9 | 11.4 | 9 | 4.5 | 39.5 | 31.1 | 2500 | 250 | 7.96 | 16.9 | 169 | 33.1 | 2.06 |
| 22a | 220 | 110 | 7.5 | 12.3 | 9.5 | 4.8 | 42 | 33 | 3400 | 309 | 8.99 | 18.9 | 225 | 40.9 | 2.31 |
| 22b | 220 | 112 | 9.5 | 12.3 | 9.5 | 4.8 | 46.4 | 36.4 | 3570 | 325 | 8.78 | 18.7 | 239 | 42.7 | 2.27 |
| 25a | 250 | 116 | 8 | 13 | 10 | 5 | 48.5 | 38.1 | 5023.54 | 401.88 | 10.18 | 21.58 | 280.046 | 48.283 | 2.403 |
| 25b | 250 | 118 | 10 | 13 | 10 | 5 | 53.5 | 42 | 5283.96 | 422.72 | 9.938 | 21.27 | 309.297 | 52.423 | 2.404 |

（续）

| 型号 | 尺寸/mm | | | | | | 截面面积/cm² | 理论质量/(kg/m) | 参考数值 | | | | | | |
|---|---|---|---|---|---|---|---|---|---|---|---|---|---|---|---|
| | | | | | | | | | x-x | | | | y-y | | |
| | $h$ | $b$ | $d$ | $\delta$ | $r$ | $r_1$ | | | $I_x/cm^4$ | $W_x/cm^3$ | $i_x/cm$ | $I_x:S_x/cm$ | $I_y/cm^4$ | $W_y/cm^3$ | $i_y/cm$ |
| 28a | 280 | 122 | 8.5 | 13.7 | 10.8 | 5.3 | 55.45 | 43.4 | 7114.14 | 508.15 | 11.32 | 24.62 | 345.051 | 56.565 | 2.495 |
| 28b | 280 | 124 | 10.5 | 13.7 | 10.5 | 5.3 | 61.05 | 47.9 | 7480 | 534.29 | 11.08 | 24.24 | 379.496 | 61.209 | 2.493 |
| 32a | 320 | 130 | 9.5 | 15 | 11.5 | 5.8 | 67.05 | 52.7 | 11075.5 | 629.2 | 12.84 | 27.46 | 459.93 | 70.758 | 2.619 |
| 32b | 320 | 132 | 11.5 | 15 | 11.5 | 5.8 | 73.45 | 57.7 | 11621.4 | 726.33 | 12.58 | 27.09 | 501.53 | 75.989 | 2.614 |
| 32c | 320 | 134 | 13.5 | 15 | 11.5 | 5.8 | 79.95 | 62.8 | 12167.5 | 760.47 | 12.34 | 26.77 | 543.81 | 81.166 | 2.608 |
| 36a | 360 | 136 | 10 | 15.8 | 12 | 6 | 76.3 | 59.9 | 15760 | 875 | 14.4 | 30.7 | 552 | 81.2 | 2.69 |
| 36b | 360 | 138 | 12 | 15.8 | 12 | 6 | 83.5 | 65.6 | 16530 | 919 | 14.1 | 30.3 | 582 | 84.3 | 2.64 |
| 36c | 360 | 140 | 14 | 15.8 | 12 | 6 | 90.7 | 71.2 | 17310 | 962 | 13.8 | 29.9 | 612 | 87.4 | 2.6 |
| 40a | 400 | 142 | 10.5 | 16.5 | 12.5 | 6.3 | 86.1 | 67.6 | 21720 | 1090 | 15.9 | 34.1 | 660 | 93.2 | 2.77 |
| 40b | 400 | 144 | 12.5 | 16.5 | 12.5 | 6.3 | 94.1 | 73.8 | 22780 | 1140 | 15.6 | 33.6 | 692 | 96.2 | 2.71 |
| 40c | 400 | 146 | 14.5 | 16.5 | 12.5 | 6.3 | 102 | 80.1 | 23850 | 1190 | 15.2 | 33.2 | 727 | 99.6 | 2.65 |
| 45a | 450 | 150 | 11.5 | 18 | 13.5 | 6.8 | 102 | 80.4 | 32240 | 1430 | 17.7 | 38.6 | 855 | 114 | 2.89 |
| 45b | 450 | 152 | 13.5 | 18 | 13.5 | 6.8 | 111 | 87.4 | 33760 | 1500 | 17.4 | 38 | 894 | 118 | 2.84 |
| 45c | 450 | 154 | 15.5 | 18 | 13.5 | 6.8 | 120 | 94.5 | 35280 | 1570 | 17.1 | 37.6 | 938 | 122 | 2.79 |
| 50a | 500 | 158 | 12 | 20 | 14 | 7 | 119 | 93.6 | 46470 | 1860 | 19.7 | 42.8 | 1120 | 142 | 3.07 |
| 50b | 500 | 160 | 14 | 20 | 14 | 7 | 129 | 101 | 48560 | 1940 | 19.4 | 42.4 | 1170 | 146 | 3.01 |
| 50c | 500 | 162 | 16 | 20 | 14 | 7 | 139 | 109 | 50640 | 2080 | 19 | 41.8 | 1220 | 151 | 2.96 |
| 56a | 560 | 166 | 12.5 | 21 | 14.5 | 7.3 | 135.25 | 106.2 | 65585.6 | 2342.31 | 22.02 | 47.73 | 1370.16 | 165.08 | 3.182 |
| 56b | 560 | 168 | 14.5 | 21 | 14.5 | 7.3 | 146.45 | 115 | 68512.5 | 2446.69 | 21.63 | 47.17 | 1486.75 | 174.25 | 3.162 |
| 56c | 560 | 170 | 16.5 | 21 | 14.5 | 7.3 | 157.85 | 123.9 | 71439.4 | 2551.41 | 21.27 | 46.66 | 1558.39 | 183.34 | 3.158 |
| 63a | 630 | 176 | 13 | 22 | 15 | 7.5 | 154.9 | 121.6 | 96916.2 | 2981.47 | 24.62 | 54.17 | 1700.55 | 193.24 | 3.314 |
| 63b | 630 | 178 | 15 | 22 | 15 | 7.5 | 167.5 | 131.5 | 98083.6 | 3163.38 | 24.2 | 53.51 | 1812.07 | 203.6 | 3.289 |
| 63c | 630 | 180 | 17 | 22 | 15 | 7.5 | 180.1 | 141 | 102251.1 | 3298.42 | 23.82 | 52.92 | 1924.91 | 213.88 | 3.268 |

注：截面图和表中标注的圆弧半径 $r$、$r_1$ 的数据用于孔型设计，不作为交货条件。

表Ⅲ-4 热轧槽钢

符号意义：

$h$—高度

$b$—腿宽度

$d$—腰厚度

$\delta$—平均腿厚度

$r$—内圆弧半径

$r_1$—腿端圆弧半径

$I$—惯性矩

$W$—弯曲截面系数

$i$—惯性半径

$z_0$—$y$-$y$ 轴与 $y_1$-$y_1$ 轴间距

| 型号 | 尺寸/mm | | | | | | 截面面积 /cm² | 理论质量 /(kg/m) | 参考数值 | | | | | | | |
|---|---|---|---|---|---|---|---|---|---|---|---|---|---|---|---|---|
| | | | | | | | | | $x$-$x$ | | | $y$-$y$ | | | $y_1$-$y_1$ | $z_0$ |
| | $h$ | $b$ | $d$ | $\delta$ | $r$ | $r_1$ | | | $W_x$/cm³ | $I_x$/cm⁴ | $i_x$/cm | $W_y$/cm³ | $I_y$/cm⁴ | $i_y$/cm | $I_{y_1}$/cm⁴ | /cm |
| 5 | 50 | 37 | 4.5 | 7 | 7 | 3.5 | 6.93 | 5.44 | 10.4 | 26 | 1.94 | 3.55 | 8.3 | 1.1 | 20.9 | 1.35 |
| 6.3 | 63 | 40 | 4.8 | 7.5 | 7.5 | 3.75 | 8.444 | 6.63 | 16.123 | 50.786 | 2.453 | 4.50 | 11.872 | 1. 185 | 28.38 | 1.36 |
| 8 | 80 | 43 | 5 | 8 | 8 | 4 | 10.24 | 8.04 | 25.3 | 101.3 | 3.15 | 5.79 | 16.6 | 1.27 | 37.4 | 1.43 |
| 10 | 100 | 48 | 5.3 | 8.5 | 8.5 | 4.25 | 12.74 | 10 | 39.7 | 198.3 | 3.95 | 7.8 | 25.6 | 1.41 | 54.9 | 1.52 |
| 12.6 | 126 | 53 | 5.5 | 9.9 | 9 | 4.5 | 15.69 | 12.37 | 62.137 | 391.456 | 4.953 | 10.242 | 37.99 | 1.567 | 77.09 | 1.59 |
| 14a | 140 | 58 | 6 | 9.5 | 9.5 | 4.75 | 18.51 | 14.53 | 80.5 | 563.7 | 5.52 | 13.01 | 53.2 | 1.7 | 107.1 | 1.71 |
| 14b | 140 | 60 | 8 | 9.5 | 9.5 | 4.75 | 21.31 | 16.73 | 87.1 | 609.4 | 5.35 | 14.12 | 61.1 | 1.69 | 120.6 | 1.67 |
| 16a | 160 | 63 | 6.5 | 10 | 10 | 5 | 21.95 | 17.23 | 108.3 | 866.2 | 6.28 | 16.3 | 73.3 | 1.83 | 144.1 | 1.8 |
| 16b | 160 | 65 | 8.5 | 10 | 10 | 5 | 25.15 | 19.74 | 116.8 | 934.5 | 6.1 | 17.55 | 83.4 | 1.82 | 160.8 | 1.75 |

（续）

| 型号 | 尺寸/mm | | | | | | 截面面积/cm² | 理论质量/(kg/m) | 参考数值 | | | | | | | |
|---|---|---|---|---|---|---|---|---|---|---|---|---|---|---|---|---|
| | | | | | | | | | x-x | | | y-y | | | $y_1$-$y_1$ | $z_0$ |
| | $h$ | $b$ | $d$ | $\delta$ | $r$ | $r_1$ | | | $W_x$/cm³ | $I_x$/cm⁴ | $i_x$/cm | $W_y$/cm³ | $I_y$/cm⁴ | $i_y$/cm | $I_{y_1}$/cm⁴ | /cm |
| 18a | 180 | 68 | 7 | 10.5 | 10.5 | 5.25 | 25.69 | 20.17 | 141.4 | 1272.7 | 7.04 | 20.03 | 98.6 | 1.96 | 189.7 | 1.88 |
| 18b | 180 | 70 | 9 | 10.5 | 10.5 | 5.25 | 29.29 | 22.99 | 152.2 | 1369.9 | 6.84 | 21.52 | 111 | 1.95 | 210.1 | 1.84 |
| 20a | 200 | 73 | 7 | 11 | 11 | 5.5 | 28.83 | 22.63 | 178 | 1780.4 | 7.86 | 24.2 | 128 | 2.11 | 244 | 2.01 |
| 20b | 200 | 75 | 9 | 11 | 11 | 5.5 | 32.83 | 25.77 | 191.4 | 1913.7 | 7.64 | 25.88 | 143.6 | 2.09 | 268.4 | 1.95 |
| 22a | 220 | 77 | 7 | 11.5 | 11.5 | 5.75 | 31.84 | 24.99 | 217.6 | 2393.9 | 8.67 | 28.17 | 157.8 | 2.23 | 298.2 | 2.1 |
| 22b | 220 | 79 | 9 | 11.5 | 11.5 | 5.75 | 36.24 | 28.45 | 233.8 | 2571.4 | 8.42 | 30.05 | 176.4 | 2.21 | 326.3 | 2.03 |
| 25a | 250 | 78 | 7 | 12 | 12 | 6 | 34.91 | 27.47 | 269.597 | 3369.62 | 9.823 | 30.607 | 175.529 | 2.243 | 322.256 | 2.065 |
| 25b | 250 | 80 | 9 | 12 | 12 | 6 | 39.91 | 31.39 | 282.402 | 3530.04 | 9.405 | 32.657 | 196.421 | 2.218 | 353.187 | 1.982 |
| 25c | 250 | 82 | 12 | 12 | 12 | 6 | 44.91 | 35.32 | 295.236 | 3690.45 | 9.065 | 35.926 | 218.415 | 2.206 | 384.133 | 1.921 |
| 28a | 280 | 82 | 7.5 | 12.5 | 12.5 | 6.25 | 40.02 | 31.42 | 340.328 | 4764.59 | 10.91 | 35.718 | 217.989 | 2.333 | 387.566 | 2.097 |
| 28b | 280 | 84 | 9.5 | 12.5 | 12.5 | 6.25 | 45.62 | 35.81 | 366.46 | 5130.45 | 10.6 | 37.929 | 242.144 | 2.304 | 427.589 | 2.016 |
| 28c | 280 | 86 | 11.5 | 12.5 | 12.5 | 6.25 | 51.22 | 40.21 | 392.594 | 5496.32 | 10.35 | 40.301 | 267.602 | 2.286 | 426.597 | 1.951 |
| 32a | 320 | 88 | 8 | 14 | 14 | 7 | 48.7 | 38.22 | 474.879 | 7598.06 | 12.49 | 46.473 | 304.787 | 2.502 | 552.31 | 2.242 |
| 32b | 320 | 90 | 10 | 14 | 14 | 7 | 55.1 | 43.25 | 509.012 | 8144.2 | 12.15 | 49.157 | 336.332 | 2.471 | 592.933 | 2.158 |
| 32c | 320 | 92 | 12 | 14 | 14 | 7 | 61.5 | 48.28 | 543.145 | 8690.33 | 11.88 | 52.642 | 374.175 | 2.467 | 643.299 | 2.092 |
| 36a | 360 | 96 | 9 | 16 | 16 | 8 | 60.89 | 47.8 | 659.7 | 11874.2 | 13.97 | 63.54 | 455 | 2.73 | 818.4 | 2.44 |
| 36b | 360 | 98 | 11 | 16 | 16 | 8 | 68.09 | 53.45 | 702.9 | 12651.8 | 13.63 | 66.85 | 496.7 | 2.7 | 880.4 | 2.37 |
| 36c | 260 | 100 | 13 | 16 | 16 | 8 | 75.29 | 50.1 | 746.1 | 13429.4 | 13.36 | 70.02 | 536.4 | 2.67 | 947.9 | 2.34 |
| 40a | 400 | 100 | 10.5 | 18 | 18 | 9 | 75.05 | 58.91 | 878.9 | 17577.9 | 15.30 | 78.83 | 592 | 2.81 | 1067.7 | 2.49 |
| 40b | 400 | 102 | 12.5 | 18 | 18 | 9 | 83.05 | 65.19 | 932.2 | 18644.5 | 14.98 | 82.52 | 640 | 2.78 | 1135.6 | 2.44 |
| 40c | 400 | 104 | 14.5 | 18 | 18 | 9 | 91.05 | 71.47 | 985.6 | 19711.2 | 14.71 | 86.19 | 687.8 | 2.75 | 1220.7 | 2.42 |

注：截面图和表中标注的圆弧半径 $r$、$r_1$ 的数据用于孔型设计，不作为交货条件。

# 参考文献


[1] 刘鸿文. 材料力学 [M]. 5版. 北京：高等教育出版社，2011.

[2] 干光瑜，秦惠民. 材料力学 [M]. 北京：高等教育出版社，1999.

[3] 杨国义. 材料力学 [M]. 北京：中国计量出版社，2007.

[4] 张少实. 新编材料力学 [M]. 北京：机械工业出版社，2002.

[5] 戴葆青，王崇革，付彦坤. 材料力学教程 [M]. 北京：北京航空航天大学出版社，2004.

[6] 武建华. 材料力学 [M]. 重庆：重庆大学出版社，2002.

[7] 张新占. 材料力学 [M]. 西安：西北工业大学出版社，2005.